深入浅出SSD

固态存储核心技术、原理与实战

阿呆 蛋蛋 Marx 胡波 SSD攻城狮◎著

机械工业出版社
China Machine Press

图书在版编目（CIP）数据

深入浅出SSD：固态存储核心技术、原理与实战 / SSDFans著．—北京：机械工业出版社，2018.6（2021.8重印）

ISBN 978-7-111-59979-1

I.深… II.S… III.存储技术－研究 IV. TP333

中国版本图书馆CIP数据核字（2018）第091595号

深入浅出SSD：固态存储核心技术、原理与实战

出版发行：机械工业出版社（北京市西城区百万庄大街22号 邮政编码：100037）
责任编辑：孙海亮　　责任校对：殷　虹
印　　刷：北京捷迅佳彩印刷有限公司　　版　　次：2021年8月第1版第9次印刷
开　　本：186mm×240mm 1/16　　印　　张：21.75
书　　号：ISBN 978-7-111-59979-1　　定　　价：89.00元

凡购本书，如有缺页、倒页、脱页，由本社发行部调换
客服热线：（010）88379426 88361066　　投稿热线：（010）88379604
购书热线：（010）68326294 88379649 68995259　　读者信箱：hzit@hzbook.com

Praise 赞　誉

（排名不分先后）

随着闪存技术的发展和智能终端对数据交互性能的要求日趋提高，SSD 被越来越多地应用于各种场景中。本书围绕 SSD 的产品、技术、应用等角度展开阐述，既严谨又全面，给 SSD 的从业人员和爱好者们提供了一个完整的视图。

——陈强　硅格半导体市场总监

本人从 2008 年起加入固态硬盘行业。相信大多数从业者跟我的感觉一样：希望能够系统而深入地学习固态硬盘技术，但国内却很难找到一本专业书籍。本书对固态硬盘工作原理、接口形态、市场应用等基础知识，以及控制器底层的各种算法，都进行了详尽介绍。无论是对于固态硬盘行业的从业者、技术开发者、市场人员，还是对于投资人、终端用户，本书都是不可或缺的学习和参考经典。

——楚一兵　深圳市瑞耐斯技术有限公司 CEO

固态存储无疑已成为主流，从移动装置到云，都已全面应用。本书从固态硬盘的发展史到技术应用，都进行了专业剖析和详细说明，让读者可以一次性透彻了解固态存储的来龙去脉，是值得一读及收藏的专业书籍。

——段喜亭　慧荣科技市场营销暨 OEM 事业资深副总

存储领域的中文技术书籍一直比较匮乏，关于 SSD 固态存储的书籍更是如此。听说这本书汇集了 SSDFans 五位运营者一年的努力，深感不易。再看目录也是大而全，从底层到应用，从 NAND 介质到闪存系统，从知识普及到深入的技术细节，全都有深入剖析。无论是 SSD 相关从业者，还是技术爱好者，这部全面而系统的著作都值得大家学习、参考。

——黄亮　《企业存储技术》微信公众号作者

作为硬件领域最重要的革命之一——闪存革命正在深刻地改变着IT的基础架构，并改变着人们获取信息的方式。理解闪存区别于磁性介质的特点和SSD不同于HDD的“怪脾气”，对于高效存储架构设计极为关键。这本书带我们近距离观察SSD在最近十多年的发展演进，并结合闪存的特点把通信、计算机等技术贯穿起来，实现一个接近理想的、高效的和可靠的存储架构。

——路向峰　忆恒创源CTO

Foreword 推荐序一

信息存储记录历史、传承文明，是人类社会延续和发展不可或缺的重要手段。一个时代有多种存储介质，但总有一种存储介质是主流介质。古埃及人用的莎草纸、早期欧洲人用的羊皮纸、中国人用的竹简以及后来的纸张，都曾作为主流介质被广泛使用。进入数字时代，以硬盘为核心的磁记录介质一直是非易失性存储的主流介质。然而，由于闪存（Flash Memory）技术的迅猛发展，这种局面即将发生重大转变。闪存介质在各类存储卡、固态硬盘和全闪存阵列中大量应用，不论在终端还是在云端，闪存已无处不在。闪存介质中存储的人类社会信息总量将在不久的将来超过磁记录介质，成为数字时代新的主流存储介质。

固态硬盘（Solid State Disk，SSD）是以闪存介质为主的一种极为重要的存储产品，它广泛应用于移动终端、笔记本电脑、台式机、服务器和数据中心等场合，需求量极大。与传统的机械硬盘相比，固态硬盘的性能优势特别突出。由于取消了机械部件，旋转和寻道的延迟完全消除，固态硬盘在读写速度上远优于机械硬盘，特别是在大吞吐率的随机读写性能上有了几个数量级的提高，在性能要求高的应用场合已成为首选。与机械硬盘相比，固态硬盘的容量和价格曾是其成为主流的障碍。但随着闪存芯片容量的迅速增加和成本的快速下降，固态硬盘的最大容量已超过机械硬盘，单位容量价格也日益趋近高性能机械硬盘的价格，并将在未来的几年之中与之持平，之后将逐步取代大容量机械硬盘。

对固态硬盘这样一种量大面广的重要存储设备，无论是其设计者、生产者还是应用者，都迫切希望对其工作原理和关键技术有一个全面的了解。然而，目前关于固态硬盘的各种知识和资料散落于各类学术论文和网上的技术介绍，市面上系统介绍固态硬盘技术的书籍并不多见。本书的出版恰逢其时，满足了广大读者的需求，是一本全面介绍固态硬盘技术的书籍。

固态硬盘一般采用 NAND 闪存芯片作为基本组件，对闪存芯片特性的透彻了解是理解固态硬盘工作原理的基础。NAND 闪存用电荷存储信息，其重要特点是先擦后写，擦写寿命有限。随着密度提高，引起了单元电荷数的减少及绝缘层变薄，从而使得 NAND 闪存的原始误码率不断提高，可擦写次数也越来越差，最新的大容量芯片擦写寿命不到 1 千次。用这样一种高误码率、短寿命的芯片来构成长寿命、高性能、高可靠的固态硬盘，需要发展一系列系统层面的技术，如地址映射、磨损均衡、垃圾回收、坏块管理等，还需要发展新的纠错编码理论、算法和实现技术来保证数据的正确性和可靠性。为了能与主机进行高性能连接与通信，需要发展与固态介质相适应的高速接口和通信协议。上述系统层面的技术不仅需要特别设计的硬件控制器来实现，还需要底层固件的支持。固态硬盘品质的优劣，不仅反映在初期使用的性能上，还反映在大负载长期使用后性能和可靠性的保持能力上，故需要发展与固态硬盘相适应的评测技术。上述内容都是因固态硬盘的出现而发展出来的新技术和新知识，本书以一种深入浅出的风格系统地阐述了这些内容。

值得特别指出的是，本书作者不仅是在第一线从事固态硬盘设计、有着深厚专业知识的资深工程师，还是一群热衷于普及固态硬盘知识的写作高手。他们创立了 SSDFans 微信群和微信公众号，发表了大量关于固态硬盘技术和市场的文章，尤其在技术内容的阐述上形成了深入浅出、通俗幽默的写作风格，读来使人兴趣盎然。我就经常进入这个微信群阅读那些十分有趣的短文，获得了不少新的技术知识和市场信息。本书延续了 SSDFans 微信群的写作风格，相信读者在阅读时一定会体验到其中的乐趣。

我国在磁记录介质时代错失了大力发展硬盘产业的机会，从而导致使用数量十分惊人的硬盘全部依赖进口。除了花费巨量外汇之外，信息安全也存在着问题。我国已意识到信息存储产业的极端重要性，大力发展闪存产业已成为国家意志。我国已投入巨资建立 3D 闪存芯片制造基地，有望解决基础器件的问题。为了使我国成为闪存时代国际舞台上的主角，建立包括芯片颗粒、控制器、固态硬盘和盘阵等环节的全产业链十分必要。固态硬盘不仅是量大面广的产品，也是连接闪存上下游产业最重要的一环。相信本书的出版能推动固态硬盘技术知识的普及，促进我国固态硬盘产业发展和应用，并在人才培养方面发挥积极作用。

闪存成为主流存储介质的时代来临，国际舞台将精彩纷呈，中国一定不能缺席。

谢长生　教授

华中科技大学武汉光电国家研究中心

信息存储系统教育部重点实验室

Foreword 推荐序二

作为《大话存储（终极版）》以及《大话存储（后传）》的作者，我有幸经历了国内存储行业发展的启蒙和鼎盛时代。在2005年到2013年这8年间，存储市场基本就是SAN的市场，谈存储必暗指SAN。但是从2014年往后，存储行业突然发生巨大变化，分布式系统和固态存储介质开始呈爆发式增长。今天，谈存储如果不谈一谈配以固态硬盘的分布式系统，就仿佛是上个时代的人了。

分布式系统的发展有三个技术条件：高速网络、大容量硬盘、固态介质。这三者彻底解放了分布式系统的生产力。通俗一点说也就是：网络快了、盘容量大了、盘速度快了。高速网络是分布式系统赖以生存的根本，分布式存储系统早在20世纪中后期就已经形成了理论基础，但是一直到近几年，网络的时延和带宽才足以支撑分布式系统架构。为了降低成本，业界兴起所谓软件定义，也就是利用廉价白牌机或者标准的机架服务器，加上分布式存储软件管理层，搭建出软件定义分布式存储系统，与传统的SAN存储系统瓜分市场。而分布式系统的大行其道，极大地促进了固态存储的需求量，因为出于成本考量，分布式系统中每个节点往往不会连接多级JBOD从而靠大量的硬盘形成高并发性能，而是只靠每个服务器自带的少量盘位，加上固态盘来抵消跨网络通信带来的时延增加，形成让传统机械盘系统望尘莫及的IOPS和时延性能。

可以说，固态存储对系统架构和存储市场都有着颠覆性的影响。构建在大量机械硬盘基础之上的传统SAN存储架构不得不为固态存储重新定制，而固态存储让整个存储系统架构变得更加简单，这样SAN存储的门槛更低了，从而失去了核心竞争力。目前采用传统SAN存储架构的存储系统相比新兴存储系统，唯一一个不可撼动的优势就是其高可靠性，体现在两方面：一是硬件部件双冗余设计；二是在硬盘、HBA卡可靠性方面长期积累的经验。

固态存储近年来在国内的发展势头迅猛，造就了众多本土的、自主研发的、与闪存相关的企业，其中有些为SSD整盘提供商，有些为自主研发SSD主控的企业，有些为盘和主控兼有的企业。长期以来，机械硬盘的核心技术被少数几家企业掌控，门槛极高。而固态存储的入门门槛极大降低，在研发NAND主控方面，相比于机械硬盘，无论是在技术储备、技术实现上，还是在人员、物料成本上，都变得可以接受。然而，这并不意味着NAND闪存及其控制器、固件等一整套系统可以被轻易驾驭。闪存技术领域包含很多的复杂概念及复杂算法，比如SLC/MLC/TLC/QLC、3D NAND、快慢页、上下页、局部/全局磨损均衡、擦1写0、垃圾回收、Device/Host Based FTL、元数据保护机制、页面映射、NVMe、PCIE/SATA/SAS、SPDK/DPDK、RDMA、NVMe Over Fabric、LDPC/BCH等，这些概念相比传统存储系统更加接近底层和也更加精细，需要更高的学习成本。

业界迫切需要一本全面阐述、梳理固态存储底层技术的图书。本书的面世，可谓是雪中送炭，其及时满足了广大固态存储行业从业者学习了解固态存储相关知识的需求。

SSDFans团队由知名闪存控制器厂商的工程师组成，维护着SSDFans微信公众号，以较高频率发布与各类固态存储相关的技术或市场类文章。我也是SSDFans的粉丝之一，从SSDFans的文章中学到不少知识。写书不易，写出一本符合人脑认知原生态思维路径的书更不易。作为全面、系统、深度介绍固态存储技术、产品的书籍，本书语言通俗易懂，脉络清晰。本书不仅可以作为固态存储行业的入门书，也可以作为广大固态存储行业从业者常备的参考书。对于已经非常资深的固态存储行业人员来说，也是开卷有益，因为通过本书他们可查漏补缺，重新梳理思路。

我强烈推荐本书！

冬瓜哥

Preface 前　言

为什么要写这本书

这是一个真正的数据大爆炸时代，看得见，摸得着。

我们每天都在生产数据：发朋友圈、发微博、上传图片和视频到社交网站、备份数据到网盘等。我们的这些数据，不是存储在虚无缥缈的云端，而是存储在云服务器上。云服务器的核心就是存储介质。无论是云端存储，还是本地存储，有数据的地方就有存储介质。

传统数据存储介质有磁带、光盘等，但更多的是硬盘（HDD）。随着数据呈爆炸式增长，对数据存储介质在速度上、容量上有更高的要求。时势造英雄，固态硬盘（Solid State Disk，SSD）横空出世。SSD 使用电子芯片存储数据，没有 HDD 的机械式部件，因此在速度、时延、功耗、抗震等方面，与 HDD 相比有碾压式优势。无论是个人存储，还是企业存储，都在逐渐用 SSD 取代 HDD。大数据时代，SSD 必将是主角。

HDD 时代我们错过了；SSD 时代，我们迎来了弯道超车的好机会。国内很多企业都希望抓住这个机遇，所以他们研发、制造 SSD，并且取得了不错的成绩，已经有了能自主研发 SSD 及 SSD 控制器的公司。国家层面也在大力研发半导体。长江存储的成立昭示了国家对固态存储这块的态度和决心。

国内 SSD 领域的从业人员，以及日常使用 SSD 的人越来越多，但是市面上专门介绍 SSD 技术的中文书籍少之又少。作为国内领先的 SSD 技术社区——SSDFans 有责任、有义务，也有动力推出一本中文版 SSD 技术书籍。

我们几位作者，都工作在 SSD 的最前线，是工程师出身，虽文笔一般但是热情十足，愿意分享对技术的理解。希望这块砖头能够帮助您敲开 SSD 的大门，如果能够解决您的一些实际问题，或者引发您的一些思考，我们更是不胜荣幸。

最后，欢迎您通过网站（http://www.ssdfans.com）、微信公众号（SSDFans）来进一步了解我们，与我们做进一步的交流。

读者对象

- **计算机、电子相关专业的在校本科生，存储方向的研究生**：通过阅读本书，能够更好地将所学的理论与业界实践结合，对相关知识有更加深刻的理解，为未来加入企业打好坚实的基础。
- **SSD 研发企业的员工**：通过阅读本书，可以全面学习与 SSD 相关的硬件、协议、固件以及测试等各方面的基础知识，提升整体认知，具备完整、系统的理论知识。
- **企业 IT 运维人员**：通过阅读本书，可以充分了解 SSD 的优劣之处及其适用的工作场景，为公司的 IT 部署过程提供技术支持，实现整体运营成本的最优配置。
- **广大的 DIY、游戏爱好者**：通过阅读本书，可以学会如何选择最适合自己的 SSD，以合理投入获得更好的娱乐体验。
- **对 SSD 产业感兴趣的投资人**：通过阅读本书，可以全面了解 SSD 产业的现状，掌握基本的技术术语，以便更好地与企业沟通。
- **其他对 SSD 知识感兴趣的人。**

本书特色

本书的作者团队都在业内知名公司任职，具备丰富的理论和实践知识。同时，日常维护公众号期间，跟读者的频繁互动也保证了知识的更新速度。

在撰写本书的过程中，作者们能够对技术原理做深入浅出的阐述，并结合自身工作经验给出意见。

本书主要内容

本书的内容几乎覆盖了 SSD 各个模块，既可以作为一本入门书籍进行通读，也可以在需要的时候作为工具书进行查阅。

本书内容涵盖：SSD 基础知识、SSD 各模块介绍及 SSD 测试相关内容。

SSD 基础知识包括：SSD 与 HDD 的比较、SSD 的发展历史、产品形态、整体架构和基本工作原理。

模块介绍包括：

- **FTL 闪存转换层**：作为 SSD 固件的核心部分，FTL 实现了例如映射管理、磨损均衡、垃圾回收、坏块管理等诸多功能，本书将一一介绍。
- **NAND Flash**：NAND Flash 作为 SSD 的存储介质，具有很多与传统磁介质不同的特性，本书将从器件原理、实战指南、闪存特性及数据完整性等方面展开。
- **NVMe 存储协议**：作为专门为 SSD 开发的软件存储协议，NVMe 正在迅速占领 SSD 市场。本书将从其优势、基础架构、寻址方式、数据安全等方面展开。为了让读者对 NVMe 命令处理有更加直观的认识，本书结合实际的 PCIe trace 进行阐述。同时，本书也介绍了 NVMe Over Fabric 的相关知识，让读者能够对未来网络与存储的发展趋势有所了解。
- **PCIe 协议**：PCIe 作为目前主流的 SSD 前端总线，与之前的 SATA 接口相比有着极大的性能优势。本书将从 PCIe 总线拓扑结构、分层结构、TLP 类型与路由、配置和地址空间等方面进行介绍。
- **电源管理**：本书详述了 SSD 前端总线（包括 SATA 和 PCIe）的各种节能模式、NVMe 协议的电源管理方案及在 SSD 里常用的整体电源管理架构——Power Domain。
- **ECC**：本书介绍了 ECC 的基本概念，重点介绍了 LDPC 的解码和编码原理，以及在 NAND 上的应用。

SSD 测试的内容包括：本书详述了常用的测试软件、测试流程、仪器设备、业界认证及专业的测试标准等。

勘误和支持

由于作者的水平有限，再加上时间仓促，书中难免会出现一些错误或者不准确的地方，恳请读者批评指正。您可通过我们的网站（http://www.ssdfans.com）、微信公众号（或微博）SSDFans、阿呆的微信号（nanoarchplus）或阿呆的邮箱（adam@ssdfans.com）随时与我们进行交流。

致谢

借此机会特别感谢一直以来支持 SSDFans 的各位朋友（排名不分先后）——冬瓜哥、唐杰、路向峰、廖莎、兵哥、郜总、古猫先生、袁戎、顾沧海、山哥（Brown）等。

感谢机械工业出版社华章公司的编辑杨福川和孙海亮，在这一年多的时间中他们始终支持我们这几个门外汉，他们的鼓励和帮助引导我们顺利完成全部书稿。

谨以此书献给亲爱的家人，以及众多支持 SSDFans 的朋友们！

目　录 Contents

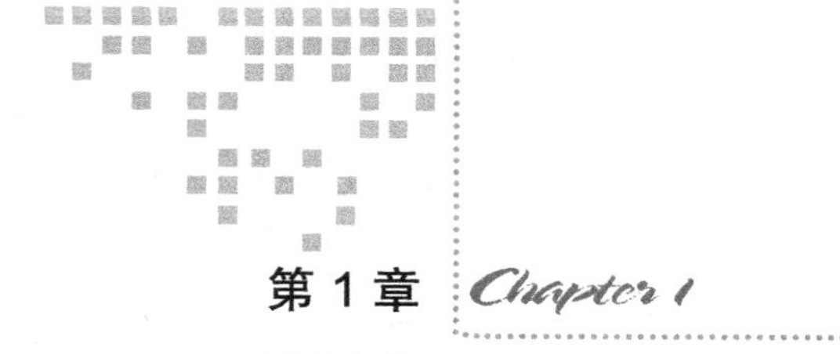

第 1 章 Chapter 1

SSD 综述

SSD（Solid State Drive），即固态硬盘，是一种以半导体闪存（NAND Flash）作为介质的存储设备。和传统机械硬盘（Hard Disk Drive，HDD）不同，SSD 以半导体存储数据，用纯电子电路实现，没有任何机械设备，这就决定了它在性能、功耗、可靠性等方面和 HDD 有很大不同。其实 SSD 的概念很早就有，但真正成为主流存储应用还是最近 10 年的事情。在 2008 年初，那时候只有很少的几家公司研发 SSD，如今（2018 年），已有上百家大小的公司参与其中。无论是在消费级还是企业级市场，SSD 已经动了两家 HDD 巨无霸公司——西数（WD）和希捷（Seagate）的根基，正在取代 HDD 成为主流的存储设备。

在 SSD 大行其道的今天，从事存储行业的人如果不知道 SSD，犹如“平生不见陈近南，就称英雄也枉然”。本章将带领大家初识“陈近南”。

1.1 引子

先从开机速度说起。

过去，电脑启动一般需要几十秒甚至一分钟以上。开机，出去倒茶，回来，电脑还在打转转。如今，使用了 SSD 后，开机只要几秒钟。开机，正起身准备去倒茶，开机助手就已经提示你：本次开机 8 秒钟，击败全国 99% 的用户。算了，茶还是不倒了。SSD 开机时间统计如图 1-1 所示。

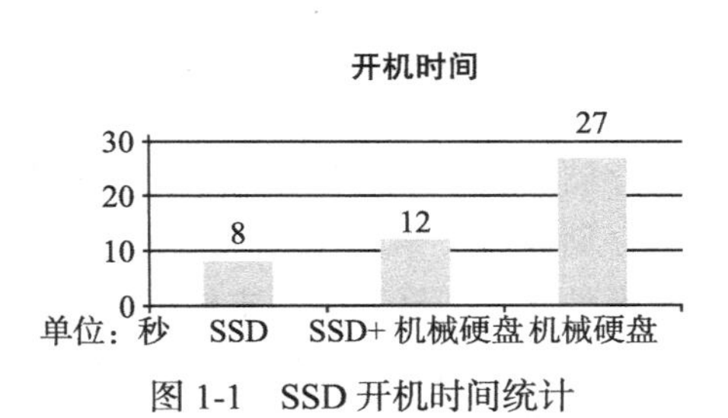

图 1-1　SSD 开机时间统计

速度快，是用户在使用 SSD 过程中最为直观的感受。那是什么成就了 SSD 的神速呢？除了速度快，相比 HDD，SSD 还有什么优点呢？这就得从 SSD 的原理说起了。

SSD 是一种以半导体为主要存储介质、外形和数据传输接口与传统的 HDD 相同的存储产品。目前主流 SSD 使用一种叫闪存的存储介质，未来随着存储半导体芯片技术的发展，它也可以使用更快、更可靠、更省电的新介质，例如 3D XPoint、MRAM 等。由于当前业界主要使用的还是闪存，所以本书讨论还是以闪存为主。

外观上，加上铝盒的 2.5 寸的 SSD，和 2.5 寸 HDD 外观基本相同。除了有传统 HDD 的 2.5 寸和 3.5 寸的外观外，SSD 还可以有更小的封装和尺寸，图 1-2 所示为 M.2 接口的 SSD。（关于 SSD 的接口形态，后续有详细的介绍。）

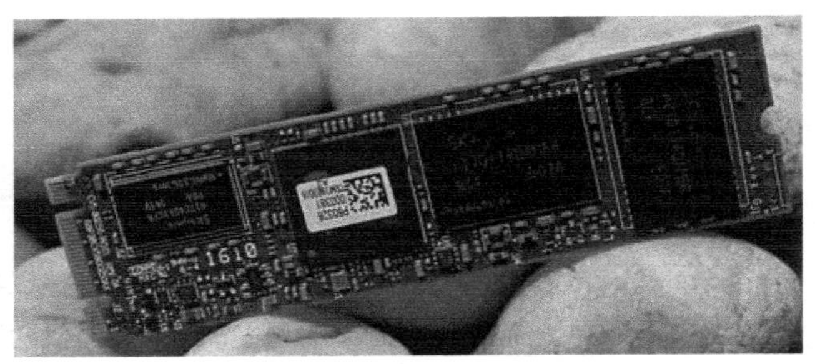

图 1-2　SSD 外观（左：2.5 寸盘；右：M.2 SSD）

SSD 是用固态电子存储芯片阵列制成的硬盘，主要部件为控制器和存储芯片，内部构造十分简单。详细来看，SSD 硬件包括几大组成部分：主控、闪存、缓存芯片 DRAM（可选，有些 SSD 上可能只有 SRAM，并没有配置 DRAM）、PCB（电源芯片、电阻、电容等）、接口（SATA、SAS、PCIe 等），其主体就是一块 PCB，如图 1-3 所示。软件角度，SSD 内部运行固件（Firmware，FW）负责调度数据从接口端到介质端的读写，还包括嵌入核心的闪存介质寿命和可靠性管理调度算法，以及其他一些 SSD 内部算法。SSD 控制器、闪存和固件是 SSD 的三大技术核心，后面章节会依次深度介绍。

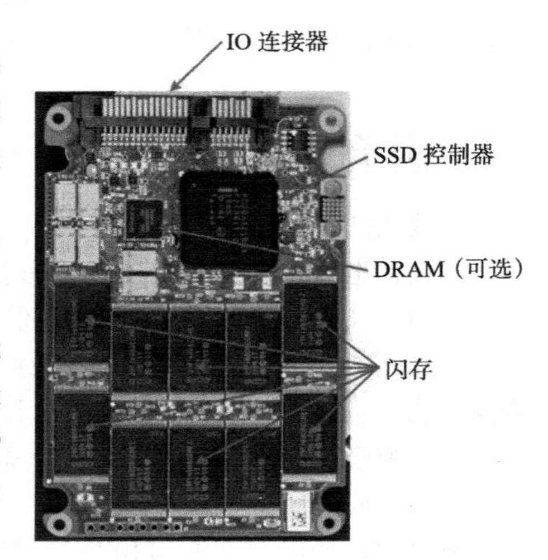

图 1-3　SSD 结构

前面讲了当前 SSD 存储介质主要是闪存，故首先讲一下什么是存储介质。

存储介质按物理材料的不同可分为三大类：光学存储介质、半导体存储介质和磁性存储介质。光学存储介质，就是大家之前都使用过的 DVD、CD 等光盘介质，靠光驱等主机读取或写入。在 SSD 出现之前，个人和企业的数据存储还是 HDD 的天下，HDD 是以磁性存储介质来存储数据的；SSD 出现以后，采取的是半导体芯片作为存储介质。现在及未来技术变革最快和主要方向还是半导体存储，从图 1-4 可以看出，半导体存储介质五花八门，目前可以看得出的主要方向还是闪存、3D XPoint、MRAM、RRAM 等。

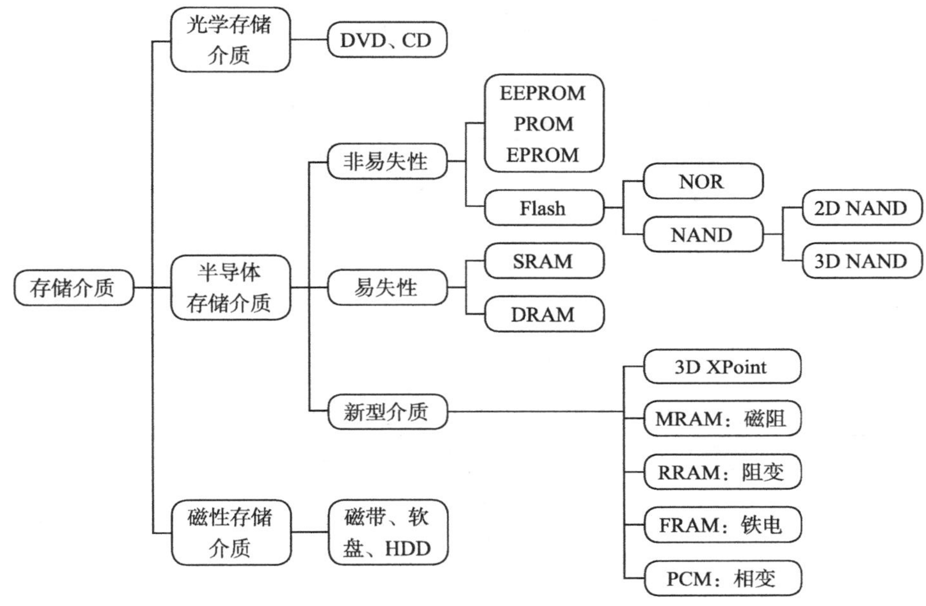

图 1-4　存储介质分类

当前闪存生产供应商主要有 Micron（美光）、Samsung（三星）、SK Hynix（现代海力士）、Toshiba（东芝）、WD & Sandisk（西数和闪迪），这几家基本上垄断了闪存市场，当然未来会有新的加入者，给用户以更多的选择。

1.2　SSD vs HDD

传统的 HDD 是“马达 + 磁头 + 磁盘”的机械结构，SSD 则变成了“闪存介质 + 主控”的半导体存储芯片结构，两者有完全不同的数据存储介质和读写方式。对比如表 1-1 所示。

再看一下 SSD 和 HDD 物理结构的不同，如图 1-5 所示。

表 1-1　HDD vs SSD 结构对比

	方式	数据存储介质	读取写入
HDD	机械	磁盘（磁性介质）	磁头 + 马达（寻址）
SSD	电子	闪存	SSD 控制器

从技术参数上来看，SSD 与 HDD 相比具有如下优点。

1. 性能好

毫无疑问，SSD 在速度上可以秒杀 HDD，无论在用户感观体验上，还是测试数据上。

表 1-2 所示是某两款 SSD 和 HDD 的对比，由表可以看到的是，读写速度有从几倍到几百倍的差异，随机读写性能（速度和时延）差异最为明显。

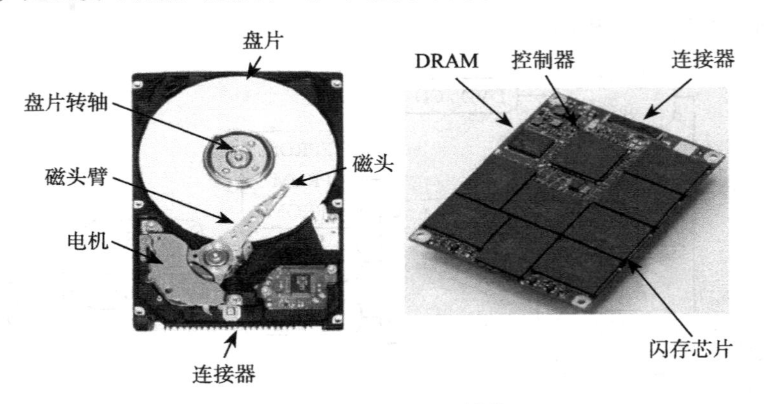

图 1-5 SSD vs HDD 结构

表 1-2 HDD 与 SSD 性能对比

	SATA SSD（500GB）	SATA HDD（500GB 7 200rpm）	区别
介质	闪存	磁盘	
连续读 / 写（MB/s）	540/330	160/60	×3/×6
随机读 / 写（IOPS）	98 000/70 000	450/400	×217/175
数据访问时间（ms）	0.1	10 ～ 12	×100 ～ 120
性能得分（PCMark）	78 700	5 600	×14

性能测试工具包括连续读写吞吐量（Throughput）工具和随机读写 IOPS 工具两种，包括但不限于 IoMeter、FIO 等测试工具。也有用户体验的性能测试工具——PCMark Vantage，它以应用运行和加载时间作为考察对象。性能测试项一般都是影响用户体验的项。影响用户体验的项涉及系统启动时间、文件加载、文件编辑等。从图 1-6 所示的对比可以看出，HDD 的得分在 SSD 面前显得太渺小，像碰见了一个性能怪兽，被完爆。

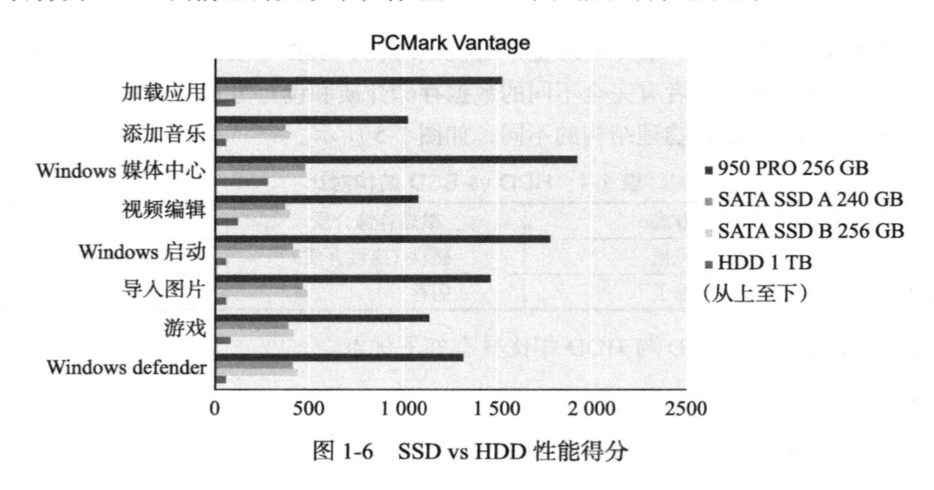

图 1-6 SSD vs HDD 性能得分

2. 功耗低

工作功耗 HDD 为 6 ～ 8W，SATA SSD 为 5W，待机功耗 SSD 可降低到毫瓦（mW）级别。

关于功耗，业界定义有几类：峰值功耗（Peak Power）、读写功耗（Active Power）、空闲功耗（Idle Power）、省电功耗（启动 SSD 内部休眠，尽可能多地关掉不工作的硬件模块，专业上定义为 Standby/Sleep Power 和 DevSleep Power，本书后面有专门章节介绍）。特别是 DevSleep Power，功耗可降到 10mW 以下，功耗极低，可应用于能耗要求苛刻的应用场景，如消费级笔记本休眠状态，此种场景下 SSD 省电是非常重要的。HDD 与 SSD 的功耗对比如表 1-3 所示。

表 1-3　HDD 与 SSD 功耗对比

	峰值功耗（W）	读写功耗（W）	睡眠功耗（mW）	深度睡眠功耗（mW）
HDD	8	6	500	不支持
SATA SSD	6	5	100	5
PCIe SSD	25	15	200	10

从 SSD 功耗分解来看，读写功耗主要消耗在闪存上。数据读取和写入并发在后端的闪存，闪存的单位读写功耗是决定性的，如 16KB 闪存页（Page）的读写功耗决定了主机端满负荷下 SSD 的平均读写功耗。

其次影响读写功耗的是主控功耗，其约占功耗的 20%，而 ASIC 主控 CPU 的频率和个数、后端通道的个数、数据 ECC 的编码器 / 解码器的个数和设计等因素影响了主控整体的功耗。

科学地比较功耗的方法应该是 Power/IOPS，也就是比较单位 IOPS 性能上的功耗输出，该值越低越好。由于 SSD 极高的性能，相对于 HDD 而言，相当于单位功耗产生出了百倍的性能，所以 SSD 被称为高性能、低功耗的节能产品，符合数据中心（Data Center）的使用定位。

3. 抗震防摔

SSD 内部不存在任何机械部件，相比 HDD 更加抗震。

HDD 是机械式结构，磁头和磁片之间发生跌落时接触碰撞会产生物理损坏，无法复原。SSD 是电子和 PCB 结构，PCB 加半导体芯片，跌落时不存在机械损伤问题，因此更加抗震和可靠。

另外 SSD 对环境的要求没有 HDD 那么苛刻，更适合作为便携式笔记本、平板电脑的存储设备。从可靠性角度来看，物理上的损伤以及带来数据损坏的概率，SSD 比 HDD 更低。

4. 无噪声

客观上，由于结构上没有马达的高速运转，SSD 是静音的。

5. 身形小巧百变

HDD 一般只有 3.5 寸和 2.5 寸两种形式，SSD 除了这两种，还有更小的可以贴放在主板上的 M.2 形式，甚至可以小到芯片级，例如 BGA SSD 的大小只有 16mm×30mm，甚至可做得更小。

江波龙 2017 年 8 月发布了目前世界上最小尺寸的 BGA SSD（11.5mm×13mm）——P900 系列。

最后再综合对比一下 SSD 和 HDD 的具体差异，如表 1-4 所示。

表 1-4　HDD 与 SSD 对比矩阵

比较项	SSD	HDD	比较项	SSD	HDD
容量	√		噪声	√	
性能	√		重量	√	
可靠性	√		抗震	√	
寿命	√		温度	√	
尺寸	√		价格		√
功耗	√				

看来，目前 HDD 和 SSD 相比只有价格优势。但随着大容量闪存的出现，SSD 的价格也会越来越低，相信不久的将来，HDD 的价格优势也会不复存在。

1.3 固态存储及 SSD 技术发展史

SSD 一路走来，从技术层面的发展演进和各个初创公司的涌现，到少数壮大，再到今天汇聚成一股强大的力量，推动 SSD 的普及应用，可谓不易。回顾 SSD 的历史，会让我们更深刻地理解这场技术革命对人类生活的改变是多么的艰辛和曲折，真可谓“山重水复疑无路，柳暗花明又一村”。

早在 1976 年就出现了第一款使用 RAM 的 SSD，1983 年 Psion 公司的计算器使用了闪存存储卡，1991 年 SanDisk 推出了 20MB 的闪存 SSD。经过成千上万科学家、工程师以及各行各业的人 40 来年的努力，SSD 终于改变了我们的生活。下面我们来回顾一下 SSD 的逆袭之路。

StorageSearch 是一家专门讲述各大固态存储公司产品的网站，本节中 SSD 发展史大部分内容来自于该网站的一篇文章：http://www.storagesearch.com/chartingtheriseofssds.html。

---

1. 昂贵的 RAM SSD 时代

我们都知道芯片巨头 Intel 现在最赚钱的产品是 CPU，但是在 20 世纪 70 年代，Intel 最赚钱的产品是 RAM，就是我们电脑内存条里面的芯片。当 RAM 刚被发明的时候，就有一些脑子灵活的人开始用很多 RAM 组装成容量很大的硬盘来卖。

据史料记载，1976 年，Dataram 公司开始出售叫作 Bulk Core 的 SSD，容量是 2MB（在当时很大了），使用了 8 块大电路板，每个板子有 18 位宽的 256KB 的 RAM（细心的读者肯定在想 2MB 是怎么算出来的，其实很简单，好好想想吧）。这款 SSD 是个大块头，具体外观如图 1-7 所示。

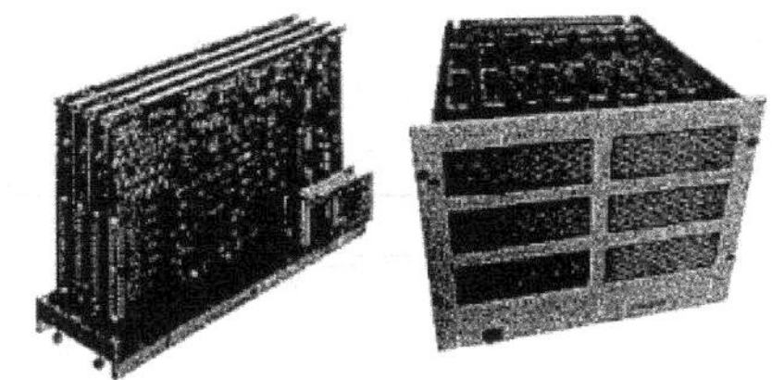

图 1-7 Bulk Core SSD

RAM 的优点是可以随机寻址，就是每次可以只读写一个字节的数据，速度很快；缺点也很明显，掉电数据就没了，价格还巨贵。其注定是土豪的玩具，不能进入寻常百姓家。

在以后的 20 多年时间里，TMS（Texas Memory Systems）、EMC、DEC 等玩家不断推出各种 RAM SSD，在这个小众的市场里自娱自乐。不过特别强调一下，最主要的玩家是 TMS。

2. 机械硬盘（HDD）称霸世界

当 SSD 还在富豪的俱乐部里被把玩的时候，HDD 却异军突起，迅速普及全世界。HDD 本来也很昂贵，而且容量小，但是 1988 年费尔和格林贝格尔发现了巨磁阻效应，这个革命性的技术使得 HDD 容量变得很大，在各大企业的推广下，HDD 进入千家万户。他们俩也因此获得了 2007 年诺贝尔物理学奖。

2013 年全球卖出了 5.7 亿块 HDD，市场为 320 亿美金。但是，HDD 已经过了最鼎盛的时代。图 1-8 所示是根据希捷、西部数据和东芝的出货量做出的全球 HDD 销量统计，可以看出，从 2010 年开始，HDD 出货量一直在下滑（2014 年有小的反弹）。

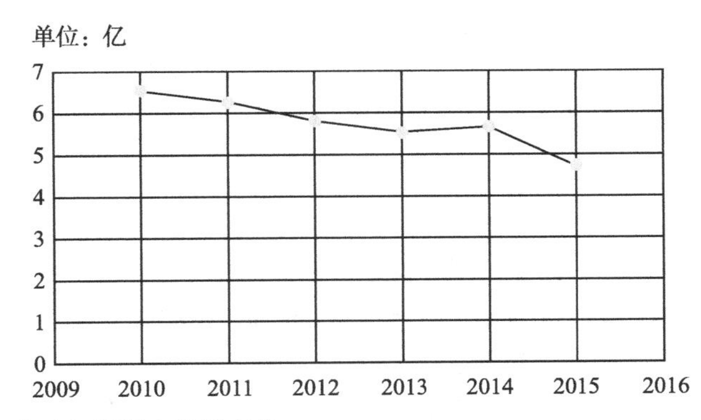

图 1-8 全球机械硬盘销量变化

3. 闪存——源于华人科学家的发明

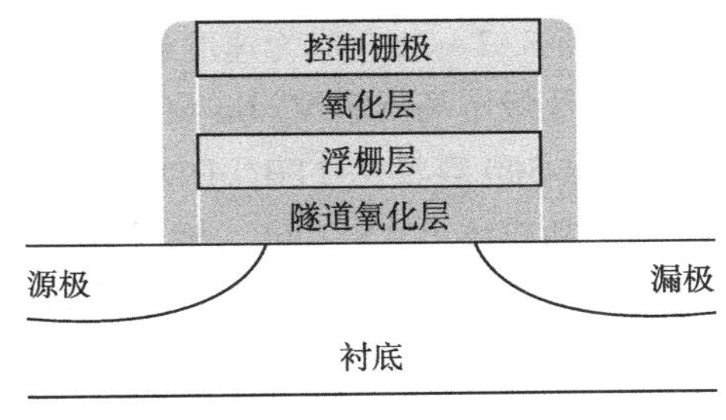

图 1-9 浮栅晶体管结构

1967 年，贝尔实验室的韩裔科学家姜大元和华裔科学家施敏一起发明了浮栅晶体管（Floating Gate Transistor），这是现在 SSD 基础——闪存的技术来源。学过 MOS 管的同学肯定对图 1-9 很熟悉，相比 MOSFET 就多了个 Floating Gate，悬浮在中间，所以叫浮栅。它被高阻抗的材料包裹，和上下绝缘，能够保存电荷，而电荷通过量子隧道效应进入浮栅。

施敏：1936 年生于南京，毕业于台湾大学，在斯坦福大学获得博士学位，是著名的物理学家，现于台湾交通大学任教。期待 SSD 的普及能让他获得诺贝尔奖。

---

4. 闪存 SSD 异军突起

20 世纪 90 年代末，终于有一些厂商开始尝试使用闪存制造 SSD，进行艰难的市场探索。1997 年，Altec Computer Systeme 推出了一款并行 SCSI 闪存 SSD，接着 1999 年 BiTMICRO 推出了 18GB 的闪存 SSD，从此，闪存 SSD 逐渐取代 RAM SSD，成为 SSD 市场的主流。闪存的特点是掉电后数据还在，真的像我们所知的硬盘了。

新技术的应用是如此之快，引起了科技巨头的关注。2002 年比尔·盖茨就预见到了 SSD 的普及，他保守地说，有一种叫 SSD 的东西，未来三四年内将会成为某些平板电脑的硬盘。可惜的是微软那时候没有成功推广平板电脑。

从 2003 年开始，SSD 的时代终于到来，SSD 开始成为存储行业的一个热词，固态硬盘的概念开始为许多人所知晓。

2005 年 5 月，三星电子宣布进入 SSD 市场，这是第一家进入这个市场的科技巨头。

5. 2006 年，SSD 进入笔记本

2006 年，NextCom 制造的笔记本开始使用 SSD。三星推出了 32GB 的 SSD，并认为 2007 年 SSD 市场容量可达 13 亿美金，2010 年将达到 45 亿美金。9 月，三星推出了 PRAM SSD，这另一种 SSD 技术，其采用了 PRAM 作为载体，三星希望能取代 NOR 闪存。

同年 11 月，微软的 Windows Vista 来到了市场上，这是第一款支持 SSD 特殊功能的 PC 操作系统。

6. 2007，革命之年

2007 年，Mtron 和 Memoright 公司开发了 2.5 寸和 3.5 寸的闪存 SSD，读写带宽和随机 IOPS 性能终于达到了最快的企业级 HDD 水平，同时闪存 SSD 开始在某些领域替代原来的 RAM SSD。硬盘大战的序幕从此拉开。

2 月份，Mtron 推出的 PATA SSD 写速度为 80MB/s，但是仅仅 8 个月后，Memoright 的 PATA 和 SATA SSD 成为速度最快的——100MB/s 的读写速度。

企业级市场玩家 Violin Memory 和 Texas Memory Systems 也推出了大型 SSD。TMS 的 RamSan-500 容量达 2TB，DDR RAM 作为缓存，闪存作为存储。随机读 IOPS 100k，随机写 10k，顺序读写带宽达到了惊人的 2GB/s！来看看这个大家伙（见图 1-10）。

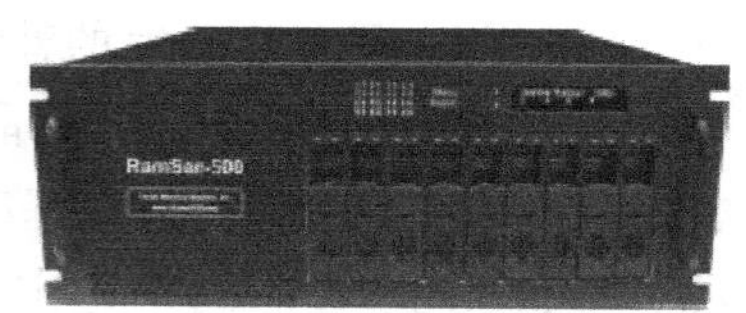

图 1-10　大型 SSD

闪存厂商 SanDisk、Micron 也推出了一系列的 SATA SSD，Toshiba 也宣布要做 SSD。年底的时候，市场上有 60

家 SSD OEM 厂商。

7. 2008 年，速度大战爆发

2008 年，SSD 厂商迅速达到了 100 家，就是说一年内新冒出了 40 家新的 SSD 厂商。这一年使用的闪存还是 SLC。SLC 虽然容量小、价格高，但是挡不住大家的热情，IOPS 不断被打破。

EMC 再次推出了使用 SSD 的网络存储系统 Symmetrix DMX-4，上一次使用 SSD 是在 20 年前，不过那时候是 RAM SSD。三星想要收购 SanDisk，悲剧的是被拒绝了，还好 Sandisk 的股东脑子清醒，因为现在 Sandisk 已经是一家市值百亿美金的巨头（2015 年 SanDisk 以 190 亿美元价格被西数收购）。Violin Memory 甚至宣布他们的 4TB 1010 Memory Appliance 可以达到 4KB 随机读带宽 200k，随机写 100k IOPS，支持 PCIe、Fibre Channel 和以太网接口。Fusion-IO 的 SSD 开始为 HP 的 BladeSystem 服务器提供加速功能。

著名的 OCZ 公司开始进入 2.5 寸 SSD 市场。Intel 开始出售 X-25E 2.5 寸 32GB SATA SSD，读延迟 75μs，10 个通道，读写带宽分别是 250/170 MB/s。4KB 随机读写带宽 35k IOPS 和 3.3k IOPS。

8. 2009 年，SSD 的容量赶上了 HDD

PureSilicon 公司的 2.5 寸 SSD 做到了 1TB 容量，由 128 片 64Gb 的 MLC 闪存组成。SSD 终于在同样的空间内，实现了和 HDD 一样大的容量。这一点很重要，因为之前 HDD 厂商认为 HDD 的优势是容量增大很容易，增加盘片密度就可以了，成本很低，而 SSD 必须要内部芯片数量翻番才能实现容量翻倍。但是这款 MLC SSD 证明一个存储单元（Cell）多存几个比特也可以让容量翻几番，但是性能却远超 HDD：读写带宽分别为 240MB/s 和 215MB/s，读延迟小于 100μs，随机读写分别为 50k IOPS 和 10k IOPS。HDD 厂商的危机来临了。

SSD 的巨大革新惊动了很多技术大牛，Apple 的早期创始人 Steve Wozniak 成为 Fushion-IO 的首席科学家。

大名鼎鼎的 SandForce 推出了第一代 SSD 控制器 SF-1000，是当时最快的 2.5 寸 SATA SSD 芯片，拥有 250MB/s 读写带宽,30k IOPS。Intel 为内部员工配备了 1 万台 SSD 笔记本。Micron 的 C300 SSD 实现读带宽 355MB/s 和写带宽 215MB/s。

在 SSD 的热潮中，HDD 的巨头希捷也坐不住了，试验性地开始销售 SSD 产品。

9. 2010 年，SSD 市场开始繁荣

2010 年，SSD 市场达到了 10 亿美金。

Fusion-IO 宣布年度营收增长 300%。SandForce 开始使用广告词“SandForce Driven SSDs”。这一年企业级市场还是 SLC，但是消费级产品开始广泛使用 MLC 了。

10. 2011 ～ 2012 年，上市、收购，群雄并起

2011 年 6 月，Fusion-IO 上市，市值 18 亿美金，后来一度达到 40 多亿美金，这家当年

的明星公司没想到后来 11 亿美金便宜卖掉了，令人唏嘘不已，可见大家看好的 SSD 市场竞争异常激烈。

SandForce 说他们的 SSD 控制器内置数据实时压缩功能，这使得 SSD 的使用寿命进一步延长，读写带宽也得到提高。因为经过压缩后，实际写入 SSD 内部的数据大幅度减少，这个实时压缩技术听起来简单，可是实现起来异常复杂，因为压缩之后每一个用户数据页的大小都不一样，映射表等的设计需要非常精妙。所以，至今仍然没有几家公司实现 SSD 内部压缩。不得不说，已经被轮番收购，最后落入希捷手中的 SandForce 是 SSD 控制器市场最成功的公司：做出了最成功的产品，技术非常精妙，市场又很成功。

图 1-11 SandForce 宣传 SSD 击败 HDD 的海报

新的厂商不断出现，巨头的土地兼并也开始了。几个著名的控制器芯片厂商消失：2011 年年初，OCZ 以 3200 万美金收购 Indilinx；年底，老牌存储芯片玩家 LSI 以 3.7 亿美金收购了 SandForce；2012 年 6 月，Hynix 收购了 LAMD（Link A Media Devices）。

图 1-12 Skyera Logo

企业级市场也开始使用 MLC。闪存阵列厂商 Skyera（其 Logo 如图 1-12 所示）推出了 44TB 的 SSD，售价 13.1 万美金！

这一年的另一个重大事件是 IBM 收购了老牌 RAM SSD 厂商 TMS。

11. 2013 年，PCIe SSD 进入消费者市场

台式机和笔记本觉得 SATA 已经不够用了，SATA 是为 HDD 设计的接口，最大速度是 6Gbps，只能达到最高 600MB/s 的带宽（扣除协议开销，实际速度可能只有 560MB/s 左右），同时命令队列不够深，不适合 SSD 使用。SSD 开始在协议上引发存储技术的变革。

同时出现了可以插在内存 DIMM 插槽里的 SSD，容量大，速度快，掉电数据还在，就看用户怎么使用内存了。软件可得跟上啊！

闪存阵列厂商 Violin Memory 纳斯达克上市，让投资人悲催的是当天股价从 9 美金跌到 7 美金，两周后 CEO Donald Basile 被赶跑了。看来全闪存阵列的前景并不被看好。

年底，LSI 被 Avago 以 66 亿美金收购。

12. 2014 年，SSD 软件平台重构企业级存储

SSD 大放异彩需要整个生态链的支持，因为以前的软件和协议都是为慢速 HDD 设计的。现在它们需要适应快速的硬盘。

VMware的VSAN能够支持3～8个服务器节点。SanDisk的企业级存储软件ZetaScale支持占用大量内存的应用，有了SSD后，DRAM作为缓存，SSD来存储程序数据，速度依然很快。这对有着大量数据的数据库来说非常有用，不用开发硬盘的接口了，数据都可以放在内存里面。

SanDisk 11亿美金收购Fusion-IO，希捷4.5亿美金收购Avago（LSI）的企业级SSD部门ASD和SSD控制器芯片部门FCD（SandForce）。

年底，原SandForce创始团队创建的创业公司Skyera被WD收购。

13. 2015年，3D XPoint

Tezarron说会在2016年采用Rambus的ReRAM来做SSD。

Northwest Logic开发的FPGA控制器可以支持Everspin的MRAM。

Toshiba发布48层3D闪存样品，容量16GB。

Diablo和Netlist打官司，Diablo赢了，官司的内容是ultrafast Flash DIMM。他们发布了Memory1，号称能在需要大内存的环境下替换内存。

不过Netlist宣布和Samsung合作开发Flash As RAM的DIMM。

SSD控制器厂商SMI 5700万美金收购了SSD厂商Shannon Systems——宝存科技。

7月，Intel和Micron宣布开发出了新型存储器——3D XPoint。

Pure Storage完成IPO，上市。

Crossbar D轮融资3500万美金，开发RRAM SSD。

WD 190亿美金收购Sandisk。

14. 2016年，NVDIMM开始供货，关键是怎么标准化

Google经过测试认为不值得花那么多钱去买SLC，其实MLC性价比更高。

NVMdurance再次融资，号称能延长闪存寿命。

Cadence和Mellanox展示了PCIe 4.0技术，带宽达到16Gbps。

Pure Storage表示2016年第一季度全闪存阵列收入超过了机械硬盘阵列头号厂商。

Diablo的128GB DDR4 Memory1开始供货。

希捷展示60TB的3.5寸SAS SSD。

Nimbus在FMS上展示4PB 4U HA全闪存阵列。

Everspin（MRAM）启动上市IPO进程。

Rambus宣布了基于FPGA的数据加速卡项目。

SiliconMotion发布了世界上第一颗SD 5.1标准的SD卡控制器。

Violin破产保护。

1.4 SSD基本工作原理

从主机PC端开始，用户从操作系统应用层面对SSD发出请求，文件系统将读写请求

经驱动转化为相应的符合协议的读写和其他命令，SSD 收到命令执行相应操作，然后输出结果，每个命令的输入和输出经协议标准组织标准化，这是标准的东西，和 HDD 无异，只不过 HDD 替换成 SSD 硬件存储数据，访问的对象变成 SSD。

SSD 的输入是命令（Command），输出是数据（Data）和命令状态（Command Status）。SSD 前端（Front End）接收用户命令请求，经过内部计算和处理逻辑，输出用户所需要的数据或状态。

从图 1-13 所示可以看出，SSD 主要有三大功能模块组成：

- 前端接口和相关的协议模块；
- 中间的 FTL 层（Flash Translation Layer）模块；
- 后端和闪存通信模块。

SSD 前端负责和主机直接通信，接收主机发来的命令和相关数据，命令经 SSD 处理后，最终交由前端返回命令状态或数据给主机。SSD 通过诸如 SATA、SAS 和 PCIe 等接口与主机相连，实现对应的 ATA、SCSI 和 NVMe 等协议，如表 1-5 所示。

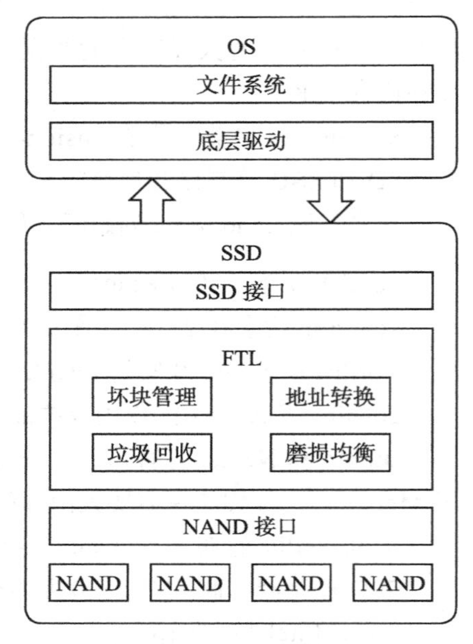

图 1-13 SSD 系统调用

表 1-5 SATA/SAS/PCIe 接口协议

接口	协议命令	主机控制器接口	标准组织
SATA	ATA/SATA 命令集	AHCI（Advanced Host Controller Interface）	ATA-IO
SAS	SCSI 命令集	SCSI	T10 of INCITS
PCIe	NVMe 命令集	NVMe	PCIExpress/NVM Express

我们看看 SSD 是怎么进行读写的，以写为例。

主机通过接口发送写命令给 SSD，SSD 接收到该命令后执行，并接收主机要写入的数据。数据一般会先缓存在 SSD 内部的 RAM 中，FTL 会为每个逻辑数据块分配一个闪存地址，当数据凑到一定数量后，FTL 便会发送写闪存请求给后端，然后后端根据写请求，把缓存中的数据写到对应的闪存空间。

由于闪存不能覆盖写，闪存块需擦除才能写入。主机发来的某个数据块，它不是写在闪存固定位置，SSD 可以为其分配任何可能的闪存空间写入。因此，SSD 内部需要 FTL 这样一个东西，完成逻辑数据块到闪存物理空间的转换或者映射。

举个例子，假设 SSD 容量为 128GB，逻辑数据块大小为 4KB，所以该 SSD 一共有 128GB/4KB=32M 个逻辑数据块。每个逻辑块都有一个映射，即每个逻辑块在闪存空间都有一个存储位置。闪存地址大小如果用 4 字节表示，那么存储 32M 个逻辑数据块在闪存中的地址则需要 32M × 4B=128MB 大小的映射表。

正因为 SSD 内部维护了一张逻辑地址到物理地址转换的映射表，当主机发来读命令时，SSD 能根据需要读取的逻辑数据块查找该映射表，获取这些逻辑数据在闪存空间所在的位置，后端便能从闪存上把对应数据读到 SSD 内部缓存空间，然后前端负责把这些数据返回给主机。

由于前端接口协议都是标准化的，后端和闪存的接口及操作也是标准化的（闪存遵循 ONFI 或者 Toggle 协议），因此，一个 SSD 在前端协议及闪存确定下来后，差异化就体现在 FTL 算法上了。FTL 算法决定了性能、可靠性、功耗等 SSD 的核心参数。

其实，FTL 除了完成逻辑数据到闪存空间的映射，还需要做很多其他事情。

前面提到，闪存不能覆盖写，因此随着用户数据的不断写入，闪存空间会产生垃圾（无效数据）。FTL 需要做垃圾回收（Garbage Collection），以腾出可用闪存空间用以写用户数据。

以图 1-14 所示为例，在 Block *x* 和 Block *y* 上有很多垃圾数据，其中 Block *x* 上的 A、B、C 为有效数据，Block *y* 上的 D、E、F、G 为有效数据。垃圾回收就是把一个或者几个 Block 上的有效数据搬出来集中写到某个空闲 Block 上（比如 Block *z*）。当这些 Block 上的有效数据都搬走后，FTL 便能擦除这些 Block，然后又能把这些 Block 拿出来供 SSD 写入新的数据了。

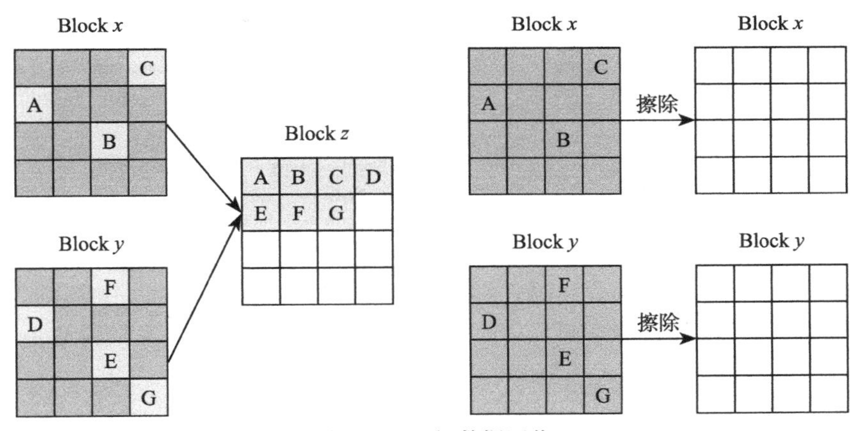

图 1-14　垃圾数据回收

还有，闪存都是有寿命的，每个闪存块不能一直写数据，因此，为保证最大的数据写入量，FTL 必须尽量让每个闪存块均衡写入，这就是磨损平衡（Wear Leveling）。

除此之外，FTL 还需要实现坏块管理、读干扰处理、数据保持处理、错误处理等很多其他事情。理解了 FTL，SSD 的工作原理也就掌握了。关于 FTL，本书有专门章节介绍，读者可自行跳到第 4 章阅读。

1.5　SSD 产品核心参数

用户在购买 SSD 之前，会关注它的一些参数指标，比如能跑多快、用的是什么闪存等。

特别是企业级用户，需要全方位研究 SSD 的核心指标，解决关注什么指标、如何关注、竞争产品对比等问题，最终逐一拨开产品内在本质。本节以 Intel 一款企业级 SATA 接口数据中心盘 S3710 SSD 产品手册为例（见图 1-15），带大家一起解读 SSD 产品的核心参数。

Intel® Solid-State Drive DC S3710 Series

Product Specification

- Capacity:
  - 200GB, 400GB, 800GB, 1.2TB
- Components:
  - Intel® 20nm NAND Flash Memory
  - High Endurance Technology (HET) Multi-Level Cell (MLC)
- Form Factor: 2.5-inch
- Read and Write IOPS[1,2] (Full LBA Range, IOMeter* Queue Depth 32)
  - Random 4KB[3] Reads: Up to 85,000 IOPS
  - Random 4KB Writes: Up to 45,000 IOPS
  - Random 8KB[3] Reads: Up to 52,000 IOPS
  - Random 8KB Writes: Up to 21,000 IOPS
- Bandwidth Performance[1]
  - Sustained Sequential Read: Up to 550 MB/s[4]
  - Sustained Sequential Write: Up to 520 MB/s
- Endurance: 10 drive writes per day[5] for 5 years
  - 200GB: 3.6PB 400GB: 8.3PB
  - 800GB: 16.9PB 1.2TB: 24.3PB
- Latency (average sequential)
  - Read: 55 µs (TYP)
  - Write: 66 µs (TYP)
- Quality of Service[6,8]
  - Read/Write: 500 µs / 5 ms (99.9%)
- Performance Consistency[7,8]
  - Read/Write: Up to 90%/90% (99.9%)
- AES 256-bit Encryption
- Altitude[9]
  - Operating: -1,000 to 10,000 ft
  - Operating[10]: 10,000 to 15,000 ft
  - Non-operating: -1,000 to 40,000 ft
- Product Ecological Compliance
  - RoHS*
- Compliance
  - SATA Revision 3.0; compatible with SATA 6Gb/s, 3Gb/s and 1.5Gb/s interface rates
  - ATA/ATAPI Command Set – 2 (ACS-2 Rev 7); includes SCT (Smart Command Transport) and device statistics log support
  - Enhanced SMART ATA feature set
  - Native Command Queuing (NCQ) command set
  - Data set management Trim command
- Power Management
  - 5V or 5V+12V SATA Supply Rail[11]
  - SATA Interface Power Management
  - OS-aware hot plug/removal
  - Enhanced power-loss data protection feature
- Power[12]
  - Active: Up to 6.9 W (TYP)[8]
  - Idle: 600 mW
- Weight:
  - 200GB: 82 grams ± 2 grams
  - 400GB: 82 grams ± 2 grams
  - 800GB: 88 grams ± 2 grams
  - 1.2TB: 94 grams ± 2 grams
- Temperature
  - Operating: 0° C to 70° C
  - Non-Operating[13]: -55° C to 95° C
  - Temperature monitoring and logging
  - Thermal throttling
- Shock (operating and non-operating): 1,000 G/0.5 ms
- Vibration
  - Operating: 2.17 G_{RMS} (5-700 Hz)
  - Non-Operating: 3.13 G_{RMS} (5-800 Hz)
- Reliability
  - Uncorrectable Bit Error Rate (UBER): 1 sector per 10^{17} bits read
  - Mean Time Between Failures (MTBF): 2 million hours
  - End-to-End data protection
- Certifications and Declarations
  - UL*, CE*, C-Tick*, BSMI*, KCC*, Microsoft* WHCK, VCCI*, SATA-IO*
- Compatibility
  - Windows 7* and Windows 8*, and Windows 8.1*
  - Windows Server 2012* R2
  - Windows Server 2012*
  - Windows Server 2008* Enterprise 32/64bit SP2
  - Windows Server 2008* R2 SP1
  - Windows Server 2003* Enterprise R2 64bit SP2
  - VMWare* 5.1, 5.5
  - Red Hat* Enterprise Linux* 5.5, 5.6, 6.1, 6.3, 7.0
  - SUSE* Linux* Enterprise Server 10, 11 SP1
  - CentOS* 64bit 5.7, 6.3
  - Intel® SSD Toolbox with Intel® SSD Optimizer

图 1-15 Intel DC S3710 固态硬盘规格书截图

从图 1-15 所示分类来看，这份文档给用户展示了 SSD 几大核心参数：

- ❑ **基本信息：** 包括容量配置（Capacity）、介质信息（Component）、外观尺寸（Form Factor）、重量（Weight）、环境温度（Temperature）、震动可靠性（Shock 和

Vibration)、认证(Certifications)、加密(Encryption)等信息。

- **性能指标:** 连续读写带宽、随机读写 IOPS、时延(Latency)、最大时延(Quality of Service)。
- **数据可靠性和寿命:** Reliability、Endurance。
- **功耗:** Power Management、Active Power 和 Idle Power。
- **兼容性等:** Compliance、Compatibility(与操作系统集成时参考)。

当然,还有其他一些重要信息在产品规范书里是无法体现出来的,比如产品可靠性(RMA Rate)。由于固件或者硬件缺陷导致产品返修率高低是很关键的,在保质期内产品返修率越低越好。尤其是企业级硬件,数据比 SSD 盘本身更重要,用户不能容忍的是由于固件、硬件可靠性问题或缺陷导致丢数据,或者数据无法通过技术手段恢复。

产品的测试条件信息、产品的系统兼容性好坏的信息等也是无法在产品规范书里体现出来的。这些也是考验购买 SSD 的用户对 SSD 理解的深度。从测试条件的苛刻设计中提炼出用户自己想要的测试用例,用测试结果来反映产品规范书里无法透露和显示的产品的实际数据信息。当然,能通过苛刻的测试,并在实际上线运行中经受住系统的考验,日积月累,产品的品牌就打出来了。每家 SSD OEM 客户都有自己的标准和测试,通过实际测试和运行数据检验出口碑和质量好或差的 SSD 供应商。

行业是公平的,长期来看,对于各供应商的 SSD 质量客户心中是有数的。

1.5.1 基本信息剖析

1. SSD 容量

SSD 容量是指提供给终端用户使用的最终容量大小,以字节(Byte)为单位。这里要注意,标称的数据都以十进制为单位的,程序员出身的人容易把它当成二进制。同样一组数据,二进制比十进制会多出 7% 的容量,例如:

十进制 128GB:128 × 1000 × 1000 × 1000=128 000 000 000 字节

二进制 128GB:128 × 1024 × 1024 × 1024=137 438 953 472 字节

以二进制为单位的容量行业内称为裸容量,以十进制为单位的容量称为用户容量。

裸容量比用户容量多出 7%。这里指 GB 级,当进入到 TB 级时,数值差距更大。读者可自行计算。

对于闪存本身,它是裸容量。那么,裸容量多出的 7% 容量在 SSD 内部做什么用呢?SSD 可以利用这多出来的 7% 空间管理和存储内部数据,比如把这部分额外的空间用作 FTL 映射表存储空间、垃圾回收所需的预留交换空间、闪存坏块的替代空间等。这里的 7% 多余空间也可以转换为 OP 概念(Over Provisioning),公式是:

$$\text{OP}=\frac{\text{SSD 裸容量}-\text{用户容量}}{\text{用户容量}}$$

2. 介质信息

当前 SSD 盘核心存储介质是闪存，闪存这种半导体介质有其自身物理参数，例如寿命（PE cycles，编程擦除次数）、Program（写编程）、Erase（擦除）和 Read（读）时间、温度对读写擦的影响、闪存页的大小、闪存块的大小……这些都是介质的信息，介质的好坏直接影响数据存储的性能和完整性。

闪存分 SLC、MLC、TLC（甚至 QLC），它指的是一个存储单元存储的比特数（见表 1-6）：

- SLC（Single-Level Cell）即单个存储单元存储 1 bit 的数据。SLC 速度快，寿命长（5 万～ 10 万次擦写寿命），但价格超贵（约是 MLC 3 倍以上的价格）。
- MLC（Multi-Level Cell）即单个存储单元存储 2bit 的数据。MLC 速度一般，寿命一般（约为 3k ～ 10k 次擦写寿命），价格一般。
- TLC（Trinary-Level Cell）即单个存储单元存储 3 bit 的数据，也有闪存厂家叫 8LC，速度慢，寿命短（约 500 ～ 1500 次擦写寿命），价格便宜。

表 1-6 SLC、MLC 和 TLC 参数比较

闪存类型	SLC	MLC	TLC
每单元比特数	1	2	3
擦除次数（k）	100	3	1
读取时间（μs）	30	50	75
编程时间（μs）	300	600	1 000
擦除时间（μs）	1 500	3 000	4 500

闪存发展到现在，经历了 2D 平面到现在的 3D 立体制程（Process）的大发展，目标只有一个：硅片单位面积（mm^2）能设计生产出更多的比特（bit），让每 GB 成本和价格更低。这是介质厂商的目标和客户的诉求，同时也是半导体工业发展的趋势。

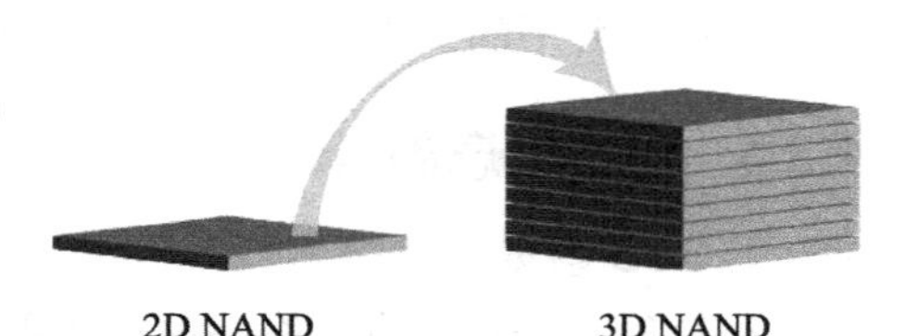

图 1-16 2D vs. 3D 闪存结构示意图

来看一下 2D 到 3D 的单位面积比特数的比较（见表 1-7），48 层 Samsung 的 3D V-NAND 每平方毫米能生产出 2600Mb 的数据，3 倍于 2D 闪存，所以同样的晶元可以切割 3 倍的数据量，简单计算的话每 GB 的价格能降为原来的 1/3。

表 1-7 不同闪存密度对比

	Micron 16 nm	Hynix 16 nm	Samsung 16 nm	Samsung 48L V-NAND
年份	2014	2014	2015	2016
制程节点（nm）	16	16	16	21
Die 容量（Gb）	128	64	64	256
Die 面积（mm^2）	176	93	86.4	99
密度（Mb/mm^2）	730	690	740	2 600

最后我们来看一下各家闪存生产发展节点图（见图 1-17），若一句话来概括最终竞争的目标，则为：在制程允许的范围内，发展更密、更快、价格更低的闪存产品。

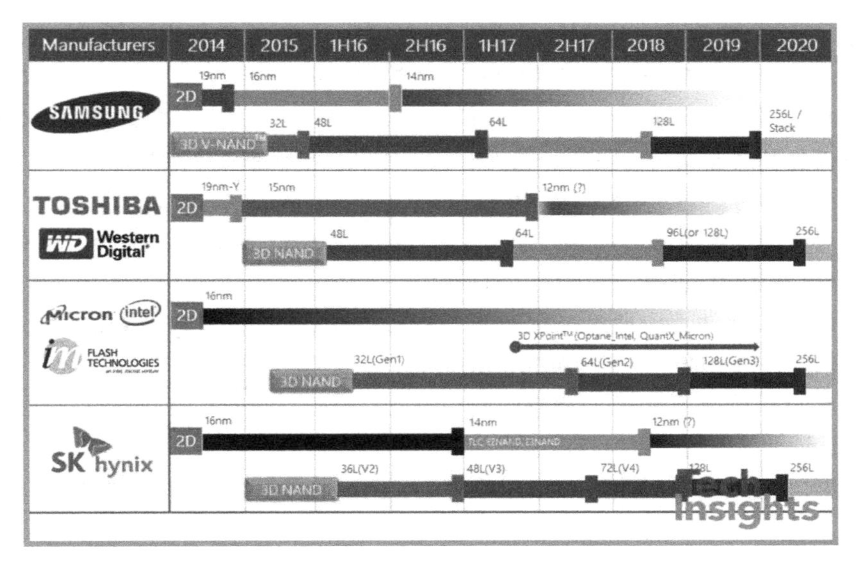

图 1-17　闪存原厂路线图

3. 外观尺寸

SSD 是标准件，外观尺寸需要满足一定的规定要求（长宽高和接口连接器），这又通常称为 Form Factor。那 SSD 会有哪些 Form Factor 呢？细分为 3.5 寸、2.5 寸、1.8 寸、M.2、PCIe card、mSATA、U.2 等 Form Factor 标准（见图 1-18），每个 Form Factor 也都有三围大小、重量和接口引脚等明确规范。

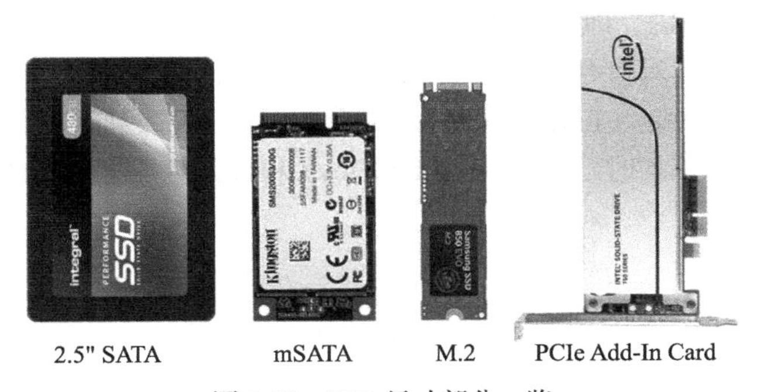

图 1-18　SSD 尺寸部分一览

Form Factor 标准组织：

- https://www.snia.org/forums/sssi/knowledge/formfactors
- http://www.ssdformfactor.org/

---

4. 其他

我们这里看看温度和认证及兼容性信息这两个参数。

- ❑ 温度：所有工业品都有温度规范，SSD 应在一定温度范围内使用。工作温度为 0℃～ 70℃，说的是 SSD 在运行状态时的温度，超出这个温度范围 SSD 可能出现产品异常和数据异常，这不在产品保证和保修范围内。非工作温度为 -50℃～ 90C，这是 SSD 储存和运输期间的温度，也就是在非开机工作状态下，产品运输和仓库存储时的参考温度参考。超出 -50℃～ 90℃，SSD 可能会发生损坏。
- ❑ 认证及兼容性信息（见图 1-19）：SSD 硬件和软件都应通过一定认证测试来反映产品的标准测试情况，从而让客户明确是不是过了相应的测试。认证和兼容性是对应标准组织的测试集，标准组织属于第三方，独立客观，测试通过意味着可以免去客户一部分测试。

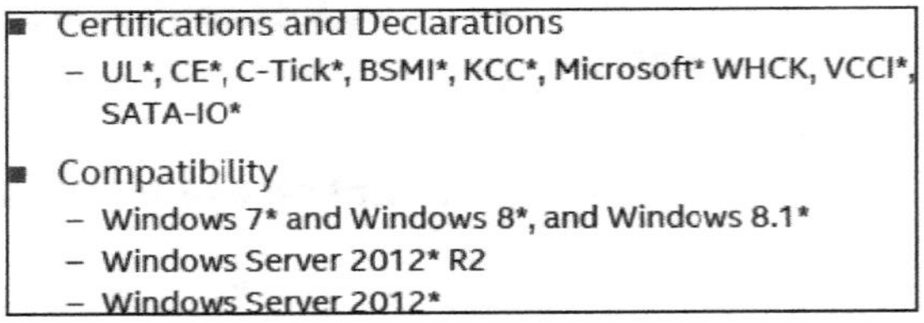

- Certifications and Declarations
  - UL*, CE*, C-Tick*, BSMI*, KCC*, Microsoft* WHCK, VCCI*, SATA-IO*
- Compatibility
  - Windows 7* and Windows 8*, and Windows 8.1*
  - Windows Server 2012* R2
  - Windows Server 2012*

图 1-19　SSD 兼容性示例

1.5.2　性能剖析

1. 性能指标

硬盘性能指标一般包括 IOPS（Input Output Operations Per Second，反映的是随机读写性能）、吞吐量（Throughput，单位 MB/s，反映的是顺序读写性能）、Response Time/Latency（响应时间 / 时延，单位 ms 或 μs）。

- ❑ IOPS：单位 IOPS，即设备每秒完成 IO 请求数，一般是小块数据读写命令的响应次数，比如 4KB 数据块尺寸。IOPS 数字越大越好。
- ❑ 吞吐量：单位 MB/s，即每秒读写命令完成的数据传输量，也叫带宽（Bandwidth），一般是大块数据读写命令，比如 512KB 数据块尺寸。吞吐量越大越好。
- ❑ 响应时间：也叫时延（Latency），即每个命令从发出到收到状态回复所需要的响应时间，时延指标有平均时延（Average Latency）和最大时延两项（Max Latency）。响应时间越小越好。

2. 访问模式

性能测试设计上要考虑访问模式（Access Pattern），包括以下三部分：

- ❑ Random/Sequential：随机（Random）和连续（Sequential）数据命令请求。何为随机和连续？指的是前后两条命令 LBA 地址是不是连续的，连续的地址称为 Sequential，不连续的地址称为 Random。
- ❑ Block Size：块大小，即单条命令传输的数据大小，性能测试从 4KB ～ 512KB 不等。随机测试一般用小数据块，比如 4KB；顺序测试一般用大块数据，比如 512KB。
- ❑ Read/Write Ratio：读写命令数混合的比例。

任何测试负荷（workload）都是这些模式的组合，比如：

1）顺序读测试：指的是 LBA 连续读，块大小为 256KB、512KB 等大尺寸数据块，读写比例为100%:0；

2）随机写测试：指的是LBA不连续的写，块大小一般为4KB，读写比例为0:100%；

3）随机混合读写：指的是LBA不连续的读写混合测试，块大小一般为4KB，读写保持一定的比例。

3. 时延指标

时延有平均时延和最大时延，数值越低越好。平均时延计算公式是整个应用或者测试过程中所有命令响应时间总和除以命令的个数，反映的是SSD总体平均时延性能；最大时延取的是在测试周期内所有命令中响应时间最长的那笔，反映的是用户体验，例如最大时延影响应用通过操作系统操作SSD时有无卡顿的用户体验。时延上了秒级，用户就会有明显的卡顿感知。

4. 服务质量指标

服务质量（Quality of Service，QoS）表达的是时延“置信级”（Confidence Level），如图1-20所示，在测试规定的时间内使用2个9（99%）到5个9（99.999%）的百分比的命令中最大的时延（Max Latency），也就是最慢的那条命令的响应时间。整体上看，一个SSD盘QoS时延分布整体越靠左越好，即时延越小越好。

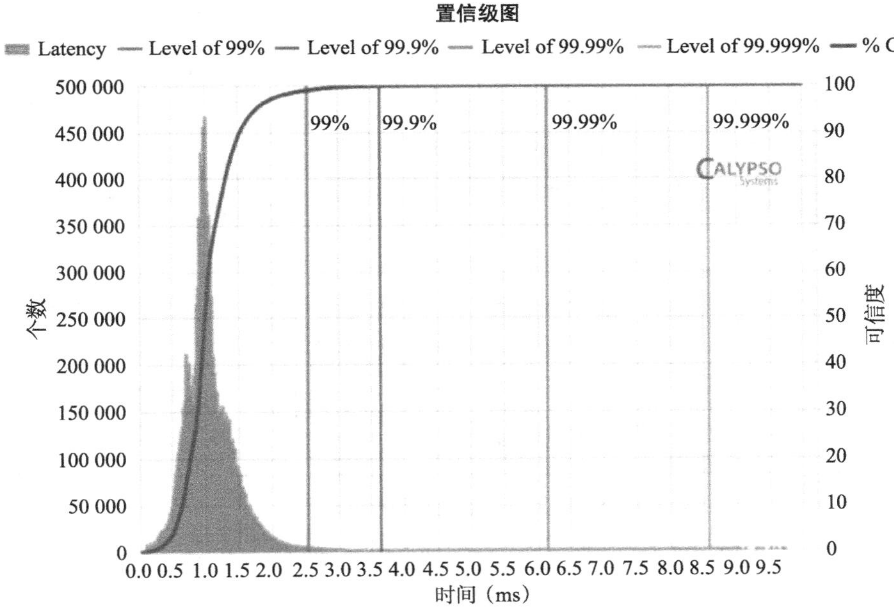

置信级图

Latency — Level of 99% — Level of 99.9% — Level of 99.99% — Level of 99.999% — % Confidence

图1-20　SSD时延分布图

对消费级硬盘来说，用户对时延要求可能不是很高。但对企业级硬盘来说，像数据中心（Data Center）等企业应用对时延的要求很敏感，比如BAT（百度、阿里巴巴、腾讯）的互联网应用，时延的大小关乎用户体验和互联网应用快慢的问题。这种类型的应用对IOPS

和吞吐量并不十分敏感，而更在乎时延（包括平均时延、最大时延或服务质量等指标）。

5. 性能数据一览

我们来看一组性能测试数据，包括 SSD、HDD 和 SSHD（SSD 和 HDD 混合硬盘）的性能数据，如图 1-21 所示。

SSD，HDD 和 SSHD 性能数据总结									
级别	种类	空盘 IOPS	IOPS（数字越大越好）			吞吐量（数字越大越好）		响应时间（越快越好）	
存储设备	Form Factor, Capacity, Cache	RND 4KB 100% W	RND 4KB 100% W	RND 4KB 65:35 RW	RND 4KB 100% R	SEQ 1024KB 100% W	SEQ 1024KB 100% R	RND 4KB 100% W AVE	RND 4KB 100% W MAX
HDD 和 SSHD									
7 200 RPM SATA Hybrid R30-4	2.5" SATA 500 GB WCD	125	147	150	135	97 MB/s	99 MB	15.55 msec	44.84 msec
15 000 RPM SAS HDD IN-1117	2.5" SAS 80 GB WCD	350	340	398	401	84 MB/s	90 MB/s	5.39 msec	97.28 msec
消费级 SSDs									
SATA 3 SSD R32-336	mSATA 32 GB WCD	18 000	838	1 318	52 793	79 MB/s	529 MB/s	1.39 msec	75.57 msec
SATA 3 SSD IN8-1025	SATA3 256 GB WCD	56 986	3 147	3 779	29 876	240 MB/s	400 MB/s	0.51 msec	1 218.45 msec
SATA 3 SSD R30-5148	SATA3 256 GB WCE	60 090	60 302	41 045	40 686	249 MB/s	386 MB/s	0.35 msec	17.83 msec
企业级 SSDs									
Enterprise SAS SSD RI-2288	SAS 400 GB WCD	61 929	24 848	29 863	53 942	393 MB/s	496 MB/s	0.05 msec	19.60 msec
Server PCIe SSD INI-1727	PCIe 320 GB WCD	133 560	73 008	53 797	54 327	663 MB/s	772 MB/s	0.05 msec	12.60 msec
Server PCIe SSD IN24-1349	PCIe 700 GB WCD	417 469	202 929	411 390	684 284	1 343 MB/s	2 053 MB/s	0.03 msec	0.58 msec

图 1-21　SSD、HDD 和 SSHD 性能数据一览

测量指标包括空盘（FOB，Fresh out of Box）和满盘下的 IOPS、吞吐量、平均时延和最大时延。

测试空盘 IOPS 用的测试模式是“RND 4KB 100% W”，即 4KB（二进制 4KB，即 4096 字节）随机 100% 纯写。

测试满盘下 IOPS，用了三种测试模式，分别为：

1）RND 4KB 100% W：数据块大小为 4KB 的写命令，100% 随机写；

2）RND 4KB 65:35 RW：数据块大小为4KB的读写命令，65%的读，35%的写，混合随机读写；

3）RND 4KB 100% R：数据块大小为4KB的读命令，100%随机读。

从图1-21中我们可以看出，对HDD和SSHD，满盘下和空盘下写的IOPS相差不大（都很糟糕），而对SSD来说，满盘和空盘写的IOPS相差很大。这是因为，对HDD来说，满盘后，没有垃圾回收操作，所以空盘和满盘下写的性能差不多；但对SSD来说，满盘后，写会触发垃圾回收，导致写性能下降。

对消费级SSD来说，商家给的测试数据一般是空盘下测试的数据，数字相当好看，"最高可达"常挂嘴边。新买的盘，我们测试时会发现性能和商家标称的差不多，但随着盘的使用，会出现掉速问题。垃圾回收是其中一个原因，还有可能就是SLC缓存用完了，这里就不具体展开了。

对企业级SSD来说，客户更关注的是稳态性能，即满盘性能。所以，商家给出的性能参数一般是满盘数据，"最高可达"字眼消失。我们可以从有没有"最高可达"来快速判断一个盘是企业级还是消费级。

关于吞吐量测试，有两种模式，分别为：

1）SEQ 1024KB 100% W：数据块大小为1024KB的顺序写测试；

2）SEQ 1024KB 100% R：数据块大小为1024KB的顺序读测试。

关于时延，如前所述，有平均时延和最大时延两种，其中最大时延反映的是服务质量。测试模式都是4KB 100%随机写。从上可以看出，SSD测试的是cache on下的时延，即数据到SSD的内部缓冲区即返回命令状态。为什么不是FUA？因为对闪存来说，即使是SLC，也没有办法做到几十微秒就能写入到闪存。如果是FUA命令测试的话，其平均时延至少是几百微秒。

1.5.3 寿命剖析

用户拿到一款SSD，除了关心其容量和性能参数外，还会关心它的寿命（Endurance）指标，也就是在SSD产品保质期内，总的寿命是多少，能写入多少字节的数据量。衡量SSD寿命主要有两个指标，一是DWPD（Drive Writes Per Day），即在SSD保质期内，用户每天可以把盘写满多少次；另一指标是TBW（Terabytes Written），在SSD的生命周期内可以写入的总的字节数。

1. DWPD

回头看一下上面的S3710 SSD的Endurance项：

- Endurance: 10 drive writes per day[5] for 5 years
  - 200GB: 3.6PB   400GB: 8.3PB
  - 800GB: 16.9PB   1.2TB: 24.3PB

200GB SSD五年使用期限内对应的寿命是3600TB，平均到每天可以写入3600TB/

（5×365）=1972GB，这块盘本身 200GB，1972GB 相当于每天写入 10 次，也就是规范书说的 10 Drive Writes Per Day，简称 10 DWPD。DWPD 为 5 年的寿命期内每天可以满盘写入的次数。

由上可以看出，总的写入量可以换算成 DWPD，一些 SSD 指标上更多使用 DWPD 作为寿命参数。这里要特别说明的是，从应用的角度出发，多数应用读多写少，少数应用写多读少，应用不同，对 SSD 的寿命要求也不同。所以我们可以将其归类为：写密集（Write Intensive）和读密集（Read Intensive）两种类型。

表 1-8 比较好地归纳出应用场合和应用读写特点所需求的 DWPD 参数，这里就不展开解释了。

表 1-8　DWPD 参数

用户场景	需求寿命，DWPD	成本	应用
写密集	10 ～ 25	¥¥¥	关键应用：数据库、媒体编辑、虚拟化
一般读密集	3 ～ 10	¥¥	读写差不多的应用：数据仓库、读缓存
重度读密集	1 ～ 3	¥	写少读多应用：启动分区、网页或文件服务器、视频播放

天下没有免费的午餐，DWPD 越大，单盘价格自然越高。所以用户需要思考的是什么应用场景使用 SSD，以及使用哪种 DWPD 寿命的 SSD，照顾性能和经济的双重平衡。最好的平衡艺术就是根据用户数据的生存期及热度分层，或者在技术架构上根据数据冷热和存在时间为数据打标签，然后放入对应的层级以及不同 DWPD 的 SSD。

以下是一个典型的应用场景的 SSD 分级应用，OLTP（联机事务处理）有大量写应用的数据（术语叫热数据），性能要求极高，所以放入 T1-WI SSD 层，这一层 SSD 单盘价格高，总容量低；第二层是写少读多应用（术语叫温数据），性能要求也很高，所以使用 T2-RI SSD 存放数据；第三层基本上是冷数据，极少被读到和写到，所以用大容量低价的 HDD 也无可厚非。总体来说 OLTP 用到了 40% 的 SSD，算是对 SSD 需求量比较高的应用类型。当然也有不太需要 SSD 的应用，如图 1-22 最右列所示的 Disaster Recovery（容灾备份）。

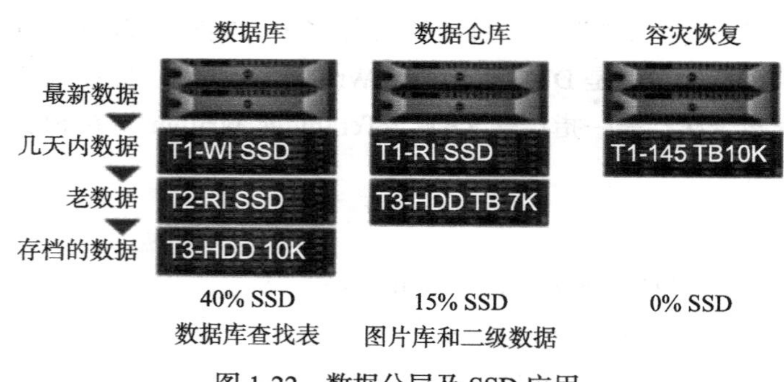

图 1-22　数据分层及 SSD 应用

最后我们来看一下现实世界对 SSD 的 DWPD 要求。数据显示更多的应用是写少读多，83% 的应用使用少于 1 DWPD 的 SSD。想象一下消费级 SSD，我们每天的数据写入量是极少的，盘生命周期内几乎不会被填满，所以极低的 DWPD 是可以接受的。业界主流的消费级 SSD DWPD 是 0.3。可以预见的是，数据爆炸的时代，用户对数据总量的需求是逐年递增的，即新增数据成倍数逐年增加，尤其是企业级应用，这个 83% 是否会减少？答案是肯定的。

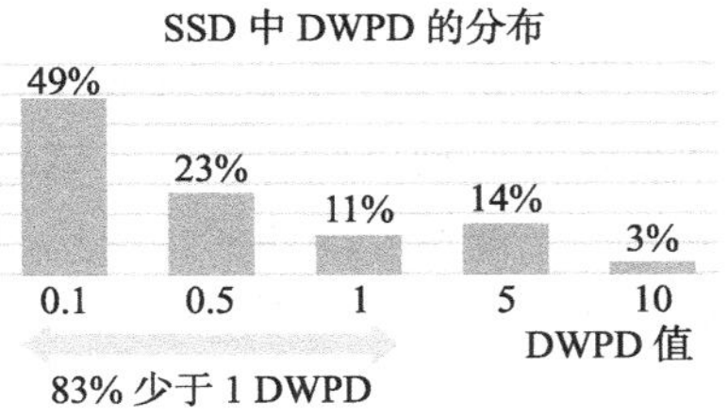

图 1-23 SSD DWPD 现实需求

2. TBW

TBW 就是在 SSD 的生命周期内可以写入的总的字节数，用来表达 SSD 的寿命指标。从 SSD 的设计来看，如何设计来满足 SSD 的 TBW 要求或者 SSD 的 TBW 是如何计算的？哪些因素会影响 SSD 的 TBW？

先给一个公式：

$$\text{总写入量TBW} = \text{Capacity（单盘容量）} \times \frac{\text{NAND PE Cylces（NAND 写擦除寿命）}}{\text{WA（写放大）}}$$

式中：

- NAND PE Cycles：SSD 使用的闪存标称写擦除次数，如 3K、5K。
- Capacity：SSD 单盘用户可使用容量。
- WA：写入放大系数，这跟 SSD FW 的设计和用户的写入的数据类型（顺序写还是随机写）强相关。

TBW 和 DWPD 的计算公式：

$$\text{DWPD} = \frac{\text{TBW}}{\text{Years（SSD 盘标称使用年限）} \times 365 \times \text{Capacity（单盘容量）}}$$

有了上面的公式，你可以简单计算一块 SSD 盘的 TBW 或者由 TBW 计算每天的写入量。

1.5.4 数据可靠性剖析

SSD 有几个关键指标来衡量其可靠性：UBER、RBER 和 MTBF。

- UBER：Uncorrectable Bit Error Rate，不可修复的错误比特率。
- RBER：Raw Bit Error Rate，原始错误比特率。
- MTBF：Mean Time Between Failure，平均故障间隔时间。

1. 数据可靠性

我们接着看一下 S3710 SSD 手册中 Reliability（可靠性）项的截图：

- Reliability
  - Uncorrectable Bit Error Rate (UBER): 1 sector per 10^17 bits read
  - Mean Time Between Failures (MTBF): 2 million hours
  - End-to-End data protection

UBER 是一种数据损坏率衡量标准，等于在应用了任意特定的错误纠正机制后依然产生的每比特读取的数据错误数量占总读取数量的比例（概率）。

为什么 SSD 要定义 UBER？任何一项存储设备产品，包括 HDD，用户最关心的都是数据保存后的读取正确性。试想数据丢失和损坏对客户产生的后果是怎么样的？尤其是企业级用户数据。那如何让用户相信存储设备系统是可靠的呢？UBER 指标描述的是出现数据错误的概率，给用户以直观的概率数据以描述错误数据出现的可能性，当然该指标越低越好。

为什么会产生错误数据？SSD 的存储介质是闪存，闪存有天然的数据比特翻转率。主要有以下几种原因导致：

- 擦写磨损（P/E Cycle）。
- 读取干扰（Read Disturb）。
- 编程干扰（Program Disturb）。
- 数据保持（Data Retention）发生错误。

虽然 SSD 主控和固件设计会用纠错码（ECC）的方式（可能还包括其他方式，如 RAID）来修正错误数据，但错误数据在某种条件下依然有纠不回来的可能，所以需要用 UBER 让用户知道数据误码纠不回来的概率。

闪存原始的数据比特翻转加上 BCH 码（一种 ECC 纠错算法）经 ECC 校验码保护后，可以计算转换到 UBER。影响 UBER 最核心的因素是 RBER。图 1-24 所示为从 RBER、ECC 编码长度（Code Length）和保护强度（Strength）换算到 UBER，从中得出结论：相同的 ECC 编码长度，随着保护强度的增长，UBER 在大幅度降低。

编码长度	RBER	纠错强度	码率	UBER
8192	1.25e-3	37	0.937	1.016e-13
8192	1.25e-3	38	0.935	2.705e-14
8192	1.25e-3	39	0.933	7.012e-15
8192	1.25e-3	40	0.932	1.775e-15 ↓ 4000x
8192	1.25e-3	41	0.930	4.383e-16
8192	1.25e-3	42	0.928	1.057e-16
8192	1.25e-3	43	0.927	2.489e-17

图 1-24 UBER 和纠错强度的关系

在相同的 ECC 编码长度和保护强度下，RBER 越低，UBER 越低，并呈指数级降低，如图 1-25 所示。

RBER 反映的是闪存的质量。所有闪存出厂时都有一个 RBER 指标，企业级闪存和消费级闪存的 RBER 显然是不同的，价格当然也有所不同。RBER 指标也不是固定不变的，如图 1-26 所示，闪存的数据错误率会随着使用寿命（PE Cycle）的增加而增加。为了挑战极限，必须准备好处理每 100 个 bit 就有 1 个坏 bit 的情况。

编码长度	RBER	纠错强度	码率	UBER
8192	2.75e-3	40	0.932	1.503e-06
8192	2.50e-3	40	0.932	2.116e-07
8192	2.25e-3	40	0.932	1.987e-08
8192	2.00e-3	40	0.932	1.128e-09
8192	1.75e-3	40	0.932	3.373e-11
8192	1.50e-3	40	0.932	4.350e-13
8192	1.25e-3	40	0.932	1.775e-15

↓ 840 000 000x

图 1-25　UBER 和 RBER 的关系

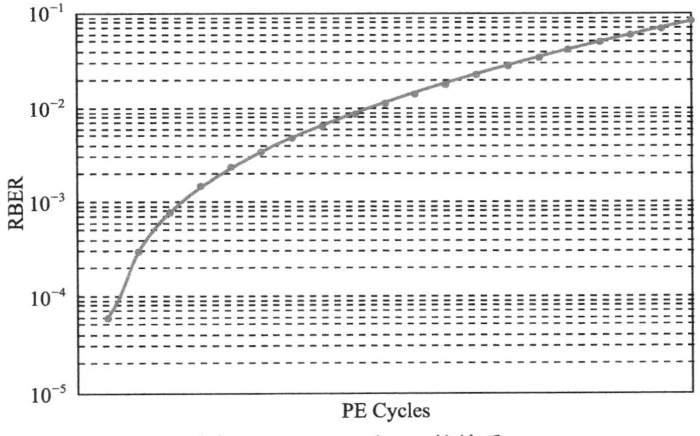

图 1-26　RBER 和 PE 的关系

RBER 还跟闪存内部结构也有关系。两个相邻闪存块的 RBER 有可能完全不同，图 1-27 是单个闪存块里面不同闪存页的 RBER 分布图。看得出来，Upper Page 的 RBER 比 Lower Page 的 RBER 要高两个数量级。

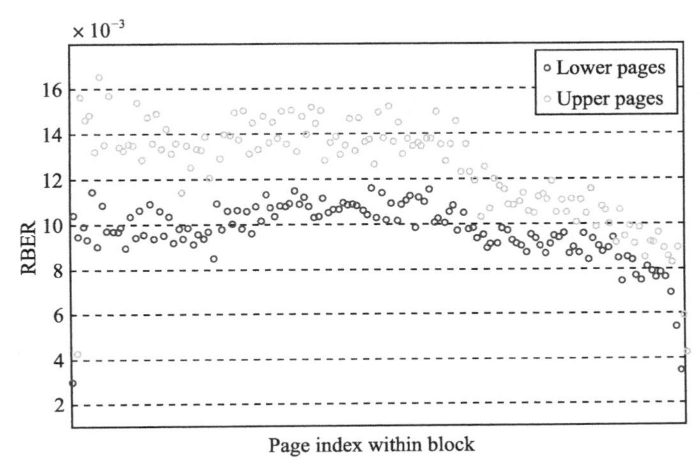

图 1-27　Lower&Upper page RBER

通常商用企业级和消费级SSD的UBER指标如表1-9所示。

表1-9 企业级和消费级SSD的UBER值需求

	UBER
企业级（Enterprise）	10^{-17} 甚至 10^{-18}
消费级（Client）	10^{-15}

2. MTBF

工业界MTBF指标反映的是产品的无故障连续运行时间，也是产品的可靠性指标。MTBF计算有一些标准，目前最通用的权威性标准是MIL-HDBK-217、GJB/Z299B和Bellcore，分别用于军工产品和民用产品。其中，MIL-HDBK-217是由美国国防部可靠性分析中心及Rome实验室提出的，现已成为行业标准，专门用于军工产品MTBF值的计算；GJB/Z299B是我国的军用标准；Bellcore是由AT&T贝尔实验室提出的，现已成为商用电子产品MTBF值计算的行业标准。

MTBF主要考虑的是产品中每个器件的失效率。但由于器件在不同的环境、不同的使用条件下其失效率会有很大的区别，例如，同一产品在不同的环境下，如在实验室和海洋平台上，其可靠性值肯定是不同的；又如一个额定电压为16V的电容在实际电压为25V和5V下的条件失效率肯定也是不同的。所以，在计算可靠性指标时，必须考虑多种因素。所有这些因素几乎无法通过人工进行计算，但借助软件（如MTBFcal软件）和其庞大的参数库，能够轻松得出MTBF值。

对于SSD而言，JESD218A标准定义了测试SSD每天读/写量的方法，还补充了SSD一些额外的失败测试。要考虑的另一件事是：什么工作负载用于测试MTBF？例如合格的SSD使用工作负载每天写20 GB，一共5年，基于这个工作负载加上补充性失效测试，这款SSD MTBF可达到120万小时。但如果工作量减少到每天写10 GB，MTBF将变为250万小时；如果每天写5 GB，就是400万小时。

1.5.5 功耗和其他剖析

1. SSD产品功耗

SSD定义了以下几种功耗类型：

- 空闲（Idle）功耗：当主机无任何命令发给SSD，SSD处于空闲状态但也没有进入省电模式时，设备所消耗的功耗。
- Max active功耗：最大功耗是SSD处于最大工作负载下所消耗的功耗，SSD的最大工作负载条件一般是连续写，让闪存并发忙写和主控ASIC满负荷工作，这时的功耗值对应最大功耗。
- Standby/Sleep功耗：规范规定了SSD状态，包括：Active、Idle、Standby和Sleep，功耗值从Active到Sleep逐级递减，具体的实现由各商家自行定义。一般来讲，在Standby和Sleep状态下，设备应尽可能把不工作的硬件模块关闭，降低功耗。一般消费级SSD Standby和Sleep功耗为100～500mW。
- DevSleep功耗：这是SATA和PCIe新定义的一种功耗标准，目的是在Standby

和 Sleep 基础上再降一级功耗，配合主机和操作系统完成系统在休眠状态下（如 Hibernate），SSD 关掉一切自身模块，处于极致低功耗模式，甚至是零功耗。一般是 10mW 以下。

对于主机而言，它的功耗状态和 SSD 作为设备端是一一对应的，而功耗模式发起端是主机，SSD 被动执行和切换对应功耗状态。

系统 Power State（SATA SSD 作为 OS 盘）：

- S0：工作模式，OS 可以管理 SATA SSD 的 Power State，D0 或者 D3 都可以。
- S1：是低唤醒延迟的状态，系统上下文不会丢失（CPU 和 Chipset），硬件负责维持所有的系统上下文。
- S2：与 S1 相似，不同的是处理器和系统 Cache 上下文会丢失（OS 负责维护 Cache 和处理器上下文）。收到唤醒要求后，从处理器的 reset vector 开始执行。
- S3：睡眠模式（Sleep），CPU 不运行指令，SATA SSD 关闭，除了内存之外的所有上下文都会丢失。硬件会保存一部分处理器和 L2 cache 配置上下文，从处理器的 reset vector 开始执行。
- S4：休眠模式（Hibernation），CPU 不运行指令，SATA SSD 关闭，DDR 内容写入 SSD 中，所有的系统上下文都会丢失，OS 负责上下文的保存与恢复。
- S5：Soft off state，与 S4 相似，但 OS 不会保存和恢复系统上下文。消耗很少的电能，可通过鼠标键盘等设备唤醒。

进入功耗模式有一定的时延，当然退出功耗模式也需要一定的时延，通常恢复 SSD 到初始功耗模式所花费的时间更长，如表 1-10 所示。

表 1-10 各种功耗模式下 SSD 进入和退出的时间

SSD 链路状态	功耗（mW）	进入（s）	退出（s）	SSD 链路状态	功耗（mW）	进入（s）	退出（s）
Active（Ready）	> 1000	0	0	Idle（DEVSLP）	5	0.02	0.02
Idle（Partial）	100	10^{-6}	10^{-4}	Off-RTD3	0	1.5	0.5
Idle（Slumber）	50	10^{-3}	0.01				

时延和性能之间存在着某种平衡，频繁的低功耗模式和正常模式之间换入换出，一定会带来性能的损失。对于 SSD 设备功耗模块设计而言，建议：尽可能优化低功耗模式的进入和退出时间。

从正常工作模式 Active 状态切换到低功耗模式，需要找到正确的切换 Timer。太短的 Timer 会较早进入低功耗模式，但唤醒需要时延，带来主机端性能损失；太长的 Timer 有利于维持性能，但牺牲了功耗。

总之低功耗是一个好的 SSD 特性，消费级出于低功耗需求，极其需要这个特性，但企业级应用为了维持性能，在低功耗上是弱需求。

最后，SSD 各项功耗是 SSD 产品的竞争力，尤其是对功耗敏感的消费级 SSD 的部署，最大写入功耗和低功耗是竞争力。最大写入功耗代表的是写入同样数据量所消耗的电能，主要是闪存写入功耗；低功耗是当用户空闲或休眠时设备节省下来的电能，这些对绿色能源数据中心等场合有很大帮助。我们来看看几款消费级 SSD 功耗的对比，如图 1-28 所示。

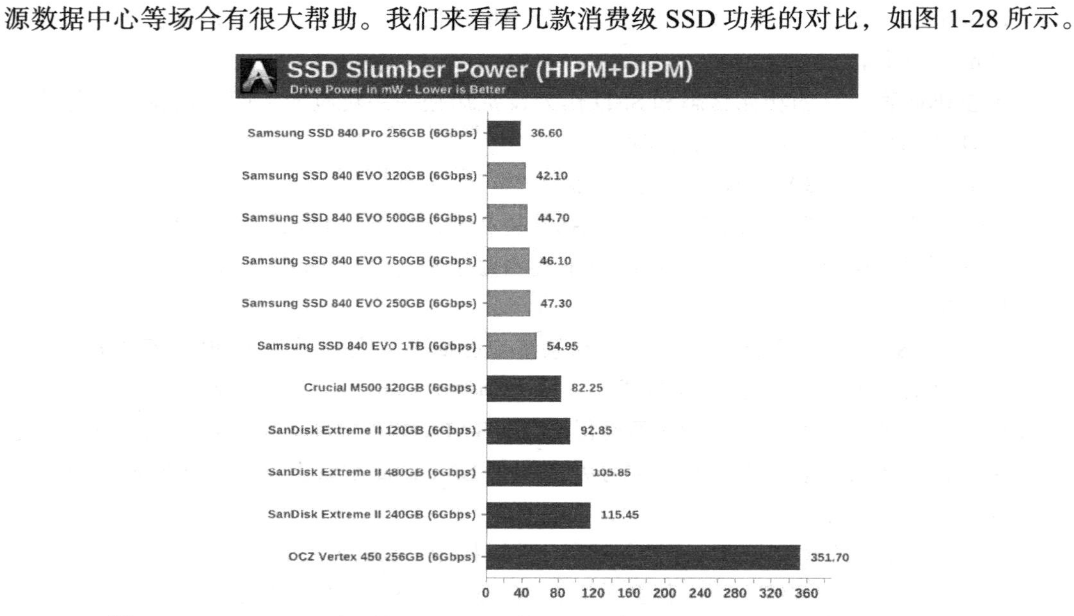

图 1-28 AnandTech 对几款 SATA SSD 的 HIPM 或 DIPM slumber 模式的低功耗对比

最大写入功耗对比（除了 ASIC 主控和板级 PCB 工作状态功耗，最大写入功耗和连续写性能紧密相关，写性能越高，功耗越高）如图 1-29 所示。

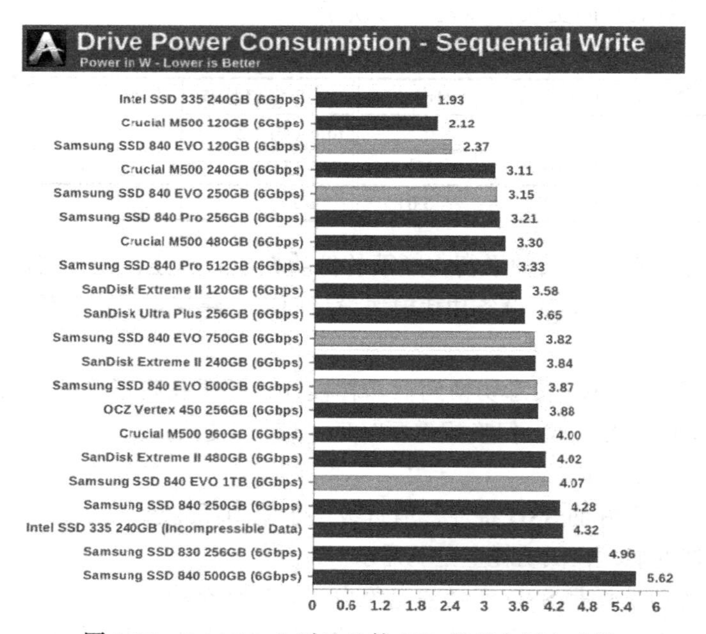

图 1-29 AnandTech 对比几款 SSD 的最大写入功耗

2. 最大工作功耗与发热控制

前面已解释过最大工作功耗，单独把最大工作功耗拉出来讨论，是因为当 SSD 一直处于最大功耗工作负载下，器件会存在发热问题。为 SSD 功耗最大的是 ASIC 主控和闪存模块，因此二者也是发热大户，当热量积累到一定程度，器件会损坏掉，这是一定不能容忍的。当外界环境温度（Ambient Temperature）处在 50℃或 60℃时，不加以控制，发热的速度和损坏器件的概率也会随之增大。所以工作在最大负载下，控制 SSD 温度是固件设计要考虑的，就是设计降温处理算法。

做法具体的原理：当 SSD 温度传感器侦测到温度达到阈值，如 70℃，固件启动降温算法模块，限制闪存后端并发写的个数，由于 SSD 中发热大户是闪存芯片，故当写并发数减少后，温度自然下降。同时由于写并发下降，SSD 写性能也会下降，这是性能和温度的一个折中。

当温度控制下降到低于阈值 70℃后，SSD 固件重新恢复到正常的后端写并发个数，性能又会上升，带来温度再次上升，如此往复……如图 1-30 所示。

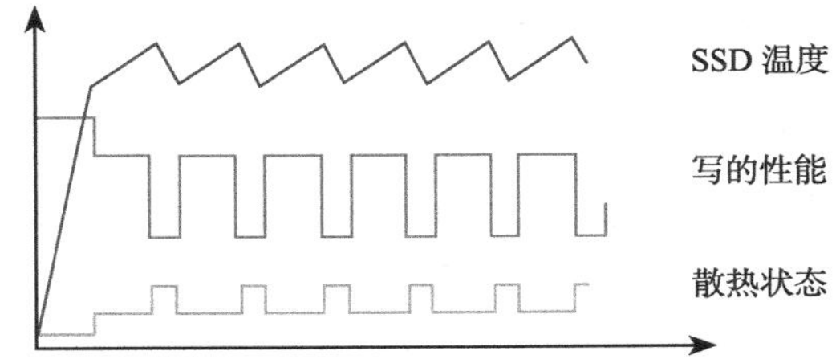

图 1-30　温度控制和 SSD 性能的关系

1.5.6　SSD 系统兼容性

SSD 的各项参数中，系统兼容性指标无法量化，最不直观，也最容易被忽视。但不可否认的是，实际应用场合中除了性能功耗和可靠性问题，最让人头疼的是系统兼容性问题，表现为各种场景下盘无法识别、不兼容某些型号主板、操作系统无法兼容等问题。站在用户角度，SSD 盘的性能、功耗、可靠性设计得都不错，测试出来的成绩单很漂亮，但就是系统兼容性差，再好的盘放到电脑上就变砖，看上去就是漂亮的花瓶，中看不中用。所以渐渐地用户开始重视系统兼容性问题，在 SSD 引入前期用比较强的测试覆盖去验证和观察系统兼容性。

从技术上系统兼容性问题归类为如下几类。

1. BIOS 和操作系统的兼容性

SSD 上电加载后，主机 BIOS 开始自检，主机中的 BIOS 作为第一层软件和 SSD 进行交互：第一步，和 SSD 发生链接，SATA 和 PCIe 走不同的底层链路链接，协商（negotiate）到正确的速度上（当然，不同接口也会有上下兼容的问题），自此主机端和 SSD 连接成功；第一步，发出识别盘的命令（如 SATA Identify）来读取盘的基本信息，基本信息包括产品 part number、FW 版本号、产品版本号等，BIOS 会验证信息的格式和数据的正确性，然后 BIOS 会走到第三步去读取盘其他信息，如 SMART，直到 BIOS 找到硬盘上的主引导记录 MBR，加载 MBR；第四步，MBR 开始读取硬盘分区表 DPT，找到活动分区中的分区引导记录 PBR，并且把控制权交给 PBR……最后，SSD 通过数据读写功能来完成最后的 OS 加载。完成以上所有这些步骤就标志着 BIOS 和 OS 在 SSD 上电加载成功。任何一步发生错误，都会导致SSD交互失败，进而导致系统启动失败，弹出Error window或蓝屏。

对SSD而言，其功能已经通过了白盒黑盒测试，但上述的加载初始化流程以及特定的BIOS和OS版本结合的相关功能测试并没有覆盖到，所以涉及这些功能有时可能会导致SSD设备加载失败。

由于现实世界中有太多的主板型号和版本号，一块兼容性良好的SSD需要在这些主机上都能正常运行。从测试角度来看，系统兼容性认证包括以下各个方面：

- OS种类（Windows、Linux）和各种版本的OS；
- 主板上CPU南北桥芯片组型号（Intel、AMD）和各个版本；
- BIOS的各个版本；
- 特殊应用程序类型和各个版本（性能BenchMark工具、Oracle数据库……）。

2. 电信号兼容性和硬件兼容性

电信号兼容性和硬件兼容性指的是SSD工作时，主机提供的电信号处于非稳定状态，比如存在抖动、信号完整性差等情况，但依然在规范误差范围内，此时SSD通过自身的硬件设计（比如power regulator）和接口信号完整性设计依然能正常工作，数据也依然能正确收发。同理，在高低温、电磁干扰的环境下，SSD通过硬件设计要有足够的鲁棒性（Robust）。

3. 容错处理

错误处理与硬件和软件相关。系统兼容性的容错特指在主机端发生错误的条件下，SSD盘即使不能正常和主机交互数据，至少不能变砖。当然，SSD盘若能容错并返回错误状态给主机，提供足够的日志来帮助主机软硬件开发人员调试就更好了。这里的错误包括接口总线上的数据CRC错误、丢包、数据命令格式错误、命令参数错误等。

从设计角度考虑加入容错模块设计、加大系统兼容性测试的覆盖面，这些都是提高SSD系统兼容性的手段和方法。但从过去的经验看，系统兼容性重在对主机系统的理解，这需要长期积累经验，该趟的雷总是要趟的，趟过后就变成经验了，这些不是书本上能直接学到的。

最后要强调的是，SSD的系统兼容性是SSD的核心竞争力之一，不可忽视。

1.6 接口形态

SSD接口形态和尺寸的英文是SSD Form Factor。由于SSD是标准件，故它必须符合一定的接口规范、尺寸和电气特性，这样在应用层面才易于统一和部署，所以厂商和标准组织制定了Form Factor规范，SSD厂商和系统提供商都应遵守。

不同应用场景下的SSD，其Form Factor尺寸也不一样，如图1-31所示。表1-11列出了当下SATA、PCIe、SAS接口和协议的SSD所使用的Form Factor。

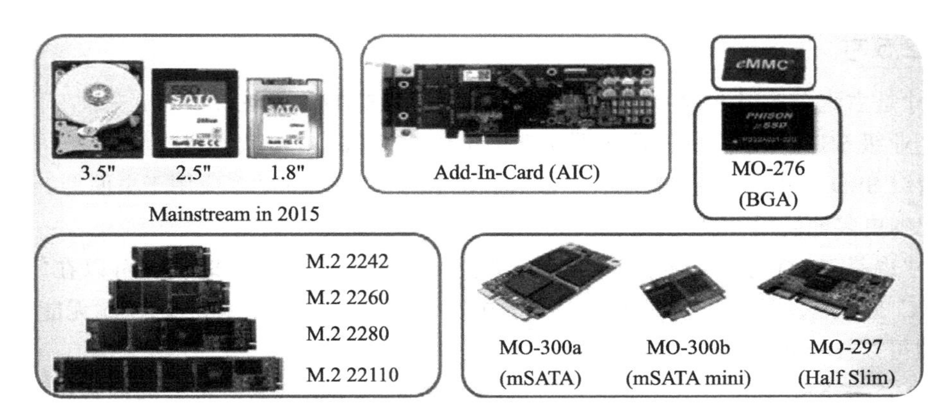

图 1-31 各种类型的 SSD 示意图

表 1-11 SSD form Factor 和接口

	U.2	AIC	2.5"	Half slim	mSATA	M.2 22110	M.2 2280	M.2 2260	BGA uSSD
SATA	√		√	√	√	√	√	√	√
PCIe	√	√	√			√	√		√
SAS	√		√						

SATA SSD 目前主要为消费级产品和企业级低端产品（如数据中心盘），这类产品接口和电气功能比较成熟，是目前出货量最大的 SSD。它的 Form Factor 的种类比较多，其中消费级产品以 M.2 和 2.5 寸最为流行。消费级产品以 SATA M.2 为主导，企业级产品以 SATA 2.5 寸为主导。

PCIe SSD 借助它的高性能、NVMe 标准的制定和普及，以及软件生态的奠定，从 2016 年开始兴起。PCIe SSD Form Factor 最开始起步于 AIC（Add In Card），采用主板上插卡的形式，后演变到现在加入 M.2 和 U.2 形态。消费级 PCIe SSD 由 M.2 主导，企业级 PCIe SSD 多为 2.5 寸、U.2 和 AIC 的形态。

SAS SSD 基本上应用于企业级 SSD，其借助成熟的 SAS 协议和软件生态，过去十年在企业级存储上大量应用。从 HDD 转换到 SSD，虽然介质变了，但接口依然保留，原因是 SAS 在企业级应用已经普及，所以在传统的企业级存储阵列上，主要出货量还是 SAS，形态为 2.5 寸。

mSATA 是前些年出现的，与标准 SATA 相比体积大为缩小，主要应用于消费级笔记本领域。但待 M.2 出现后，基本上替代了 mSATA，革了它的命。

M.2 原名是 NGFF（Next Generation Form Factor），它是为超极本（Ultrabook）量身定做的新一代接口标准，主要用来取代 mSATA 接口，具备体积小巧、性能主流等特点。

U.2 Form Factor（SFF-8639）起步于 PCIe SSD 2.5 寸盘形态制定的接口，到后来统一了 SATA、SAS 和 PCIe 三种物理接口，从而减小了下游 SSD 应用场合的接口复杂度，是一种新型连接器 Form Factor，目前标准还在更新中。

1.6.1 2.5 寸

2.5 寸是主流企业级 SSD 的尺寸，这类 SSD 包括 SATA、SAS 和 PCIe 三种不同接口和性能的企业级 SSD，1U 存储和服务器机架上可以放入 20 ～ 30 块硬盘，专为 2.5 寸尺寸设计。消费级 SSD，尺寸主流包括 2.5 寸和更小尺寸的 M.2，2.5 寸多应用于桌面型 PC，而轻薄型笔记本更多地使用 M.2。

2.5 寸也是 HDD 时代的笔记本硬盘的主流尺寸，到了后 SSD 时代，可以在笔记本和桌面型 PC 上沿用，但面对消费者更轻薄、更小硬盘的尺寸的需求，HDD 就无能为力了，SSD 依然可以往更小尺寸的方向发展。

对于 2.5 寸 SSD 而言，由于闪存密度的逐年增大，往这个盒子里塞入的容量可以越来越大，比如有了 3 层 PCB 的 16TB、32TB 容量的 SSD，这是高密度 SSD 发展的一种趋势。

表 1-12 SSD 规格尺寸

尺寸（英寸）	三围			最大承载容量
	长（mm）	宽（mm）	高（mm）	
3.5	146	101.6	19，25.4 or 26	12 TB HDD（2016 年）
2.5	100	69.85	5，7，9.5，12.5，15 or 19	32TB SSD（2017 年）

1.6.2 M.2

如图 1-32 所示，首先看看 M.2 Form Factor（包括 M.2 普通和 BGA SSD）的三围标准：Type 1216、Type 1620、Type 1630、Type 2024、Type 2226、Type 2228 、Type 2230、Type 2242、Type 2260、Type 2280、Type 2828、Type 3026、Type 3030、Type 3042 、Type 22110，前两个数字为宽度，后两个（或三个）数字是高度。注意，PM971 就是 Type 1620，厚度需要另外定义，单面贴片和双面贴片厚度大小不同。对于对厚度有要求的，比如平板电脑，一般采用单面贴片。

实际上四个（或五个）数字并不能完整定义 M.2 SSD Form Factor，PCI-SIG 定义了更完整的命名规则，包括宽、高、厚度信息和接口定义。如 D2 对应双面，单面厚度是 1.35mm；B-M 是 M.2 connector key ID，表示同时支持 PCIe x2、x4 和 SATA 接口；等等。其他参数定义参考图 1-33，图中明确定义了宽、高、厚尺寸和接口总线形式，甚至可以支持 USB/SD 卡接口，同时又保留了一些总线接口。总之 M.2 只是规范了一种引脚物理形式，它上面走什么协议和总线，要看具体的产品。

这里需要解释一下 B 和 M key，这是两种主流的 M.2 key 定义，B 也叫 Socket2，M 叫 Socket3，B+M 表示同时支持 Socket2 和 Scoket3。B 和 M 的区别在于：M 多了 PCIe x4，可以支持 4 个通道，接口带宽最高可以到 4GB/s，实际上 Top 和 Bottom 两面都有接口金手指，引脚数翻倍；B 仅支持 SATA/PCIe x2，接口带宽最高可以到 2GB/s，仅支持 Top 面金手指引脚。M/Socket3 无论在消费级还是企业级都是未来主流形式。

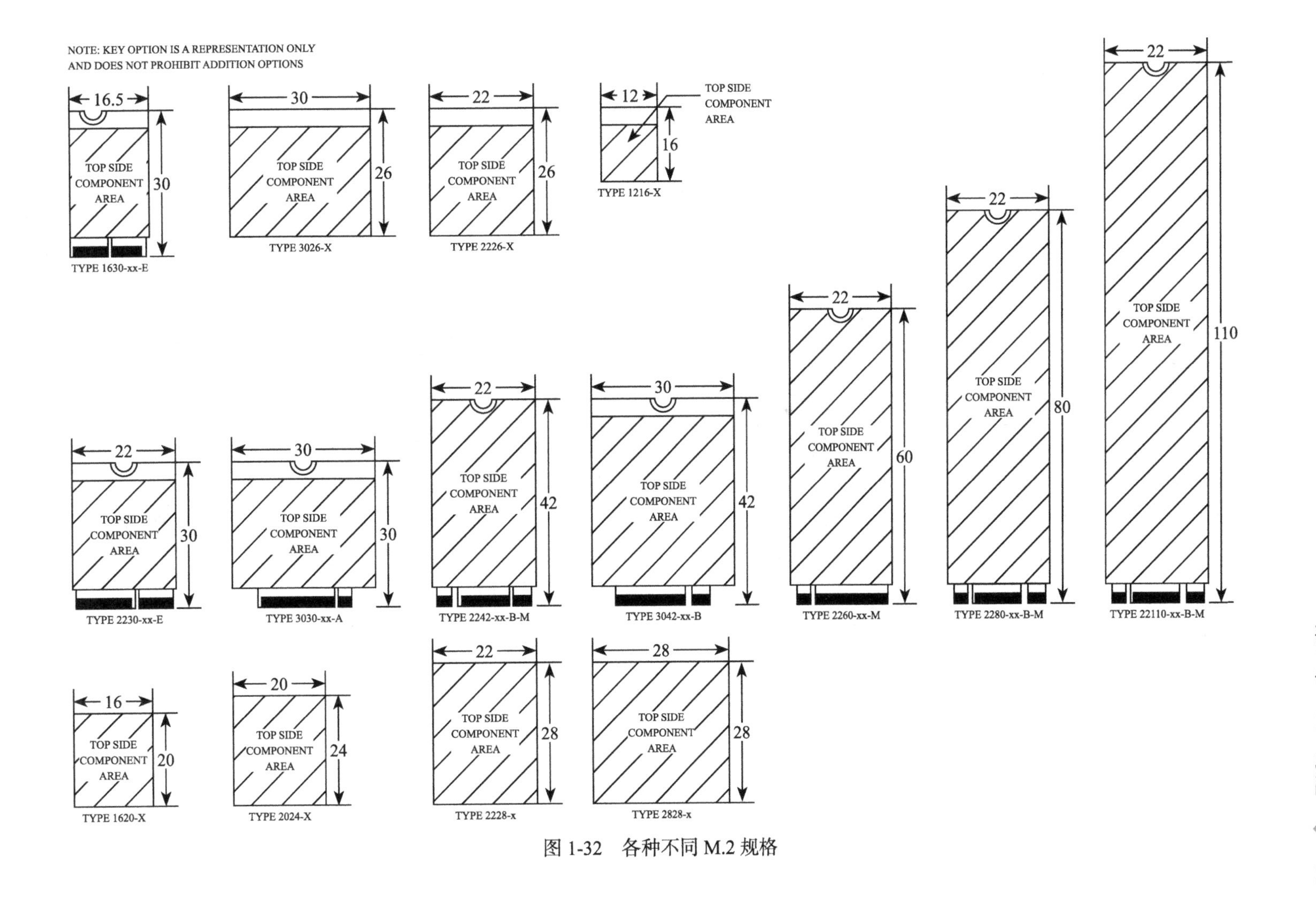

图 1-32　各种不同 M.2 规格

Type XX XX-XX-X-X*

Width (mm)
12
16
20
22
28
30

Length (mm)
16
20
24
26
28
30
42
60
80
110

Lable**	Component Max Ht (mm)	
	Top Max	Bottom Max
S1	1.2(1)	0****
S2	1.35(1)	0****
S3	1.5(1)	0****
S4	1.75(1)	0****
S5	2.0	0****
D1	1.2	1.35
D2	1.35	1.35
D3	1.5	1.35
D4	1.5	0.7
D5	1.5	1.5

Key ID	Pin	Interface
A	8-15	2 × PCIe × 1/USB 2.0/12C/DP × 4
B	12-19	PCIe × 2/SATA/USB 2.0/USB 3.0/HSIC/SSIC/Audio/UIM/I2C
C	16-23	Reserved for Future Use
D	20-27	Reserved for Future Use
E	24-31	2 × PCIe × 1/USB 2.0/12C/SDIO/UART/PCM
F	28-35	Future Memory Interface (FMI)
G	39-46	Generic (Not used for M.2)***
H	43-50	Reserved for Future Use
J	47-54	Reserved for Future Use
K	51-58	Reserved for Future Use
L	55-62	Reserved for Future Use
M	59-66	PCIe × 4/SATA

图 1-33 M.2 的命名规则

1.6.3　BGA SSD

1. BGA SSD 的出现

半导体的发展规律是从单个分立元件到高度集成化。想象一下，过去的单个 HDD，从只能存储几十 MB 的庞然大物发展到现在一个能装下几十 TB 的 2.5 寸 SSD，这些都是半导体技术进步、制程进步和生产制造进步带来的。

SSD 也走在这条规律的道路上，随着制程和封装技术的成熟，当今一个 PCB 2.5 寸大小的存储器可以放到一个 16mm × 20mm BGA 封装中，这就是 BGA uSSD，如图 1-34 所示。

早在几年前，Intel 和几家公司就在讨论在消费级平板或笔记本市场推出 M.2 BGA SSD 及其标准，如比较传统的 M.2 2260/2280/22110 SSD，它有几点技术优势：

- 节省了 15% 以上的平台空间；
- 增加了 10% 的电池寿命；
- 节省了 0.5mm ～ 1.5mm SSD 本身的高度；
- 具有更好的散热性（由于是 BGA 封装，热可以由 ball pin 传导到 PCB 板散出）。

实际上那时候标准规范滞后，SSD 也才刚刚兴起，BGA 封装技术还不成熟并且还缺乏消费级平台主板的支持，故并没有在消费级笔记本和平板上看到 BGA M.2 的产品，在工业级和其他小细分市场倒是有少量的 BGA SSD 在售。2016 年 PM971 被三星投放到市场，从而拉开了 BGA SSD 在消费级平板类产品普及的大幕，预测各大厂商随后会推出相应的竞品，让我们拭目以待。当然了，在 BGA SSD 普及的过程中，关键还是要看价格，只要 OEM 价格到位，普及不是问题。

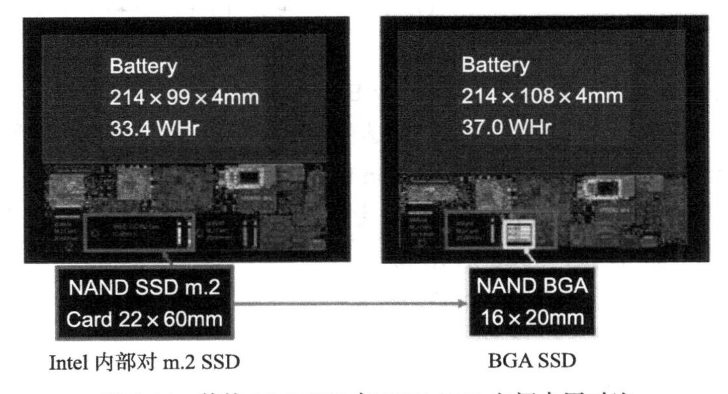

图 1-34　传统 M .2 SSD 与 BGA SSD 空间占用对比

BGA uSSD 引脚纳入 M.2 标准，包括 Type 1620、Type 2024、Type 2228、Type 2828，主流的是 Type 1620。

2. 江波龙 P900 PCIe BGA SSD

2017 年 7 月 14 日，国内存储行业的领跑者深圳市江波龙电子有限公司（Longsys）率先发布目前世界上最小尺寸的 NVMe PCIe SSD（11.5mm × 13mm），主要是面向嵌入式存储应用，包括二合一电脑、超薄笔记本、VR 虚拟现实、智能汽车等。新推出的 FORESEE® PCIe BGA SSD，以 P900 命名，如图 1-35 所示。该产品在 2017 年 8 月 8 日硅谷的 FMS（全球闪存峰会）2017 及 9 月 6 日深圳洲际酒店 CFM（中国闪存市场峰会）2017 亮相。

2016 年，Flash 原厂相继发布了 16mm × 20mm 的 PCIe BGA SSD 产品。而江波龙此次发布的 P900 系列，设计尺寸仅为 11.5mm × 13mm（见图 1-36），是目前（2017 年）世界上最小尺寸的 SSD，其与手机中的 eMMC 及 UFS 的尺寸一样大小，但是容量要大得多。

图 1-35 江波龙 P900 PCIe BGA SSD

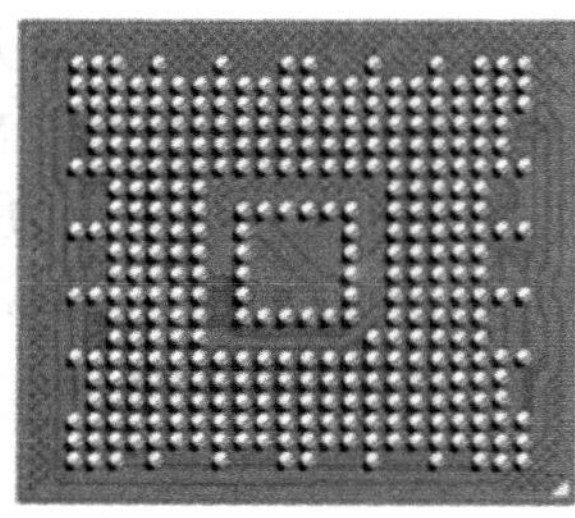

图 1-36 江波龙 Longsys 新品：FORESEE® NVMe PCIe BGA SSD（11.5mm*13mm）

而在容量方面，P900 系列可提供 512GB、256GB、128GB 以及 60GB 等多种选择。江波龙计划在 2017.Q4 向客户提供样品，2018.Q1 量产，并面向全球销售。

P900 支持 PCIe Gen3.0x2 接口与 NVMe1.3 协议，且主控配备带硬件加速器的嵌入式 SRAM。江波龙自己开发固件用于优化 IOPS 性能，使用 LDPC 支持 3D NAND Flash，可实现 TLC 存储器驱动器的高耐用性。

P900 可以支持微软 HMB（Host Memory Buffer）功能，有了这一功能，SSD 不再需要额外搭配 DRAM，只需要借助系统内存就能达到高性能的要求，同时成本和功耗更低。

另外，P900 系列可以支持 Boot Partition 的功能，相当于把 BIOS/UEFI 系统整合到 SSD 里面。主机不再需要额外用 SPI Flash 作为系统引导，这样可降低这些设备的成本。

而在 NAND Flash 部分，P900 采用最新制程的 64 层 3D TLC，相比于 2D TLC，64 层 3D TLC 拥有更高的存储密度、更低的成本、更好的耐久性和更高的性能（见图 1-37）。

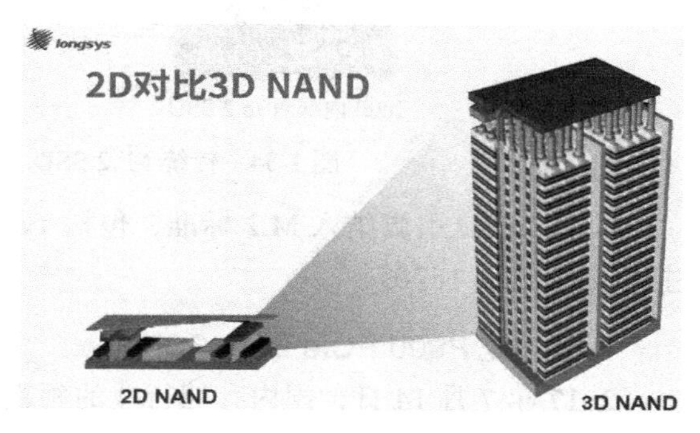

图 1-37 2D 和 3D 闪存对比

“将闪存应用到极致”是江波龙的工作目标。作为存储行业的创新者，江波龙基于 3D NAND Flash 会不断创新、厚积薄发。江波龙在存储行业已耕耘了近 20 年，一直在努力开发新技术、新产品、新存储商业模式，这也体现了做中国存储的风格。

1.6.4　SDP

2016 年 8 月 25 日，国内存储行业领军企业深圳市江波龙电子有限公司开创性地推出了 SSD 的一体化模块产品——SDP ™（见图 1-38），从而为消费类 SSD 的零售渠道市场及商业模式带来革命性的改变。

SDP ™就是 SATA Disk in Package，是指将 SSD 主控芯片、闪存芯片在封装厂封装成一体化模块，经过开卡量产、测试后出厂。这种产品形态相当于 SSD 的半成品，只需要加上外壳就能成为完整的 SSD 产品。SDP ™具有尺寸小、功耗低、质量轻等亮点，其尺寸大小仅为 33.4 × 17.2 × 1.23mm（见图 1-39），功耗低至 1430mW，质量仅为 1.9g。

图 1-38　江波龙展出 SDP ™量产样品

图 1-39　江波龙 SDP ™产品与标准 SD 卡对比

与传统 PCBA 模式相比，SDP ™具备哪些优势？具体如图 1-40 所示。

SDP™与PCBA的对比

类别 产品	品质	灵活度	CKD	库存管理
	高	好	非常适合	轻松
	中低	差	不适合	复杂难处理

图 1-40　江波龙 SDP ™与传统 PCBA 的对比

由于采用了模块化的制造方式，相对于传统的 PCBA 制造方式，SDP ™产品可以将 SSD 成品生产时间从以前的 15 天缩短到 1 天。产能从 15K/ 天扩大到 100K/ 天，同时具有更稳定的品质以及更短的交货时间等优点。

1.6.5 U.2

U.2 俗称 SFF-8639，这是新生产物，采用非 AIC 形式，以盘的形态存在。开发 U.2 的目的是统一 SAS、SATA、PCIe 三种接口，方便用户部署。其标准至本书完稿时还在不断更新和补充中。不可否认的是，在 PCIe 取代 SATA 甚至 SAS 的未来，U.2 连接器和 Form Factor 会成为企业级 SSD 盘存在的主要形态，PCIe 接口成为主要接口。

1.7 固态存储市场

1.7.1 SSD 正在取代 HDD

从 2000 年年初 SSD 雏形诞生，到几大闪存原厂布局 SSD 产品，SSD 经历了用户对闪存和数据可靠性的质疑，到实际产品的试水、铺开，一直到 2015 年才掀起 SSD 替换 HDD 的浪潮。到 2017 年，消费级 SSD 市场中 SSD 的装机率已到 30% ～ 40%，预测在 2018 年，SSD 装机率将超过 50%，如图 1-41 所示。

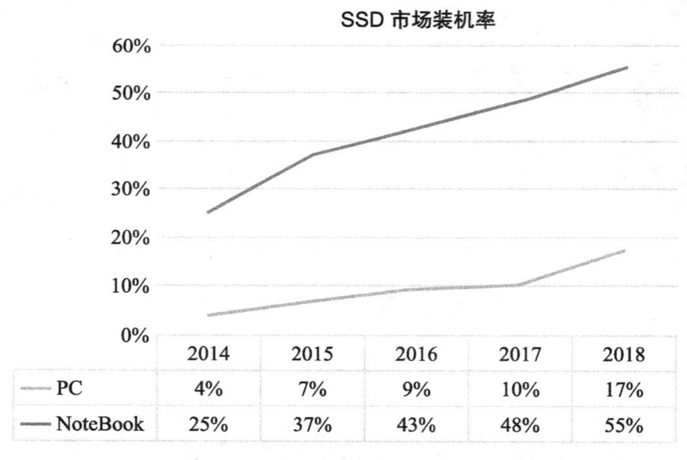

	2014	2015	2016	2017	2018
PC	4%	7%	9%	10%	17%
NoteBook	25%	37%	43%	48%	55%

图 1-41　SSD 装机率

市场的数据一方面表达 SSD 的普及率，更重要的是表达了未来 SSD 的成长性。不可否认的是，SSD 已经有主导存储设备市场的趋势，完全或大部分替代 HDD 成为主流存储器只是时间问题。所以对于希捷和西数 HDD 厂商而言，HDD 销量下滑、拥抱 SSD 是可以预见的必然趋势。

在性能、可靠性、功耗等方面完爆 HDD 的 SSD，未来装机率和普及率（Market Share）的快慢主要取决于 SSD 的价格，更核心的是闪存单位 GB 价格的变化，图 1-42 所示是 SSD 与 HDD 相比价格的趋势预测。

至本书截稿时，128GB SSD 的价格和 1TB HDD 的价格基本相当，但每 GB 的 SSD 与 HDD 相比仍然有 8 倍的差距。按照摩尔定律推算，闪存密度在快速增大，这给每 GB 闪存的价格下降提供了绝佳的通道，SSD 价格和成本问题得到解决后，其前途一片光明。

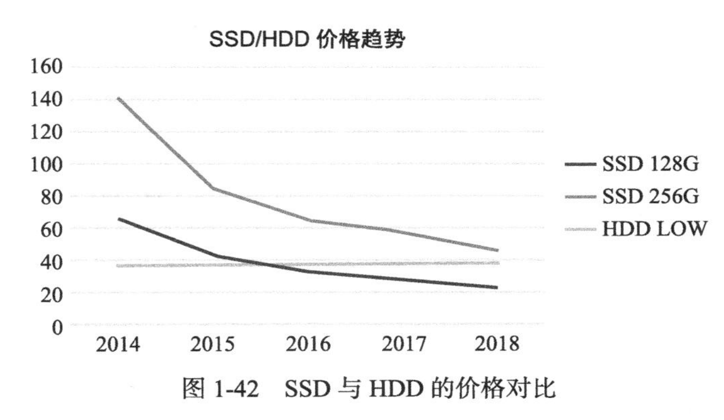

图 1-42　SSD 与 HDD 的价格对比

1.7.2　SSD、HDD 应用场合

数据按照热度的不同会采取不同的存储方式，这样可以平衡性能和成本的问题，俗称性价比。在 HDD 和 SSD 二分天下的今天，SSD 主要用于存放和用户贴近的热数据，其对总容量需求较小，性能优先；HDD 主要用于存放和用户较远的温（warm）数据或冷（cold）数据，其对总容量需求较大，价格优先。这是一种设计的平衡。具体来讲：

- 数据加速层：采用 PCIe 接口的高性能的 SSD。
- 热数据（频繁访问）层：采用普通 SATA、SAS SSD。
- 温数据层：采用高性能 HDD。
- 冷数据层：采用 HDD。
- 归档层：采用大容量价格低廉的 HDD，甚至磁带。

1.7.3　SSD 市场情况

从 2016 年 Trend Focus 的 SSD 市场占有率调研来看，总体来说三星（Samsung）领跑整个市场，占据 SSD 市场的半壁江山如图 1-43 所示。三星在主控、介质技术和市场方面占有主导优势，尤其是其介质，领先竞争对手 1 ～ 2 年的优势。在可预见的未来，闪存原厂会主导 SSD 市场，尤其是成本和售价竞争激烈的消费级 SSD 市场。原因是 SSD 90% 以上的成本取决于闪存，闪存厂商对闪存的成本和供应有自主权。

当然，非闪存原厂在 SSD 领域也有不少成功的玩家，像 Lite-ON、Kingston，凭借过往在闪存、内存模组产品的销售渠道，切入消费级 SSD 市场，占据 5% ～ 10% 的市场份额，在 SSD 成长过程中分得一杯羹。

SSD 的研发模式，三方配合：主控厂商 + 闪存厂商 + 生产制造。对于闪存大厂而言，有自己的主控和闪存颗粒，研发的核心部分掌握在自己手中。对于没有主控和闪存颗粒的 SSD 厂商而言，凭借品牌和渠道优势，通过引入第三方主控厂商（包括 Turnkey FW）和自已购买闪存，若成本控制得当，SSD 的生产和销售体系也能建立起来，做得比较成功的有 Lite-ON、Kingston。总之 SSD 的市场是闪存原厂、主控厂商、SSD 渠道销售商三方共舞的市场。

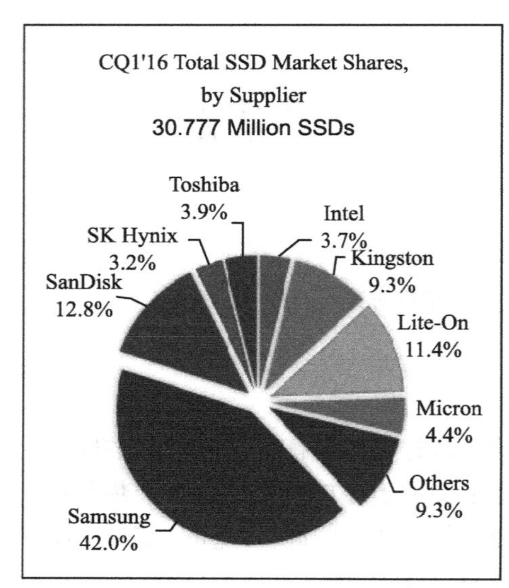

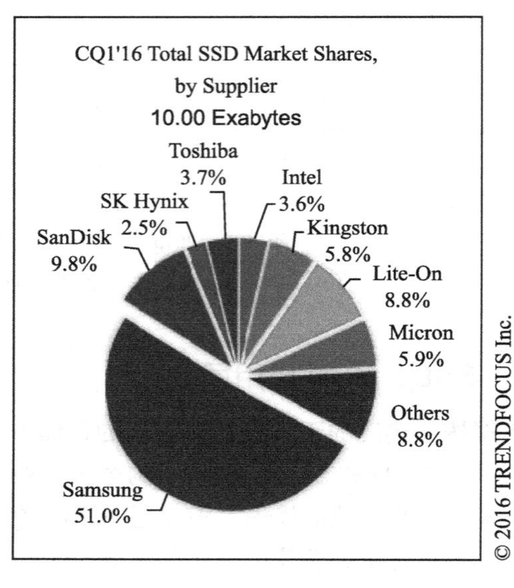

TRENDFOCUS
The Data Storage Industry's Most Trusted Market Intelligence

图 1-43　2016 各家 SSD 厂商市占率

第 2 章 Chapter 2

SSD 主控和全闪存阵列

如前所述，SSD 主要由两大模块构成——主控和闪存介质。其实除了上述两大模块外，可选的还有缓存单元。主控是 SSD 的大脑，承担着指挥、运算和协调的作用，具体表现在：一是实现标准主机接口与主机通信；二是实现与闪存的通信；三是运行 SSD 内部 FTL 算法。可以说，一款主控芯片的好坏直接决定了 SSD 的性能、寿命和可靠性。本章将聚焦 SSD 主控。

2.1 SSD 系统架构

SSD 作为数据存储设备，其实是一种典型的（System on Chip）单机系统，有主控 CPU、RAM、操作加速器、总线、数据编码译码等模块（见图 2-1），操作对象为协议、数据命令、介质，操作目的是写入和读取用户数据。

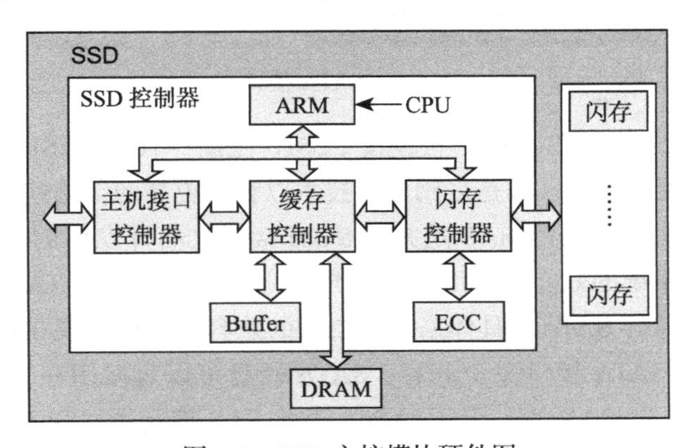

图 2-1 SSD 主控模块硬件图

图2-1所示仅是一个SSD系统架构的概略图，这款主控采用ARM CPU，主要分为前端和后端两大部分。前端（Host Interface Controller，主机接口控制器）跟主机打交道，接口可以是SATA、PCIe、SAS等。后端（Flash Controller，闪存控制器）跟闪存打交道并完成数据编解码和ECC。除此之外还有缓冲（Buffer）、DRAM。模块之间通过AXI高速和APB低速总线互联互通，完成信息和数据的通信。在此基础之上，由SSD固件开发者构筑固件（Firmware）统一完成SSD产品所需要的功能，调度各个硬件模块，完成数据从主机端到闪存端的写入和读取。

2.1.1 前端

主机接口：与主机进行通信（数据交互）的标准协议接口，当前主要代表为SATA、SAS和PCIe等。表2-1所示是三者的接口速率。

表2-1 SATA、SAS、PCIe接口速率

接口	速率（Gbps）
SATA	6/3/1.5
SAS	12/6
PCIe	通道数 ×8（PCIe3.0）

SATA的全称是Serial Advanced Technology Attachment（串行高级技术附件），是一种基于行业标准的串行硬件驱动器接口，是由Intel、IBM、Dell、APT、Maxtor和Seagate公司共同提出的硬盘接口规范（见图2-2）。2001年，由Intel、APT、Dell、IBM、希捷、迈拓这几大厂商组成的SATA委员会正式确立了SATA 1.0规范。

图2-2 SATA接口

SAS（Serial Attached SCSI）即串行连接SCSI，是新一代的SCSI技术，和现在流行的Serial ATA（SATA）硬盘相同，都是采用串行技术以获得更高的传输速度，并通过缩短连接线改善内部空间等（见图2-3）。SAS是并行SCSI接口之后开发出的全新接口，此接口的设计是为了改善存储系统的效能、可用性和扩充性，并且提供与SATA硬盘的兼容性。SAS的接口技术可以向下兼容SATA。具体来说，二者的兼容性主要体现在物理层和协议层。在物理层，SAS接口和SATA接口完全兼容，SATA硬盘可以直接用在SAS的环境中；从接口标准上而言，SATA是SAS的一个子标准，因此SAS控制器可以直接操控SATA硬盘，但是SAS却不能直接用在SATA的环境中，因为SATA控制器并不能对SAS硬盘进行控

制。在协议层，SAS 由 3 种类型的协议组成，根据连接设备的不同使用相应的协议进行数据传输。其中串行 SCSI 协议（SSP）用于传输 SCSI 命令；SCSI 管理协议（SMP）用于对连接设备的维护和管理；SATA 通道协议（STP）用于 SAS 和 SATA 之间数据的传输。因此在这 3 种协议的配合下，SAS 可以和 SATA 以及部分 SCSI 设备无缝结合。

图 2-3　SAS 接口

PCIe（Peripheral Component Interconnect Express）是一种高速串行计算机扩展总线标准，它原来的名称为 3GIO，是由英特尔在 2001 年提出的，旨在替代旧的 PCI、PCI-X 和 AGP 总线标准。PCIe 属于高速串行点对点多通道高带宽传输，所连接的设备分配独享通道带宽，不共享总线带宽，主要支持主动电源管理、错误报告、端对端的可靠性传输、热插拔以及服务质量（QoS，Quality of Service）等功能。它的主要优势就是数据传输速率高，目前最高的 4.0 版本可达到 2GB/s（单向单通道速率），而且还有相当大的发展潜力。PCI Express 也有多种规格，从 PCI Express 1X 到 PCI Express 32X，意思就是 1 个通道到 32 个通道，能满足将来一段时间内出现的低速设备和高速设备的需求。PCI-Express 最新的接口是 PCIe 4.0 接口。

图 2-4 和图 2-5 展示的是 PCIe 接口，分别为卡式和 U.2。

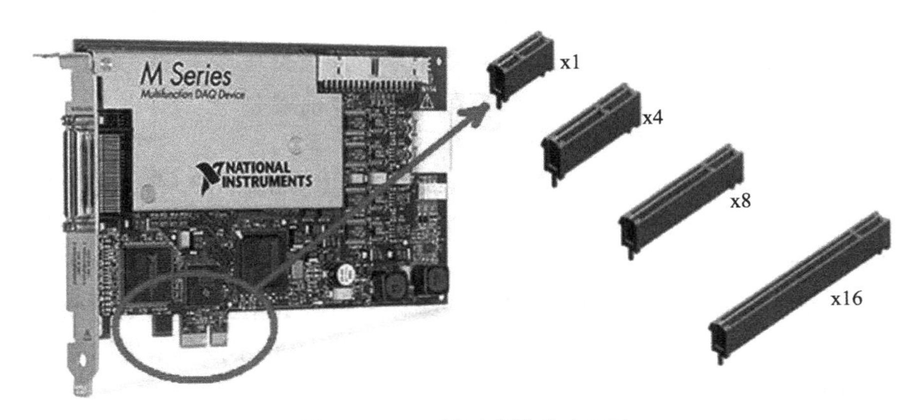

图 2-4　PCIe 接口式插卡（AIC）

图 2-5　U.2 接口

前端是负责主机和 SSD 设备通信的接口，命令和数据传输通过前端总线流向或流出 SSD 设备。

从硬件模块上来看，前端有 SATA/SAS/PCIe PHY 层，俗称物理层，接收串行比特数据流，转化成数字信号给前端后续模块处理。这些模块处理 NVMe/SATA/SAS 命令，它们接收并处理一条条命令和数据信息，涉及数据搬移会使用到 DMA。一般命令信息会排队放到队列中，数据会放到 SRAM 快速介质中。如果涉及加密和压缩功能，前端会有相应的硬件模块来做处理，若软件无法应对压缩和加密的快速需求，则会成为性能的瓶颈。

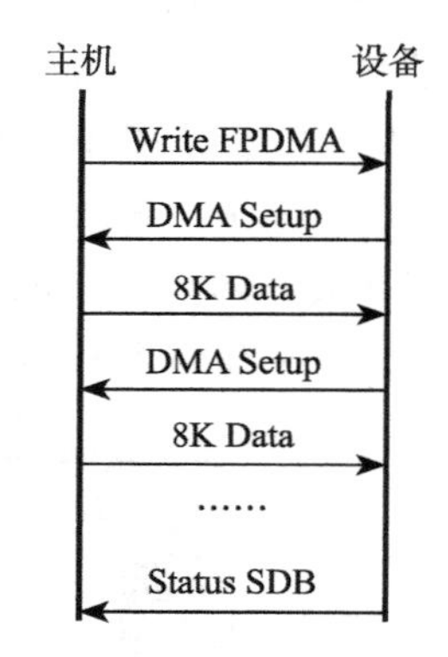

图 2-6　SATA Write FPDMA 命令协议处理步骤

从协议角度，以一条 SATA Write FPDMA 命令为例对上述内容进行说明。从主机端文件系统发出一条写命令请求，该请求到主板南桥 AHCI 寄存器后，AHCI 寄存器执行请求，即进行写操作，忽略文件系统到 AHCI 路径的操作细节，从 SSD 前端总线上看会发出如下的写交互操作（见图 2-6）：

步骤 1：主机在总线上发出 Write FPDMA 命令 FIS（Frame Information Structure，帧信息结构，是 SATA 为了实现异步传输数据块而使用的封包）。

步骤 2：SSD 收到命令后，判断自己内部写缓存（Write Buffer）是否有空间去接收新的数据。如果有，则发出 DMA Setup FIS 到主机端；否则什么也不发，主机端处于等待状态（这叫流控：数据流量控制）。

步骤 3：主机端收到 DMA Setup FIS 后，发送不大于 8KB 数据的 Data FIS 给设备。

步骤 4：重复步骤 2 和步骤 3 直到数据全部发送完毕。

步骤 5：设备（SSD）发送一个状态 Status FIS 给主机，表示从协议层面这条写命令完成全部操作。当然 Status 可以是一个 good status 或者一个 bad/error status，表示这条 Write FPDMA 命令操作正常或者异常完成。

SSD 接收命令和数据并放到 SSD 内部缓冲区之后还需要做些什么呢？任务还没完成，前端固件模块还需要对命令进行解析，并分派任务给中端 FTL。命令解析（Command Decoder）将命令 FIS 解析成固件和 FTL（Flash Translation Layer）能理解的元素：

- 这是一条什么命令，命令属性是读还是写（注意，本处是写命令）；
- 这条写命令的起始 LBA 和数据长度；
- 这条写命令的其他属性，如是否是 FUA 命令，和前一条命令 LBA 是否连续（是连续命令还是随机命令）。

当命令解析完成后，放入命令队列里等待中端 FTL 排队去处理。由于已经有了起始 LBA 和数据长度两大主要信息元素，FTL 可以准确地映射 LBA 空间到闪存的物理空间。至此，前端硬件和固件模块完成了它应该完成的任务。

2.1.2 主控 CPU

SSD 控制器 SoC 模块和其他嵌入式系统 SoC 模块并没有什么本质的不同，一般由一颗或多颗 CPU 核组成，同时片上有 I-RAM、D-RAM、PLL、IO、UART、高低速总线等外围电路模块。CPU 负责运算、系统调度，IO 完成必要的输入输出，总线连接前后端模块。

通常我们所说的固件就运行在 CPU 核上，分别有代码存储区 I-RAM 和数据存储区 D-RAM。如果是多核 CPU，需要注意的是软件可以是对称多处理（SMP）和非对称多处理（AMP）。对称多处理多核共享 OS 和同一份执行代码，非对称多处理是多核分别执行不同代码。前者多核共享一份 I-RAM 和 D-RAM，资源共享；后者每核对应一份 I-RAM 和 D-RAM，每核独立运行，没有内存抢占导致代码速度执行变慢的问题。当 SSD 的 CPU 要求计算能力更高时，除增加核数和单核 CPU 频率外，AMP 的设计方式更加适应计算和任务独立的要求，消除了代码和数据资源抢占导致执行速度过慢的问题。

固件根据 CPU 的核数进行设计，充分发挥多核 CPU 的计算能力是固件设计考虑的一方面。另外，固件会考虑任务划分，会将任务分别加载到不同 CPU 上执行，在达到并行处理的同时让所有 CPU 有着合理且均衡的负载，不至于有的 CPU 忙死有的 CPU 闲死，这是固件架构设计要考虑的重要内容，目标是让 SSD 输出最大的读写性能。

SSD 的 CPU 外围模块包括 UART、GPIO、JTAG，这些都是程序必不可少的调试端口，另外还有定时器模块 Timer 及其他内部模块，比如 DMA、温度传感器、Power regulator 模块等。

2.1.3 后端

本节将从 SSD 主控角度来分析一下后端硬件模块。

后端两大模块分别为ECC模块和闪存控制器（见图2-7）。

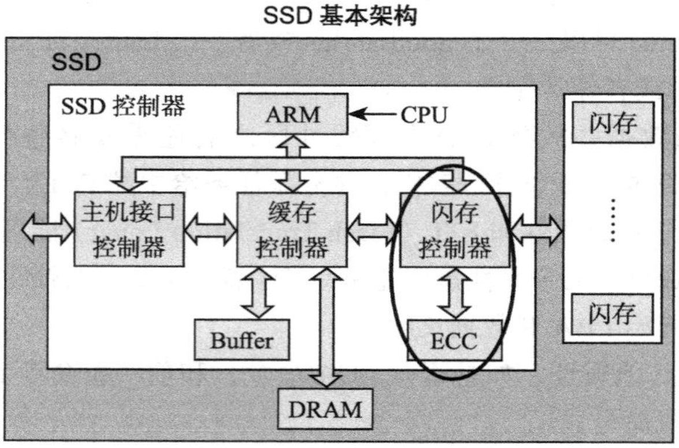

图2-7 SSD中的ECC模块和闪存控制器

ECC模块是数据编解码单元，由于闪存存储天生存在误码率，为了数据的正确性，在数据写入操作时应给原数据加入ECC校验保护，这是一个编码过程。读取数据时，同样需要通过解码来检错和纠错，如果错误的比特数超过ECC纠错能力，数据会以“不可纠错”的形式上传给主机。这里的ECC编码和解码的过程就是由ECC模块单元来完成的。SSD内的ECC算法主要有BCH和LDPC，其中LDPC正逐渐成为主流。

闪存控制器使用符合闪存ONFI、Toggle标准的闪存命令，负责管理数据从缓存到闪存的读取和写入。

闪存控制器如何和闪存连接和通信？从单个闪存角度看，一个Die/LUN是一个闪存命令执行的基本单元，闪存控制器和闪存连接引脚按照如下操作（见图2-8）：

- 外部接口：8个IO接口，5个使能信号（ALE、CLE、WE#、RE#、CE#），1个状态引脚（R/B#），1个写保护引脚（WP#）；
- 命令、地址、数据都通过8个IO接口输入输出；
- 写入命令、地址、数据时，都需要将WE#、CE#信号同时拉低，数据在WE#上升沿被锁存；
- CLE、ALE用来区分IO引脚上传输的是数据还是地址。

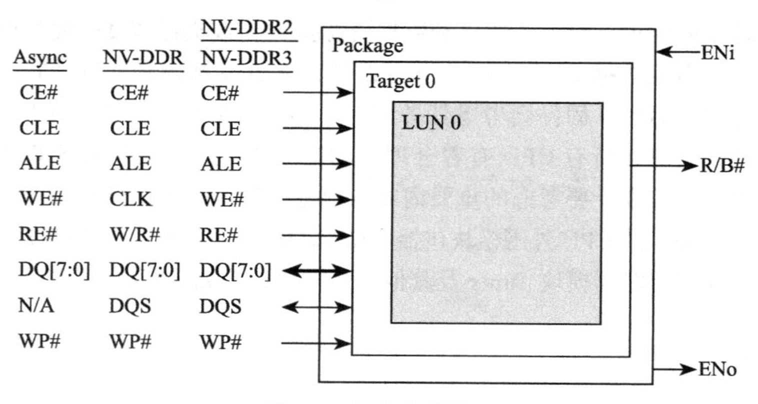

图2-8 闪存芯片接口

从闪存控制器角度看，为了性能需求需要并发多个闪存 Die/LUN，通常配置有多个通道(channel)。一个通道挂多少个闪存 Die/LUN，取决于 SSD 容量和性能需求，Die/LUN 个数越多，并发的个数越多，性能越好。

Die/LUN 是闪存通信的最小基本管理单元，配有上述的一套总线，即 8 个 I/O 口，5 个使能信号（ALE、CLE、WE#、RE#、CE#)，1 个状态引脚（R/B#)，1 个写保护引脚（WP#）……

如果一个通道上挂了多个闪存 Die/LUN，每个 Die 共用每个通道上的一套总线，那闪存控制器如何识别和哪个 Die 通信呢？答案是通过选通信号 CE# 实现。在闪存控制器给特定地址的闪存 Die 发读写命令和数据前，先选通对应 Die 的 CE# 信号，然后进行读写命令和数据的发送。一个通道上可以有多个 CE，SSD 主控一般设计为 4 ～ 8 个，对于容量而言选择有一定的灵活度。

2.2　SSD 主控厂商

SSD 主控是一个技术深度和市场广度都很大的芯片产品。SSD 发展初期主控芯片玩家较少，原因是设计和生产一款新的芯片的要求和门槛较高。如今由于 SSD 的蓬勃发展，配套的主控厂商看到了发展前景和利润空间，纷纷切入这个产品，SSD 主控初创公司如雨后春笋般出现。

下面介绍一下 Marvell 主控、三星主控和国内主控的技术深度和特色。

2.2.1　Marvell 主控

Marvell 是全球排名第一的 HDD 和 SSD 主控芯片供应商。2007 年开始在 SSD 控制器领域进行布局，于 2008 年推出第一代 SATA SSD 产品 Davinci。作为 SSD 主控领域的老大，Marvell 的 SSD 产品线非常完善，覆盖了高中低端市场，产品形态上包括了 SOC、ASIC 及 CSSP，如图 2-9 所示。

Marvell 目前的主力产品包括主攻 PC 市场的 SATA 系列 Dean（88SS1074），主攻 PC、数据中心、云端市场的 PCIe 系列 Eldora(88SS1093/88SS1092)，还有针对入门级零售市场、享有创新 DRAMless 设计的 Artemis 系列（88NV1120/88NV1160）。

Marvell 公司现在拥有超过 1400 项存储专利（还有大约 200 项专利正在申请）的强大知识产权组合。凭借在 HDD 领域二十多年的产品经验，Marvell 在低功耗、高性能设计、封装、先进制程方面有了很多的积累。Marvell 的主控技术均领先竞争对手两到三代（见图 2-10）。无论是 2D/3D MLC 还是 2D/3D TLC，也无论是 SATA 还是 PCIe 接口形式，Marvell 都颇有建树。且 Marvell 与客户的关系好，合作伙伴包括金士顿、LiteOn、Micron、Toshiba、Seagate、Sandisk、江波龙、联想等国际国内大厂，持续引领着行业技术的变革与创新。

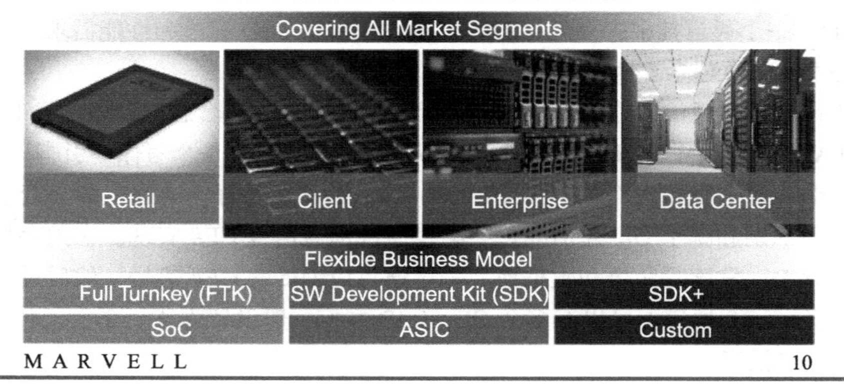

图 2-9 Marvell SSD 产品线覆盖零售、客户端、企业级及数据中心市场

图 2-10 Marvell 已推出五代 SATA SSD 产品以及第四代 PCIe SSD 主控产品

Marvell 在高端 SoC 设计上处于领先地位，Marvell 通过复杂的 SoC 架构、领先的纠错机制、接口技术、低功耗等多项优势建立起领先竞争对手的技术壁垒：

1）**Marvell 专有的 NANDEdge 技术**。这种 LDPC（低密度奇偶校验）纠错机制是目前业界任何其他功能所无法比拟的技术，Marvell 公司所有最新的 SATA、SAS 和 NVMe ™的 SSD 控制器都采用了该技术。NANDEdge 技术适用于传统平面型和新兴 3D 堆叠三阶存储单元（TLC），以及四阶存储单元（QLC）NAND SSD，能够确保实现最高的耐用性、可靠性和数据完整性，并延长 SSD 的使用寿命。目前 Marvell 的 LDPC 校验技术已经迭代到了第三代。

2）**可扩展、可延续的开发架构**。Marvell Artemis 系列主控，是全球第一个支持 PCIe NVMe 的不需要 DRAM 缓存的 SSD 主控方案，并支持 Host Memory Buffer（HMB）特性。

3）**特性丰富的 SDK**。Marvell 为合作伙伴提供了完善的 SDK 开发工具，不仅能加快上市时间，还能让合作伙伴有条件、有精力将自己的软件团队用于开发能体现差异化或自身优势的方面，从而实现差异化竞争。

4）**全产品线转向 16nm 工艺**。Marvell 在业界率先使用 28nm 工艺，而其他不少友商还停留在 40nm 甚至 55nm。未来 Marvell 全产品线将转向 16nm 工艺，产品的尺寸会更小，功耗也将更低。

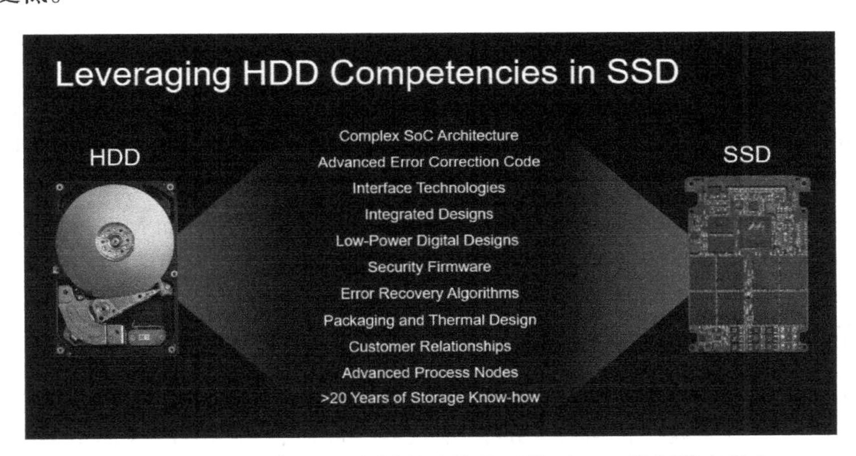

图 2-11　Marvell 将 HDD 领域技术优势延伸至 SSD 控制器产品中

无论在口碑上还是销量上，Marvell 主控一直是市场的佼佼者。其中，88SS1074 SATA SSD 控制器在短短 18 个月内的出货量已超过 5000 万，年同比增长 385%。Artemis 系列产品 88NV1140 在 CES 2016 国际消费电子展上亦获得了 Visions award。而最新的 88NV1160 DRAM-less SSD 控制器则在美国 ACE 2017 逻辑 / 接口 / 存储器产品类别评选中摘得大奖。

2.2.2　三星主控

三星的主控基本上都是三星自己的 SSD 在用，830 系列使用是 MCX 主控，而 840 及

840 Pro 使用的则是 MDX 主控，850 Pro/840 EVO 用的是 MEX 主控，850 EVO 500GB 以下的和 750 EVO 用的是 MGX 主控，650 用的是 MFX 主控，如图 2-12 所示。

图 2-12　三星主控芯片

MCX 是 200MHz 的三核 ARM 9 核心，缓存容量 256MB；MDX 的核心则换成 300MHz 的三核 Coretex-R4 处理器，缓存容量 512MB；MEX 则是把频率提升至 400MHz，并且加入了 TurboWrite 技术的支持，缓存容量 1GB。至于 MGX 和 MFX 主控，目前可以知道的是 MGX 是一个双核主控，而且三星优化了低容量下的随机性能；而 MFX 可能是一颗 4 通道主控。

2.2.3　国产主控，谁主沉浮

常见的台系主控包括智微（JMicron）、慧荣（Silicon Motion）和群联（Phison）三家公司的主控。它们成本低廉，相当受 SSD 厂家欢迎，现在有相当多的 SSD 在用这三家的主控。不过近年来，JMicron 的产品已经渐渐淡出市场了，这里着重介绍慧荣和群联两家的主控。

1. 慧荣主控

慧荣科技 (SMI) 为全球闪存控制芯片及专业射频 IC 的市场先驱及技术领导者，慧荣从 2000 年开始提供记忆卡用的闪存控制芯片，一路走来，从 CF、SD、USB，到进入手机用的嵌入式内存芯片 eMMC/UFS 及固态硬盘主控芯片，在每个领域都可说是闪存主控芯片的龙头厂商，至今已经出货超过 50 亿颗闪存控制芯片及超过 1 亿颗 SSD 固态硬盘主控芯片。

SMI 长期与全球主要闪存大厂合作，无论是 Samsung、Toshiba、WD/Sandisk、SKhynix、

Micron 还是 Intel，SMI 都为其提供了全面性主控芯片解决方案。借由与闪存大厂的合作关系，SMI 可以在更早期以主控厂商的身份提供、回馈给闪存厂商技术方案，可以提前了解 NAND 的发展趋势，从而及早设计对应的主控及固件。近年来，英特尔消费性 SSD 也开始全面使用 SMI 的主控芯片，这证明 SMI 的 SSD 主控芯片质量是世界一流水平的。近期 Crucial 所发表的 MX500 即是采用 SMI 的 SM2258H 主控芯片，其上搭配了 Micron 64 层的 TLC，证明 SMI 这几年 SSD 的领先技术已经获得国际大厂与消费者的认同。

慧荣提供一系列固态硬盘主控芯片（见图 2-13），支持所有主要闪存大厂的 MLC、TLC 及 SLC 闪存，其应用范畴囊括个人计算机、消费性电子品、工业计算机与其他相关应用；同时支持最先进的安全协议；支持 AES 128/256、TCG Opal Full-Drive 等加密机制。

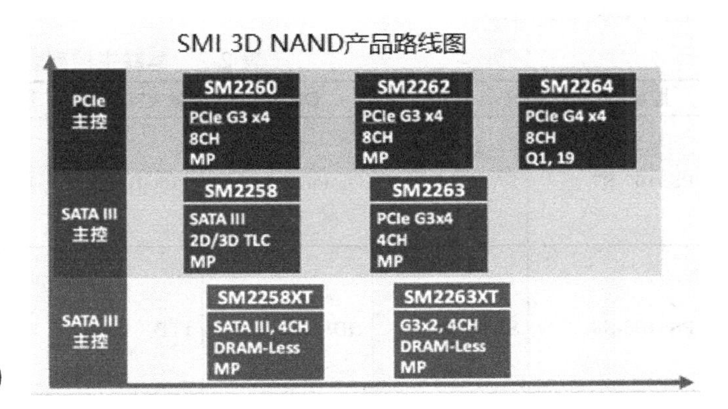

图 2-13 SMI 主要 SSD 控制器产品

SMI 凭借着多年来开发闪存相关主控技术的积累，在 SSD 主控上面发展出几项竞争优势：

- **客制化的交匙（Turnkey）方案：** SMI 在固态硬盘主控芯片上的主要优势在于，能够提供从主控芯片到固件方案，再到电路板设计、闪存颗粒的配对等一整套固态硬盘的解决方案，还能够根据采购厂商的个性化需求进行定制化的服务。慧荣提供的一站式服务，能够充分发挥主控芯片与固件方案紧密结合的优势，实现最大效能与最小功耗。
- **NANDExtend 专家 ECC 纠错方案：** NANDExtend 是 SMI 结合 LDPC 及多项 SMI 专利的纠错技术，可延长闪存使用寿命高达 3 倍。NANDExtend 可以应用于 MLC、TLC 及 QLC 等不同存闪。SMI 从 2009 年就开始致力于 LDPC 纠错技术，并且多次在国际会议上发布相关技术，目前已开发至第四代的 LDPC 纠错技术。
- **自制的物理层（Physical layer，PHY）接口技术：** SATA 与 PCIe SSD 都需要用物理层来传输数据，有了自制的 PHY，才能快速跟未来新的接口接轨并使用更新的半导体制程技术。从产品路线图上来看，SMI 在 2018 年发表的 PCIe Gen3x4 SSD 主控上面已经全面转向 28nm，PCIe Gen 4 更会使用 12nm，是目前能看到的第一个会使用 12nm 的 SSD 主控厂商。

慧荣虽然在 SSD 起步比其他主控公司来得晚，但凭借过去多年在各类闪存主控上的技术开发积累，这三年来在 SSD 方面飞快成长，一站式的方案更帮助了国内外许多自有品牌 SSD 制造商快速向终端市场推出极具技术竞争力的产品。除了原本的 SATA SSD 主控外，

2017 年更一次推出三颗第二代 PCIe Gen3x4 的主控芯片。2017 年在深圳举行的闪存市场高峰会上，SMI 也表示除了消费性 SSD 以外，他们也即将进军企业级的 SSD 主控以及软件定义存储 (Software Defined Storage) 的市场，持续扩大他们在固态存储方面的影响力。

2. 群联主控

群联电子于 2000 年 11 月成立。从提供全球首颗单芯片 U 盘控制芯片起家，群联目前已经成为 U 盘、SD 存储卡、eMMC、UFS、PATA 与 SATA 固态硬盘等控制芯片领域的领头者。群联是 ONFI (Open NAND Flash Interface) 的创始人之一，同时也是 SD 协会的董事。群联主控如表 2-2 所示。

表 2-2 群联主控列表

控制器型号	接口	DRAM	最大支持容量	通道	AES 支持	特色
PS3107-S7	SATAII	Optional	256GB	4	No	• BCH ECC • SmartRefresh ™ • SmartFlush ™ • GuaranteedFlush ™
PS3108-S8	SATAIII	DDR3	1TB	8	PS3108-A8	• BCH ECC • SmartRefresh ™ • SmartFlush ™ • GuaranteedFlush ™ • 支持 DEVSLP
PS3109-S9	SATA III	LPSDR	256GB	4	PS3109-A9	• BCH ECC • SmartRefresh ™ • SmartFlush ™ • GuaranteedFlush ™ • 支持 DEVSLP
PS3110-S10	SATA III	DDR3/DDR3L	2TB	8	PS3110-A10	• 端到端数据保护 • SmartECC ™ • SmartRefresh ™ • SmartFlush ™ • GuaranteedFlush ™ • 支持 DEVSLP • 支持 TLC Flash
PS3111-S11	SATA III	DRAM-less	1TB	2	No	• LDPC • 端到端数据保护 • SmartECC ™ • SmartRefresh ™ • SmartFlush ™ • GuaranteedFlush ™ • SmartZIP ™ • 支持 DEVSLP • 支持 TLC • 支持 3D 闪存

（续）

控制器型号	接口	DRAM	最大支持容量	通道	AES 支持	特色
PS5007-E7	PCIe Gen3 × 4	DDR3L	2TB	8	PS5007-A7	• NVMe1.1b • PCIe3.0 • 端到端数据保护 • SmartECC ™ • SmartRefresh ™ • SmartFlush ™ • GuaranteedFlush ™ • 支持 TLC • 支持 L1.2 模式
PS5008-E8/E8T	PCIe Gen3 × 2	E8: DDR3&DDR3L E8T: DRAM-Less	E8: 2TB E8T: 1TB	4	YES	• NVMe1.2 • PCIExpress Rev.3.1 • 端到端数据保护 • StrongECC • SmartECC ™ • SmartRefresh ™ • SmartFlush ™ • GuaranteedFlush ™ • 支持 MLC/TLC/3D 闪存 • 支持 L1.2 模 • Single Root I/O • Virtualization • Pyrite

群联主控，因其中流的产品性能、低廉的价格以及全面的服务，和慧荣主控一样，深受中小厂商的追捧，也成为大牌厂商入门级产品的首选方案之一。

以上与控制器相关的信息来自群联官网：http://www.phison.com。

3. 其他国产主控

固态硬盘市场近几年红得发紫，品牌商、代工厂、芯片设计公司各显神通，都期望在这个市场分一杯羹。那我们就来捋一捋国内其他地区自主 SSD 芯片设计公司，看谁有可能闯出一片天地。

海思毫无疑问是很强的，不过它的芯片只给华为用，所以就不列为讨论对象。剩下的就是记忆科技、湖南国科微、杭州华澜微；其他还有很多正在做的，但应该还没有做出正式芯片。

记忆靠着联想的关系，在内存市场做大，看到 SSD 在 PC 市场有前景，很早就切入到 SSD 领域。记忆理想远大，所以组建团队做 SSD 芯片。切入的时间点很好，同时经过四五年的努力，已经出了一款 SATA 控制器，性能还不错，可靠性若可以再完善，那么就有希望把主控用在自己的 SSD 上。拥有自己的主控后就具备了和其他主控讨价还价的能力，海思在早期就是华为用来和外资芯片议价的工具。

国科微在 2016 年 1 月发布了首款主控 GK2101，其采用 40nm 工艺，支持 SATA/NVMe/AHCI、8 通道闪存和 LDPC，这算是比较领先的了。尽管 PCIe 只有 GEN2X4，不过相信他们下一代很快就会赶上。据说已经有客户开始测试，估计不久就可以实现量产。想当初，国科微在卫星芯片市场杀出重围，赚到第一桶金，在安防监控市场表现也不错，又有大基金加持，成功 IPO 上市。国科微通过第一代 SSD 主控在市场学到一些经验，若能把一些欠缺的技术补强，还是大有可为的。

华澜微最开始是做 SD/MMC 和 U 盘控制器的，在 2016 年年初收购了晶量半导体，所以也拥有了桥接芯片产品线。其在接口方面的竞争优势比较大，但目前看到的 PCIe 产品还是 GEN2。可能是为了充分发挥自己桥接的优势，他们的主控和一般主控不同，采用类似桥接的方式，通过 SATA 转 eMMC 等来拼成一个 SSD，这样主控就不需要 FTL，开发难度会降低。不过鱼与熊掌不可兼得，拼接也有可能会影响性能和寿命。但是也不是什么大问题，毕竟性能可通过上层算法优化，而且一般来讲，用户对性能要求并不是非常高；寿命可以通过 RAID 方式来补强，只要控制好整体成本就是好方案。

前面讲的都已经做出了产品的厂商，后面就讲讲正在做产品的厂商。虽说先发制人，但是芯片设计是马拉松竞赛，后发未必制于人，还有可能少走一些弯路。

2016 年 12 月 27 日，北京得瑞领新科技有限公司（DERA）宣布推出自主研发的 TAI 控制器。支持 NVMe 1.2 标准及 PCIe 3.0 接口，4KB 随机写 IOPS 可以达到 500k，而 4KB 随机读更是可以达到 1250k IOPS，顺序写读分别为 4.5GB/s 和 5.1GB/s。目前已经成功流片，估计正在把产品弄稳定。DERA 团队人数不多，但是不少核心成员来自最早做 SSD 的 SST 公司，有多年的 SSD 主控经历，所以能在这么短的时间内设计出一款高性能 SSD 主控。

忆芯（Starblaze）这个名字可能很多人不熟悉，但是说起 Memblaze，大家就都知道了。忆芯团队核心成员来自 Memblaze，2017 年年初独立为忆芯，第一颗测试芯片回来立马就完成了 A 轮，说明大家还是比较看好他们的前景的。

浪潮和山东华芯半导体专注安全固态硬盘，他们的 SATA SSD 控制器已经通过国家密码局芯片测试。研发团队由有硅谷背景的资深技术专家掌舵，相信会大有可为。

在安全存储领域，北京的中勍科技有限公司也推出了 SSD 控制芯片，支持 AES 128/256、TCG Opal Full-Drive 等加密机制。

Greenliant 是由原 SST（冠捷半导体）创始人 Bing Yeh 创立的一家快速成长的存储芯片、系统和方案提供商。公司前身为 SST，其核心技术员工及管理层均来自 SST 的研发和市场部门。SST 在 2000 年开始做 BGA SSD，2010 年把 SSD 业务卖给 Greenliant，同年，Microchip 收购 SST。

硅格，成立于 2007 年，在闪存存储领域摸爬滚打近十年，也算是小有成绩。在 2017 年深圳举行的中国闪存市场峰会上，硅格半导体总经理吴大畏先生表示，10 多年来，硅格累计出货数亿颗 eMMC 控制器等芯片。在 SSD 领域，尽管起步稍晚，但 SATA 的控制器很快就会面市。

威盛在北京的团队也从事 SSD 主控芯片研发，产品接口从 SATA 到 PCIe 3.0 都有，支持 TLC 闪存和 LDPC 纠错。

联芸，总部位于杭州，在台湾也有团队。它的前身是 JMicron，囿于台湾不肯开放芯片设计业，索性把台湾的部门解散，到杭州来注册公司，成为自主品牌，以后会慢慢看不到智微的控制器了。以 JMicron 在 SSD 领域这么多年的积累，技术起点会高不少，但是关键要看老板想怎么玩，炬力就是前车之鉴。只要能让员工也能分享到公司发展的好处，就有机会发展起来。

Phison 在合肥成立了兆芯，希望能落地开花。

还有一个大玩家是兆易创新，其上市之后，闪电买下忆正武汉 SSD 工厂。2016 年 4 月新成立子公司上海睿磐电子信息技术有限公司，引入国内业界顶尖的技术团队，主要成员来自 SSD 控制器的传奇公司 SandForce，专注于 SSD 研发。如果武汉长江存储的 3D 闪存能如期量产，以他们之前的合作关系，应该是最容易拿到颗粒的。这样品牌和颗粒都有了，不做 SSD 控制器就说不过去了。

深圳的新创 SSD 控制器公司大普微电子也是后起之秀，他们得到了深圳市的大力支持，同时产品支持人工智能等功能，很有特色。

国内还有不少知名 SSD 厂商的部分产品采用 FPGA 控制器方案，比如方一信息科技、宝存科技等。这些公司发展如何，还需要三五年后才能看出水平，但是只要能耐得住寂寞，坚持打磨产品，再配上良好的激励机制，还是很有可能成功的。

2.3 案例：硅格（SiliconGo）SG9081 主控

本节以国产主控厂商硅格的 SATA3.2 SSD 主控 SG9081 为例，剖析一下主控如何实现高性能。

图 2-14 为 SG9081 主控的结构框图。

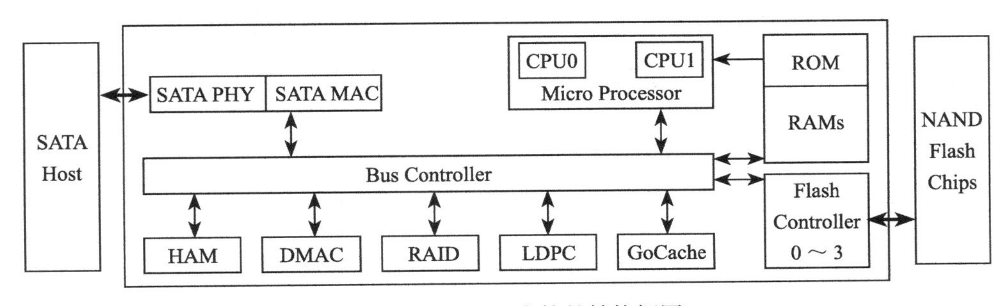

图 2-14 SG9081 主控的结构框图

1. HAM+GoCache 加速随机读写的 IOPS

HAM 是硬件加速模块的简称，SSD 主控中除了 MCU 以外，还有一个硬件加速模块

HAM。该模块将部分算法处理的动作硬件化，一方面释放了MCU的资源，另外一个方面则加速了算法的实现，尤其是对小数据的处理。另外，主控中集成了GoCache（SiliconGo独有技术），可高效地实现映射关系的管理，从而更高效地提高对小数据的传输能力。两者的结合实现了SSD成品模组性能的提升。

2. DMAC加速顺序读写

DMAC是Direct Memory Access Controller的缩写。该模块的存在使得SSD在进行连续大数据传输的时候，不用一直占据MCU的资源。当DMA请求被发起时，内部总线裁决逻辑将交由DMAC控制，接着数据高速传输动作开启。传输过程中，MCU可以去处理其他的事务，而当数据传输结束之后，DMAC又会将总线让给MCU。在这样的机制保证下，SSD进行读写操作时的效率极大地提高，从而表现出优秀的顺序读写性能。

3. LDPC+RAID提高可靠性，增强闪存耐久度和数据留存能力

目前闪存正从2D转向3D架构，对闪存纠错处理的要求也越来越高，早期的BCH已经无法满足先进制程或先进工艺的闪存。SG9081主控采用LDPC实现ECC，LDPC码在相同的用户数据条件下，与BCH校验码相比能纠正更多的错误，同时也增强了闪存的使用寿命。而RAID功能的引进则给数据保护加上了一个双保险。主控中的RAID功能可以理解为给数据做了一层校验保护，必要的时候可以通过校验的内容恢复为原始数据。LDPC和RAID功能大大地提高了数据的稳定性。

2.4 案例：企业级和消费级主控需求的归一化设计

SSD有企业级与消费级之分。企业级SSD产品更加注重随机性能、延迟、IO QoS的保证及稳定性；而消费级产品则更加注重顺序性能、功耗、价格等，如表2-3所示。

表2-3 企业级和消费级SSD对比

	企业级	消费级		企业级	消费级
性能	随机敏感	顺序敏感	耐久度	10^{-16}	10^{-15}
生命周期	1～5（DWPD）	500TWD	功耗（控制器）	5～10W	<2.5W
容量	0.6TB～8TB	64GB～1TB			

SSD控制器在设计时需要为企业级和消费级产品分别优化，这样不仅加大了研发成本，也增大了下游多系列SSD产品开发的复杂度。

是否有一款归一化的SSD控制器，能同时满足企业级和消费级需求？主要的问题在于能否在控制器硬件架构上实现成本、功耗和功能的统一。

1）成本方面，企业级SSD对控制器成本较不敏感，归一化SSD控制器需要着重满足消费级SSD的成本预算。采用通用硬件架构并优化硬件资源开销来约束SSD控制器成本，通过差异化固件来满足企业级与消费级产品的不同性能需求。

2）在性能方面，经过市场沉淀，NVMe U.2形态与M.2形态的SSD逐渐成为主流，两种形态的SSD产品性能需求也趋于一致。作为AIC形态的取代品，1U服务器普遍承载8块或更多U.2形态SSD，使得U.2形态SSD单盘4KB随机性能在300～400KIOPS，这已能满足大部分应用需求。反观消费级SSD市场，高端游戏平台NVMe M.2形态的SSD理论上性能已达3.5GB/s，这样的性能指标已与一些企业级SSD的顺序IO相近。一些互联网厂商已在IDC数据中心中应用M.2形态的SSD。在数据中心，上层对数据流做了大量优化，数据以顺序访问方式写入SSD，这降低了对企业级SSD随机性能的需求。

3）在寿命上，企业级与消费级SSD需求差别较大。但影响SSD寿命的主要因素在于闪存的耐久能力。SSD控制器则确保加强对闪存的纠错能力。因此，企业级与消费级SSD控制器在寿命方面的设计目标是一致的。

4）在容量上，企业级SSD与消费级SSD差异较大。SSD控制器需要以比较小的代价支持大容量闪存，以便同时覆盖企业级与消费级SSD的需求。

5）可靠性方面，企业级SSD一般要求ECC与DIE-RAID两层数据保护能力。而随着3D闪存逐步普及，闪存厂商开始建议在消费级SSD上提供DIE-RAID能力。所以在可靠性方面，企业级与消费级SSD控制器的设计目标也趋于一致了。

6）在功耗方面，消费级产品对功耗最为敏感，特别是像平板、笔记本电脑这种电池供电设备，对功耗有严格的限制。SSD控制器在设计时需要考虑复杂的低功耗需求，需要支持多种电源状态，以及快速唤醒。企业级SSD对功耗相对不敏感。然而对于整个数据中心，电力成本已占数据中心运营成本近20%。随着SSD的大规模部署，低功耗设计也成为企业级SSD控制器的追求目标。

从上面几点不难看出，在企业级与消费级SSD设计指标趋于一致的趋势下，硬件规格实现统一是极有可能的。而SSD产品形态的差异化则由SSD控制器上的固件体现。忆芯科技的STAR1000芯片在设计中对此做了比较成功的尝试，如图2-15所示。

STAR1000性能指标与关键技术		
随机读（IOPS）	350K	• 软件定义架构 • SMP多核CPU • 固件升级支持最新NVMe协议 • 微码升级支持新型NAND闪存 • 数据保护与错误处理 • 数据通路端到端保护 • 片上RAM SECDED • 片外DRAM内置ECC • 码率自适应可配置LDPC
随机写（IOPS）	300K	
顺序读（带宽）	3GB/s	
顺序写（带宽）	2GB/s	
读延迟（μs）	90	
写延迟（μs）	20	
活动功耗	<2.5w	
L 1.2功耗	<5mW	
容量	最大8TB	

图2-15　STAR1000关键技术

STAR1000固态硬盘控制器采用SMP架构，极大程度保留了硬件扩展性和软件灵活性，便于多种存储硬件加速模块的集成，降低了固件开发的复杂度，对实时OS有天然的良好支持。

可靠性方面，对片上SRAM、片外DRAM与数据通路都可进行错误校验，满足了企业级要求；用极小代价实现了RAID5/6保护机制；特别是通过RAID的校验RAM和片上SRAM共享设计，既能满足企业级SSD要求，也能在某些消费级产品不需要RAID机制时，将SRAM让给固件做其他事情，极大提升了资源利用率。

NVMe子系统采用2颗32位嵌入式CPU搭配NVMeIO硬件加速器方案，特别适合低功耗实现消费级SSD的基础IO性能要求，同时满足了企业级应用中对队列调度策略、高性能SGL实现、原子操作、HMB/CMB支持等特性，此外还支持多VF的SRIOV。

2.5 案例：DERA（得瑞领新）NVMe控制器TAI和NVMe SSD产品

NVMe协议面向现代多核计算系统结构设计，充分发挥NVM介质高并发及低延迟的特性，为实现高吞吐量、低延迟的存储设备打下了良好的生态基础。DERA Storage遵循协议标准，面向企业计算市场，开发提供高性能、高可靠的NVMe SSD解决方案。

控制器是NVMe SSD的核心部件，是连接主机总线和闪存单元的桥梁。本质上，一个NVMe SSD设备内部需要处理高并发的大量IO事务，每个IO事务都伴随多种硬件操作和事件处理，其中一些功能特性需要结合计算密集型的操作，比如用于数据错误检测的编解码，或者数据加密、解密，在完成这些处理的同时还要满足苛刻的功耗要求，因此不可避免地需要使用专用的硬件加速单元。综合考虑，NVMe SSD控制器一般是紧密结合NAND闪存管理软件进行高度定制化设计的ASIC（专用集成电路）。只有将数据通路、计算资源都经过合理安排调配，最终实现的NVMe SSD才能在可靠性、性能、功耗几个方面实现良好统一的目标。

DERA NVMe控制器是DERA NVMe SSD产品的核心部件，TAI是DERA的第一款控制器（见图2-16）。DERA TAI前端支持PCIe Gen3 x8或x4接口，集成多个NAND接口通道和高强度ECC硬件编解码单元，所有数据通道均运用ECC和CRC多重硬件保护机制。在TAI控制器基础上，紧密协同设计的闪存转换层（FTL）算法负责调度管理，综合运用多种技术实现企业级的数据存储可靠性，充分发挥NAND闪存的高速存取特点，实现高可靠、低延时、高吞吐量的数据存储要求。

DERA NVMe SSD定位于企业级应用，因此性能平稳度和数据可靠性是核心的设计要点。

企业级应用要求存储设备在稳定一致的基础上具备高性能和低延迟的特性。受限于介质的基本工作原理，SSD需要通过复杂的工程设计才能避免出现性能抖动、延迟时间恶化等负面表现。DERA企业级NVMe SSD充分预计了高压力下的极端情况，对前端IO请求和后台行为进行精细调度和控制，确保在任何情况下，设备对外呈现的性能都能稳定在可预测、可接受的水平。

在数据可靠性方面，DERA 产品主要通过高强度的硬件 ECC、故障主动管理、完整数据通道校验、掉电保护、功耗及温度自监控管理等技术设计实现。

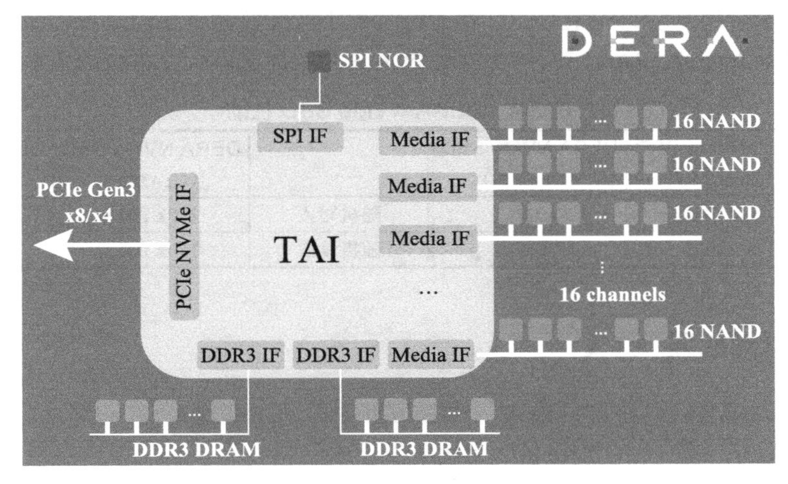

图 2-16　DERA TAI 控制器

闪存 ECC 是 SSD 的核心功能。为了处理新结构、新工艺节点下闪存芯片的高原始误码率，以及满足高并发访问时的低延迟要求，DERA TAI 控制器为每个闪存通道都配备了独立的 ECC 单元，纠错能力为 100b/1KB，满足主流闪存器件对主控纠错能力的要求，即在复杂度、面积和功耗、解码延迟时间确定性和可控性等多个方面达到了良好的均衡。此外，DERA TAI 对完整数据通道的 ECC 保护和 CRC 校验，也在不影响性能的前提下为数据可靠性提供了进一步的基础保障。

闪存存储单元在形成严重错误之前会表现为误码率的渐进式提高。DERA SSD 在充分掌握闪存器件全生命周期特性的基础上，在运行过程中根据页面原始误码率的变化，实现对故障单元的主动判定及预防性的管理策略，在最大化有效使用存储单元的基础上，最大限度降低因存储单元故障导致的数据损坏的概率。与此对应，磨损平衡策略也基于对存储单元的实时跟踪结果而动态调整，确保达到更接近真实情况的磨损平衡效果。

企业级 SSD 另外一个非常重要的系统级数据保护机制就是闪存芯片之间的冗余校验机制。DERA SSD 将多个不同闪存芯片上的存储单元按照一定大小进行划分，组成动态组合的冗余校验结构。如果某个芯片上的数据块出现错误，管理算法能够基于其他芯片上的数据块重新构建出错芯片上的数据，并对出错的芯片物理单元做妥善处理。

在 IT 系统运行环境下，意外掉电是不可避免的问题。SSD 对意外掉电若处理不当，很大可能会导致用户数据被破坏乃至整个设备出现故障。DERA SSD 提供完备的硬件手段持续监测供电情况，并在供电异常时触发保护策略，自动切换到后备电容或其他不间断电源供电，在整体的软件策略上予以充分配合，在发生意外掉电时最大限度保证用户数据的完整性。

NVMe SSD 是高性能设备（见表 2-4），虽然能提供优越的性能功耗比，但是在高负载情况下其功率消耗和相应的发热量也是不能忽视的问题。受限于安装密度、系统风道的设计，以及系统风扇管理策略在一定阶段内的局限性，在某些安装条件下，SSD 设备有可能会面临散热风量不足的问题。DERA SSD 在运行过程中持续监测设备温度及功率使用情况，并按照预定策略动态处理，确保不会因为系统散热条件不足而导致设备故障或更严重的问题。

表 2-4 DERA NVMe SSD 性能

	DERA NVMe SSD（Gen3x4）	DERA NVMe SSD（Gen3x8）		DERA NVMe SSD（Gen3x4）	DERA NVMe SSD（Gen3x8）
顺序写入	3.4GB/s	4.5GB/s	随机写入	270k IOPS	270k IOPS
顺序读取	3.4GB/s	5.1GB/s	随机读取	760k IOPS	1.17M IOPS

2.6 全闪存阵列 AFA

经常听人说起全闪存阵列，给人一种很厉害的样子，那这个全闪存阵列到底是个什么东西？下面将以某一款 EMC XtremIO 为例来带你入门。

本节参考了 Vijay Swami 写的 XtremIO Hardware/Software Overview & Architecture Deepdive 一文，图片也主要来自这篇文章。

2.6.1 整体解剖

1. 结构

图 2-17 所示是一个标准的 XtremIO 全闪存阵列，含有两个 X-Brick，之间用 Infiniband 互联。可以看出，X-Brick 是核心，那么 X-Brick 里面究竟是什么？

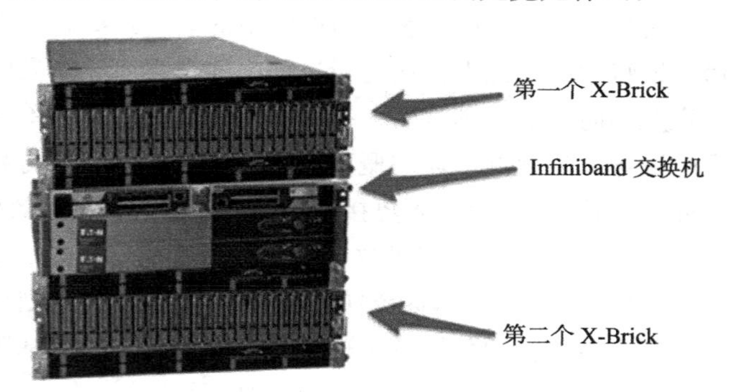

图 2-17 XtremIO 全闪存阵列结构

我们来看看，一个 X-Brick 包括：

- 1 个高级 UPS 电源；
- 2 个存储控制器；
- 磁盘阵列存储柜 DAE，放有很多个 SSD，每个 SSD 都用 SAS 连接到存储控制器；

- 如果系统有多个 X-Brick，那么需要 2 个 Infiniband 交换机来实现存储控制器高速互联。

2. 存储控制器

如图 2-18 所示，存储控制器其实就是个 Intel 服务器，配有 2 个电源，看起来是 NUMA 架构的 2 个独立 CPU、2 个 Infiniband 控制器、2 个 SAS HBA 卡。Intel E5 CPU，每个 CPU 配有 256GB 内存。

图 2-18　存储控制器机箱内部

如图 2-19 所示，其后面插有各种线缆，看着感觉乱糟糟的，如图 2-19 所示。设计的架构适用于集群，所以线缆有很多是冗余的。

图 2-19　X-Brick 背面连线图

阵列正面照，LCD 显示的是 UPS 电源状态。图 2-20 所示是一个个竖着的就是 SSD 阵列。

图 2-20　Xtrem-IO 全闪存阵列正面照片

3. 配置

如表 2-5 所示，一个 X-Brick 容量是 10TB，可用容量 7.5TB，但是考虑到数据去重和压缩大概为 5 ∶ 1 的比例，最终可用容量为 37.5TB。

表 2-5　XtremIO 配置表

	1 个 X-Brick	2 个 X-Brick 集群	4 个 X-Brick 集群	8 个 X-Brick 集群
组件	2 个 X-Brick 控制器 1 个 X-Brick DAE 2 个备用电源	4 个 X-Brick 控制器 2 个 X-Brick DAE 2 个备用电源 2 个 Infiniband 交换机	8 个 X-Brick 控制器 8 个 X-Brick DAE 8 个备用电源 2 个 Infiniband 交换机	16 个 X-Brick 控制器 8 个 X-Brick DAE 8 个备用电源 2 个 Infiniband 交换机
功耗（W）	750	1 726	3 226	6 226
空间（U）	6	13	23	43
制冷需求（BTU/h）	2 559	5 889	11 000	21 244
物理容量（TB）	10	20	40	80
可用容量（TB）	7.5	15	30	60
去重压缩后容量（TB）	37.5	75	150	300

4. 性能

有人做了 XtremIO 性能测试，在 2 个 X-Brick 的全闪存阵列跑了 550 个虚拟机，为 7000 个用户服务器提供服务。其每天平均读写带宽为 350MB/s ～ 400MB/s，20k IOPS；最高时达到 20GB/s，200k IOPS。

5. 软件控制台

我们来看看软件控制台参数，如图 2-21 所示，图左边显示数据降低率 2.5:1，其中去重率 1.5:1，压缩率 1.7:1；图右边是带宽、IOPS 和延迟监控图，显示每个 SSD 当前的性能和汇总的读写性能。

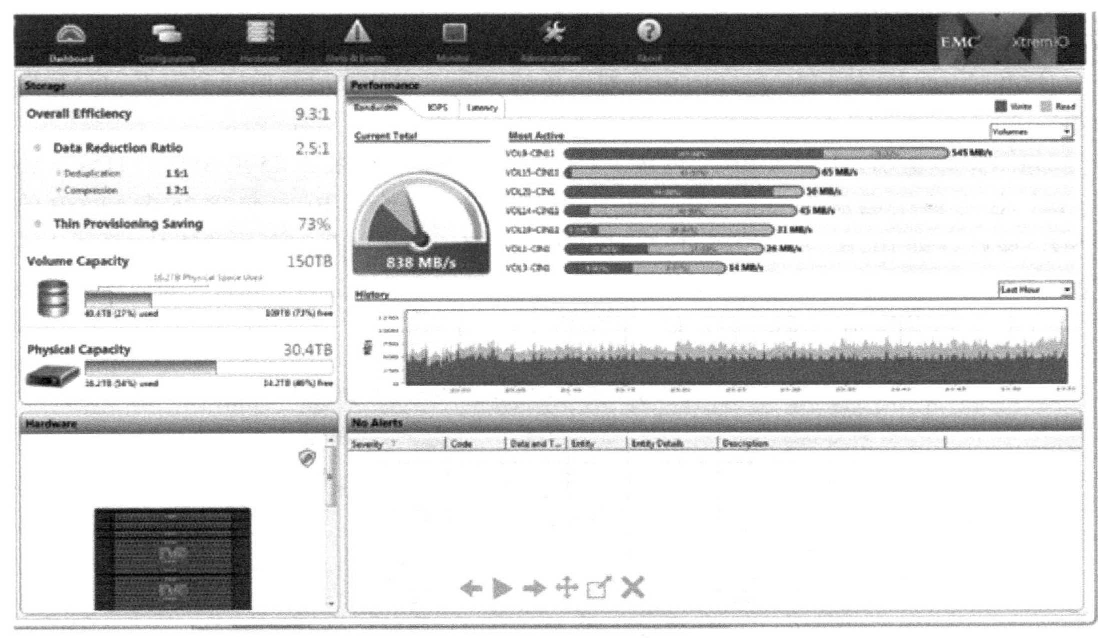

图 2-21 软件控制台性能监控

图 2-22 是每个 SSD 的监控图，DAE 中每个盘下面有模拟的灯，根据盘当前的读写活动不断闪烁，看起来非常酷！

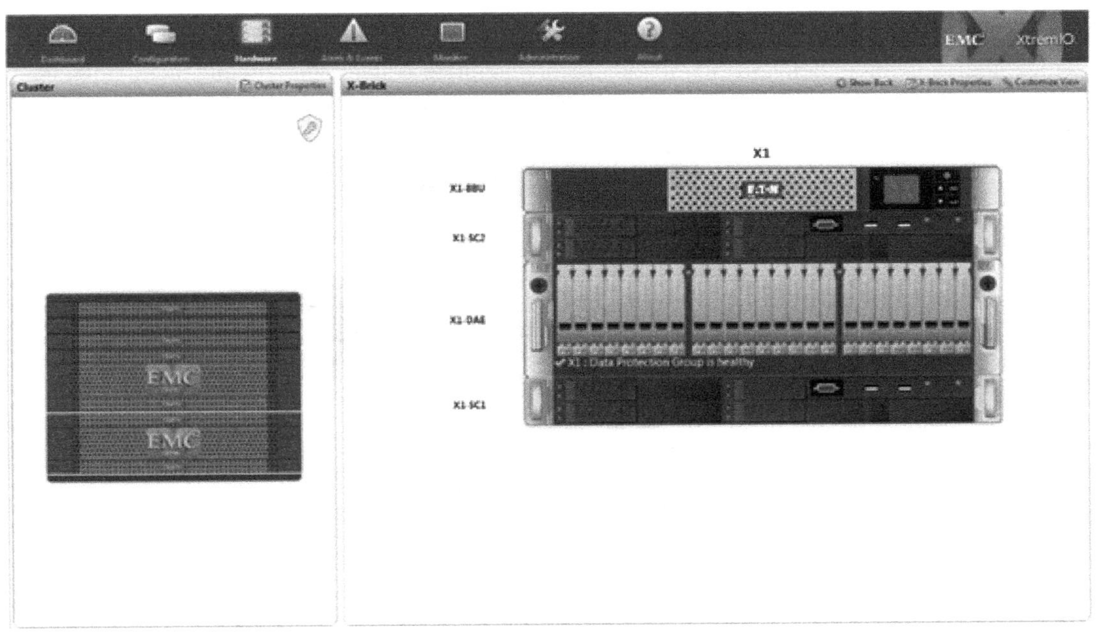

图 2-22 SSD 监控图

2.6.2 硬件架构

EMC XtremIO是EMC对全闪存阵列市场的突袭，它从底层开始完全根据闪存特性设计。

如图2-23所示，1个X-Brick包含2个存储控制器，一个装了25个SSD的DAE，还有2个电池备用电源（Battery Backup Unit，BBU）。每个X-Brick包含25个400GB的SSD，原始容量10TB，使用的是高端的eMLC闪存，一般擦写寿命比普通的MLC长一个数量级。如果只买一个X-Brick，配有两个BBU，其中一个是为了冗余。如果继续增加X-Brick，那么其他的X-Brick只需要一个BBU。

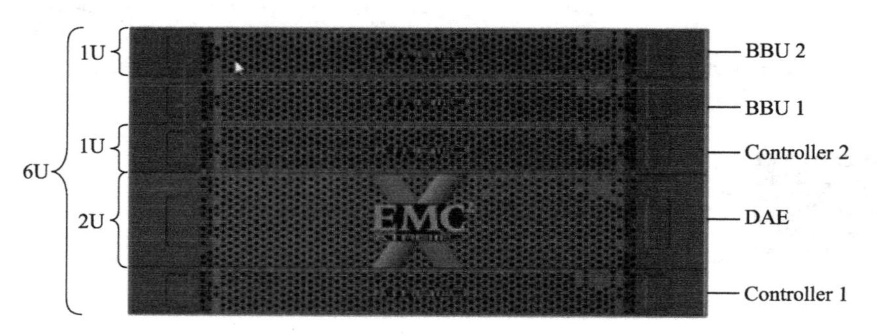

图2-23 X-Brick尺寸

X-Brick支持级联来增加容量，所以其是一种Scale-Out架构，最多可以到4个X-Brick甚至8个X-Brick（见图2-24）。

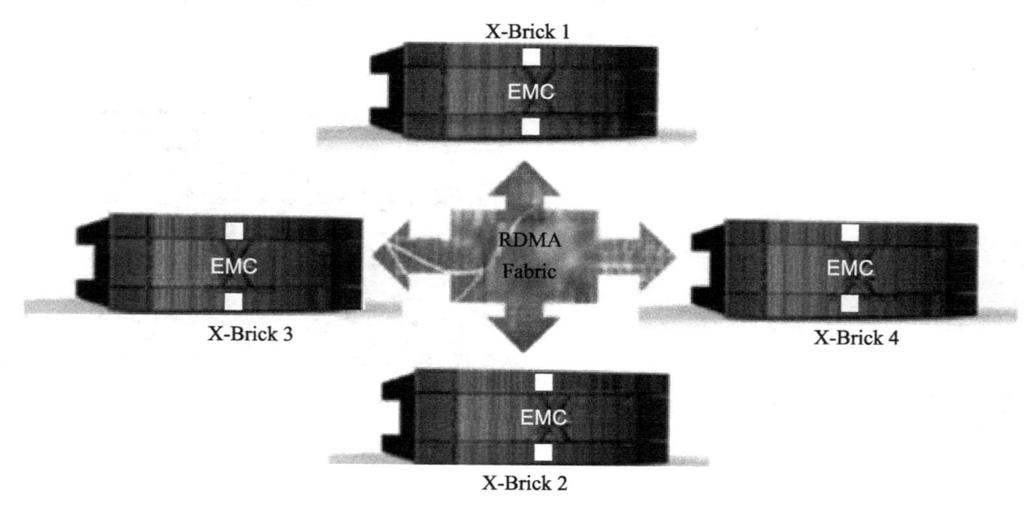

图2-24 X-Brick互联

X-Brick之间采用40Gbps的Infiniband交换机互联。

图 2-25 所示是一个 X-Brick 存储控制服务器的所有端口，40Gbps Infiniband 接口是为了后端数据连接，其实就是 X-Brick 之间的互联。那么，阵列和主机控制端如何进行数据交互呢？可以看出，既可以使用 8 Gbps FC，也可以使用 10Gbps 的 iSCSI。那又是如何连到那么多的 SSD 上呢？用的是 6Gbps 的 SAS 接口，和 VNX 类似。同时，电源和所有的接口都是有冗余的，用来应对故障。那么一个 X-Brick 节点自己数据的存储如何解决呢？它配有 2 个 SSD，用来掉电时保存内存中的元数据。要知道，去重还是很占用内存的，因为一般每个数据块需要计算出一个 Hash 值，甚至双重 Hash，用 Hash 值来判断唯一性。同时还有 2 个 SAS 硬盘，作为操作系统运行的磁盘。

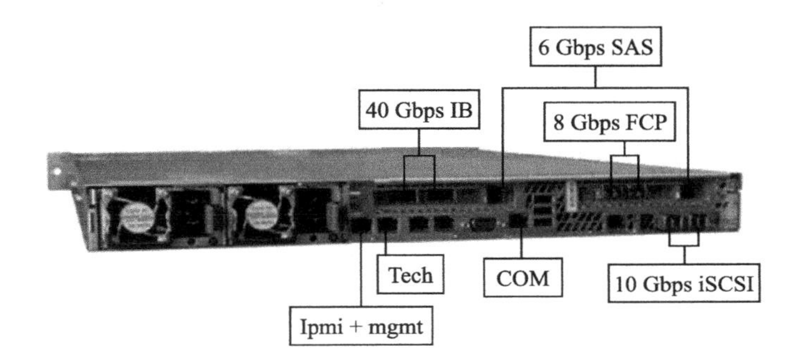

图 2-25　X-Brick 存储控制器端口

这样一来，存储控制器有自己的硬盘，而不占用 DAE 里面的 SSD 阵列，闪存阵列只用于存储用户数据，受 2 个存储控制器管理。这种架构的好处是结构清晰、界限分明，未来还能直接升级存储控制器软硬件而不动闪存阵列里的数据。

再来看看每个存储控制器的配置：有 2 个 CPU 插槽的 1U 机箱，使用 2 个 8 核的 Intel Sandy Bridge CPU，256GB 内存。

现在很多厂商都以最高性能为荣，拿一个新盘，写一点数据，甚至往 DRAM Cache 里面写一点然后读出来，就吹嘘带宽、IOPS、延迟达到什么程度。更有甚者，不写数据，空盘读，达到巅峰带宽，简直把用户当三岁小孩。殊不知，对用户来讲，尤其是企业级用户，最高性能说明不了什么，只能忽悠那些不懂行的人，对真正业内人士来说，实际使用的稳定性能才是王道。

EMC 全闪存阵列 XtremIO，1 个 10TB 的 X-Brick，可用容量只有 7.5TB，但是考虑到数据去重，用户能用的容量其实很大，跟实际的应用相关。比如虚拟桌面 VDI 应用，数据重复率很高，想想不同人安装的 Windows XP 虚拟机的系统文件基本都是一样的，去重可以省下多大的空间啊！但是像一般的数据库应用，重复率又很低，毕竟数据库存储的数据几乎是随机的。

我们来看看一个 X-Brick 的 IOPS（见图 2-26）：

- 100% 4KB 写：100k IOPS。

- 50/50 4KB 读 / 写：150k IOPS。
- 100% 4KB 读：250k IOPS。

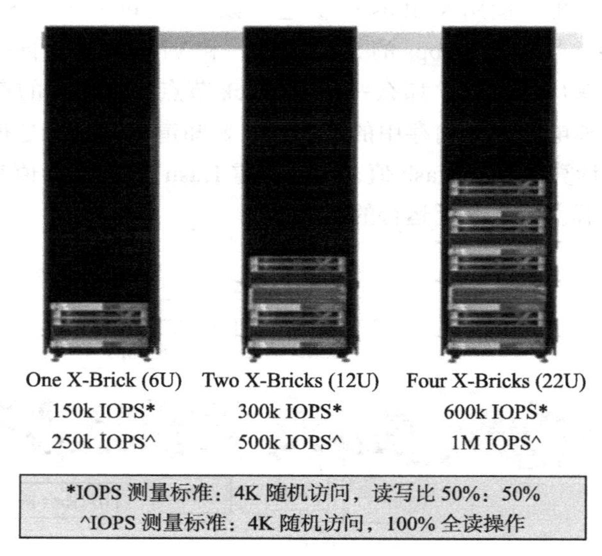

图 2-26　XtremIO 性能

如果是 2 个或更多 X-Brick 级联，性能线性增长，前面的数值翻几倍就可以了。

有一点必须得强调，上面说的这个性能看起来一般，但是要知道，这可是实际使用的性能，而且不是空盘拿来跑跑的性能，而是全盘写了至少 80% 之后的性能。为什么要写至少 80% 才能测得真正的性能？因为空盘写不会触发垃圾回收，当用户占满了整个带宽，且盘快写满的时候，垃圾回收才开始工作，此时用户能分到的带宽就少了，性能自然下降。而我们买了盘，肯定很快会写很多数据，所以只有快写满了才是常态。

2.6.3　软件架构

存储行业发展到今天，硬件越来越标准化，所以已经很难靠硬件出彩了。若能够制造存储芯片，例如三星这种模式，从底层开始都自己做，则可靠巨大的出货量坐收硬件的利润。但这种模式投资巨大，一般人玩不来，只能靠软件走差异化了，而且软件还有一个硬件没有的优势：非标准化。比如 IBM 的软件很多是基于自己的 UNIX 系统开发的，别人用了之后切换到其他厂家的软件难度很大，毕竟丢数据的风险不能随便冒。

看了前面的 XtremIO（XIO）硬件架构之后，不少人可能觉得并没有什么复杂的，基本上就是系统集成、组装机嘛。但是，全闪存阵列的核心在软件，软件做好了，才能让用户体验到闪存阵列的性能。试想，如果 iPhone 装的是 Android 系统，你还会排队花五六千元去买吗？估计连两三千都舍不得了吧！

图 2-27　装了 Android 的 iPhone

1. XIO 软件几大杀器

- 去重：提升性能，同时因为写放大降低，延长了闪存的寿命，提高了可靠性。
- Thin Provisioning：分区的容量可以随着使用而自动增长（直到用满阵列），这样关键时刻不会影响性能。
- 镜像：先进的镜像架构保证了容量和性能不会受损。
- XDP 数据保护：用 RAID6 保护数据。
- VAAI 集成：后面解释这是个什么。

2. XIO 软件核心设计思想

1）一切为了随机性能：任何节点上访问任意数据块，都不会增加额外的成本，即必须公平访问所有的资源。这是为什么？这样的结果就是即使节点增加，性能也能够线性增长，扩展性也好。

2）尽可能减少写放大：要知道，对 SSD 来讲写放大不仅会导致寿命缩短，还会因为闪存的擦写次数升高，导致质量下降，数据可靠性下降。XIO 的设计目标就是让后台实际写入的数据尽量少，起到一种数据衰减的作用。

3）不做全局垃圾回收：XIO 使用的是 SSD 阵列，而 SSD 内部是有高性能企业级控制器芯片的，当前的 SSD 主控都非常强大，垃圾回收效率很高，所以 XIO 并没有再重复做一遍垃圾回收。这样做的效果是降低了写放大，毕竟后台搬移的数据量少了，同时，节省出时间和系统资源提供给其他软件功能、数据服务和 VAAI 等。

4）按照内容存放数据：数据存放的地址用数据内容生成，跟逻辑地址无关。这样数据可以存放在任何位置，提升随机性能，同时还可以针对 SSD 做各种优化。数据可以平均放置在整个系统中。

5）True Active/Active 数据访问：LUN 没有所有者一说，所有节点都可以为任何卷服务，这样就不会因为某一个节点出问题而使性能受损。

6）扩展性好：性能、容量等都可以线性扩展。

3. XIO 软件为什么运行在 Linux 用户态？

如图 2-28 所示，XIO 的全闪存阵列软件架构，XIO OS 和 XIO 的软件都运行在 Linux 的用户态，这样有什么好处呢？我们知道，Linux 系统分为内核态和用户态，我们的应用程序都在用户态运行，各种硬件接口等系统资源都通过内核态管理，用户态通过 system call 访问内核资源。XIO 软件运行在用户态有几大优点：

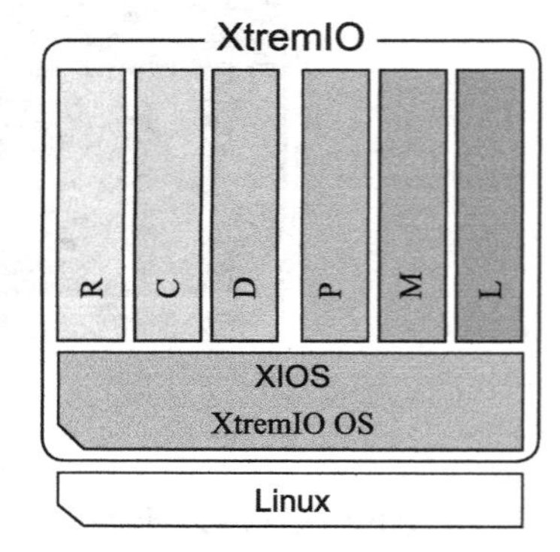

图 2-28　XIO 软件架构

- 避免了内核态的进程切换，速度快。
- 开发简单，不需要借助各种内核接口，以及复杂的内存管理和异常处理。
- 不必受到 GPL 的约束。Linux 是开源系统，程序在内核运行必然要用到内核代码，按照 GPL 的规定，就得开源，在用户态自己开发的应用就不受此限制。这种商业性软件，里面很多东西都是公司花了很多心血开发的核心技术，开源了就太不值了。由此也可以看出软件对全闪存阵列的价值！开源了还能卖那么贵吗？或者说开源了，谁都可以组装起来，装一个开源软件，全闪存阵列就只能打价格战了，高科技当大白菜卖。

在每个 CPU 上运行着一个 XIOS 程序：X-ENV，如果你敲一下“top”命令，就会发现这个程序掌控所有的 CPU 和内存资源。为什么这么做？

第一个作用就是为了 XIO 能 100% 使用硬件资源，能够运筹帷幄之中，决胜千里之外。知道自己赚多少钱，才能想清楚该怎么花。

第二个作用是不给其他进程影响 XIO 性能的机会，保证性能的稳定。

第三个作用是提供了一种可能性：未来可以简单修改就移植到 UNIX 或者 Windows 平台，或者从 X86 CPU 移植到 ARM、PowerPC 等 CPU 架构，因为这都是上层程序，不涉及底层接口。

XIO 是完全脱离了硬件的软件，为什么这么说？因为他们被 EMC 收购之后，很快就从自己的硬件架构切换到了 EMC 的白盒标准硬件架构，说明其软件基本不受硬件限制。而且，XIO 的硬件基本没有自己特殊的组件，不包含 FPGA，没有自己开发的芯片、SSD 卡、固件等，用的都是标准件。这样做的好处是可以使用最新、最强大的 X86 硬件，还有最新的互联技术，比如比 Infiniband 更快的技术。如果自己开发了专用的硬件，要跟着 CPU 一起升级就很麻烦了，总是会慢一拍。

甚至，XIO 完全可以只卖软件，只不过目前 EMC 没这么干而已。现在是硬件、软件、EMC 客户服务一起卖。没准哪天，硬件不赚钱了，EMC 就只卖 XIO 软件了。

2.6.4 工作流程

1. 6 大模块

XIO 软件分为 6 个模块，以实现复杂的功能，其中包括三个数据模块 R、C、D，三个控制模块 P、M、L。

- P（Platform，平台模块）：监控系统硬件，每个节点有个 P 模块在运行。
- M（Management，管理模块）：实现各种系统配置。通过和 XMS 管理服务器通信来执行任务，比如创建卷、LUN 的掩码等从命令行或图形界面发过来的指令。有一个节点运行 M 模块，其他节点运行另一个备用 M 模块。
- L（Cluster，集群模块）：管理集群成员，每个节点运行一个 L 模块。
- R（Routing，路由模块）：
  - 其实就是把发过来的 SCSI 命令翻译成 XIO 内部的命令。
  - 负责来自两个 FC 和两个 iSCSI 接口的命令，是每个节点的出入口“看门大爷”。
  - 把所有读写数据拆成 4KB 大小。
  - 计算每个 4KB 数据的 Hash 值，用的是 SHA-1 算法。
  - 每个节点运行一个 R 模块。
- C（Control，控制模块）：
  - 包含了一个映射表：A2H（数据块逻辑地址——Hash 值）。
  - 具备镜像、去重、自动扩容等高级数据服务。
- D（Data，数据模块）：
  - 包含了另一个映射表：H2P（Hash 值——SSD 物理存放地址）。可见，数据的存放地址跟逻辑地址无关，只跟数据有关，因为 hash 值是通过数据算出来的。
  - 负责对 SSD 的读写。
  - 负责 RAID 数据保护技术——XDP（XtremIO Data Protection）

2. 读流程

读流程如下：

1）主机把读命令通过 FC 或 iSCSI 接口发送给 R 模块，命令包含数据块逻辑地址和大小。

2）R 模块把命令拆成 4KB 大小的数据块，转发给 C 模块。

3）C 模块查 A2H 表，得到数据块的 Hash 值，转发给 D 模块。

4）D 模块查 H2P 表，得到数据块在 SSD 中的物理地址，读出来。

3. 不重复的写流程

不重复的写流程如下（见图 2-29）：

1）主机把写命令通过 FC 或 iSCSI 接口发送给 R 模块，命令包含数据块逻辑地址和大小。

2）R 模块把命令拆成 4KB 大小的数据块，计算出 Hash 值，转发给 C 模块。

3）C 模块发现 Hash 值没有重复，所以插入自己的表，转发给 D 模块。

4）D模块给数据块分配SSD中的物理地址，写下去。

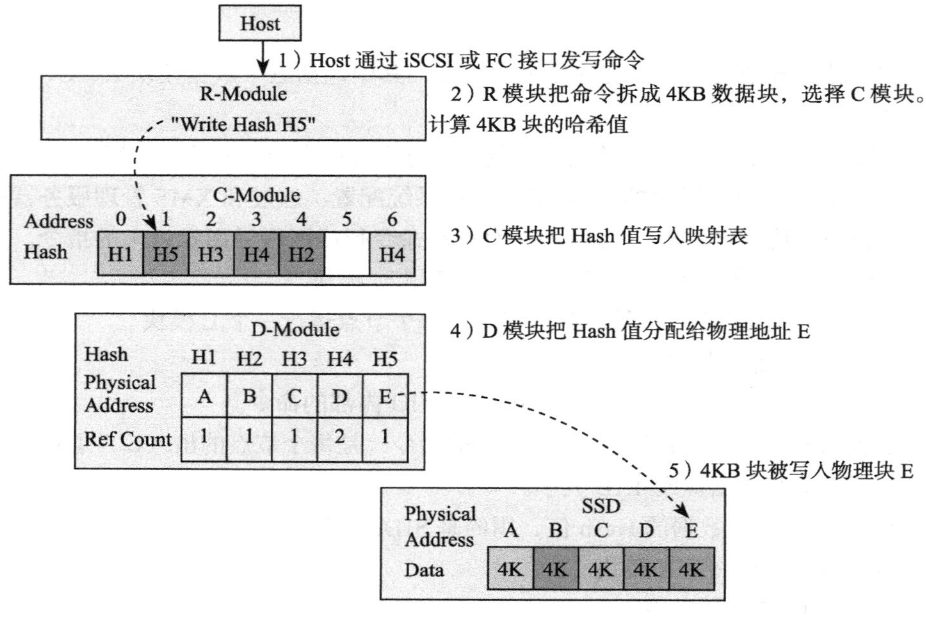

图 2-29　不重复的写流程

4. 可去重的写流程

可去重的写流程如下（见图 2-30）：

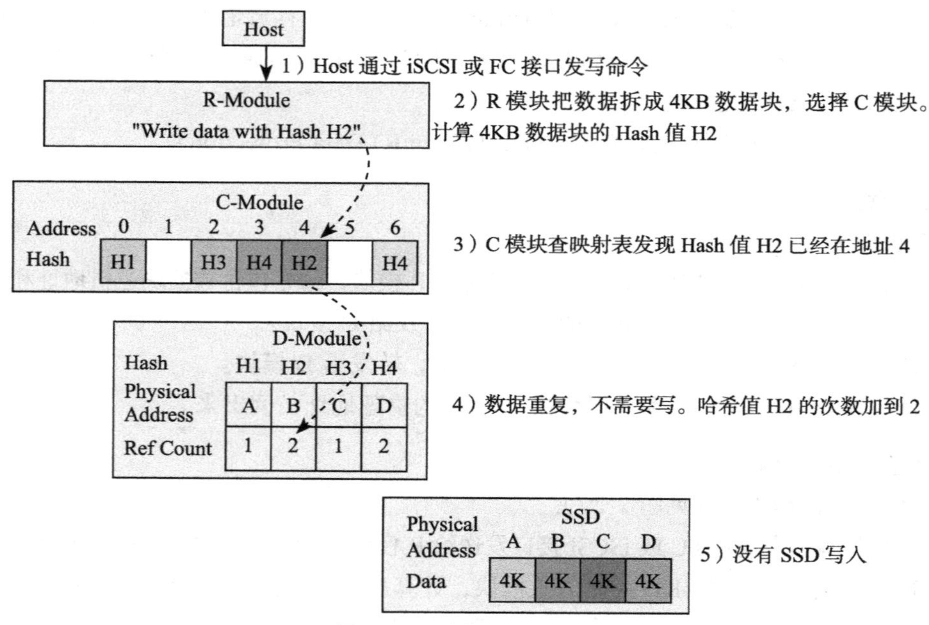

图 2-30　可去重的写流程

1）主机把写命令通过 FC 或 iSCSI 接口发送给 R 模块，命令包含数据块逻辑地址和大小。

2）R 模块把命令拆成 4KB 大小的数据块，计算出 Hash 值，转发给 C 模块。

3）C 模块查 A2H 表（估计还有个 H2A 表，或者是个树、Hash 数组之类），发现有重复，转发给 D 模块。

4）D 模块知道数据块有重复，就不写了，只是把数据块的引用数加 1。

可以看出，自动扩容和去重都是在后台自然而然完成的，不会影响正常读写性能。

我们可以畅想整合了文件系统 inode 表和 SSD 映射表之后，复制会很简单，只需要两个逻辑块对应到一个物理块就可以了，并不需要读出来再写下去。要知道自从全闪存阵列有了去重功能之后，复制这个基本的文件操作竟然如此简单：没有数据搬移，仅仅是某几个计数登记一下而已。下面我们细细道来。

5. ESXi 和 VAAI

首先我们来解释一下 ESXi 和 VAAI 两个名词。

VMware 的虚拟化产品，就个人、小企业而言，有 Workstation、ESXi（vSphere，免费版）、VMware Server（免费版）可以选择，Workstation 和 VMware Server 需要装在操作系统（如 Windows 或 Linux）上，ESXi 则内嵌在操作系统中。所以 ESXi 可以看成是虚拟机平台，上面运行着很多虚拟机。

VAAI（vStorage APIs for Array Integration）是虚拟化领域的标准语言之一，其实就是 ESXi 等发送命令的协议。

6. 复制流程

图 2-31 所示是复制前的数据状态。

复制流程（见图 2-32）如下：

1）ESXi 上的虚拟主机用 VAAI 语言发了一个虚拟机（VM）复制的命令。

2）R 模块通过 iSCSI 或 FC 收到了命令，并选择一个 C 模块执行复制。

3）C 模块解析出命令内容，把原来 VM 的地址范围 0 ～ 6 复制到新的地址 7 ～ D，并把结果发送给 D 模块。

4）D 模块查询 Hash 表，发现数据是重复的，所以没写数据，只把引用数增加 1。

这样复制完成了，没有真正的 SSD 读写。

不过有个问题是，这些元数据操作都是在内存中完成的，那万一突然掉电了怎么办？XIO 设计了一套非常复杂的日志机制：通过 RDMA 把元数据的改动发送到远端控制器节点，使用 XDP 技术把元数据更新写到 SSD 里面。XIO 的元数据管理是非常复杂的，前面讲的流程只是简单介绍而已。

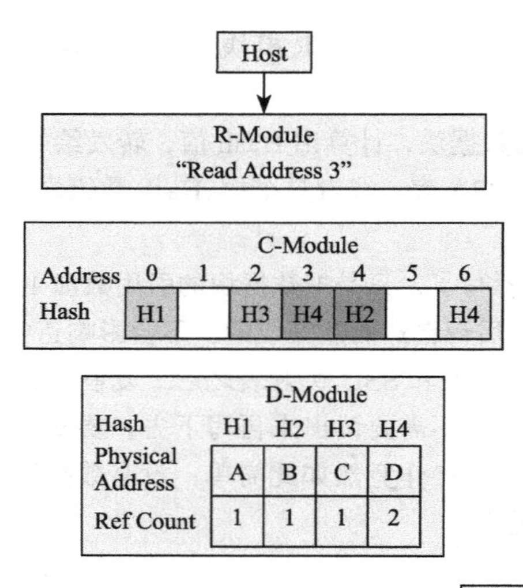

图 2-31 复制前的数据状态

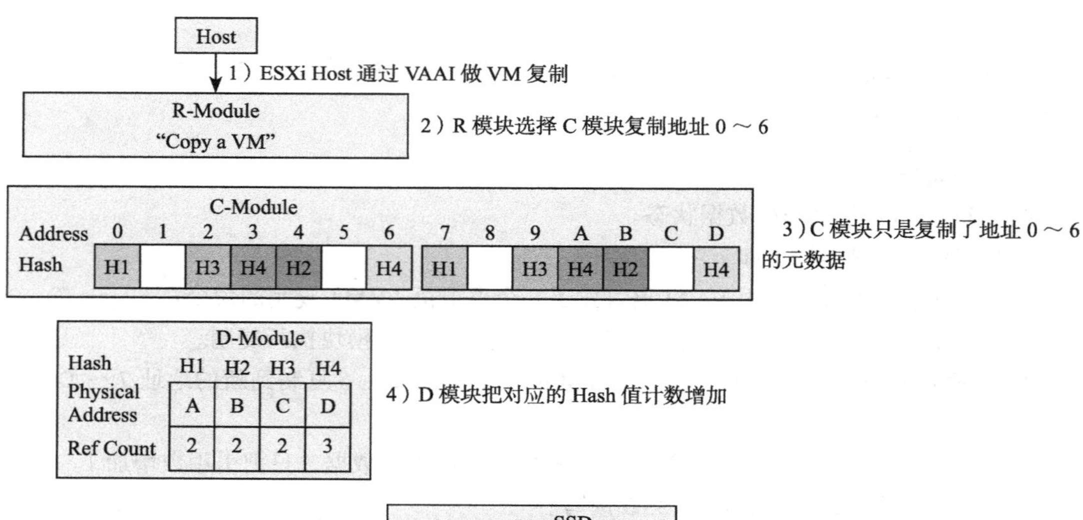

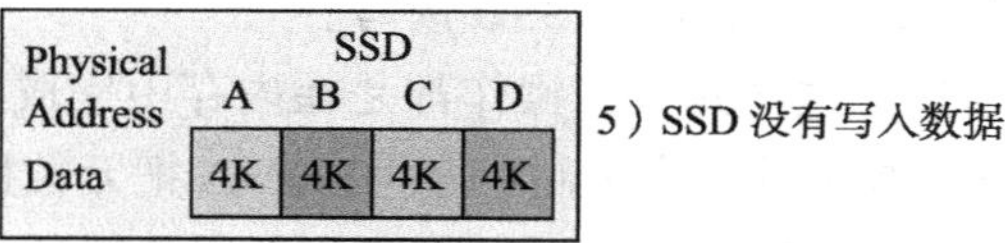

图 2-32 复制流程

由于使用了 A2H、H2P 两张表，数据可以写到 SSD 阵列的任何一个地方，因为只跟数据的 Hash 有关，跟逻辑地址没关系。

最近网友们在热追中国高铁十三五规划，尤其是福建到台北的海底高铁更是令人震撼。短短十多年的时间，中国居然成为了世界第一高铁大国，乘坐高铁成为了大家城市间出行的第一选择。那为什么中国这么热衷于建设高铁呢？

人多！就是因为中国人口众多，而且稠密，基本集中在东部地区，比如京沪线，普通铁路的运力根本无法满足这么多人的需求，飞机也没办法拉完这么多人。高铁速度快，自然单位时间内能运载更多的人，交通效率更高。

在存储领域也是这个道理，全闪存阵列底层采用了闪存，所以速度很快，为了不浪费闪存的速度，上层的通信也需要非常高效。下面揭秘 XIO 全闪存阵列的内部通信。

7. 回顾 R、C、D 模块

前文介绍了 R、C、D 三个数据相关的模块。

可以看出，R 和上层打交道，C 是中间层，D 和底层 SSD 打交道，记住这个就可以了。

首先要搞清楚的是，这些模块物理上怎么放在控制服务器里面。前面说过，1 个 X-Brick 的控制服务器有 2 个 CPU，每个 CPU 运行一个 XIOS 软件。如图 2-33 所示，R、C 模块运行在一个 CPU 上，D 则运行在另一个 CPU 上。为什么要这么做呢？

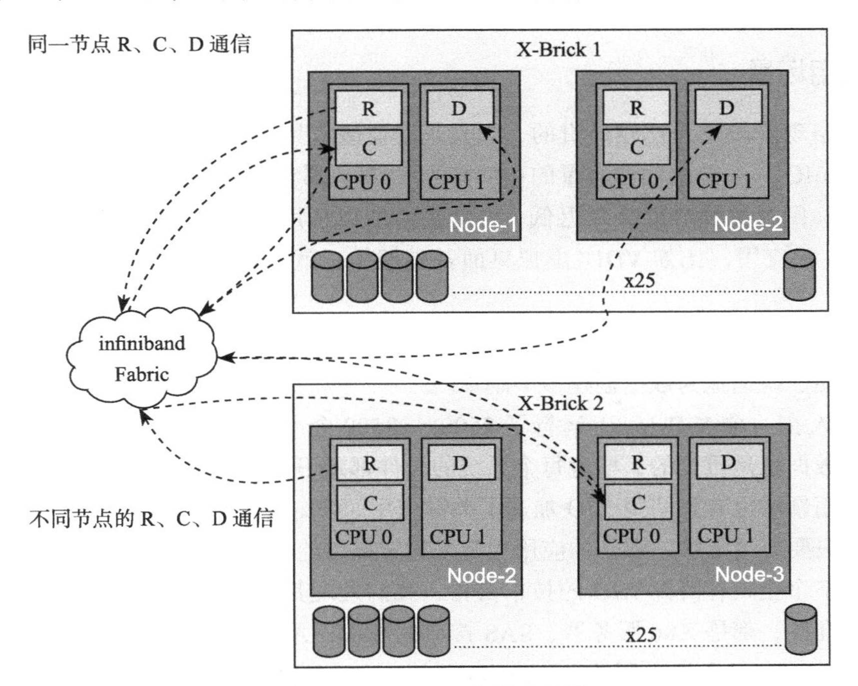

图 2-33　X-Brick 内部互联图

因为 Intel Sandy Bridge CPU 集成了 PCIe 控制器（Sandy Bridge 企业版 CPU 集成了 PCIe 3.0 接口，不需要通过南桥转接）。所以，在多 CPU 的架构中，让设备直连 CPU 的 PCIe 接口，性能就会很高，而 R、C、D 的分布也是按照这个需求来设计的。例如 SAS 转接卡插到了 CPU 2 的 PCIe 插槽上，所以 D 模块就要运行在 CPU 2 上，这样性能才能达到最优。从这里，我们又可以看出 XIO 的架构上的优点，就是软件完全可以按照标准化硬件来配置，通过布局达到最优的性能。如果 CPU 的分布变化了，也会根据新的架构简单调整软件分布来提升性能。

8. 模块间通信：扩展性极佳

我们再来说说正题：模块间如何通信？其实并不要求模块必须在同一个 CPU 上，就像图 2-33 所示一样，R 和 C 并不一定要在一个 CPU 上才行。所有模块之间的通信通过 Infiniband 实现，数据通路使用 RDMA，控制通路通过 RPC 实现。

我们来看看通信的时间成本：XIO 的 IO 总共延时是 600 ～ 700μs，其中 Infiniband 只占了 7 ～ 16μs。使用 Infiniband 来互联的优点是什么？其实还是为了扩展性，X-Brick 即使增加，延迟也不会增加，因为通信路径没变化。任意两个模块之间还是通过 Infiniband 通信，如果系统里面有很多 R、C、D 模块，当一个 4KB 数据块发到一个前端 R 模块上，它会计算 Hash 值，Hash 会随机落在任意一个 C 上，没有谁特殊。这样一切都是线性的，X-Brick 的增减会线性地导致性能增减。

2.6.5 应用场景

闪存价格现阶段还是比较昂贵的，尤其是企业级应用使用的 eMLC 或 SLC，所以全闪存阵列 XtremIO 并不能取代大容量的存储阵列 SAN。那它跟哪种应用场景比较般配呢？想想就知道了，闪存的优势就是延迟低、性能高，所以适用于容量要求不高，但是要求延迟低、高 IOPS 的应用，比如 VDI（虚拟桌面基础架构，就是虚拟机）、数据库、SAP 等企业应用。

数据库是非常受益的，为什么？首先是性能高，其次就是复制几乎不占空间，所以用户可以很方便、快速地为数据创建多个副本。

已经有人在一个 X-Brick 上运行了 2500 ～ 3500 个 VDI 虚拟机，而延迟在 1ms 以内。虚拟机很多数据也是重复的，毕竟每个系统的文件都差不多，所以去重也能发挥很大作用。

企业应用领域也有人使用 XIO 加速了关键应用。

总之，只要容量足够，那你的应用用起来肯定比以前快多了！

看完了整个全闪存阵列 XIO 的技术揭秘，我们发现其实 XIO 的核心还是在软件，因为硬件都是标准件，都是 X86 服务器、SAS 接口的 SSD。AFA 到底有什么独特的地方呢？

相比 SSD，它没有垃圾回收、Wear Leveling、Read Disturb 等传统 SSD 的功能，因为这些都在 SSD 里面由主控搞定了。

相比传统阵列，它的特色是去重和 RAID 6 每次写到新的地址的功能。

以前可能你也不知道全闪存阵列到底是怎么弄的，看完了这一节，相信你已经不觉得它神秘了。甚至可以这样看：U 盘是一两个闪存芯片和控制器封装，SSD 是很多 U 盘的阵列，全闪存阵列是很多 SSD 的阵列，只不过 U 盘是最差的闪存，SSD 好一点，AFA 用得更好。但是，每升一级，就是一次质变，应用场景也各不相同，软硬件架构要重新设计。

2.7 带计算功能的固态硬盘

黑科技年年有，今年尤其多。比如 Google 的机器学习处理器 TPU 2.0，性能直接震惊了深度学习界扛把子 NVIDIA。本来 GPU 只是耗电厉害，性能在通用方面还能称霸，没想到 TPU 来了之后，一下子 GPU 性能被比下去了，功耗还是 TPU 的好几倍。这也从一个侧面告诉我们，专用 ASIC 和 FPGA 等可定制逻辑的深度学习计算平台才是未来的发展方向，因为它们有很大的潜力可以挖掘，通过架构的不断创新，未来能达到的性能会很高。

我们都知道，现在是一个数据爆炸的时代，一方面手机、平板等各种移动设备在产生大量用户数据；另一方面遍布全世界的各种传感器，比如摄像头、无人驾驶汽车的各种探头等每天都在产生海量视频数据，视频和图像才是信息时代数据的大头。举个例子，一辆无人驾驶汽车的传感器、激光雷达、毫米波雷达等 1 天就会产生 64TB 的数据！

支撑起这一巨大数据网络的根基是 IT 基础设施，主要包括网络、计算和存储三大部分。

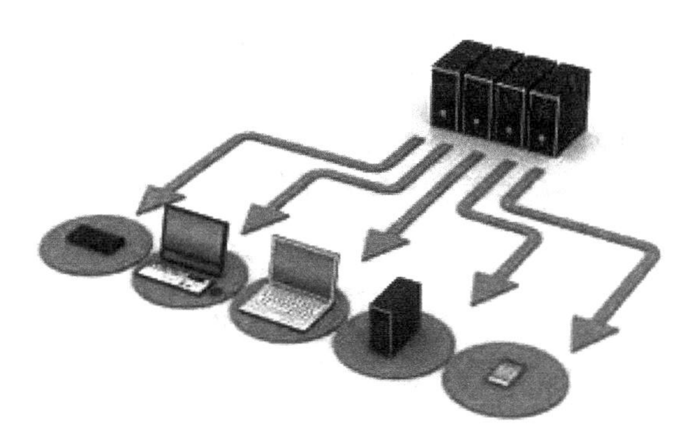

图 2-34　IT 基础架构

IT 基础架构的功能就跟加工贸易差不多，网络是数据的搬运工，计算是数据的加工商，存储就是数据的窝。现在，网络已经非常高速了，家里百兆宽带都很常见，手机用 4G 也能看看小电影。以前，存储是个麻烦事，想想当年 360 开机助手每次提醒的电脑开机时间有多久，机械硬盘马达轰隆隆转个不停，读数据还慢悠悠。

但是，自从有了固态硬盘之后，存储就不是事儿了，最新的 PCIe 3.0x8 SSD，读写带宽能达到 4GB/s 以上！一方面存储进步快，而另一方面 CPU 又受摩尔定律失效限制，工艺进展缓慢，所以，计算成了瓶颈，尤其是在图像和视频处理、深度学习等方面。海量数据能够从 PCIe SSD 高速读写，但就是 CPU 处理不过来。

那么，把存储和计算结合起来是不是就可以解决这个痛点呢？位于中国上海的一家公司——方一信息科技推出了一款黑科技产品：带 FPGA 的 SSD——CFS（Computing Flash System，计算闪存系统）。它采用 PCIe 3.0x8 高速接口，性能可达 5GB/s。SSD 提供高速数据存储，FPGA 能提供计算加速，这样数据从 SSD 出来就由 FPGA 顺带算好，释放了 CPU。一切回归原位，CPU 做控制，FPGA 做计算，SSD 做存储。

那么，这个东西有什么用处呢？它的优势主要体现在海量数据高速存储和人工智能计算方面。想一想就会有很多场景，比如无人驾驶汽车，目前一般的无人驾驶汽车配备了毫米波雷达、激光雷达、高速摄像头等各类传感器。每秒会产生 1GB 数据，要分析这么多数据需要强大的计算能力。很多无人驾驶汽车还在使用 GPU 进行计算。目前市场上在卖的一个 CPU+GPU 计算盒，功耗能达到 5000W，对于汽车来说，这个小火罐的散热会带来很大的安全风险，同时也很耗电。但是，如果换用了 FPGA 方案，功耗就可以降下来，根据无人驾驶的应用场景对算法进行优化之后，计算性能也能满足需求。例如，奥迪公司的无人驾驶汽车就采用了 FPGA 计算平台。这些传感器产生的数据目前都是丢掉，非常可惜，未来商用之后，不管是政府还是厂商都有存储宝贵的行驶数据并备份到云端的需求。这些数据对于完善无人驾驶、分析车祸现场都非常有用。要保存这些数据，只有 PCIe SSD 才能达到 1GB/s 以上的写速度。所以，FPGA SSD 一方面能够快速存储行驶数据，一方面又可以提供 FPGA 进行数据分析，完美满足无人驾驶的计算与存储需求。

自从人工智能开始新一轮的热潮之后，很多公司都开始用 FPGA 做人工智能计算，用了 CFS，就可以直接用 FPGA 里的人工智能硬件算法对 SSD 内部的海量数据进行高速分析，最后把分析结果发送给主机。

可能有人要问，FPGA 和闪存芯片中国还不能国产。其实，FPGA 中国已经有很多国产厂商在做，并达到主流性能；而闪存芯片长江存储在 2018 年就有希望量产供货了。

第3章 Chapter 3

SSD存储介质：闪存

读者君知道，你一边吃着地铁口刚买的杂粮煎饼，一边啃读的这本书是负责SSDFans微信公众号的几位作者倾力合著的，其中阿呆负责撰写的就是闪存这一章。有一个名人说过，书能传神，当你看书的时候，阿呆也闻到了杂粮煎饼那浓浓的葱香味儿。

3.1 闪存物理结构

3.1.1 闪存器件原理

前文已经讲过了固态硬盘的发展史，曾经的固态硬盘有过RAM等介质，但是目前绝大多数固态硬盘都是以闪存芯片为存储介质的。DRAM固态硬盘我们见得少，主要应用于特殊的场合。1978年诞生的世界上第一块固态硬盘就是基于DRAM的。但由于保存在DRAM中的数据有掉电易失性，当然还有成本因素，所以现在的固态硬盘一般都不采用DRAM，而是使用闪存作为存储介质，并且是NAND闪存。固态硬盘的工作原理很多也都是基于闪存特性的。比如，闪存在写之前必须先擦除，不能覆盖写，于是固态硬盘才需要垃圾回收（Garbage Collection，或者叫Recycle）；闪存每个块（Block）擦写次数达到一定值后，这个块要么变成坏块，要么存储在上面的数据不可靠，所以固态硬盘固件必须做磨损平衡，让数据平均写在所有块上，而不是盯着几个块拼命写（不然很快固态硬盘就报废了）。还有很多类似的例子，固态硬盘内部很多算法都是在为闪存服务的。所以，欲攻固态硬盘，闪存首当其冲。

闪存是一种非易失性存储器，也就是说，掉电了数据也不会丢失。闪存基本存储单元（Cell）是一种类NMOS的双层浮栅（Floating Gate）MOS管，如图3-1所示。

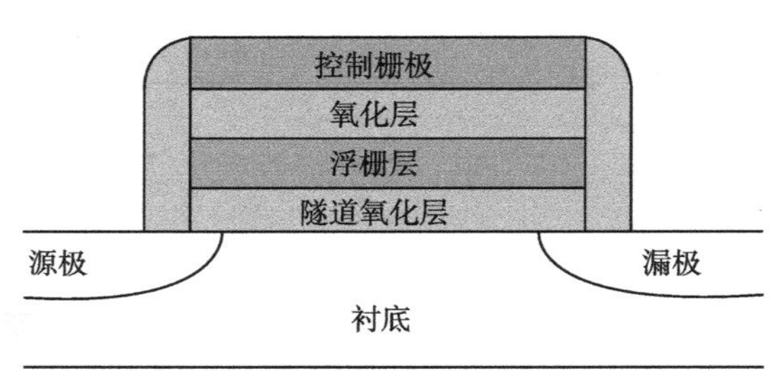

图 3-1 浮栅晶体管结构

在源极（Source）和漏极（Drain）之间电流单向传导的半导体上形成存储电子的浮栅，浮栅上下被绝缘层包围，存储在里面的电子不会因为掉电而消失，所以闪存是非易失性存储器。

写操作是在控制极加正电压，使电子通过绝缘层进入浮栅极。擦除操作正好相反，是在衬底加正电压，把电子从浮栅极中吸出来，如图 3-2 所示。

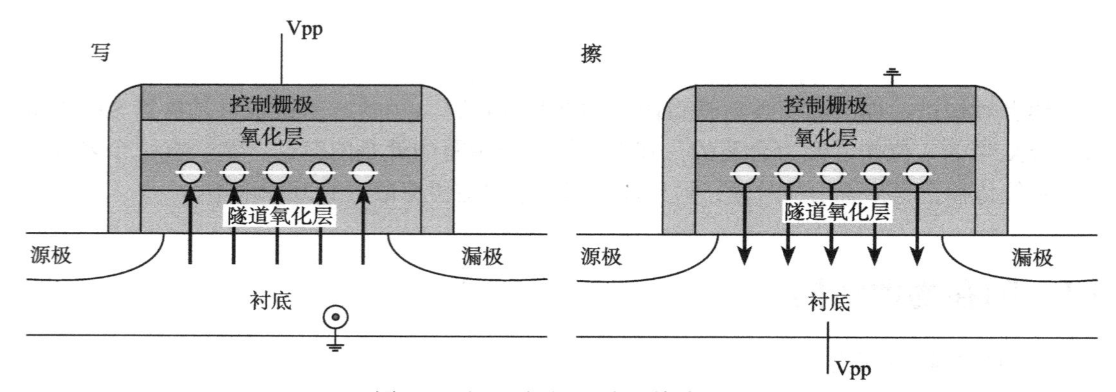

图 3-2 左：写原理；右：擦除原理

在 2014 年的闪存峰会上，浮栅晶体管的发明人施敏（Dr.Simon Sze）被授予终身成就奖，以表彰他发明了浮栅极晶体管。据说，浮栅极晶体管的发明灵感是这样来的：某天，施敏和搭档 Dawon Kahng 在公司的食堂一起吃午餐，饭后甜点是奶酪蛋糕。看着夹心蛋糕，他们在想，如果在 MOS 场效应管中间加个东西，会怎样呢？于是，浮栅晶体管横空出世。截至 2014 年的某个时间点，据统计，全世界生产的浮栅晶体管数目达 **10743449296923500000000**。

这个数字还在继续增长着。阿呆觉得终身成就奖不够，施敏应该获得诺贝尔奖，毕竟机械硬盘机理——巨磁阻效应的发现人已经获得了诺贝尔奖。

获奖后，施敏在庆功宴上为自己点了一份奶酪蛋糕。

3.1.2 SLC、MLC 和 TLC

一个存储单元存储 1bit 数据的闪存，我们叫它为 SLC（Single Level Cell），存储 2bit 数据的闪存为 MLC（Multiple Level Cell），存储 3bit 数据的闪存为 TLC（Triple Level Cell），如表 3-1 所示。现在已经有厂商在研发 QLC，即一个存储单元存储 4bit 数据，本书不做介绍。

表 3-1　SLC、MLC、TLC 原理

<table>
<tr><th>SLC</th><th colspan="2">MLC</th><th colspan="3">TLC</th><th>SLC</th><th colspan="2">MLC</th><th colspan="3">TLC</th></tr>
<tr><td rowspan="4">0</td><td rowspan="2">0</td><td rowspan="2">0</td><td>0</td><td>0</td><td>0</td><td rowspan="4">1</td><td rowspan="2">1</td><td rowspan="2">0</td><td>1</td><td>0</td><td>0</td></tr>
<tr><td>0</td><td>0</td><td>1</td><td>1</td><td>0</td><td>1</td></tr>
<tr><td rowspan="2">0</td><td rowspan="2">1</td><td>0</td><td>1</td><td>0</td><td rowspan="2">1</td><td rowspan="2">1</td><td>1</td><td>1</td><td>0</td></tr>
<tr><td>0</td><td>1</td><td>1</td><td>1</td><td>1</td><td>1</td></tr>
</table>

对 SLC 来说，一个存储单元存储两种状态，浮栅极里面的电子多于某个参考值的时候，我们把它采样为 0，否则就判为 1。

图 3-3 是闪存芯片里面存储单元的阈值电压分布函数，横轴是阈值电压，纵轴是存储单元数量。其实在 0 或 1 的时候，并非所有的存储单元都是同样的阈值电压，而是以这个电压为中心的一个分布。读的时候采样电压值落在 1 范围里面，就认为是 1；落在 0 范围里面，就认为是 0。

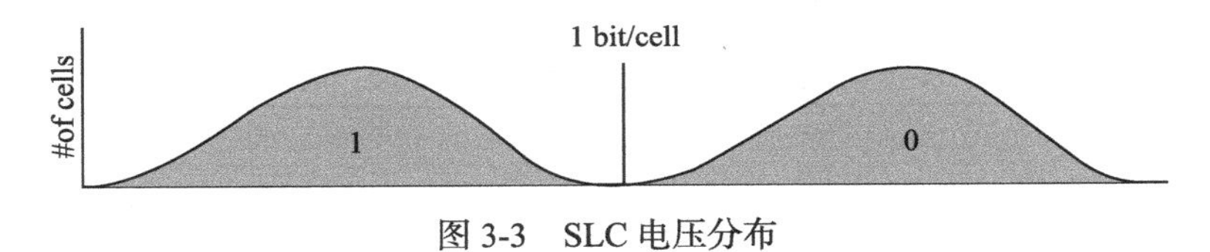

图 3-3　SLC 电压分布

擦除之后，闪存读出来的值为 1，充过电之后，就是 0。所以，如果需要写 1，就什么都不用干；写 0，就需要充电到 0。

对 MLC 来说，如果一个存储单元存储 4 个状态，那么它只能存储 2bit 的数据，如图 3-4 所示。通俗来说就是把浮栅极里面的电子个数进行一个划分，比如低于 10 个电子判为 0；11 ～ 20 个电子判为 1；21 ～ 30 个电子判为 2；多于 30 个电子判为 3。

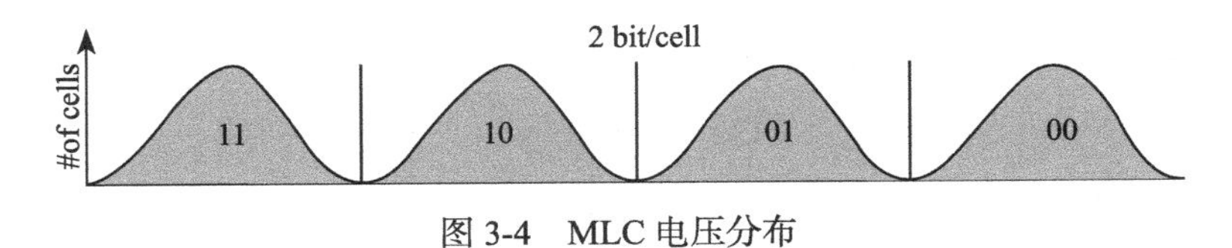

图 3-4　MLC 电压分布

依此类推，TLC 若是一个存储单元有 8 个状态，那么它可以存储 3bit 的数据，它在 MLC 的基础上对浮栅极里面的电子数又进一步进行了划分，如图 3-5 所示。

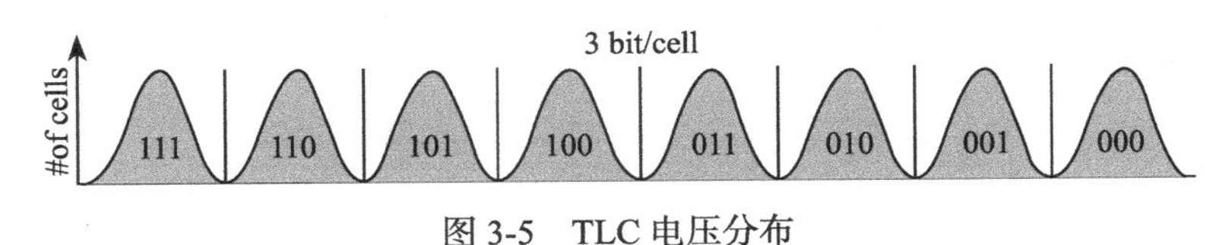

图 3-5　TLC 电压分布

同样面积的一个存储单元，SLC、MLC 和 TLC 分别可以存储 1bit、2bit、3bit 的数据，所以在同样面积的 DIE 上，闪存容量依次变大。

但同时，一个存储单元电子划分得越多，那么在写入的时候，控制进入浮栅极的电子个数就要越精细，所以写耗费的时间就越长；同样的，读的时候，需要尝试用不同的参考电压去读取，一定程度上加长了读取时间。所以我们会看到在性能上，TLC 不如 MLC，MLC 不如 SLC。

如表 3-2 所示是 SLC、MLC 和 TLC 在性能和寿命（Endurance）上的一个直观对比（不同制程和不同厂家的闪存，参数不尽相同，数据仅供参考）。

表 3-2　SLC、MLC、TLC 参数比较

闪存类型	SLC	MLC	TLC	闪存类型	SLC	MLC	TLC
每单元比特数	1	2	3	写时间（μs）	约 300	约 600	约 900
擦写次数	约 10 万次	约 5000 次	约 1000 次	擦除时间（μs）	约 1500	约 3000	约 4500
读时间（μs）	约 25	约 50	约 75				

3D TLC 逐渐成为主流。同时，QLC 也马上要量产了，每个存储单元存储 4bit 数据，比 TLC 还要慢，还要不可靠。之前怀疑 TLC 可靠性的人们，怎么看 QLC？

3.1.3　闪存芯片架构

闪存芯片就是由成千上万这样的存储单元按照一定的组织结构组成的。

图 3-6 所示是一个闪存块（Block）的组织架构。一个 Wordline 对应着一个或若干个 Page，具体是多少取决于是 SLC、MLC 或者 TLC。对 SLC 来说，一个 Wordline 对应一个 Page；MLC 则对应 2 个 Page，这两个 Page 是一对（Lower Page 和 Upper Page）；TLC 对应 3 个 Page（Lower Page、Upper Page 和 Extra Page，不同闪存厂家叫法不一样）。一个 Page 有多大，那么 Wordline 上面就有多少个存储单元，就有多少个 Bitline。一个 Block 当中的所有这些存储单元都是共用一个衬底的。

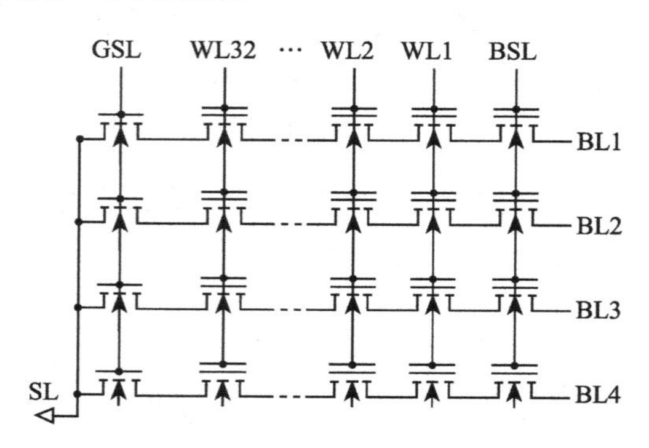

图 3-6　闪存 Block 组织架构

这里没有考虑奇 / 偶 Bitline，否则一个 Wordline 上的 Page 数量在此基础上要翻倍。

一个闪存内部的存储组织结构如图 3-7 所示：一个闪存芯片有若干个 DIE（或者叫 LUN），每个 DIE 有若干个 Plane，每个 Plane 有若干个 Block，每个 Block 有若干个 Page，每个 Page 对应着一个 Wordline，Wordline 由成千上万个存储单元构成。

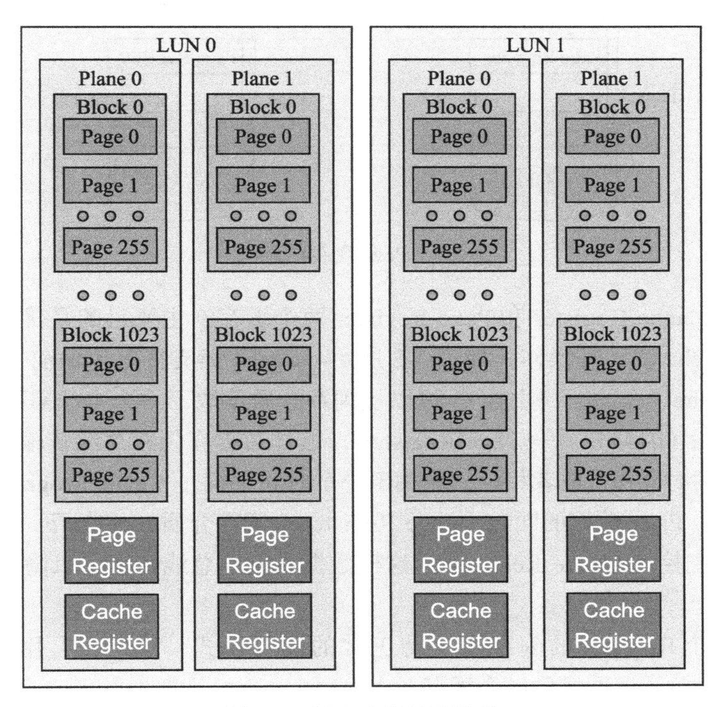

图 3-7 闪存内部组织架构

DIE/LUN 是接收和执行闪存命令的基本单元。如图 3-7 所示，LUN0 和 LUN1 可以同时接收和执行不同的命令（但还是有一定限制的，不同厂家的闪存限制不同）。但在一个 LUN 当中，一次只能独立执行一个命令，你不能对其中某个 Page 写的同时，又对其他 Page 进行读访问。

一个 LUN 又分为若干个 Plane，市面上常见的是 1 个或者 2 个 Plane，现在也有 4 个 Plane 的闪存了。每个 Plane 都有自己独立的 Cache Register 和 Page Register，其大小等于一个 Page 的大小。固态硬盘主控在写某个 Page 的时候，先把数据从主控传输到该 Page 所对应 Plane 的 Cache Register 当中，然后再把整个 Cache Register 当中的数据写到闪存阵列；读的时候则相反，先把这个 Page 的数据从闪存介质读取到 Cache Register，然后再按需传给主控。这里按需是什么意思？就是我们读取数据的时候，没有必要把整个 Page 的数据都传给主控，而是按需选择数据传输。但要记住，无论是从闪存介质读数据到 Cache Register，还是把 Cache Register 的数据写入闪存介质，都以 Page 为单位，如图 3-8 所示

（不过有些闪存支持 partial program/read，这不在讨论之列）。

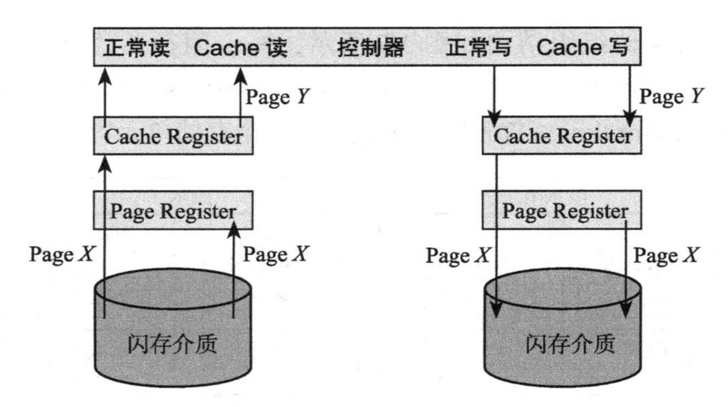

图 3-8 Page 缓存的用法

为什么需要 Cache Register 和 Page Register 两个缓存？主要目的是优化闪存的访问速度。闪存支持 Cache 读、写操作，如图 3-8 所示。Cache 读支持在传输前一个 Page 数据给主控的时候（Cache Register→主控），可以从闪存介质读取下一个主控需要读的 Page 的数据到 Page Register（闪存介质→ Page Register），这样数据在闪存总线传输的时间就可以隐藏在读闪存介质的时间里（或者相反，取决于哪个时间更长）；Cache Program 也是如此，它支持闪存写前一个 Page 数据的同时（Page Register→闪存介质），传输下一个要写的数据到 Cache Register（主控→ Cache Register），这样数据在闪存总线传输可以隐藏在前一个 Page 的写时间里。

当然，有两个 Register 的闪存也支持正常的读写模式，这时候，用户可以把 Cache Register 和 Page Register 看成是一个缓存。

我们通常所说的闪存读写时间，并不包含数据从闪存到主控之间的数据传输时间，也不包括数据在 Cache Register 和 Page Register 之间的传输时间。闪存写入时间是指一个 Page 的数据从 Page Register 当中写入闪存介质的时间，闪存读取时间是指一个 Page 的数据从闪存介质读取到 Page Register 的时间。

闪存一般都支持 Multi-Plane（或者 Dual-Plane）操作。那么什么是 Multi-Plane 操作呢？对写来说，主控先把数据写入第一个 Plane 的 Cache Register 当中，数据保持在那里，并不立即写入闪存介质，等主控把同一个 LUN 上的另外一个或者几个 Plane 上的数据传输到相应的 Cache Register 当中，再统一写入闪存介质。假设写入一个 Page 的时间为 1.5ms，传输一个 Page 的时间为 50μs：如果按原始的 Single Plane 操作，写两个 Page 需要至少（1.5ms+50μs）×2；但如果按照 Dual-Plane 操作，由于隐藏了一个 Page 的写入时间，写入两个 Page 只要 1.5ms+50×2μs，缩减了几乎一半的时间，写入速度几乎翻番。对读来说，使用 Dual-Plane 操作，两个不同 Plane 上的 Page 数据会在一个闪存读取时间加载到各自的 Cache Register 当中，这样用一个读取时间读取到两个 Page 的数据，读取速度加快。假设读取时间和数据传输时间相当，都是 50μs，Single Plane 读取传输两个 Page 需要 50μs × 4=200μs，Dual-Plane 则需要 50μs × 2+50μs=150μs，时间为前者的 75%，读取速度也有很大的提升。

闪存的擦除是以 Block 为单位的。为什么呢？那是因为在组织结构上，一个 Block 当中的所有存储单元是共用一个衬底的（Substrate）。当你对某衬底施加强电压，那么上面所有浮栅极的电子都会被吸出来。每个闪存 Block 都有擦写次数的限制，这个最大擦写次数按 SLC、MLC、TLC 依次递减：SLC 的擦写次数可达 10 万次，MLC 一般为几千到几万次，TLC 降到几百到几千次。随着闪存工艺的不断进步（现在已进入 1Xnm 时代），闪存容量不断加大，但性能与可靠性却在变差。要克服闪存的这些不利因素，固态硬盘固件算法需要面对更多、更大的挑战。

3.1.4 读、写、擦原理

闪存的基本操作是读、写、擦。下面来具体介绍，各种参数仅供参考（不同闪存参数不同）。

1. 擦除

如图 3-9 所示，擦除前，浮栅上有可能有电子，Pwell 加 20V 电压，经过足够时间后，由于量子隧道效应，电子从浮栅到沟道里面，完成一个 Block 的擦除，阈值电压都变成了 $-V_T$，状态为“1”。一个 LUN 上的 MOS 管共用一个 Pwell，但是其他不用擦除的 Block 的栅极电压是悬空，不会有隧道效应。

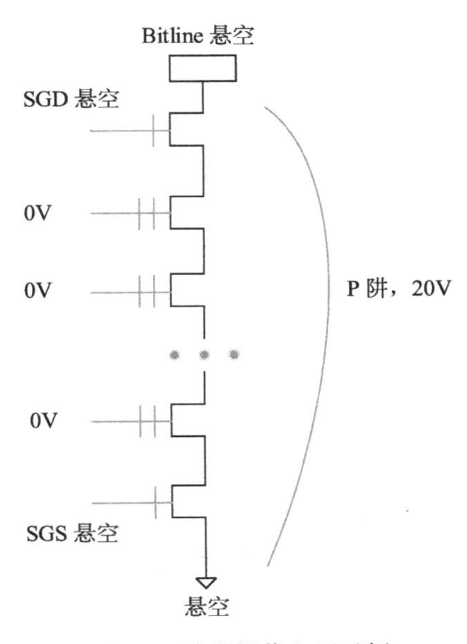

图 3-9 擦除操作电压示例

2. 写

如图 3-10 所示，擦除后所有的单元阈值电压为 $-V_T$，写电压如下：要写的单元 Wordline 为高电压，Bitline=0V；由于量子隧道效应，电子从沟道到浮栅，成为“0”。不写的单元 Bitline 为 2V，在沟道里的效应阻碍了量子隧道效应发生。

3. 读

不读的 Wordline = 5V，管子保持导通；要读的单元 Wordline = 0V，$-V_T$ 的管子导通，Bitline 端的传感器能够检测到，所以读到“1”，而经过写的 $+V_T$ 的管子不导通，传感器读为“0”。

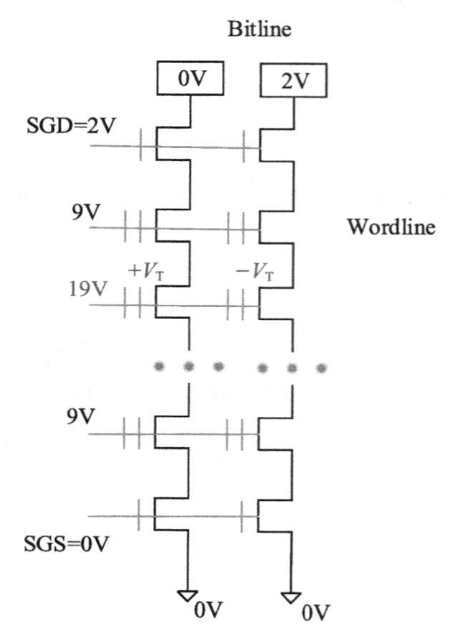

图 3-10　写入操作电压示例

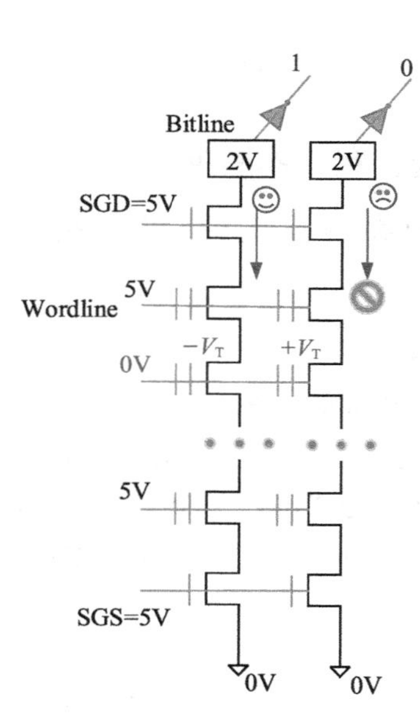

图 3-11　读操作电压示例

3.1.5　三维闪存

因为集成密度高、单位比特成本低和可靠性高等众多优点，闪存占据了手机、平板、固态硬盘等绝大部分的非易失性存储市场。可是因为技术上的限制，这些优势越来越难以维持下去。

即使 2 次曝光技术（Double Patterning Technology）和 4 次曝光技术（Quadruple Patterning Technology）的引入提高了制造工艺，但随着一代又一代半导体制造技术的演进，二维平面单元尺寸逐渐减小，单元间的相互干扰却在逐渐增加。基于二维平面单元结构的尺寸缩小已经无法进一步降低比特成本了，即达到了技术上的瓶颈。

图 3-12 为过去十年的单元尺寸与单元相互干扰的变化趋势图。从上半部分可以看出，二维闪存单元尺寸不断下降，对应到下半部分就是单元间的相互干扰不断增加，但到了三

维闪存后，尺寸居然又再次变大了，所以，单元间相互干扰大幅度减小。

本小节文字和图表是 SSDFans 作者帅师兄整理自论文 H. Kim，S. J. Ahn，Y. G. Shin，K. Lee and E. Jung，“ Evolution of NAND Flash Memory ：From 2D to 3D as a Storage Market Leader，”2017 IEEE International Memory Workshop（IMW），Monterey，CA，2017。

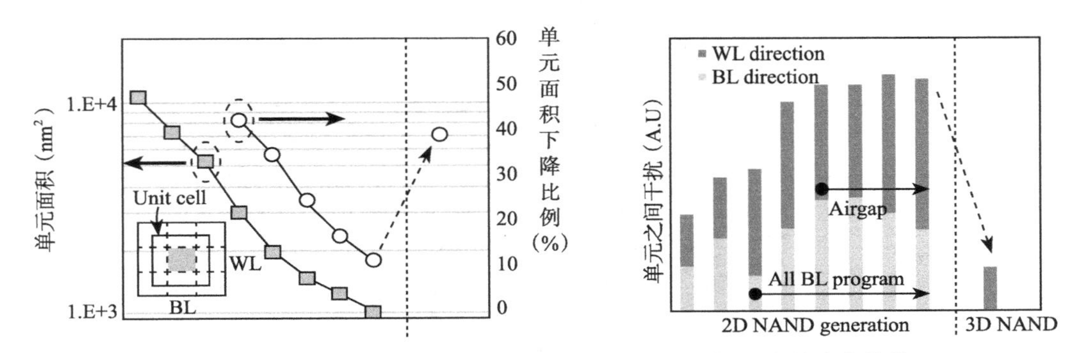

图 3-12　过去十年的单元尺寸（左）与单元相互干扰（右）的变化趋势

为了克服二维平面单元结构的技术瓶颈，自 2006 年以来，各种三维闪存结构陆续被提出来。其中一种叫作 TCAT，已经于 2013 年开始了规模化量产。三维闪存结构并不是利用传统的缩小单元的方法，而是以提高堆叠栅极结构（WL）的数目来提高芯片的集成密度。平均来看，每一代三维闪存的堆叠栅极结构的数目都增长了 40%，这意味着每一代单元尺寸减小了平均 40%。因此，三维闪存快速地把二维闪存挤出了市场，应用三维闪存的固态硬盘也快速地替代了存储市场上的机械硬盘。如图 3-13 所示，根据 iSuppli 的调查，固态硬盘在闪存市场的份额从 2013 年到 2017 年，由 23% 增长到了 43%。

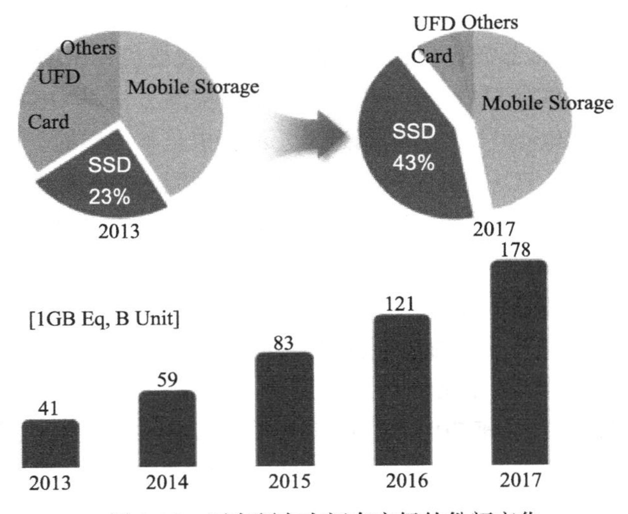

图 3-13　固态硬盘在闪存市场的份额变化

图 3-14 是《 Inside NAND Flash Memories 》一书提供的某一类三维闪存的结构示意图，在这种三维闪存中，沟道是竖起来的，一层一层盖楼的是连接到栅极的 Wordline。

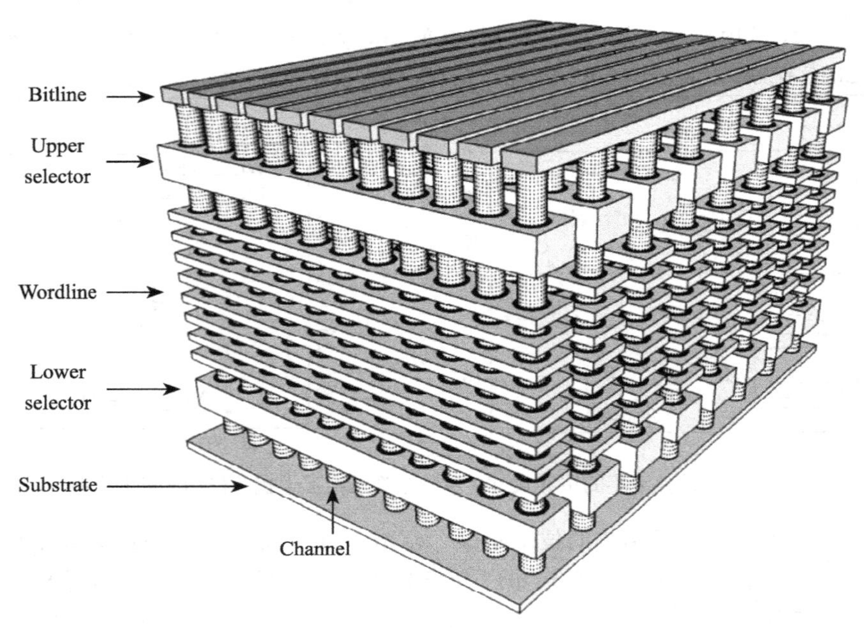

图 3-14 三维闪存立体图

这里就不罗列历史上三维闪存的发展事件了，只把关键的两个事件点出来。2007 年，BiCS（Bit Cost Scalable）技术（包含多堆叠栅极层结构）被提出；2009 年，金属栅极三维闪存技术（Terabit Cell Array Transistor，TCAT）被提出来。BiCS 和 TCAT 的具体对比如图 3-15 所示。其中，单元串的结构、单元堆叠的方式、编程 / 擦除窗口长短以及擦除方法等都是不同的。BiCS 利用了多晶硅栅极，TCAT 利用了金属栅极；BiCS 的编程 / 擦除窗口比较窄，而 TCAT 的编程 / 擦除窗口就比较宽；BiCS 的擦除方法是 GIDL，而 TCAT 的擦除方法是群擦除方法（Bulk Erase）。二者的制造工艺流程也是不一样的。

与二维平面闪存相比，TCAT 更加稳定、可靠而且性能水平更加优越。如图 3-16 所示，单元间相互干扰降低了 84%，擦写寿命却提高了 10 倍以上，编程时间（t_{PROG}）也减少了一半，阈值电压 V_{th} 随着擦写增多带来的偏移也减小了 67%。

自从 24 层堆叠的三维闪存可大规模生产以来，32 层、48 层及 64 层堆叠的三维闪存也接连投产。如图 3-17 所示，三维闪存的存储密度在每一代几乎都实现了翻倍。

不过三维闪存也面临下面两个挑战：

1）堆叠栅极层数目增加带来的问题。正如前面所说，三维闪存通过增加堆叠栅极层的数目来提高比特密度，而且每一代堆叠栅极层数目都会增加 30% ～ 50%，这会带来许多困难，比如串电流的减小，高层与低层单元特征的差异性增大。

	BiCS	TCAT
单元串结构	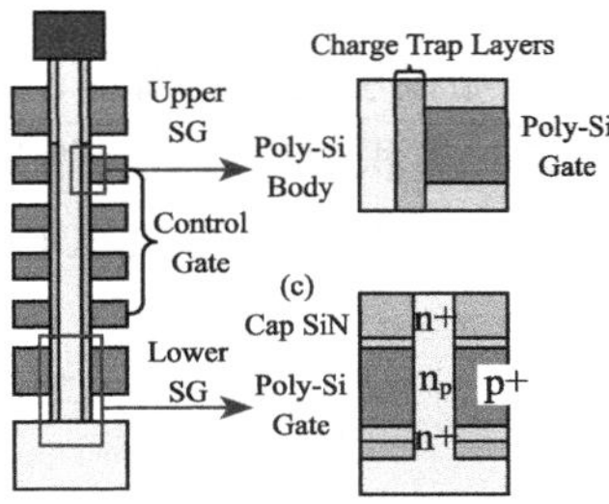	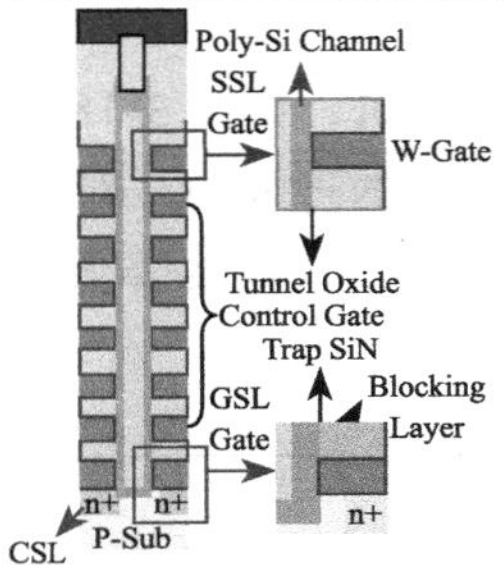
Cell Stack	SONOS (Poly-Si Gate)	TANOS (Metal Gate)
Word Line	Poly-Si (High Rs)	W (Low Rs)
Program/Erase 窗口	Narrow (SONOS)	Wide (TANOS)
擦除方法	GIDL	Bulk Erase
工艺	Poly (Gate)/Oxide depo. ↓ Ch. Hole etch ↓ Gate stack ↓ Ch. Poly depo.	Sin/Oxide depo. ↓ Ch. Hole etch ↓ Ch. Poly depo. ↓ SiN removal ↓ Gate stack depo. ↓ W (Gate) depo.

图 3-15　BICS 和 TCAT 工艺对比

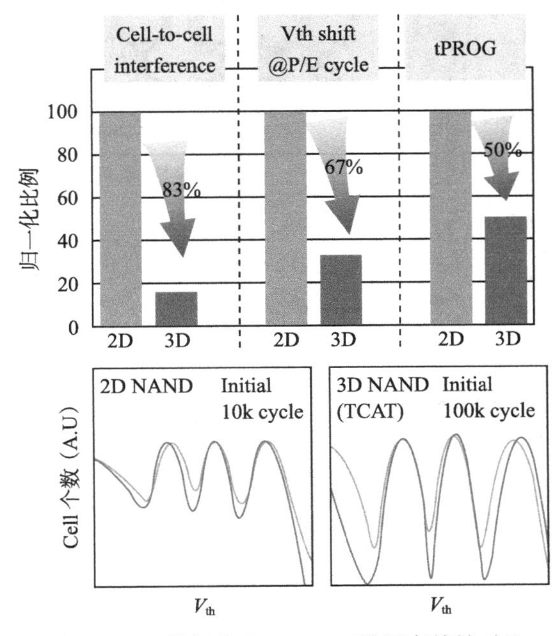

图 3-16　二维闪存和 TCAT 三维闪存特性对比

具体地来讲，如图 3-18 所示，随着堆叠栅极层数目的增加，每个 Block 的 Page 数目不断增加。在读的过程中，对一个 Block 来说，累积的读取数目增加，导致读干扰会变严重。为了降低读干扰，需要降低读参考电压 V_{read}，这样就会导致串电流减小，使得提供给传感运放的信号更微弱。

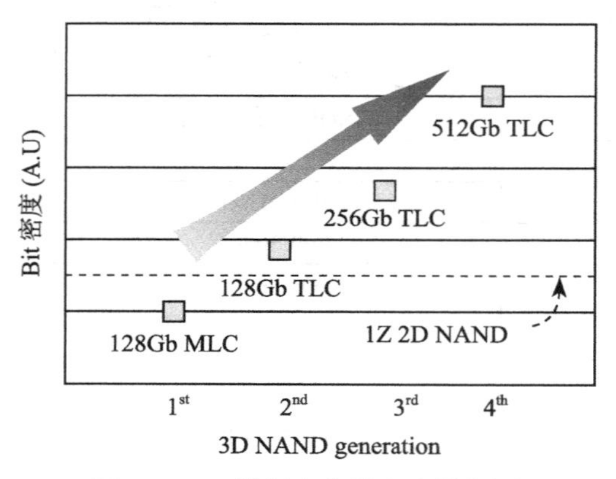

图 3-17　三维闪存存储密度增长图

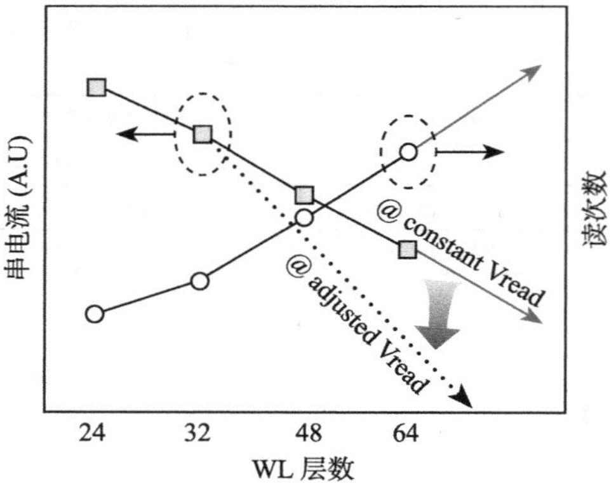

图 3-18　层数越多，串电流变小，读次数增加

如图 3-19 所示，高层与低层之间的单元会存在差异。通道孔的尺寸大小和栅极厚度也存在差异，这些结构上的差异会带来编程 / 擦除速度的差异、单元间干扰的差异以及数据保存的差异等。

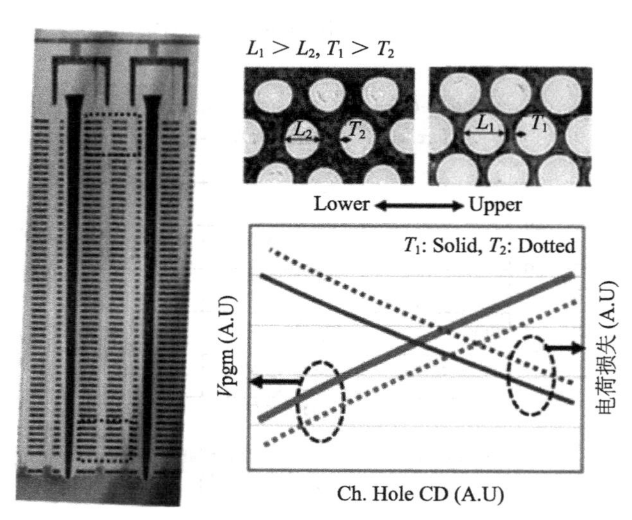

图 3-19　高层和底层单元差异

底层单元的通道孔小，所以耦合率更高，擦写速度更快。但是，底层单元的栅极更薄，所以数据保存期更短。

2）单元模具厚度减小带来的问题。跟二维闪存类似，随着工艺一代一代迭代，最小尺寸也在不断减小，所以单元模具厚度不断减小，单元间的干扰也得到了增强。

3.1.6　Charge Trap 型闪存

这里说的 CT，不是医院里面的 CT，而是闪存的一种技术——Charge Trap。最近流行一句话“生活不只是眼前的苟且，还有诗和远方”。套用一下，闪存不只有 Floating Gate，还有 Charge Trap。中文可以翻译成电阱，CT 像个陷阱一样，把电荷困在里面存起来。

施敏和他的搭档在 MOSFET 中间加了一个浮栅极，创造了闪存的历史。此后有牛人在想，你中间加的是浮栅极，是导体，那我换个绝缘体怎么样？于是，CT 技术的晶体管诞生了，如图 3-20 所示。

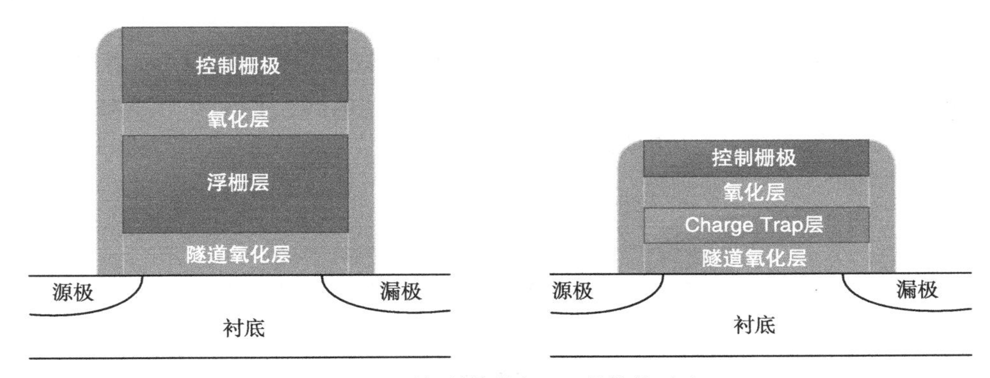

图 3-20　浮栅晶体管与 CT 晶体管对比

CT 与浮栅最大的不同是存储电荷的元素不同，后者是用导体存储电荷，而前者是用高电荷捕捉（Trap）密度的绝缘材料（一般为氮化硅，SI3N4）来存储电荷。CT 的绝缘材料上面就像布了很多陷阱，电子一旦陷入其中，就难以逃脱，而浮栅是导体材料，电子可以在里面自由移动。有人是这样来形容两者区别的：浮栅就像水，电子可在里面自由移动；而 CT 就像是奶酪，电子在里面移动是非常困难的，如图 3-21 所示。

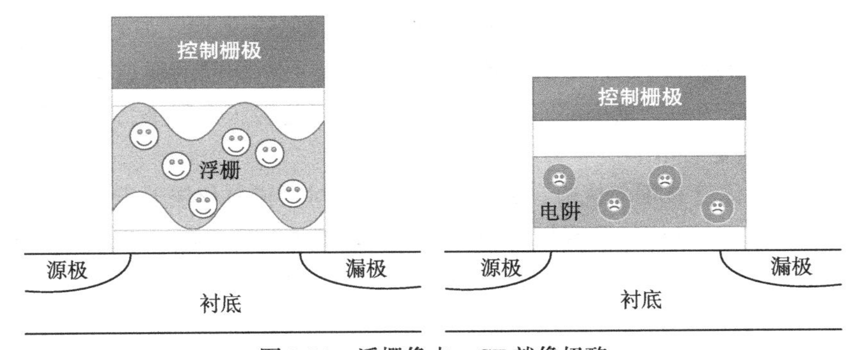

图 3-21　浮栅像水，CT 就像奶酪

为什么要强调电子不容易移动？

要知道，浮栅晶体管对浮栅极下面的绝缘层很敏感，该氧化物厚度变薄（制程不断减小导致的）或者老化（Degradation，擦写次数多了），浮栅极里面存储的电子进出变得容易。浮栅极里面的电子可以自由移动，因此对氧化层变得敏感。如果里面的电子本来就深陷其中，行动困难，即使绝缘层老化，电子还是不容易出来。因此，相对浮栅晶体管来说，CT 的一个优势就是：对隧道氧化层不敏感，当厚度变薄或者擦除导致老化时，CT 表示压力不大。

浮栅晶体管的浮栅极材料是导体，任何两个彼此绝缘且相隔很近的导体间都会构成一个电容器。因此，任何两个存储单元的浮栅极都构成一个电容器，一个浮栅极里面电荷的变化都会引起别的存储单元浮栅极电荷的变化。

一个浮栅极与其附近的浮栅极之间，都存在耦合电容（见图 3-22），这个电容大小与彼此之间距离成反比：距离越短，电容越大，彼此影响越大（回想一下初中物理知识，平板电容器电容公式 $C=\varepsilon S/4\pi kd$，其中 d 就是平板之间距离）。随着闪存制程减小，存储单元之间影响越来越大。因此，存储单元间距也是影响制程继续往前的一个因素。CT 对存储单元间距表示压力不大，因为存储电荷的是绝缘体，而非导体。

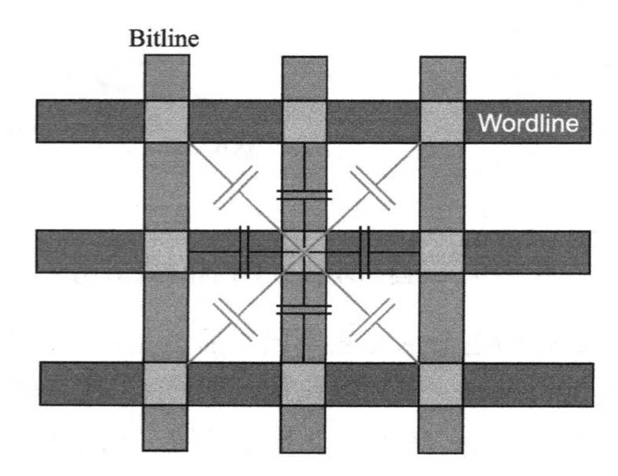

图 3-22　浮栅晶体管之间耦合电容

与浮栅晶体管相比，CT 擦写电压可以更小。为什么？

CT 和浮栅晶体管对比图如图 3-23 所示，虽然这只是个示意图，但 CT 实际上确实比浮栅晶体管更矮：控制极到衬底之间的距离短。因此，要产生相同的隧道电场，加在控制极的电压可以更小（$E=U/d$）。更小的写电压，使得隧道氧化层压力更小，因此绝缘氧化层损耗也慢。当然，还会更省电。

CT 相比浮栅晶体管有很多优势，如上面提到的，对隧道氧化层要求不是那么苛刻；更小的存储单元间距；隧道氧化层磨损更慢；更节能；工艺实现容易；可以在更小的尺寸上实现。但是，CT 也不能完胜。在 Read Disturb 和 Data Retention 方面，CT 闪存就不如浮栅极闪存。

CT 技术现在主要是应用在 3D 闪存上。如今除了美光使用浮栅极技术外，其他主流闪存商家都是用 CT 技术来制造 3D 闪存。

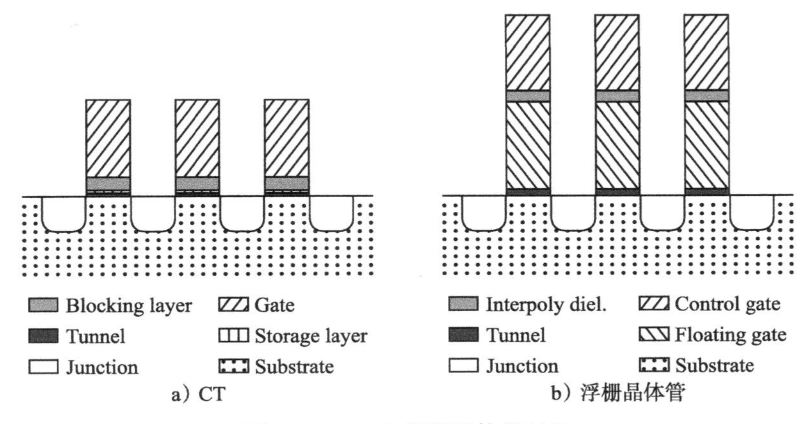

图 3-23　CT 和浮栅晶体管对比

3.1.7　3D XPoint

闪存用在固态硬盘上，使用 SATA 接口，要想更快可用 SAS 接口，甚至 PCIe 接口。其实最快的还是 DRAM，可以支持字节级别的访问，但是 DRAM 上的数据如果不通电，马上就丢了。所以现代计算机同时使用 DRAM 和闪存存储数据。

最新的 Intel Haswell-E/Broadwell 处理器兼容的 DDR4 内存，读写速度可达 61GB/s 和 46GB/s，而一个通道的 PCIe SSD 在理论上最高只能到 1GB/s(PCIe 3.0）或者 0.5GB/s(PCIe 2.0)，一般 SSD 用 4 个通道，就是 4GB/s 或 2GB/s。更慢的 SATA 理论上最高是 600MB/s。当然，机械硬盘就非常慢了，西部数据的 VelociRaptor 机械硬盘顺序读写速度分别为 215MB/s 和 140MB/s。

所以，尽管 PCIe SSD 相比机械硬盘快 20 多倍，DDR4 却是它的十几倍。最好是能找到和 DRAM 速度一样，数据却不会因掉电而丢失的存储器。江湖上有这么多自称有才的大侠：

- 忆阻器：ReRAM；
- 铁电存储器：FeRAM；
- 磁阻 RAM：MRAM；
- 相变存储器：PRAM，PCM；
- 导电桥接 RAM：cbRAM，又称可编程金属元存储器 PMC；
- SONOS RAM: Silicon-Oxide-Nitride-Oxide-Silicon；
- 导电金属氧化物存储器：CMOx。

图 3-24 所示是各种新型存储器的容量成长之路，目前比较成熟的是相变存储器 PCM——PRAM。

Intel 的好友 Micron 一直以来在 PCM 上花了很多钱，2013 年宣布实现了量产。Micron 还把 PRAM 用到了诺基亚的 Asha 手机里面，1Gb 的容量，写速度高达 400MB/s。不过诺基亚手机的新东家微软说，Micron 的 PCM 工艺还不够成熟，决定研发下一代 PCM 技术，降低功耗和成本，提高性能。

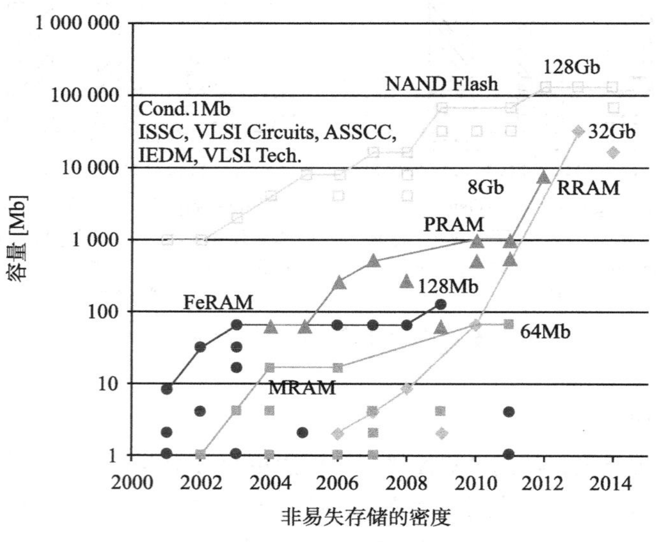

图 3-24 新型存储器容量增长

所谓的相变存储器，就是在原子级别发生了相变，利用这个来存储数据。就像是玻璃经过相变成了晶体。这还是很好理解的，想想我们最常见的水，液体的时候形状不定，但是温度降低后，就发生相变，成为了固体——雪，雪就是晶体，有着稳定的晶体结构。如图 3-25 所示，左边是玻璃态，右边是晶体态，明显，晶体态更整齐。

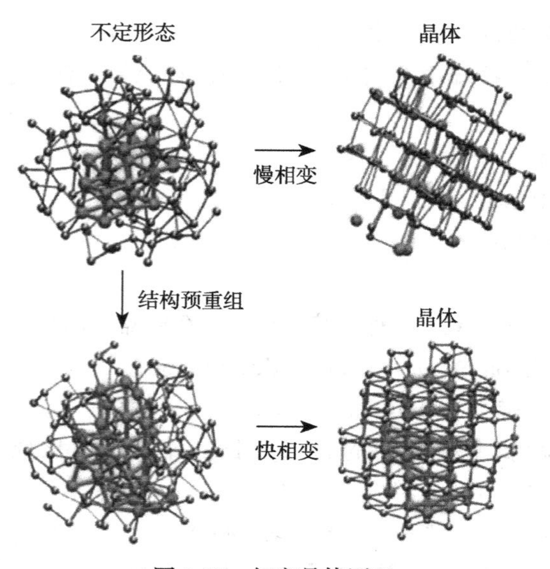

图 3-25 相变晶体原理

物理原理讲完了，下面开始讲电气原理。不像 DRAM 里面有晶体管，PCM 其实是通过一种微小的电阻作用使得玻璃融化，相变为晶体。技术日新月异，现在人类已经能高效地控制这种物理作用了，曾经写需要几微秒，读需要几纳秒，现在 PCM 已经能到皮秒的量级了，也就是纳秒的 1000 分之一，即 10^{-12} 秒。

来看看 PCM 和常见存储器的对比。表 3-3 中 PCM 的数据还在优化，最新的器件读写速度比表格里面快多了，里面的速度不是总线数据传输速度，而是存储介质的读写速度。这个表格的数据比较旧，主要还是对存储器在功耗、寿命、功能等方面进行比较。可以看出，PCM 的特点：

- 掉电数据不丢失；
- 可以按照字节访问；
- 软件简单；
- 写之前不需要擦除操作；
- 功耗低，和闪存差不多；
- 读写速度快；
- 寿命远长于闪存。

表 3-3 几种存储器特性对比

特性	PCM	EEPROM	NOR Flash	NAND Flash	DRAM
掉电数据不丢失	是	是	是	是	否
支持字节级访问	是	是	是	否	是
需要擦除	否	否	是	是	否
软件复杂性	简单	简单	一般	复杂	简单
功耗	低	低	低	低	高
写带宽	1 ～ 15MB/s	13 ～ 30KB/s	0.5 ～ 2MB/s	>10MB/s	>100MB/s
读延迟	50 ～ 100ns	200ns	70 ～ 100ns	15 ～ 50μs	20 ～ 80ns
写次数	100 万次	10 万～ 100 万次	10 万次	1000 ～ 10 万次	无限次

Intel 开发的相变存储器使用了硫属化物（Chalcogenides），这类材料包含元素周期表中的氧 / 硫族元素。Numonyx 的相变存储器使用一种含锗、锑、碲的合成材料（$Ge_2Sb_2Te_5$），多被称为 GST。现今大多数公司在研究和发展相变存储器时都使用 GST 或近似的相关合成材料。

如图 3-26 所示，GST 材料随着温度的上升，会从最左边的无定形态转变为右边的规则晶体结构，而电阻率也不断下降。这还是很好理解的，越有规则，导电性能就越好，电阻越小。但是，降温的过程中电阻值却不是可逆的，是底下那条直线。有半导体经验的人马上就明白了，我们要知道数字电路之所以能表示 1 和 0，就是因为有双稳态，有两个不可逆的稳定状态。这种相变材料恰好有这种特性，所以就能用来表示 1 和 0 了，也就能存储数据了。

图3-27所示是一个PCM存储单元，读的时候我们只要测量GST上面金属节点的电压就知道了，晶体态时电阻低、电压低，无定形态时电阻高、电压高。其实测电阻就是测电压，假如底部接地，那么低阻时顶点电压低（和底部导通），可以表示“0”；高阻时隔断，顶点电压高，可以表示“1”。

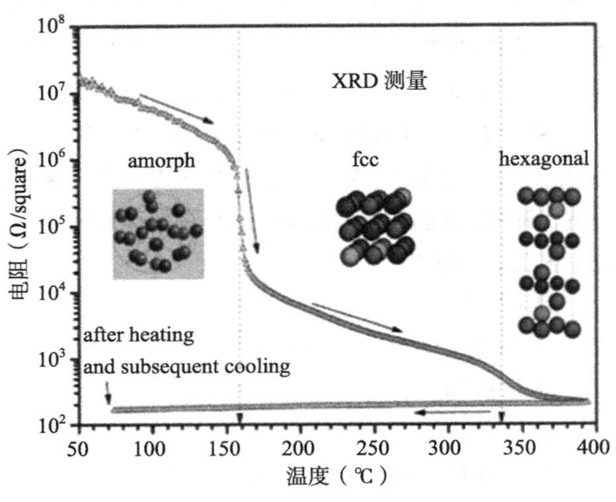

图3-26　GST材料状态随温度变化图

那写怎么弄呢？图3-27所示中，柱子就是加热器，通过电流之后加热GST，导致它发生相变，不过在不同的温度下，经过一定时间，相变的结果不一样。如图3-28所示，高温T_m下短脉冲加热从晶体态变成无定形态，较高温T_x长脉冲加热时从无定形态变成晶体态。图3-29所示是读写的温度时间控制波形。

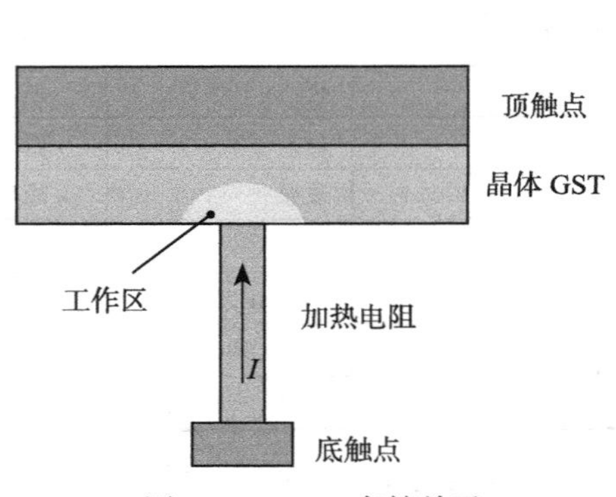

图3-27　PCM存储单元

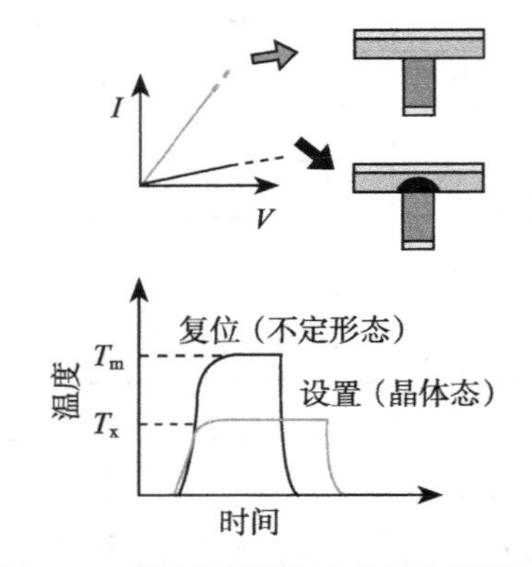

图3-28　不同温度脉冲对相变的影响

我们知道闪存里面有Bitline和WordLine，通过这两个组成的矩阵来管理上亿个存储单元。图3-30所示是PCM的Bitline和WordLine结构，通过两条线可以精确控制每一个单元。写的时候控制电流的大小来加热完成相变；读的时候通过测量Bitline的电压值就能知道是低阻还是高阻，从而获得0、1值。

要了解更多，请查看Numonyx公司Greg Atwood写的论文《Phase Change Memory: Development Progress and System Opportunities》和dailytech网站上Jason Mick写的博客《Exclusive: If Intel and Micron's "Xpoint" is 3D Phase Change Memory，Boy Did They Patent It》。

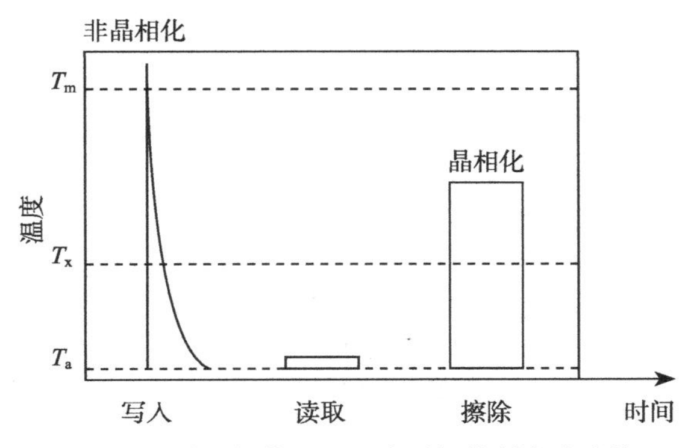

图 3-29　读写操作通过温度时间控制完成功能

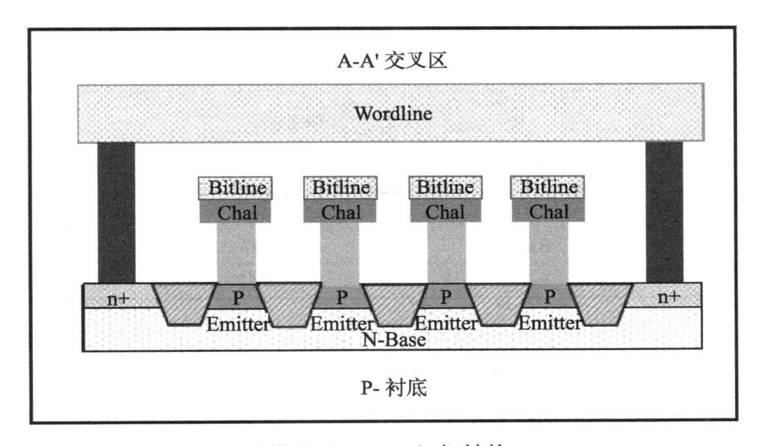

图 3-30　PCM 组织结构

3.2　闪存实战指南

3.2.1　异步时序

闪存接口有同步异步之分，一般来说，异步传输速率慢，同步传输速率快。异步接口没有时钟，每个数据读由一次 RE_n 信号触发，每个数据写由一次 WE_n 信号触发。同步接口有一个时钟信号，数据读写和时钟同步。

我们先来看看 ONFI2.3 协议规定的一个典型的闪存芯片管脚图（见图 3-31）。这个芯片对外输出数据位宽为 8 bit，Ssync 是同步，Async 是异步。

比较一下两种接口下的管脚定义，大部分都是一样的，区别就是表 3-4 中所示的四类信号。后面我们看看同步和异步的时序就能了解为什么这些信号不一样了。

先来看看异步数据写入的时序图（见图 3-32）。

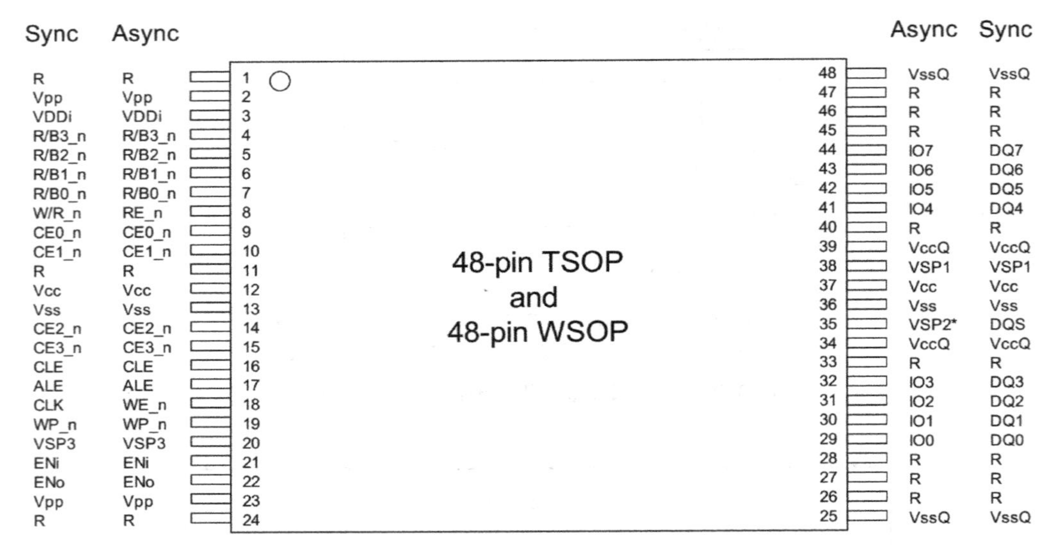

图 3-31 闪存芯片管脚图

表 3-4 同步异步管脚定义对比

同步	异步	异步	同步
W/R_n	RE_n	IO7-0	DQ7-0
CLK	WE_n	VSP2	DQS

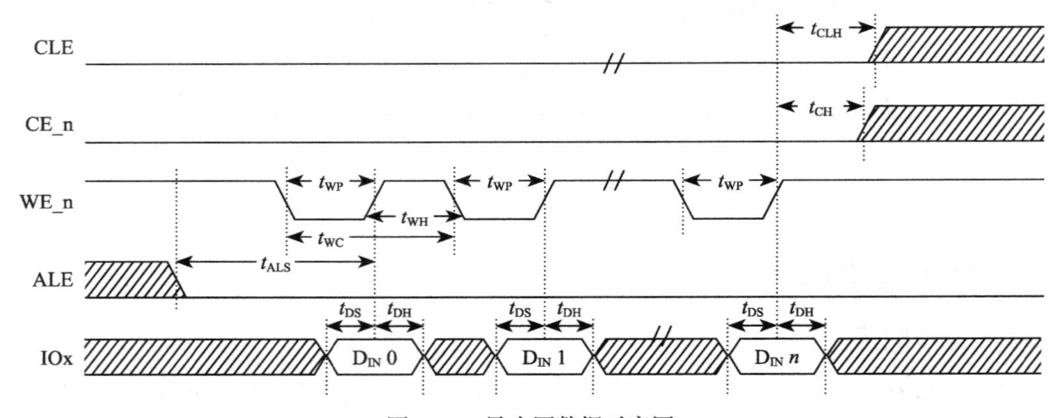

图 3-32 异步写数据时序图

上图中有 5 个信号：

- CLE：Command Latch Enable，CLE 有效时 IOx 发送命令。
- CE_n：Chip Enable，这个信号用来选通一个逻辑上的芯片——Target。为什么说是逻辑上的芯片？因为物理芯片里面封装了很多 Target，每个 Target 都是完全独立的，只是有可能共享数据信号，所以通过 CE_n 来选择当前数据传输的是哪个 Target，业内一般把 Target 叫作 CE。

- WE_n：Write Enable，写使能，这个信号是用户发给闪存的，有效时意味着用户发过来的写数据可以采样了。
- ALE：Address Latch Enable，ALE 有效时 IOx 发送地址。
- IOx：数据总线。

同时有很多时间参数，这里只介绍几个关键的参数：

- t_{WP}：WE_n 低电平脉冲的宽度。
- t_{WH}：WE_n 高电平保持时间。
- t_{WC}：tWP 与 tWH 合起来一个周期的时间。
- t_{DS}：数据建立时间，意思就是 8bit 数据要都达到稳定状态，最多这么长时间。
- t_{DH}：数据稳定时间，这段时间里数据信号稳定，可以来采样。

这样我们来看上面的时序图（见图 3-32），数据写入的时候，数据总线不能传输地址和命令，所以 ALE 和 CLE 无效。这个 Target 有数据传输，所以 CE_n 有效。每一个 WE_n 周期对应一次有效的数据传输。

再来看看图 3-33 所示的异步数据读出时序，其中多了两个信号。

- RE_n：读使能。这个信号是用户发给闪存的，每发一个读使能，闪存就在数据总线上准备好数据，等用户采样；
- R/B_n：Ready/Busy。闪存正在进行内部读的时候，Busy_n 有效，当操作完成且数据准备好之后，Ready 有效，用户可以来读了。

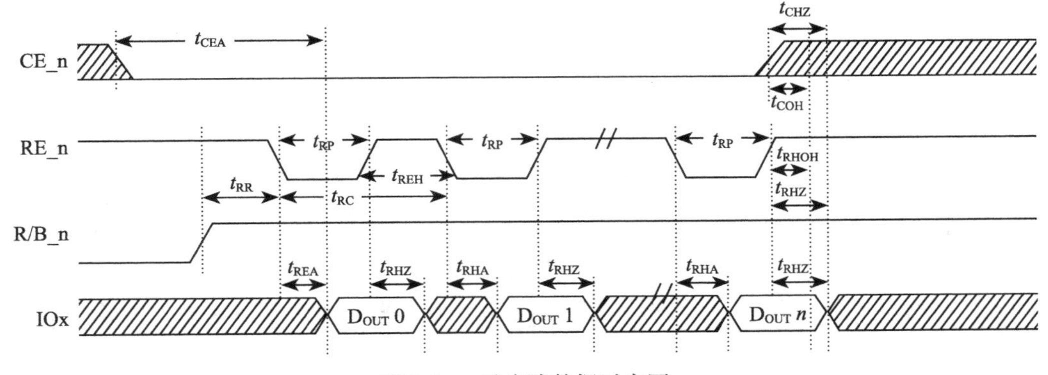

图 3-33　异步读数据时序图

所以，用户向闪存发了读命令之后，Ready 信号拉高，意味着数据准备好了。接着，用户发 RE_n 信号去读数据，每个 RE_n 周期，闪存发送一个有效数据到数据总线上，供用户采样，如图 3-33 所示。

3.2.2　同步时序

同步时序最重要的两个信号是时钟 CLK 和 DQS。现在的闪存基本都采用了 DDR

（Double Data Rate）技术，就是说每个时钟周期传输两拨数据。图 3-34 是同步模式下的数据写入时序图，介绍一下几个信号。

- CLK ：时钟。时钟信号由用户产生，在时钟信号的上升沿和下降沿都有数据被触发，实现 DDR，意味着 100MHz 的时钟频率数据传输速率是 200MT/s。
- W/R_n：Write/Read_n。写的时候高电平，读的时候低电平。
- DQS：Data Strobe。DQS 用来区分出每个数据传输周期，便于接收方准确接收数据。读数据时，DQS 由闪存产生，DQS 上下沿和数据对齐。写数据时，DQS 由用户产生，DQS 中间对应数据的中间稳定区域。所以，DQS 可以看成数据的同步信号。
- DQ[7:0]：数据总线。

我们再来看看几个关键的时间参数。

- t_{CALS}：CLE、W/R_n 和 ALE 的建立时间。
- t_{DQSS}：数据输入到第一个 DQS 跳变沿的时间。

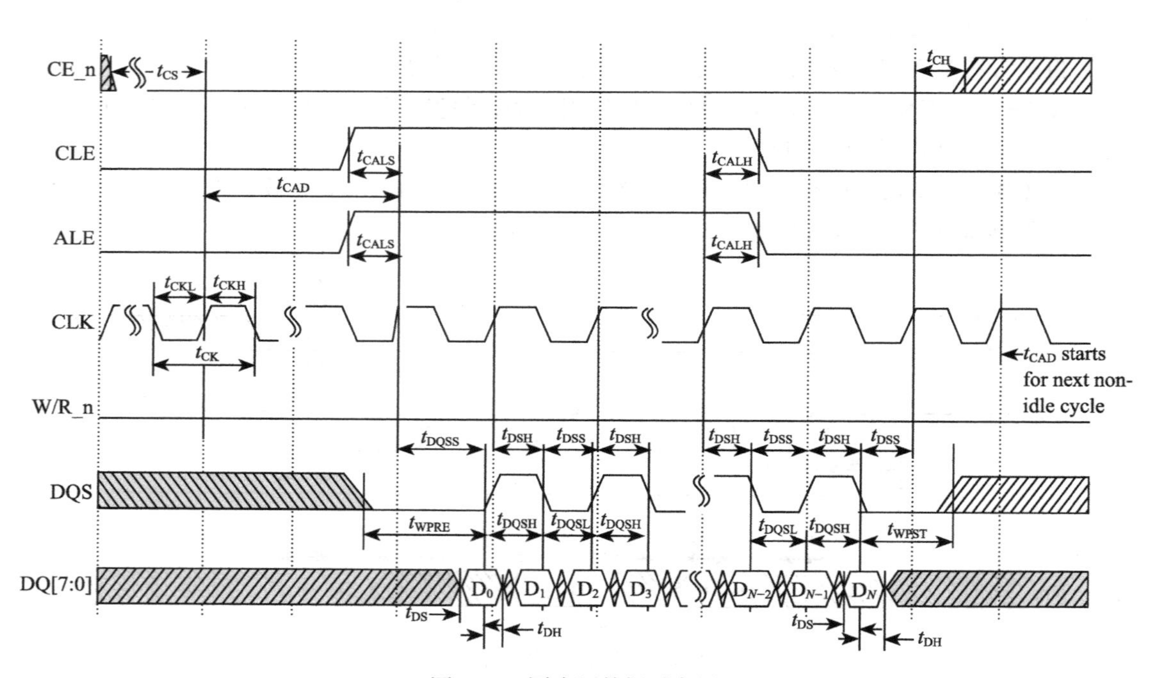

图 3-34　同步写数据时序图

了解了各种信号和时间参数，我们就能看懂上面的数据写入时序图。CLE 和 ALE 同时有效之后的第一个 CLK 上升沿，数据开始准备并输出。经过 t_{DQSS} 时间后，DQS 开始跳变，并且跳变沿位于 DQ 数据信号的稳定位置。之后每半个时钟周期，输出一组数据。

再来看看下面的读数据时序图（见图 3-35），和写入差不多，只不过 W/R_n 信号是低电平，同时 DQS 跳变沿和数据上升沿同步。

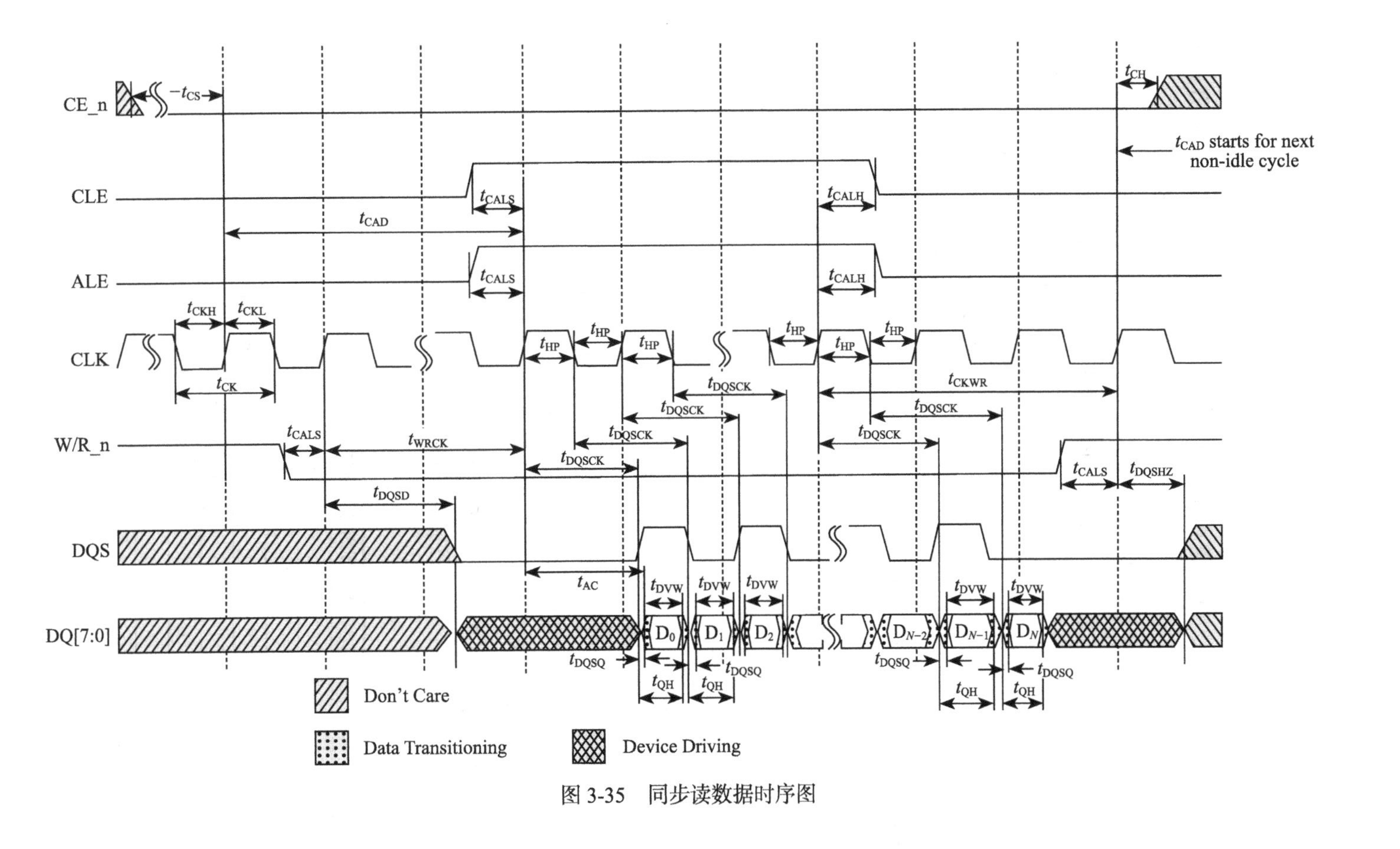

图 3-35　同步读数据时序图

3.2.3 闪存命令集

固态硬盘主控是通过一系列闪存命令与闪存进行通信的。每款闪存芯片都定义了其支持的命令，以 ONFI 2.3 协议为例，它定义的命令如表 3-5 所示。用户要使用这些功能时发送命令即可，比如读数据，就发送 00h ～ 30h，不过具体命令时序和使用方式要看专门的定义。

下面介绍一下几个比较常用的命令：

- Read：00 ～ 30h，读数据。读一个 Page 数据用这个命令。
- Read Multi-plane：00 ～ 32h，同时读多个 Plane 的数据。多个 Plane 各读 1 个 Page。
- Change Read Column：05h ～ E0h，修改读列地址。Read 命令从闪存介质读出一个 Page 的数据到闪存芯片里面的缓存，一个 Page 一般是 8KB 或者 16KB，但是用户不一定需要所有数据，所以通过这个命令来修改传输数据的偏移地址。从某个 Page 内偏移地址开始进行数据传输。
- Block Erase：60h ～ D0h，擦除一个 Block。
- Read Status：70h，查看最近一次操作的结果是成功还是失败。
- Read Status Enhanced：78h，它和 70h 有什么区别？它是用在 Multi-LUN 操作的状态查看，可以指定查看哪个 LUN 的状态。
- Page Program：80h ～ 10h，写一个 Page 数据。
- Page Program Multi-plane：80h ～ 11h，同时写多个 Plane 的数据，写性能可以翻几倍。
- Read ID：90h，可以读到在 JEDEC 注册的 Manufacturer ID 和 Device ID。
- Read Parameter Page：ECh，可以读到这个 CE 的各种配置参数，比如支持 ONFI 的哪个版本，是否支持 Multi-plane，异步或同步时序模式是哪一种等。
- Get Features/Set Features：EEh/EFh，这两个命令给用户提供设定一些参数的接口，比如设置同步异步或者选择传输速率。

表 3-5 闪存命令集

命令	O/M	第一周期	第二周期	命令	O/M	第一周期	第二周期
Read	M	00h	30h	Block Erase Multi-plane	O	60h	D1h
Read Multi-plane	O	00h	32h	Read Status	M	70h	
Copyback Read	O	00h	35h	Read Status Enhanced	O	78h	
Change Read Column	M	05h	E0h	Page Program	M	80h	10h
Change Read Column Enhanced	O	06h	E0h	Page Program Multi-plane	O	80h	11h
Read Cache Random	O	00h	31h	Page Cache Program	O	80h	15h
Read Cache Sequential	O	31h		Copyback Program	O	85h	10h
Read Cache End	O	3Fh		Multi-plane	O	85h	11h
Block Erase	M	60h	D0h	Small Data Move	O	85h	11h

（续）

命令	O/M	第一周期	第二周期	命令	O/M	第一周期	第二周期
Change Write Column	M	85h		Get Features	O	EEh	
Change Row Address	O	85h		Set Features	O	EFh	
Read ID	M	90h		Reset LUN	O	FAh	
Read Parameter Page	M	ECh		Synchronous Reset	O	FCh	
Read Unique ID	O	EDh		Reset	M	FFh	

不同的闪存所支持的命令有所差异。用户应该严格按照闪存芯片官方手册与闪存通信。

3.2.4　闪存寻址

了解基本命令的时序之前，我们再来复习一下闪存内部的结构。图 3-36 所示是一个 Target，就是我之前说的一个可以独立工作的逻辑芯片。它包含 2 个 LUN，每个 LUN 有 2 个 Plane，每个 Plane 有很多 Block，每个 Block 又有很多 Page。

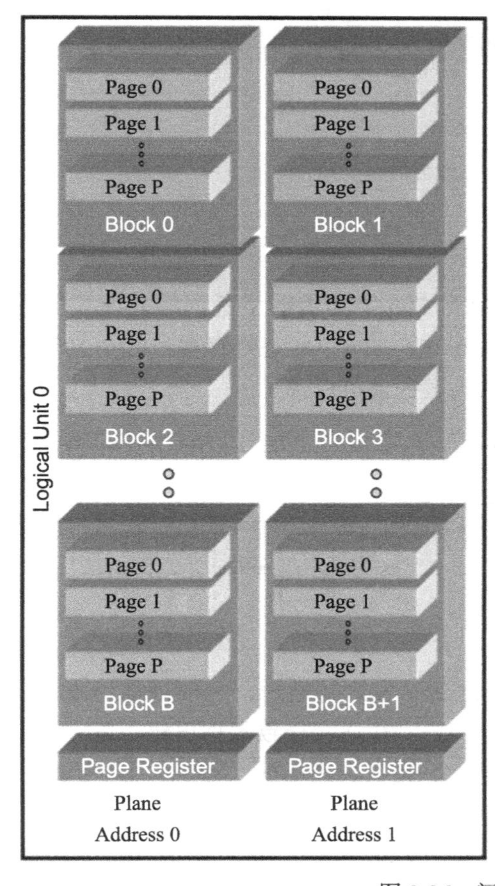

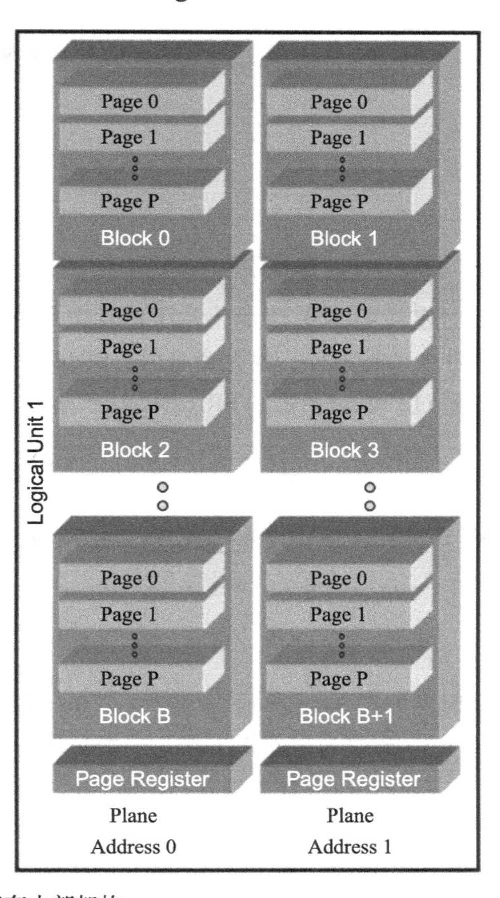

图 3-36　闪存内部架构

为了访问这些资源，闪存里面使用了行地址（Row Address）和列地址（Column Address）。列地址就是 Page 内部的偏移地址。ONFI 协议中，行地址的定义如图 3-37 所示，从高位到低位依次为 LUN、Block 和 Page 地址，至于具体位宽，则和每个芯片的容量有关。

图 3-37 闪存地址划分

估计你要开始问了：Plane 在哪里？如图 3-38 所示，Plane 是在 Block 地址的最低位。ONFI 要求 Multi-plane 操作的时候，每个 Plane 的 Page 地址必须相同，Block 地址不同的闪存要求不一样。比如 Intel/Micron 和东芝的闪存，在 Multi-plane 操作时，可以是不同的 Block，但是三星的闪存，要求几个 Plane 操作的 Block 地址要相同。因为占的是 Block 地址的最低几位，所以进行 Multi-Plane 的时候，Plane 一般有奇偶之分。

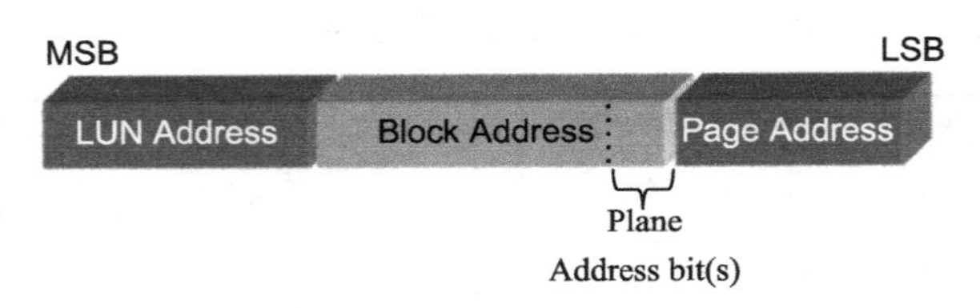

图 3-38 Plane 地址位

3.2.5 读、写、擦时序

读时序如图 3-39 所示，在用户发送命令 00 ～ 30h 之间传输了所读的地址，包括 2 个列地址和 3 个行地址。发完命令后，SR[6]（Status Register，状态寄存器，bit 6）状态转为 Busy，经过一段时间之后 SR[6] 状态转为 Ready，数据就可以读了。

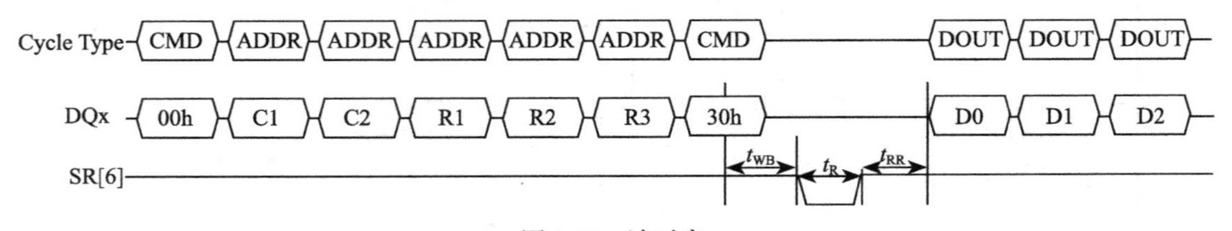

图 3-39 读时序

写时序如图 3-40 所示，用户发了 80h 命令之后，发送写地址，一般列地址是 0，因为要把一个 Page 写满，如果不从头开始写满一个 Page，往往会导致数据出错。发完地址 t_{ADL} 时间之后，开始传输数据到闪存的缓存。数据传完，发送命令 10h，闪存芯片开始向介质写入数据，SR[6] 状态为 Busy，在写操作完成后状态转为 Ready。

擦除比较简单，如图 3-41 所示，在命令 60h 和 D0h 之间发送 LUN 和 Block 行地址即可（因为擦除是以 Block 为单位）。

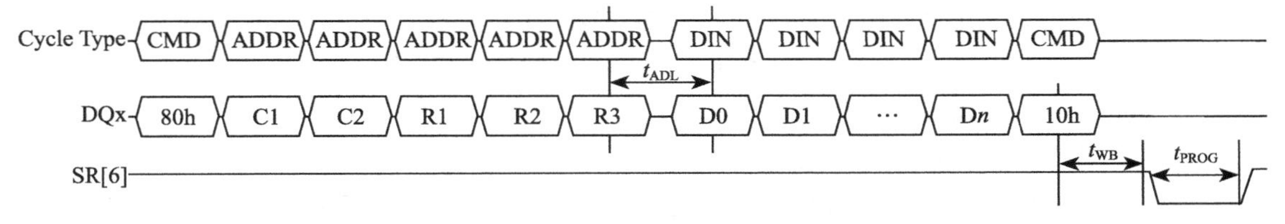

图3-40 写时序

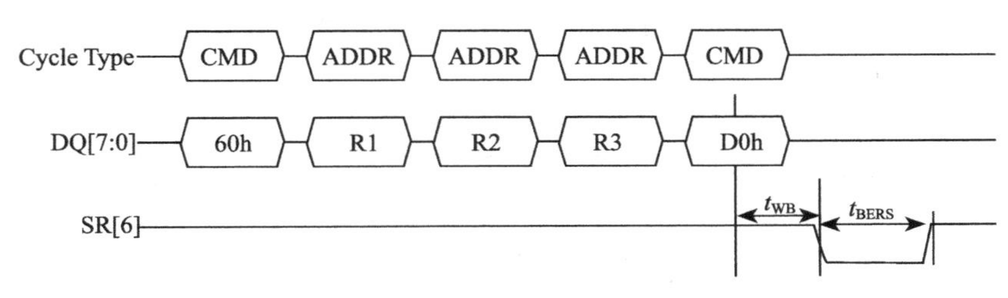

图3-41 擦除时序

3.2.6 ONFI与Toggle协议之争

前面讲的主要都是ONFI。事实上，闪存不只涉及ONFI协议，还有Toggle协议。

很久很久以前，闪存的相关技术长期垄断在三星和东芝两个大佬手里，其他的从业者日子过得不那么舒坦。

2002年，有个斯坦福的高才生苏秦，壮志满怀地去三星面试，结果因为气质不符没有被录取。他一气之下推掉了其他所有公司的邀请，回到河南老家每天闭门修炼。

三年以后，手机、MP3和U盘对闪存的需求量逐渐增大，消费类固态硬盘市场开始进入萌芽期，闪存的蛋糕越来越大，而当时各个闪存制造商的设计标准各有差异，这导致主控厂商和产品厂商各种麻烦，各种不适应。

苏秦觉得拯救苍生的时候到了，离开老家加入了Intel的战略发展部门，说服老板在当年旧金山的IDF上会盟天下诸侯，成立了ONFI（Open NAND Flash Interface）联盟，准备以合纵之法对付三星和东芝。

参加本次会盟的有：

- 闪存制造商：Intel、Micron、Hynix、Sandisk；
- 主控芯片厂商：LSI、Marvell、SMI、JMicron、Phison等；
- 存储产品厂商：Adata、Apacer、Biwin、Data I/O、HGST、Kingston、Netcom、Seagate、WD等；
- IP公司：Synopsys等。

三星和东芝坐拥函谷之利，占据了当时70%的市场份额。但是穿鞋的怕光脚的，面对ONFI咄咄逼人的气势，心里也是怕得要死。于是叫来双方共同的首席工程师张仪没日没夜地开会，最后拿出了连横作为对抗方案：

- 三星允许东芝生产和制造自己旗下的 OneNAND 和 Flex-OneNAND 闪存芯片。
- 东芝开放自己的 LBA-NAND 和 mobileLBA-NAND 闪存芯片技术给三星。
- 同时计划一起研发新一代闪存产品，也就是后来的 Toggle NAND。

其后的数年间，ONFI 和 Toggle 两方你来我往，互为攻守。

2014 年 ONFI 发布了 4.0 标准，最高速度达到了 800MT/s。最新的 Toggle 标准最高速度也是 800MT/s。

看上去 ONFI 比较牛，然而从市场份额上看，两大阵营几乎是五五开，三星 / 东芝还略占优势，如表 3-6 所示。

表 3-6　闪存厂商市场份额对比

厂商	2015 年 4 季度营收（百万美元）	市场份额	厂商	2015 年 4 季度营收（百万美元）	市场份额
三星	2 792	33.6%	美光	1 154	13.9%
东芝	1 547	18.6%	SK 海力士	841	10.1%
西数（闪迪）	1 311	15.8%	英特尔	662	8.0%

打打杀杀不容易，上个图，对比一下管脚定义，其实区别也没那么大（见图 3-42）。

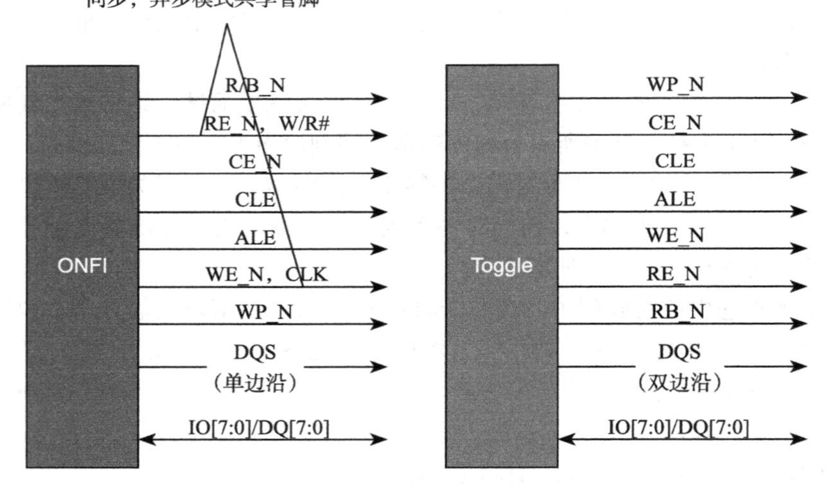

图 3-42　ONFI 和 Toggle 管脚定义对比

Toggle 同步模式下不用时钟，写数据用 DQS 差分信号跳变沿触发，读数据根据主控发的 REN 差分信号跳变沿发送读请求，DQS 跳变沿输出数据。

ONFI 同步模式下有时钟，数据、命令、地址都要与时钟同步。但是 DQS、Clock 都不是差分信号，所以边沿容易受干扰。

ONFI 3.0 里面有 NV DDR2 模式，这就和 Toggle 一样了，不再用 Clock，用 DQS 和 REN 差分信号。

那么问题来了，他们会在周天子（JEDEC）的努力下最终走到一起吗？

3.3　闪存特性

3.3.1　闪存存在的问题

谈谈闪存的一些特点，或者说它作为存储介质面临的挑战。

1. 闪存坏块

闪存块（Block）具有一定的寿命，不是长生不老的。前面提到，当一个闪存块接近或者超出其最大擦写次数时，可能导致存储单元永久性损伤（见图 3-43），不能再使用。随着闪存工艺不断向前发展，晶体管的尺寸越来越小，擦写次数也变得越来越少。

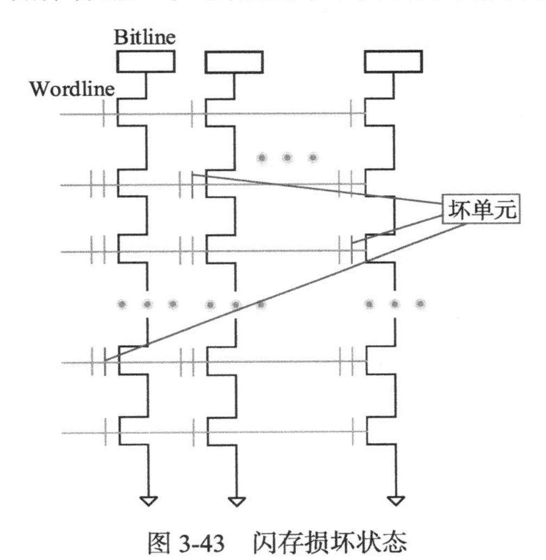

图 3-43　闪存损坏状态

闪存中的存储单元先天就有一些是坏的，或者说是不稳定的。并且随着闪存的不断使用，坏的存储单元越来越多。所以，用户写入闪存的数据，必须要有 ECC 纠错码保护，这样即使其中的一些比特发生反转，读取的时候也能通过 ECC 纠正过来。但若出错的比特数超过纠错能力范围，数据就会丢失，对这样的闪存块，我们应该弃之不再使用。

闪存先天有坏块，也就是说有出厂坏块。并且，用户在使用过程中会新添坏块，所以必须有坏块管理机制。

2. 读干扰

另外，还应注意读干扰（Read Disturb）问题。从闪存读取原理来看，当你读取一个闪存页（Page）的时候，闪存块当中未被选取的闪存页的控制极都会加一个正电压，以保证未被选中的 MOS 管是导通的。这样问题就来了，频繁地在一个 MOS 管控制极加正电压，就可能导致电子被吸进浮栅极，形成轻微写，从而最终导致比特翻转，如图 3-44 所示。但是，这不是永久性损伤，重新擦除闪存块还能正常使用。要注意的是，读干扰影响的是同一个闪存块中的其他闪存页，而非读取的闪存页本身。

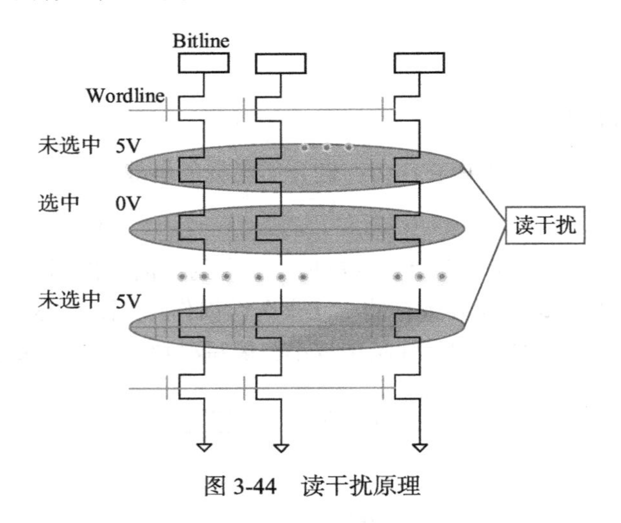

图 3-44 读干扰原理

3. 写干扰

除了读干扰会导致比特翻转，写干扰（Program Disturb）也会导致比特翻转。还是要回到闪存内部的写原理上来，如图 3-45 所示。

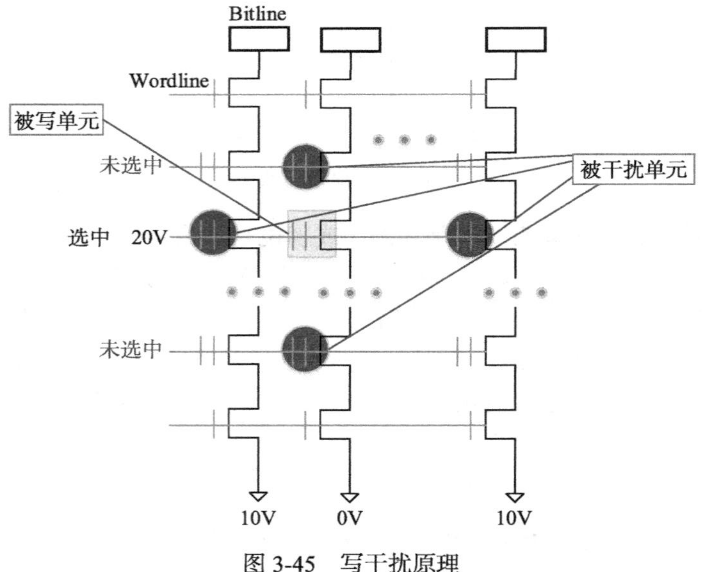

图 3-45 写干扰原理

我们写一个闪存页的时候，数据是 0 和 1 混合的。由于擦除过的闪存块所有的存储单元初始值是 1，只有写 0 的时候才真正需要操作。如图 3-45 所示，方框里的单元是写 0，即需要写的，选中 Wordline 上的圆圈里的单元代表写 1，并不需要写操作。我们这里把方框里的单元称为 Programmed Cells，圆圈里的单元称为 Stressed Cells。写某个闪存页的时候，我们是在其 Wordline 控制极加一个正电压（图 3-45 中是 20V）。Programmed Cells 所在的 String 是接地的；不需要写的单元所在的 String 接一个正电压（图 3-45 中为 10V）。这样最终产生的后果是，Stressed Cell 也会被轻微写。与读干扰不同的是，写干扰影响的不仅是同一个闪存块当中的其他闪存页，自身闪存页也会受到影响。相同的是，都会因不期望的轻微写导致比特翻转，都会产生非永久性损伤，经擦除后，闪存块还能再次使用。

4. 存储单元间的耦合

还有一个问题，就是存储单元之间的耦合影响（Cell-to-Cell interference）。前面提到，浮栅极闪存存储电荷的是导体，因此存储单元之间存在耦合电容，这会使存储单元内的电荷发生意外变化，最终导致数据读取错误。

5. 电荷泄漏

存储在闪存存储单元的电荷，如果长期不使用，会发生电荷泄漏。这同样会导致非永久性损伤，擦除后闪存块还能使用。

上面说的这些，是所有闪存面临的问题，包括 SLC、MLC 和 TLC，这些问题的处理方法在第 4 章会进行介绍。不同商家的闪存、不同制程的闪存，以及 2D/3D 闪存，还有其特有的问题，用户在使用时需要用固件克服或者缓解这些问题。

3.3.2　寿命

我们再来看图 3-46 这张 0 和 1 的分布图，横轴是电压，纵轴是存储单元的数量。0 的区域表示被写过的那些单元电压分布区间，1 的区域是被擦过的那些单元电压分布区间。所以说，如果要正确地读到数据，0 和 1 这两个区间要尽量分割清楚，保证它们的主峰之间有足够远的距离。除此之外，阈值电压也不能太偏。回忆一下读数据的原理。

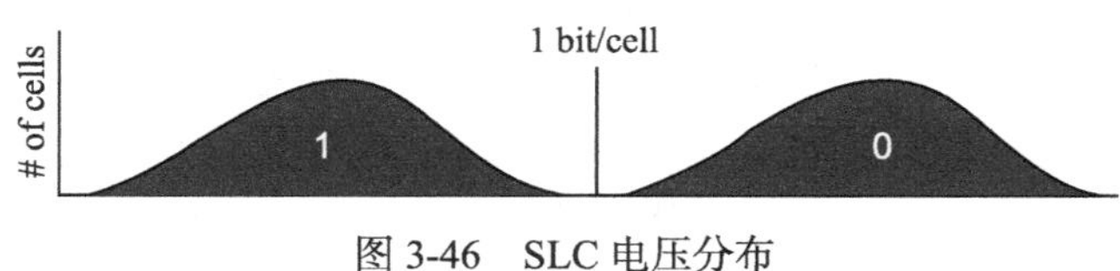

图 3-46　SLC 电压分布

要读的单元栅极加 0V 电压，这时擦过的晶体管阈值电压是 $-V_t$，导通，沟道有电流，Bitline 端的传感器能够检测到，读到“1”。而经过写的晶体管阈值电压是 $+V_t$，不导通，沟道电流很小，读为“0”。随着擦写次数的增加，会发生 3 种故障：

- 擦过的晶体管阈值电压变大，从 $-V_t$ 向 0V 靠近，这样读的时候沟道电流变小，传感器检测不到，读出错。
- 写过的晶体管阈值电压变小，从 $+V_t$ 向 0V 靠近，有可能会被误检测为擦过的状态。

- 写过的晶体管阈值电压变大（如图 3-47 所示，>5V，即使控制极加 5V 电压，它也是截止的），有可能在其他的单元读的时候，把整个 Bitline 都给关了。

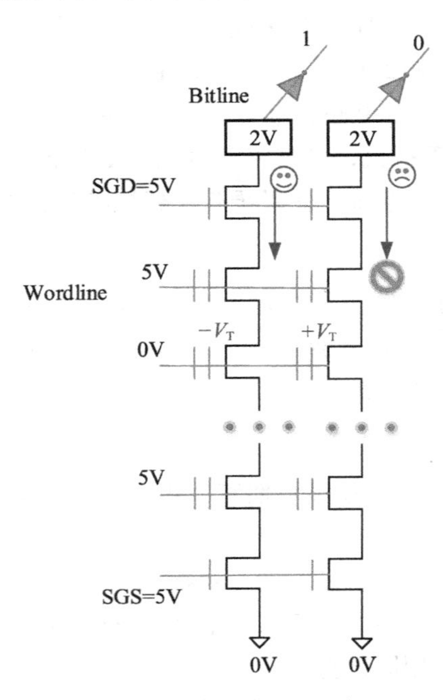

图 3-47　读操作电压示例

浮栅晶体管对浮栅极下面的绝缘层（Tunnel 氧化物）很敏感，该氧化物厚度变薄（制程不断减小导致的）或者老化（Degradation，擦写次数多了）对浮栅极里面的电荷影响很大。我们之前介绍了 Charge Trap 晶体管，其实随着擦写次数增多，浮栅晶体管的氧化层渐渐老化，产生不少 Charge Trap，这些陷阱会吃掉电子，导致写之后，进入浮栅的电子数量会减少，最终的结局就是 0 和 1 两个区间不断靠近。

如图 3-48 所示，上面是写后的阈值电压，下面是擦除后的阈值电压，很明显，擦除后的阈值电压在擦很多次之后显著变高。所以，一般擦除之后会做校验，方法是把所有的 Wordline 设为 0V，再去检测每个 Bitline 的电流。如果某个 Bitline 电流是 0，就意味着有个单元的擦除阈值电压接近 0V，导致晶体管关断。所以这个闪存块应该标为坏块。

了解了闪存寿命的原理之后，我们再来看看固态硬盘设计实践中怎么解决这个问题。一般有以下方法：

- Wear Leveling：通过磨损平衡算法，让所有的闪存块均衡擦写，避免少数闪存块先挂掉，导致固态硬盘容量下降。
- 降低写放大：写放大越低，固态硬盘的磨损速度越慢。
- 用更好的纠错算法：纠错能力越强，容许的出错率越高，故采用更好的纠错算法可以延长硬盘使用寿命。

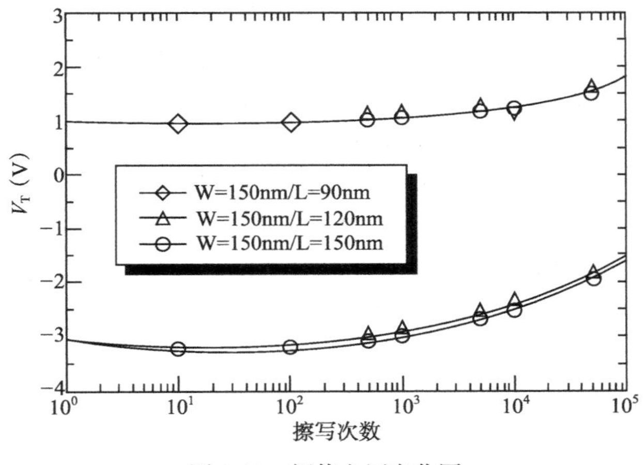

图 3-48　阈值电压变化图

3.3.3　闪存测试

为什么固态硬盘还涉及闪存测试呢？这不应该是闪存厂商的事情吗？如果你问这些问题，那就是很傻很天真。理论和现实总是有差距的，固态硬盘内部需要对闪存做测试，原因是：

- 闪存厂商卖给你的闪存不一定都是好的，总是有概率存在故障芯片；
- 固态硬盘制造过程中有合格率问题，不能保证每个闪存芯片都焊接得完美无缺；
- 固态硬盘制造商为了降低成本，会从各种渠道获得低价闪存芯片，这些芯片质量没有保障，需要固态硬盘制造商自己筛选。

图 3-49 所示是 BGA 封装的焊球 X 光片，可以看出里面有个空洞，导致电路信号故障。所以，固态硬盘出厂前要对每一块闪存进行测试，测试方法如下：

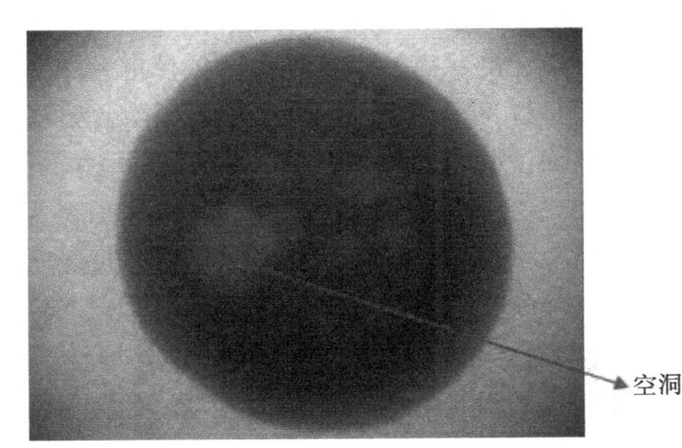

图 3-49　BGA 焊接空洞

- 测试每个 CE 是否可以正常操作，比如 Reset、Read ID 等；
- 对每个 LUN、Plane 进行读写测试，要考虑到一定的比特翻转率，看看写入的数据和读出差距有多大。写入数据要选择不同的数据类型，比如连续的 0 或者连续的 1。存储器件测试有很多专用数据格式，有兴趣的读者可翻看各种论文，也可以参考著名的内存测试软件 memtest 的测试方法。

如果工厂发现闪存有问题，那该怎么办？还能怎么办，换好的呗。把芯片拆下来，再换个好的上去，对熟手来说轻轻松松。如果是 BGA 封装，需要专业设备辅助。那么换下来的芯片就这么扔了吗？能变废为宝吗？肯定能，比如放到 U 盘里。

一般来讲，从 U 盘到消费级固态硬盘再到企业级固态硬盘，对闪存的要求是逐渐升高的，因为写的强度不断增大。U 盘也就偶尔用用，一天写不了多少数据。自己笔记本平时也不会一直写数据。企业级固态硬盘几乎每时每刻都在工作，读读写写，忙个不停。所以，不要以为几个 U 盘就能凑一个固态硬盘使用，闪存的质量是不一样的。企业级固态硬盘用的是最贵的原厂闪存，消费级固态硬盘往往是便宜的，有很多厂家从闪存厂商购买晶圆自己封测。U 盘就是最差的闪存了，其所用芯片来自于各种渠道，成本很低。

3.3.4 MLC 使用特性

对 MLC 来说，擦除一个闪存块的时间大概是几毫秒。闪存的读写则是以闪存页为基本单元的。一个闪存页大小主要有 4KB、8KB、16KB 几种。对 MLC 或者 TLC 来说，写一个闪存块当中的闪存页，应该顺序写 Page0、Page1、Page2、Page3……禁止随机写入，比如 Page2、Page3、Page5、Page0……为什么？原因主要有二：

- 一个存储单元包含两个闪存页数据，要先写 Lower Page，再写 Upper Page。
- 相邻单元之间有耦合电容，工艺上要求后面的闪存页写操作时前面的闪存页已经写过。

但对读来说，没有这个限制。SLC 也没有这个限制。

MLC 有其特有的一些问题：

- 正如前面提到的，MLC 最大擦写次数会变小。这样，就更需要 Wear Leveling 技术来保证整个存储介质的使用寿命。
- 对 MLC 来说，一个存储单元存储了 2bit 的数据，对应着两个 Page：Lower Page 和 Upper Page。假设 Lower Page 先写，然后在写 Upper Page 的过程中，由于改变了整个单元的状态，如果这个时候掉电，那么之前写入的 Lower Page 数据也会丢失。也就是说，写一个闪存页失败，可能会导致另外一个闪存页的数据损坏。
- 前面说到，不能随机写。不能先写 Upper Page，然后再写 Lower Page，这点就限制了我们不能随意地写。
- 写 Lower Page 时间短，写 Upper Page 时间长，所以会看到有些闪存页写入速度快，有些闪存页写入速度慢。

关于 MLC 的 Lower Page 数据损坏问题，阿呆还想多说一些，这个问题其实对于固态硬盘控制器的设计者来说是个大问题，因为涉及数据可靠性。首先我们来说两条存储行业的规矩：

- 一般在没有盘内缓存的情况下，我们认为写到硬盘的数据如果已经返回写成功，那么这个数据就是安全的。数据写到物理介质上就可以放心了。
- 如果数据在写的过程中发生了异常掉电，那么该数据即使丢了也可以接受，毕竟用户认为数据还没写完。

但是 Lower Page 数据损坏打破了这个常识：尽管已经成功写到了盘里，但是假如该数据位于 Lower Page 上，很不幸的是，恰好过了不久，后面有数据写对应的 Upper Page 时发生了异常掉电，那就会导致 Lower Page 上已经写好的数据也被破坏。也就是说，固态硬盘正在写的时候，如果发生了异常掉电，有可能会丢失之前写入的数据。

那该怎么办呢？聪明的消费级固态硬盘研发工程师采用了很多技术来防止这种情况发生。

- 只写 Lower Page：成本比较高，只适合关键数据和土豪。
- Lower Page 和 Upper Page 打包写：每次数据量多凑点，争取 Lower Page 和 Upper Page 都写（需要闪存支持 One Pass Programming）。
- 定期填充 Upper Page：消费级固态硬盘要求省电，所以会频繁进入省电模式，可能安静个几百毫秒就自动休眠了。休眠之前检查是不是有 Lower Page 写过了，有 Upper Page 还没写的情况，就把 Upper Page 也写一下。
- 写 Lower Page 数据时，备份该数据到别的闪存块上，直到它对应的 Upper Page 数据写完。这样即使掉电导致 Lower Page 数据丢失，也可使用备份数据进行还原。
- MLC 闪存块当 SLC 块使用，强迫用户数据写到 SLC 块，随后以垃圾回收的方式把数据从 SLC 闪存块搬到 MLC 闪存块。

经过上述各种努力，用户的数据可以做到很安全，Lower Page 数据损坏的危害会降到最低。所以，请你放心，使用固态硬盘是安全的！

对企业级固态硬盘来讲，数据安全性尤其重要，而且要长期开机，不能像消费级一样动不动就进入省电模式。那么，怎样降低 Lower Page 数据损坏的危害？一般是在固态硬盘内配备大电容，发生异常掉电后，大电容储存的电量可以支撑几十毫秒，保证正在进行写操作的闪存把数据写完。现在主流的企业级固态硬盘控制器不仅能在大电容供电的时间内把闪存正在写的数据写完，还能把缓存里的数据写完，最后写一些固态硬盘内部的关键管理数据，比如映射表等。

3.3.5 读干扰

记得几年前我们碰到一个问题，就是有客户反映，他们在使用我们的固态硬盘时，发现读性能过段时间就有一个比较大的下降。后来，经过我们工程师的努力，发现罪魁祸首就是读干扰（Read Disturb）。最后，聪明的工程师完美地解决了这个问题。

读干扰为什么会导致性能下降？下面将解释原因。

读干扰会导致浮栅极进入电子。由于有额外的电子进入，会导致晶体管阈值电压右移（Data Retention 问题导致阈值电压左移），如图 3-50 所示。

由于晶体管阈值电压偷偷发生了变化（变大了），闪存内部逻辑如果还是按照之前的参考电压加在控制极上然后去判断数据，肯定会发生误判，也就是读到错误的数据。

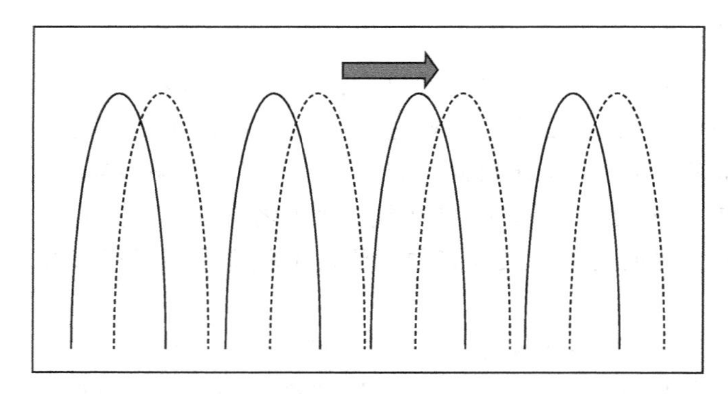

图 3-50 阈值电压偏移

阈值电压右移的速度，也就是读干扰影响数据的程度，一方面与读该闪存块上数据的次数有关，读得越多，右移越多，影响越大；一方面还跟闪存块的擦除次数有关，擦写次数越多，绝缘效果越差，电子进入浮栅极就越容易，读干扰的影响也就越大。

那么，闪存使用者如何应对读干扰呢？

一般做法是记录每个闪存块读的次数，赶在这个数值达到阈值（闪存厂家提供）之前，把闪存块上所有的数据刷新一遍（读出来，擦除，然后写回），或者把数据搬到别的地方。回到开头那个问题，读干扰为什么会导致固态硬盘性能下降？就是因为一个闪存块上的数据读的次数太多了，固件需要赶在数据出错前，把整个闪存块数据刷新或者搬移，避免数据出错，但这会占用底层带宽，导致主控读写性能下降。

还有人研究发现，减小 V_{pass}(加在没有被读的那个 Wordline 上的电压）可以缓解读干扰。因为 V_{pass} 变小，电场减弱，吸入电子的能力减弱，自然能缓解读干扰的影响。但是，一方面，现在闪存厂商都没有开放调 V_{pass} 电压的接口给用户；另一方面，过低的 V_{pass} 可能导致读失败。该方法只能起到缓解作用，不能从源头上杜绝读干扰的影响。

3.3.6 闪存数据保存期

下面来聊聊存储的数据能保存多久。

图 3-51 是现藏于甘肃省博物馆的西汉天水放马滩地图，于 1986 年在甘肃天水放马滩 5 号汉墓出土，其用纸是世界上现存最早的纸。根据考古专家的断定，这是一张西汉文帝或景帝（公元前 179 年—前 143 年）时期的纸质地图。距今已经有两千多年的历史，变得残破不全。

刘慈欣的小说《三体》中提到，即使是刻在岩石上的巨型文字，经过几千万年的沧海桑田，也会找不到踪迹。

所以，无论用任何存储技术，存储的数据都不能永远保存，都会有个保存时间。闪存中，数据保存时间的问题叫作 Data Retention。到了期限，数据就会出错，标志就是从闪存读出来的数据无法用 ECC 纠错成功。我们知道闪存一般有以下错误：

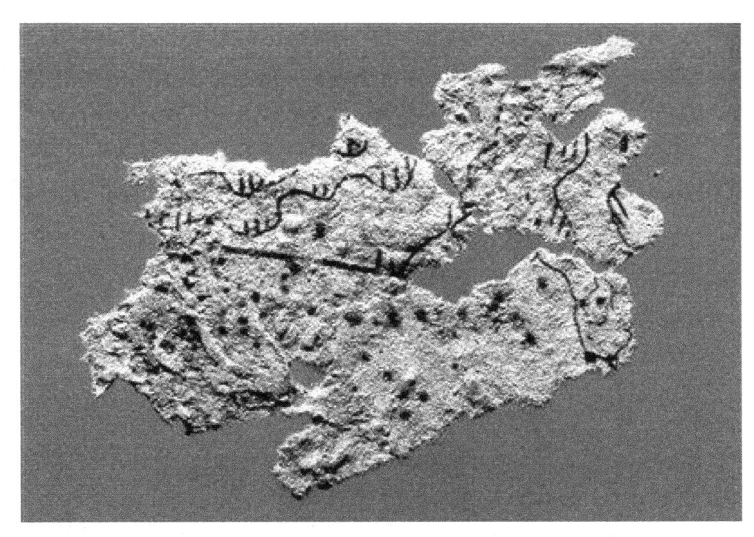

图 3-51　世界上最早的纸

- 电气问题：比如虚焊或者芯片故障，导致正常命令无法执行或者数据错误率异常高。这种问题在闪存或固态硬盘出厂测试时就会被发现。
- 读、写、擦失败：基本命令执行失败，通过状态位可以读到结果。这些问题在芯片使用过程中也有可能发生，但是概率非常小。
- ECC 纠错失败：其实就是数据错误率太高，超过了纠错算法的纠错能力。Data Retention 是其中一个元凶。

闪存存储的机理是通过量子隧道效应，电子跃迁到浮栅层并停留在那里。随着时间的流逝，电子还是有一定概率离开浮栅层，回到沟道里面，离开的电子多了就有可能导致写过的单元读出来的结果跟擦除过的一样，也就是说数据出错了。Data Retention 和浮栅层下面的氧化层厚度有关，毕竟氧化层越厚，电子离开的概率越小。有研究表明，氧化层厚度如果是 4.5nm，那么理论上数据可以保存 10 年。

SSDFans 微信群里有一位大牛群友蔡宇（Yu Cai）博士，他在 Carnegie Mellon University 攻读博士时专门研究闪存纠错，后来去 LSI 做这方面的研发。阿呆这次根据他的一篇论文《Data Retention in MLC NAND Flash Memory：Characterization，Optimization，and Recovery》来介绍其对闪存数据保存的分析。

图 3-52 是闪存基本单元浮栅晶体管的截面图。最上面是控制层，中间是浮栅层，浮栅上面是多晶硅氧化层，下面是隧道氧化层。控制电压很高的时候，会产生量子隧穿效应，电子从衬底 Substrate 出发，穿过隧道氧化层，进入浮栅保存起来，就完成了写操作。反之，在控制层加很强的负电压，电子就从浮栅量子隧穿，回到衬底，这个操作叫作擦除。不过，控制层不加电压的时候，氧化层依然会产生一个电场，叫作本征电场，它是由浮栅里面的电子产生的。在这个电场的作用下，电子会从浮栅慢慢泄露，泄漏的多了，数据就

会发生错误。从写入操作到电子慢慢泄漏，直到数据出错，这个期限叫作数据保存期，在SLC 时代，这个时间很久，有好几年，但是到了 TLC 时代，不到一年，有的只有几个月。

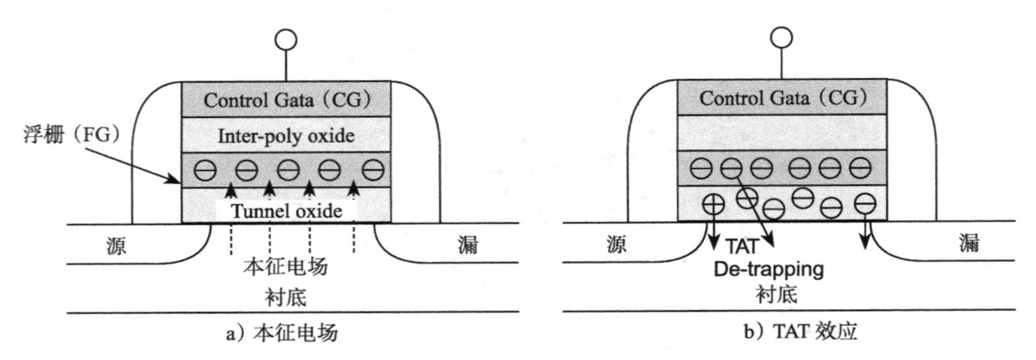

图 3-52　浮栅晶体管的本征电场和 TAT 效应

那为什么闪存用得越久，数据保存时间越短呢？这要怪一个效应：Trap-assisted tunneling（TAT）。如图 3-54（b）所示，我们知道隧道氧化层是绝缘的，但是随着闪存的使用，历经很多次的擦写，氧化层和浮栅层的爱情终于要走到终点了，因为经过这么年风风雨雨，氧化层老了，有不少通过它的电荷被滞留下来，绝缘体有了导电性。这样，电荷从浮栅跑得就更快了。所以，闪存擦写次数越多，数据保存时间就越短。到最后快到额定擦写次数的时候，比如 3000 次，刚写的数据就很容易出错。

不过，氧化层并不总是在截留电荷，有时候它拦截的电荷也会离开，叫作 Charge de-trapping。只不过离开的既有正电荷，也有负电荷，所以对阈值电压的影响是双向的。

那么，怎样解决 Data Retention 的问题呢？总不能让用户的数据放个几个月或者几年就丢了吧？一般固态硬盘会采用 Read Scrub 技术，或者叫数据巡检、扫描重写技术等。

如果你对存储技术有所了解，那么当你看到 Scrub 这个词的时候，首先肯定想到的是 Sun 公司开发的大名鼎鼎的 ZFS（Zettabyte File System）文件系统。ZFS 的设计者发现，有很多用户的数据长期没有读过，更别说被重写了。即使是数据读取频繁的数据库应用，也存在长期不被访问的数据，它们寂寞地躲在角落里，长期无人问津。但是，不管什么类型的磁盘，总是会有概率发生比特翻转，导致数据出错，等你需要这份数据的时候，错误有可能比较严重，根本恢复不出原样。在 ZFS 文件系统中，每个数据块都有自己的校验码 Checksum，只要被读了，就可以通过 Checksum 发现数据是否出错，提前对出错的数据块进行纠错。所以，ZFS 提供了一个功能叫 Scrub，对文件系统进行扫描，提前发现那些出错的数据，并纠错重写。

固态硬盘的 Read Scrub 技术跟 ZFS 类似，在固态硬盘不忙的时候，按照一定的算法，扫描全盘，如果发现某个闪存页翻转比特数量超过一定阈值，就重写数据到新的地方。这样做的好处是避免数据放太久从而导致比特翻转数量超过 ECC 算法的纠错能力，这样能减少 ECC 不可纠错误。

3.4　闪存数据完整性

闪存的一个特性就是随着闪存的使用以及数据存储时间的变长，存储在闪存里面的数据容易发生比特翻转，出现随机性错误。这个问题随着闪存制程的变小越发严重。因此，使用闪存作为存储介质的固态硬盘，需要采用一些数据完整性的技术来确保用户数据可靠不丢失。常见的技术有：

- ECC纠错。
- RAID数据恢复。
- 重读（Read Retry）。
- 扫描重写技术（Read Scrub）。
- 数据随机化。

3.4.1　读错误来源

闪存数据发生错误，主要有以下几个原因：

1. 擦写次数增多

随着闪存块擦写次数增多，氧化层逐渐老化，电子进出存储单元越来越容易，因此存储在存储单元的电荷容易发生异常，导致数据读错误，如图3-53所示。

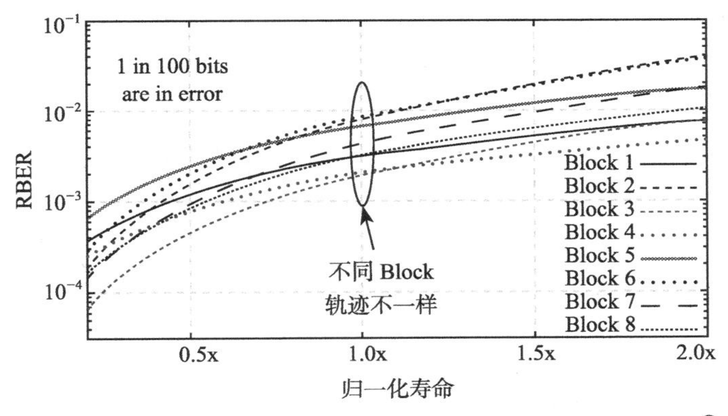

图3-53　同一个闪存芯片内不同闪存块在不同寿命时的RBER㊀

2. Data Retention

随着时间的推移，存储在存储单元的电子会流失，整个阈值电压分布向左移动，导致读数据的时候发生误判，如图3-54所示。

㊀ 本小节图片均来自NAND Flash Basics & Error Characteristics：Thomas Parnell，Roman Pletka IBM Research-Zurich，Flash Memory Summit 2017。

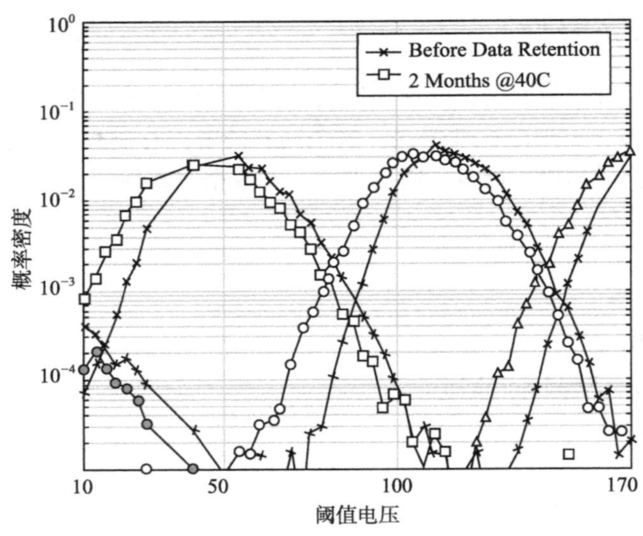

图 3-54　阈值电压分布随着时间偏移

3. 读干扰

读一个 Wordline 数据时，需要施加 V_{pass} 电压在其他 Wordline 上，导致其他闪存页发生轻微写。如果读的次数过多，轻微写累积起来就会使阈值电压分布发生右移，导致读数据时候发生误判，即读数据错误，如图 3-55 所示。

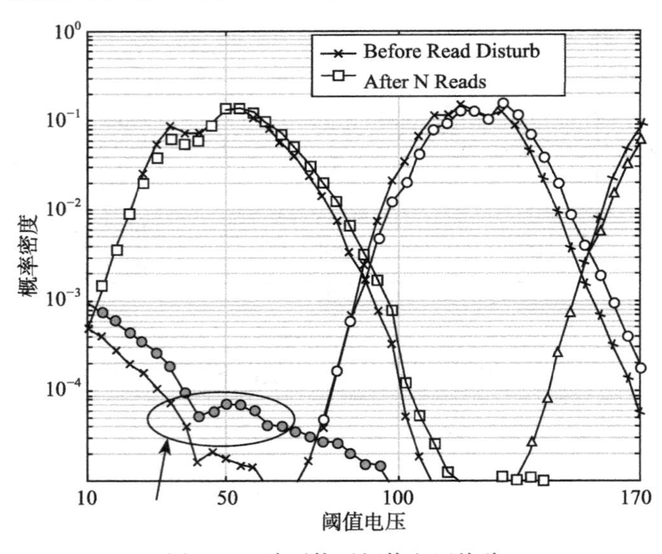

图 3-55　读干扰后阈值电压偏移

4. 存储单元之间干扰

由于存储电子的浮栅极是导体，两个导体之间构成电容，一个存储单元电荷的变化会导致其他存储单元电荷变化，而受影响最大的就是与它相邻的存储单元。周围的单元是不同的状态时，中心单元的阈值电压是不一样的，如图 3-56 所示。

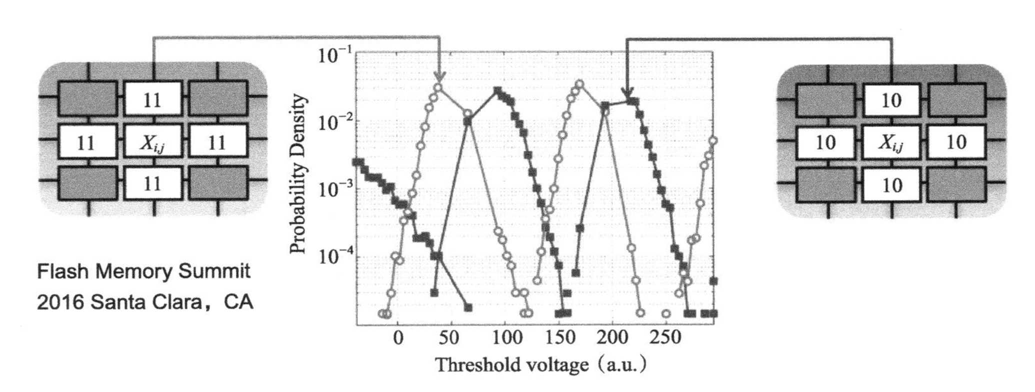

图 3-56 周围单元不同状态时的阈值电压分布（来源：FMS 2016）

5. 写错误

写错误一般发生在 MLC 或者 TLC 2-pass（先写 Lower Page，然后再写 Upper Page）写过程中。写 Upper Page 的时候，它是基于之前 Lower Page 的状态，然后再写每个存储单元到目标状态。如果写 Upper Page 的时候，Lower Page 数据已经出错（注意写 Upper 的时候，Lower Page 的数据是不会经过控制器 ECC 纠错的，写过程发生在闪存内部），就会导致存储单元写到一个不期望的状态，即发生写错误。

数据一开始就写错了，当然就别指望读对了。

TLC 1-pass program 则没有这个问题，因为 Lower Page 和 Upper Page 是一次性同时写入，写 Upper Page 不依赖于 Lower Page 数据。当然，如果一开始擦除状态就不对，那么还是会发生写错误。

3.4.2 重读

闪存有几种缺陷，对于电压分布平移的问题尚可想办法恢复，因为数据之间还是清楚隔离的。

图 3-57 以 MLC 为例，每个存储单元存储两个比特的数据，一共有四种状态。当四种状态的电压分布发生平移后，如果还是采用之前的参考电压去读取的话，就可能会出现读取数据失败的情况。使用重读技术后，我们可以不断改变参考电压，来尝试找到可以读出数据的电压点，直到正确读出数据。理论上，只要这四种状态的电压分布没有发生重叠，就可以通过重读恢复数据。

还有更复杂的重读，叫作 Advanced Read Retry。先读附近的单元确定状态，再用不同参考电压读两次要读的单元，根据附近单元数据决定选择哪一个。

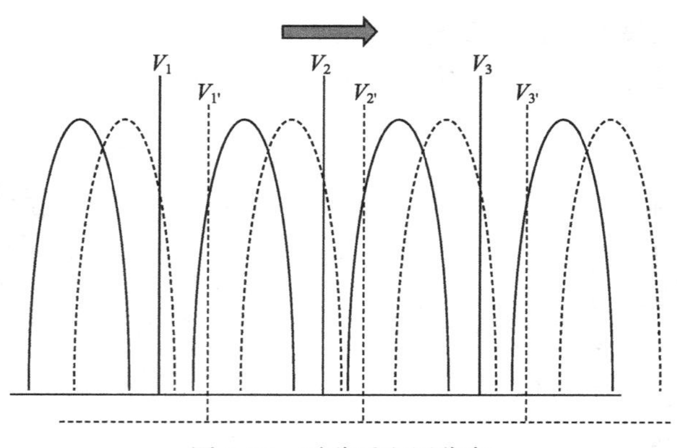

图 3-57　平移后电压分布

3.4.3 ECC 纠错码

固态硬盘控制器上面都有 ECC 纠错模块，有些闪存内部也集成了 ECC 纠错模块。常用闪存 ECC 纠错算法有 BCH（Bose、Ray-Chaudhuri 与 Hocquenghem 三位大神名字的首字母）和 LDPC（Low Density Parity Check Code）等。目前市面上很多固态硬盘控制器上采用的是 BCH，但采用 LDPC 正成为一种趋势。

用户数据最终都是写在闪存页（Page）上面，闪存页空间除了用户空间，还有额外的预留空间，这部分空间可以用来写 ECC 校验数据。用户数据大小固定，需要更强的纠错能力，这就需要更多的 ECC 空间。因此，纠错强度受限于闪存页的预留空间。越多的预留空间就能提供越强的 ECC 纠错能力。

目前绝大多数固态硬盘都采用静态 ECC 纠错方案，ECC 纠错单元（用户数据）和 ECC 校验数据大小在整个固态硬盘生命周期都是固定的，也就是说纠错能力始终保持不变。由于闪存在使用初期内部发生比特翻转的概率小，而随着闪存的使用，出错概率逐渐变大，因此有些固态硬盘开始采用动态 ECC 纠错方案：开始使用更少的纠错码，这样在闪存的页里面可以存储更多的用户数据；随着固态硬盘的使用，纠错能力需要加强，用户数据在闪存页里面占的比例变小，纠错码所占比例变大。动态 ECC 纠错方案就是随着固态硬盘的使用，动态调整其 ECC 纠错能力。动态 ECC 纠错有什么好处？如果开始使用更少的 ECC 校验数据，那么每个页能写入的用户数据就更多，相当于固态硬盘拥有更多的 OP（Over Provisioning，预留空间），减小了写放大；同时，在数据从控制器写入或者读取闪存的通道上，用户数据越多，ECC 校验数据越小，带宽利用率高。

其实，动态 ECC 的优势不仅体现在随着时间的推移 ECC 纠错能力会发生变化，而且体现在固态硬盘的闪存位置上每个 Die 甚至每个闪存页有不同的纠错能力。在固态硬盘闪存阵列里，有些 Die 可能质量好点，有些 Die 可能质量差点，好的 Die 可以用更少的 ECC 纠错代码；相反，差的 Die 就需要更强的 ECC 纠错。对 MLC 来说，Lower Page 相对

Upper Page 更稳定一些，因此可以使用弱一些的 ECC 保护；相反，Upper Page 则需要更强的 ECC 保护。

3.4.4 RAID

当闪存中数据比特发生翻转的个数超出 ECC 纠错能力范围后，ECC 纠错就无能为力了。在一些企业级，以及越来越多的消费级固态硬盘上，都在使用 RAID（Redundant Arrays of Independent Disks）纠错技术。类似磁盘阵列，固态硬盘内部本质就是一个闪存阵列，所以可以借鉴磁盘阵列技术来确保数据的完整性。固态硬盘的 RAID 一般采用 RAID 5。

以图 3-58 所示为例，某个固态硬盘的闪存阵列由 5 个 Die 构成，Die 0 ～ 3 存储的是用户数据，Die P 则存储校验数据，为 Die 0、Die 1、Die 2 和 Die 3 数据之“异或”。假设 Die 1 上出现 ECC 不可纠的错误，那么可以通过读取 Die 0、Die 2、Die 3 和 Die P 对应位置上的数据，然后做“异或”，就能恢复出 Die 1 上的数据。

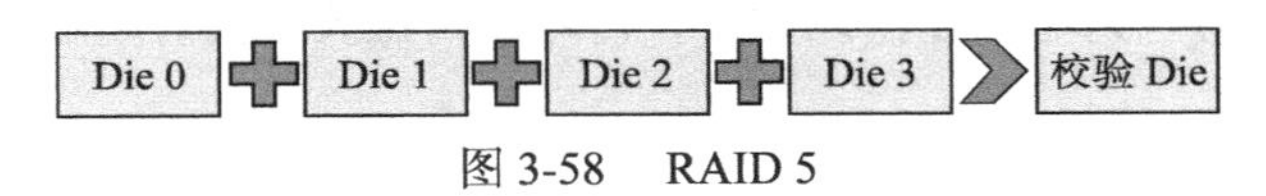

图 3-58　RAID 5

采用 RAID 5 的固态硬盘只能恢复单个 ECC 不可纠的数据，如果出现多个 ECC 不可纠的错误，它也无能为力。

由于采用了冗余纠错技术，它需要额外的空间来存储冗余数据（校验数据），因此必然会牺牲用户空间。正应了一句话：天下没有免费的午餐。

看起来容易，做起来难，其实如果你仔细思考一下固态硬盘的写特性就会发现，固态硬盘内部的 RAID 并不像传统磁盘阵列一样几个硬盘拼成一个组那么简单，需要固态硬盘架构的巨大改变！

如图 3-59 所示，对传统磁盘 RAID 5 来说，数据按照条带来写。比如一个磁盘组有 4 个磁盘，其中一个是校验盘，条带大小为 48KB，被拆成三个 16KB 写到三个盘上，最后一盘是校验数据——三个 16KB 数据的“异或”值。修改任何一个 16KB 数据块，都需要重新生成校验数据，并更新校验数据块。

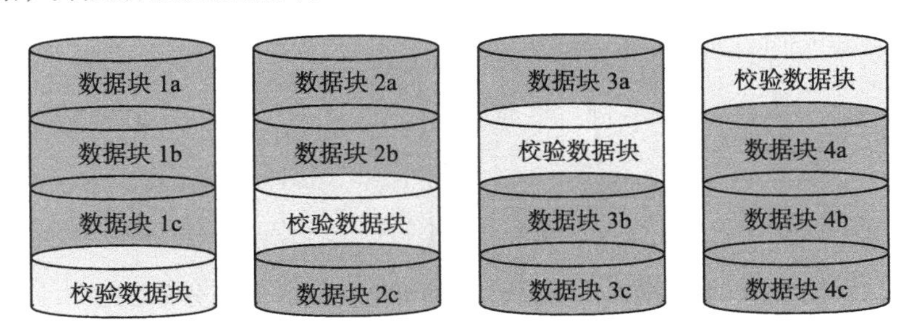

图 3-59　传统 RAID 5

那么问题来了：固态硬盘可以这么做吗？不行！固态硬盘是不能重写的，每次新写入的数据都会写到新的地方。不过这也没关系，尽管说数据写到了新的地方，但只要旧的数据没有被擦掉，RAID 条带还是有效的。

又有了新的问题：条带里面某个 Die 上的 Block 被垃圾回收了怎么办？结果是灾难性的，RAID 条带失效了。看到这里估计读者朋友也发现了，在固态硬盘里面做 RAID 最重要的问题就是垃圾回收，要保证整个 RAID 条带被同时垃圾回收，因为同时被搬走，所以旧的 RAID 条带也就作废了。

一般固态硬盘内部的 RAID 是由不同 Die 上的 Block 组成的阵列，它们像赤壁之战中曹操的铁索战船一样，绑定在一起：同时被写，同时被垃圾回收，同时被擦除。铁索战船的好处是稳定，缺点是不够灵活。固态硬盘内部的 RAID Block 船太大了，不太灵活，使得空间被浪费。比如进入休眠之前必须把没写完的条带剩余空间用随机数填满，增加写放大。RAID Block 个头大，效率就降低了，有时 RAID 阵列中某个 Block 有效数据还很多，但是因为整个阵列有效数据少，不得不整体垃圾回收。世间没有完美的事，既然选择了稳定的铁索船，那就要承受有一天忽然东南风大作，恰好被黄盖放火烧的风险。

3.4.5 数据随机化

我们在写闪存的时候，如果只是简单地把数据加纠错码写进去，那会遇到很多错误，有时候是写失败，有时候是读出来的数据错误率太高。为什么？因为数据没有随机化。闪存是通过控制栅施加电压来存储数据的，对某些写入的数据样式很敏感，不断地输入全 0 或者全 1，很容易导致闪存内部电量不均衡，从而造成信号抗干扰性下降，导致这些数据在闪存中可靠性变差。

从物理原理上看，闪存写入数据需要做随机化有两个原因：

1）**让 0 和 1 的分布充分隔离**。图 3-60 是 MLC 内部的各个存储状态电压分布图，实线是随机化后的分布，每个状态都充分隔离；虚线是没有随机化的分布，有些状态的分布明显变宽了，随着时间流逝或者寿命缩短，这些分布会和周边发生交集，导致读数据出错。

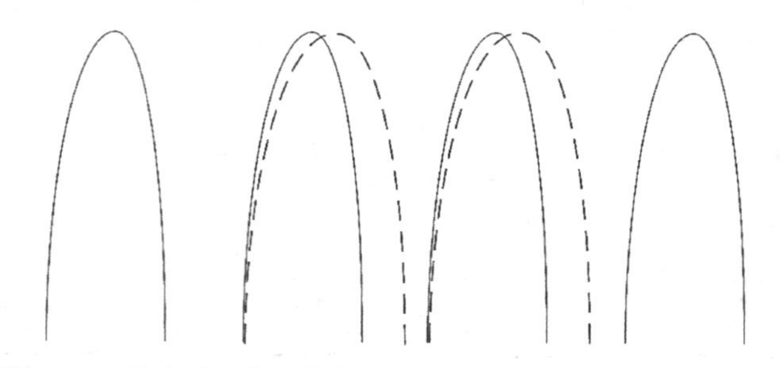

图 3-60　没有随机化（虚线）和随机化（实线）电压分布对比

2）**降低相邻单元之间的耦合电压产生的影响**。如 3-61 所示，对一个单元影响最大的是其周围的 4 个直接相邻的单元，这些单元的状态直接影响到中间单元的阈值电压。

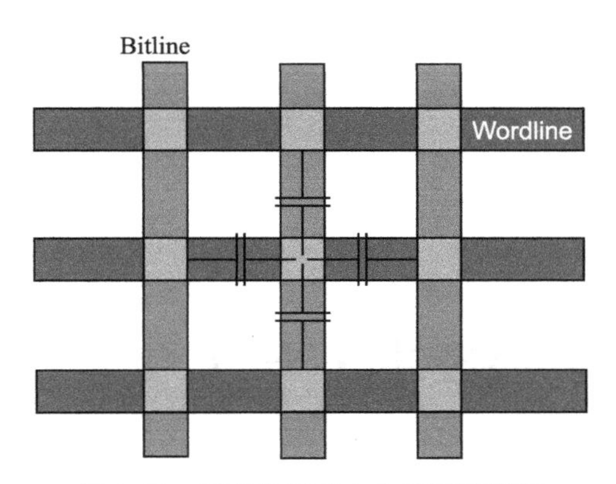

图 3-61　周围单元对中心单元的影响

因此，固态硬盘控制器或者闪存内部都有数据随机化模块，它对用户写入的数据加入扰码，使最终写入闪存的数据 0 和 1 基本保持均衡，减小数据发生比特翻转的概率。一般闪存厂商会推荐使用 AES 加密算法实现数据随机化。

那么数据随机化放在哪个位置呢？那自然是在数据最终写到闪存之前，ECC 加校验数据之后，数据流如图 3-62 所示。

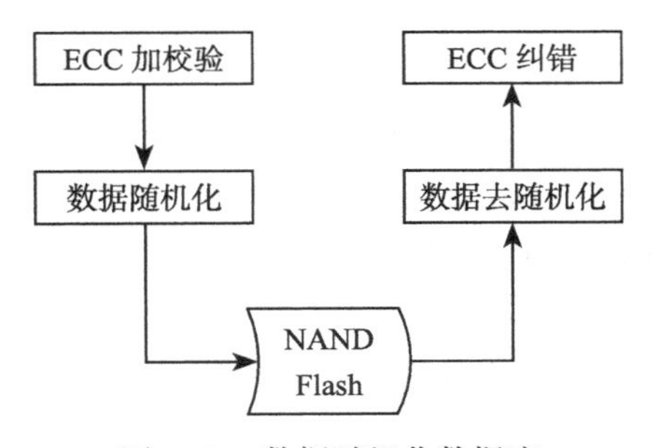

图 3-62　数据随机化数据流

在图 3-62 中，数据随机化也可以在 ECC 校验之前做，两者顺序可交换。

Chapter 4 第4章

SSD 核心技术：FTL

4.1 FTL 综述

FTL 算法的优劣与否，直接决定了 SSD 在性能（Performance）、可靠性（Reliability）、耐用性（Endurance）等方面的好坏，FTL 可以说是 SSD 固件的核心组成。

那么什么是 FTL？ FTL 是 Flash Translation Layer（闪存转换层）的缩写，完成主机（或者用户，Host）逻辑地址空间到闪存（Flash）物理地址空间的翻译（Translation），或者说映射（Mapping）。SSD 每把一笔用户逻辑数据写入闪存地址空间，便记录下该逻辑地址到物理地址的映射关系。当主机想读取该数据时，SSD 便会根据这个映射，从闪存读取这笔数据然后返回给用户。

完成逻辑地址空间到物理地址空间的映射，这是 FTL 最原始且基本的功能。事实上，SSD 中的 FTL 还有很多事情可做。SSD 使用的存储介质一般是 NAND Flash。

SSD 的存储介质除了 Flash，还有 RAM、3D XPoint 等新型存储介质。如无特别说明，后文说的 SSD 存储介质都是指 NAND Flash，翻译为 NAND 闪存，简称闪存。

闪存有一些重要的特性，比如：

1）闪存块（Block）需先擦除才能写入，不能覆盖写（Update in Place）。

由于闪存块不能覆盖写，当写入一笔新的数据时，不能直接在老地方更改（闪存不允许在一个闪存页（Page）上重复写入，一次擦除只能写入一次），必须写到一个新的位置，因此，FW（FirmWare，固件）需要维护一张逻辑地址到物理地址的映射表。另外，往一个新的位置写入数据，会导致老位置上的数据无效化，这些数据就变为了垃圾数据。垃圾数据会占用闪存空间，当闪存可用空间不够时，FTL 需要做垃圾回收，即把若干个闪存块上的有效数据搬出，写到某个新的闪存块，然后把这些之前的闪存块擦除，得到可用的闪存块，这就是 GC（Garbage Collection，垃圾回收），是 FTL 需要做的一件重要的事情。

2）闪存块都是有一定寿命的。

每擦除一次闪存块，都会对闪存块造成磨损，因此闪存块都是有寿命的，可以用 PE（Program/EraseCount）数衡量。我们不能集中往某几个闪存块上写数据，不然这几块很快就会因 PE 耗尽而死亡，这不是我们想看到的。我们期望所有闪存块都用来均摊数据的写入，而不是有些块飞快磨损，而其他块毫无作为。所以 FTL 需要做 Wear Leveling，让数据写入均摊到每个闪存块上，即让每个块磨损都差不多，从而保证 SSD 具有最大的数据写入量。

3）每个闪存块读的次数是有限的，读得太多了，上面的数据便会出错，造成读干扰（Read Disturb）问题。

FTL 需要处理读干扰问题，当某个闪存块读的次数将要达到一定阈值时，FTL 需要把这些数据从该闪存块上搬走，从而避免数据出错。

4）闪存的数据保持（Data Retention）问题。

由于电荷的流失，存储在闪存上的数据是会丢失的。这个时间长则十多年，短则几年、几个月，甚至更短（这是在常温下，如果是在高温环境下，电荷流失速度会加快，数据保存的时间就更短了）。

如果 SSD 不上电，FTL 对此也是毫无办法，因为没有运行机会。但一旦上电，FTL 就需要对此做点什么，比如扫描闪存，发现是否存在数据保持问题，如果存在，则需要搬动数据，防患于未然。好的 FTL，就需要有处理数据保持问题的能力。

5）闪存天生就有坏块。另外，随着 SSD 的使用，也会产生新的坏块。

坏块的症状是擦写失败或者读失败（ECC 不能纠正数据错误）。坏块管理也是 FTL 的一大任务。

6）对 MLC 或 TLC 来说，存在 Lower Page corruption 的问题。

即在对 Upper Page/ExtraPage（和 Lower Page 共享存储单元的闪存页）写入时，如果发生异常掉电，也会把之前 Lower Page 上成功写入的数据破坏掉。好的 FTL，应该有机制尽可能避免这个问题；

7）MLC 或 TLC 的读写速度都不如 SLC，但它们都可以配成 SLC 模式来使用。

好的 FTL，会利用该特性去改善 SSD 的性能和可靠性。

上面说的这些特性是闪存的共性，不同的闪存间还会有各自的问题。FTL 除了完成基本的地址映射，还需要处理垃圾回收（GC）、磨损平衡（Wear Leveling）、坏块管理、读干扰（ReadDisturb）处理、数据保持（Data Retention）处理等事情。随着闪存质量变差，FTL 除了完成上述常规处理，还需要针对具体闪存特性，去做一些特殊处理以获得好的性能和高的可靠性。

FTL 分为 Host Based（基于主机）和 Device Based（基于设备）。Host Based 表示的是，FTL 是在 Host（主机）端实现的，用的是你自己计算机的 CPU 和内存资源，如图 4-1 所示。

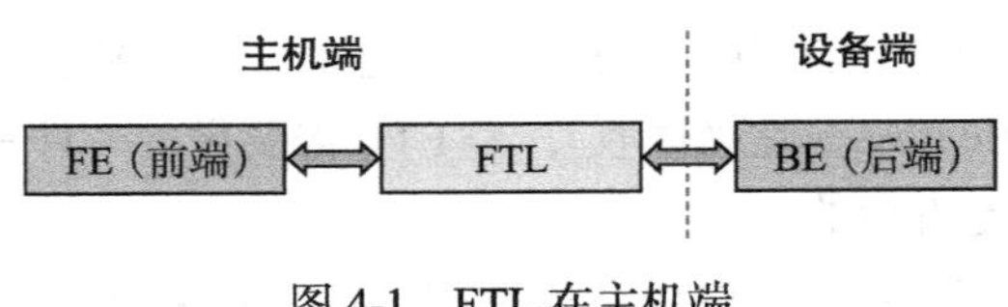

图 4-1 FTL 在主机端

除了大名鼎鼎的 Fusion-IO 使用 Host Based FTL，业界还有方一信息科技、宝存等公司在做 Host Based FTL。

相反，Device Based 表示的是，FTL 是在 Device（设备）端实现的，用的是 SSD 上的控制器和 RAM 资源，如图 4-2 所示。

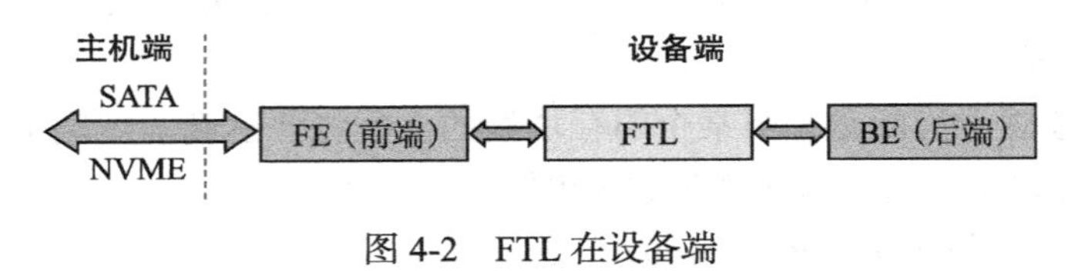

图 4-2 FTL 在设备端

目前主流 SSD 都是 Device Based FTL，如无特别说明，后文有关 FTL 的论述都是基于 Device Based 的。4.10 节有关于 Host Based FTL 的介绍，读者可提前了解。

下面我们来看看 FTL 的各个关键技术。FTL 的初衷是完成逻辑地址（或逻辑空间）到物理地址（或物理空间）的映射，因此我们首先看 FTL 的映射。

4.2 映射管理

4.2.1 映射种类

根据映射粒度的不同，FTL 映射有基于块的映射，有基于页的映射，还有混合映射（Hybrid Mapping）。

块映射中，以闪存的块为映射粒度，一个用户逻辑块可以映射到任意一个闪存物理块，但是映射前后，每个页在块中的偏移保持不变。由于映射表只需存储块的映射，因此存储映射表所需空间小，但其性能差，尤其是小尺寸数据的写入性能，用户即使只写入一个逻辑页，也需要把整个物理块数据先读出来，然后改变那个逻辑页的数据，最后再整个块写入。块映射有好的连续大尺寸的读写性能，但小尺寸数据的写性能是非常糟糕的。

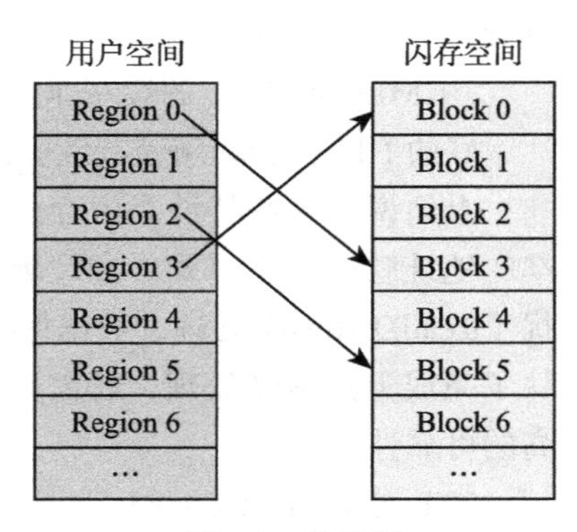

图 4-3 块映射

图 4-3 中，用户空间被划分成一个个逻辑区域（Region），每个区域和闪存块大小相同。

U 盘一般都是采用块映射（U 盘使用的存储介质也是闪存，因此也是有 FTL 的），适合大数据的传输，不适合小尺寸数据的写入。所以请不要抱怨 U 盘随机性能，装系统还是选择 SSD 吧。

页映射中，以闪存的页为映射粒度，一个逻辑页可以映射到任意一个物理页中，因此每一个页都有一个对应的映射关系，如图 4-4 所示。由于闪存页远比闪存块多，因此需要更多的空间来存储映射表。但它的性能更好，尤其体现在随机写上面。为追求性能，SSD 一般都采用页映射。

图 4-4 中，用户空间被划分成一个个的逻辑区域，每个区域和闪存页大小相同。

实际中逻辑区域大小可能小于闪存页大小，一个闪存页可容纳若干个逻辑区域数据。

混合映射是块映射和页映射的结合，如图 4-5 所示。一个逻辑块映射到任意一个物理块，但在块中，每个页的偏移并不是固定不动的，块内采用页映射的方式，一个逻辑块中的逻辑页可以映射到对应物理块中的任意页。因此，它的映射表所需空间以及性能都是介于块映射和页映射之间的。

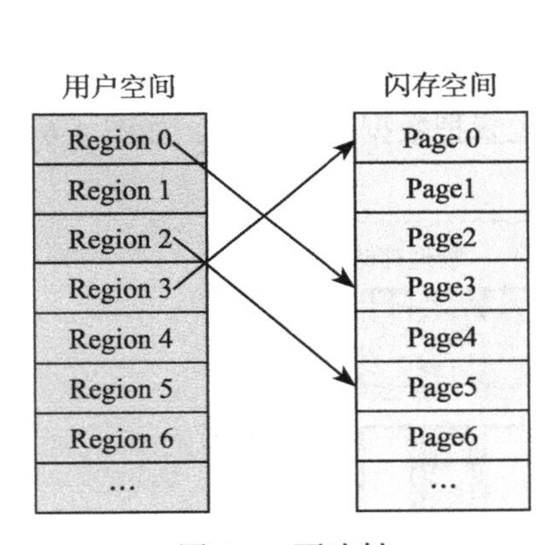

图 4-4　页映射

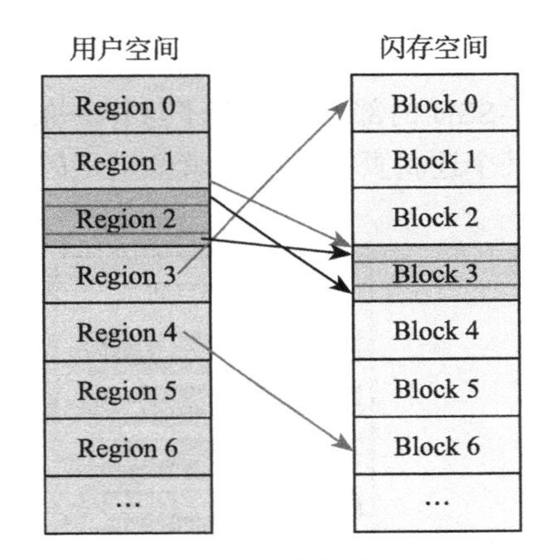

图 4-5　混合映射

图 4-5 中，用户空间划分成一个一个逻辑区域，逻辑区域和闪存块大小相同。每个逻辑块对应着一个闪存块，但逻辑块内部又分成一个个逻辑页，与对应闪存块中的闪存页随意对应。

下面对块映射、页映射和混合映射进行了对比，如表 4-1 所示。

表 4-1　不同映射之间的比较

	块映射	页映射	混合映射
映射单元	物理块	物理页	块页结合
顺序写性能	好	好	好

（续）

	块映射	页映射	混合映射
顺序读性能	好	好	好
随机写性能	很差	好	差
随机读性能	好	好	好
映射表大小	小	大	一般

如无特别说明，我们接下来讲的 FTL 都是基于页映射的，因为现在 SSD 基本都是采用这种映射方式。

4.2.2 映射基本原理

用户通过 LBA（Logical Block Address，逻辑块地址）访问 SSD，每个 LBA 代表着一个逻辑块（大小一般为 512B/4KB/8KB……），我们把用户访问 SSD 的基本单元称为逻辑页（Logical Page）。而在 SSD 内部，SSD 主控是以闪存页为基本单元读写闪存的，我们称闪存页为物理页（Physical Page）。用户每写入一个数据页，SSD 主控就会找一个物理页把用户数据写入，SSD 内部同时记录了这样一条映射（Map）。有了这样一个映射关系后，下次用户需要读某个逻辑页时，SSD 就知道从闪存的哪个位置把数据读取上来，如图 4-6 所示。

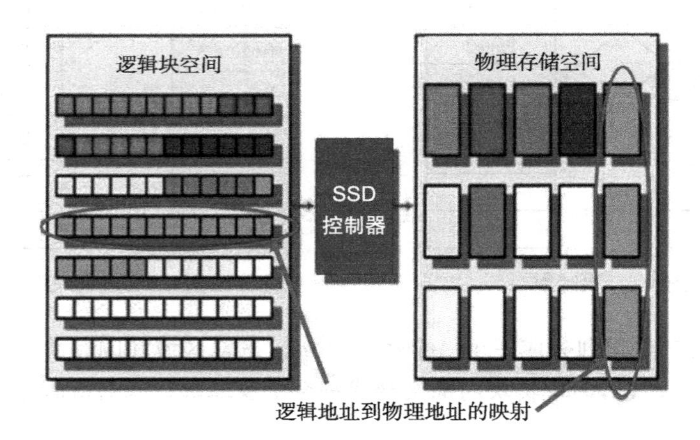

图 4-6 逻辑空间到物理空间的映射

SSD 内部维护了一张逻辑页到物理页地址转换的映射表（Map Table）。用户每写入一个逻辑页，就会产生一个新的映射关系，这个映射关系会加入（第一次写）或者更改（覆盖写）映射表。当读取某个逻辑页时，SSD 首先查找映射表中该逻辑页对应的物理页，然后再访问闪存读取相应的用户数据。

由于闪存页和逻辑页大小不同，一般前者大于后者，所以实际上不会是一个逻辑页对应一个物理页，而是若干个逻辑页写在一个物理页中，逻辑页其实是和子物理页一一对应的。

一张映射表有多大呢？

这里假设我们有一个 256GB 的 SSD，以 4KB 大小的逻辑页为例，那么用户空间一共有 64M（256GB/4KB）个逻辑页，也就意味着 SSD 需要有能容纳 64M 条映射关系的映射表。映射表中的每个单元（entry）存储的就是物理地址（Physical Page Address），假设其为 4 字节（32 bits），那么整个映射表的大小为 64M × 4B = 256MB。一般来说，映射表大小为 SSD 容量大小的千分之一。

准确来说，映射表大小是 SSD 容量大小的 1/1024。前提条件是：映射页大小为 4KB，物理地址用 4Byte 表示。这里假设了 SSD 内部映射粒度等于逻辑页大小，当然它们可以不一样。

对于绝大多数 SSD，我们可以看到上面都有板载 DRAM，其主要作用就是存储这张映射表，如图 4-7 所示。在 SSD 工作时，全部或绝大部分的映射表都可以放在 DRAM 上，映射关系可以快速访问。

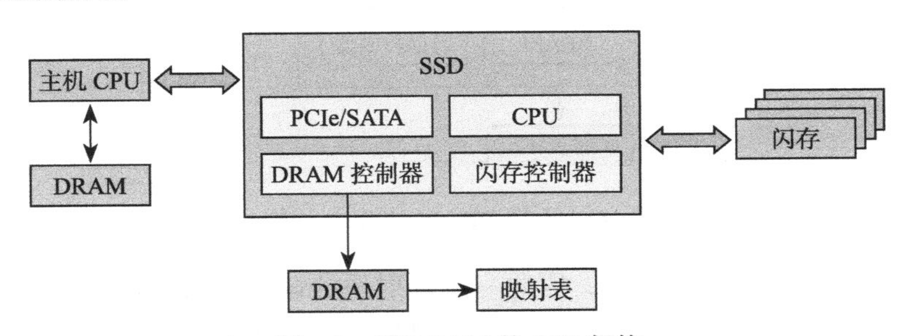

图 4-7　带 DRAM 的 SSD 架构

但有些入门级 SSD 或者移动存储设备（比如 eMMC、UFS），出于成本和功耗考虑，它们采用 DRAM-Less 设计，即不带 DRAM，比如经典的 Sandforce 主控，它并不支持板载 DRAM，那么它的映射表存在哪里呢？它采用二级映射（见图 4-8）。一级映射表常驻 SRAM，二级映射表小部分缓存在 SRAM，大部分都存放在闪存上。

二级表就是 L2P（Logical address To Physical address，逻辑地址到物理地址转换）表，它被分成一块一块（Region）的，大部分存储在闪存中，小部分缓存在 RAM 中。一级表则存储这些块在闪存中的物理地址，由于它不是很大，一般都可以完全放在 RAM 中。

SSD 工作时，对带 DRAM 的 SSD 来说，只需要查找 DRAM 当中的映射表，获取到物理地址后访问闪存便会得到用户数据，这期间只需要访问一次闪存。而对不带 DRAM 的 SSD 来说，它首先会查看该逻辑页对应的映射关系是否在 SRAM 内：如果在，直接根据映射关系读取闪存；如果不在，那么它首先需要把映射关系从闪存中读取出来，然后再根据这个映射关系读取用户数据，这就意味着相比于有DRAM的SSD，它需要读取两次闪存才能把用户数据读取出来，底层有效带宽减小，如图4-9所示。

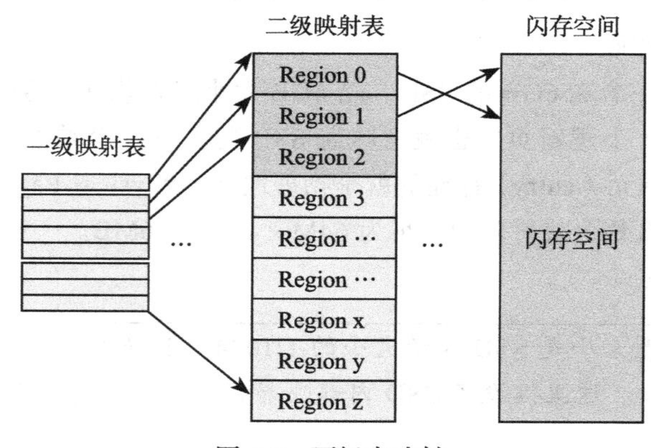

图4-8 两级表映射

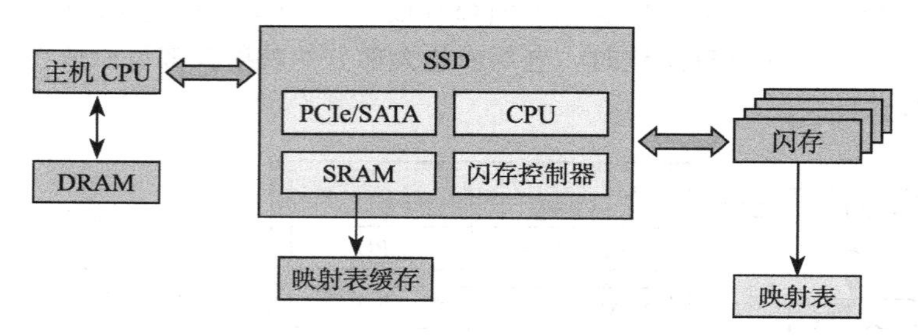

图4-9 不带DRAM的SSD架构

对顺序读来说，映射关系连续，因此一次映射块的读，可以满足很多用户数据的读，也意味着DRAM-less的SSD可以有好的顺序读性能。但对随机读来说，映射关系分散，一次映射关系的加载基本只能满足一笔逻辑页的读，因此对随机读来说，需要访问两次闪存才能完成读操作，随机读性能就不是那么理想了。

4.2.3 HMB

映射表除了可以放在板载DRAM、SRAM和闪存中，它还可以放到主机的内存中。NVME1.2（及后续版本）有个重要的功能就是HMB（Host Memory Buffer，主机高速缓冲存储器）：主机在内存中专门划出一部分空间给SSD用，SSD可以把它当成自己的DRAM使用。因此，映射表完全可以放到主机端的内存中去，如图4-10所示。

在性能上，它应该介于带DRAM和不带DRAM（映射表绝大多数存放在闪存）之间，因为SSD访问主机端DRAM的速度肯定比访问SSD端DRAM的速度要慢，但还是比访问闪存的速度（约40μs）要快。

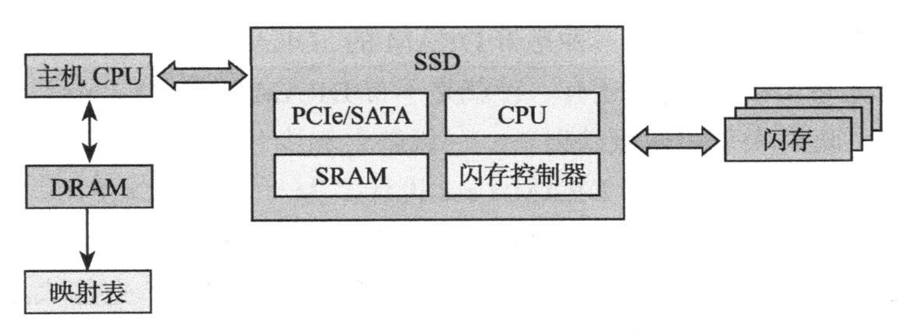

图4-10 基于HMB的SSD架构

Marvell在CES（Consumer Electronics Show）2016上发布了新款SSD主控“88NV1140”，是第一款实现HMB功能的主控。

江波龙2017年发布了目前世界上最小尺寸的SSD（11.5mm×13mm）：P900系列，该产品支持HMB功能。

图4-11 Marvell主控支持HMB

HMB功能允许主控像使用SSD上的DRAM一样使用主机DRAM。具体说来，就是主机在主存中专门划出一块内存给SSD使用，该内存在物理上可以不连续，SSD不仅可以用它来存放映射表，还可以用它来缓存用户数据，具体怎么用，取决于SSD设计者。

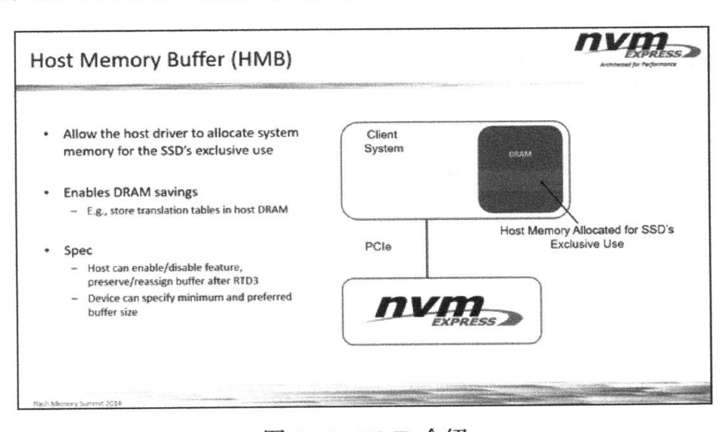

图4-12 HMB介绍

如前所述，SSD 有两种设计，一种是带 DRAM 的，DRAM 用于缓存数据和存放映射表，目前主流 SSD 都是带 DRAM 的；还有一种就是不带 DRAM（DRAM-Less）的，缓存数据用主控上的 SRAM，映射表采用两级映射——一级映射和少量的二级映射放 SRAM，二级映射数据大多数存放在闪存上，这种 DRAM-Less 设计多为入门级 SSD 使用。

带 DRAM 的 SSD 设计，其优势是性能好，映射表完全可以放在 DRAM 上，查找和更新迅速；劣势就是由于增加了一个 DRAM，提高了 SSD 的成本，也加大了 SSD 的功耗。DRAM-Less 的 SSD 设计则正好相反，优势是成本和功耗相对低，缺点是性能差。由于映射表绝大多数存储在闪存中，对随机读来说，每次读用户数据，需要访问两次闪存，第一次是获取映射表，然后才是真正读取用户数据。

NVMe1.2 HMB 的出现，以及 Marvell 新主控对 HMB 的支持，为 SSD 的设计提供了新的思路。SSD 可以自己不带 DRAM，完全用主机的 DRAM，用以缓存数据和映射表。拿随机读来说，DRAM-Less 访问映射表的时间是读闪存的时间。带 DRAM 的 SSD，其访问映射表的时间是读 DRAM 的时间；而对 HMB 来说，其访问映射表的时间是访问主机 DRAM 的时间，接近 DRAM SSD，远远短于 DRAM-Less SSD 或者 eMMC、UFS（也是 DRAM-Less）。下面是 Marvell 在 2015 年闪存峰会上给的一张图（见图 4-13，非原图，有改动）。

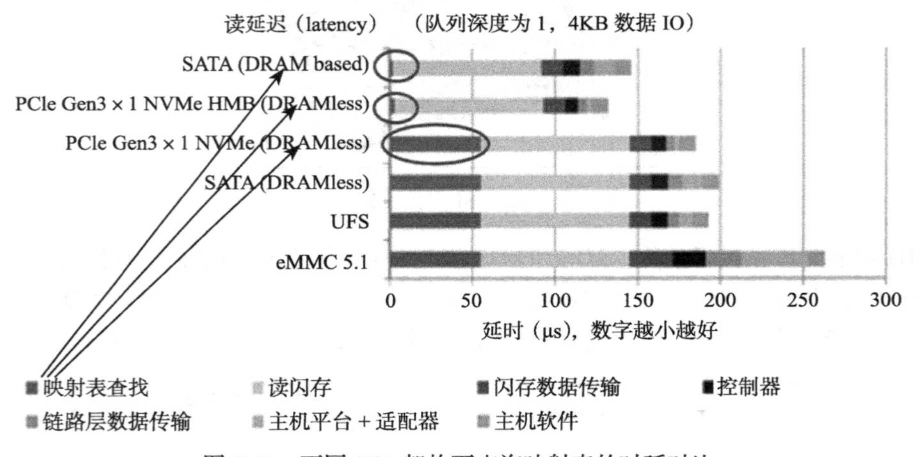

图 4-13　不同 SSD 架构下查询映射表的时延对比

基于 HMB 的 FW 实现比较复杂，因为要考虑到即使主机不支持 HMB，SSD 还要能正常工作。

4.2.4　映射表刷新

映射表在 SSD 掉电前，是需要把它写入到闪存中去的。下次上电初始化时，需要把它从闪存中部分或全部加载到 SSD 的缓存（DRAM 或者 SRAM）中。随着 SSD 的写入，缓存中的映射表不断增加新的映射关系，为防止异常掉电导致这些新的映射关系丢失，SSD 的固件不仅仅只在正常掉电前把这些映射关系刷新到闪存中去，而是在 SSD 运行过程中，按照一定策略把映射表写进闪存。这样，即使发生异常掉电，丢失的也只是一小部分映射关系，上电时可以较快地重建这些映射关系。

那么，什么时候会触发映射表的写入呢？一般有以下几种情况：

- 新产生的映射关系累积到一定的阈值
- 用户写入的数据量达到一定的阈值
- 闪存写完闪存块的数量达到一定的阈值
- 其他

写入策略一般有：

- 全部更新
- 增量更新

全部更新表示的是缓存中映射表（干净的和不干净的）全部写入到闪存，增量更新的意思是只把新产生的（不干净的）映射关系刷入到闪存中去。显然，相比后者，前者需要写入更多的数据量，一方面影响用户写入性能和时延（latency)，另一方面增加写放大，但其好处是固件实现简单，不需要去知道哪些映射关系是干净的，哪些是不干净的。固件算法在决策的时候，应根据软硬件架构，综合考虑，使用最适合自己系统的映射表写入策略。

4.3　垃圾回收

4.3.1　垃圾回收原理

垃圾回收是 FTL 的一个重要任务。我们虚构一个小小的 SSD 空间来讲垃圾回收原理，以及与之紧密联系的 WA（Write Amplification，写放大）和 OP（Over Provisioning，预留空间）等概念。

我们假设该 SSD 底层有 4 个通道（CH0 ～ CH3)，连接着 4 个 Die（每个通道上的 Die 可并行操作)，假设每个 Die 只有 6 个闪存块（Block0 ～ Block5)，所以一共 24 个闪存块。每个闪存块内有 9 个小方块，每个小方块的大小和逻辑页大小一样。24 个闪存块中，我们假设其中的 20 个闪存块大小为 SSD 容量，就是主机端看到的 SSD 大小；另外 4 个闪存块是超出 SSD 容量的预留空间，我们称之为 OP，如图 4-14 所示。

好，一个 SSD 摆在我们面前，下面开始写入了。

我们顺序写入 4 个逻辑页，分别写到不同通道的 Die 上，这样写的目的是增加底层的并行性，提升写入性能，如图 4-15 所示。

我们继续顺序写入，固件则把数据交错写入到各个 Die 上，直到写满整个 SSD 空间（主机端看到的）如图 4-16 所示。

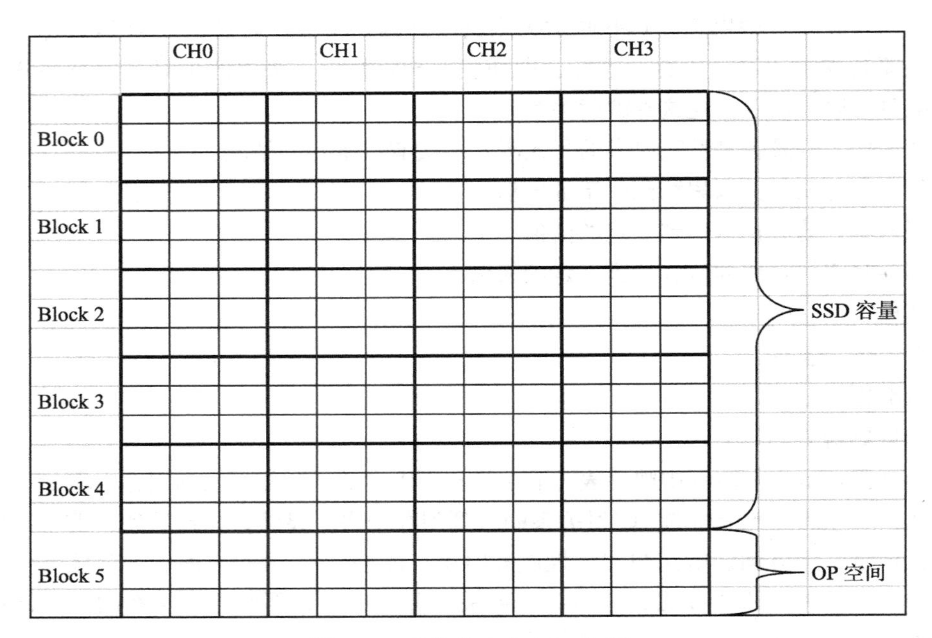

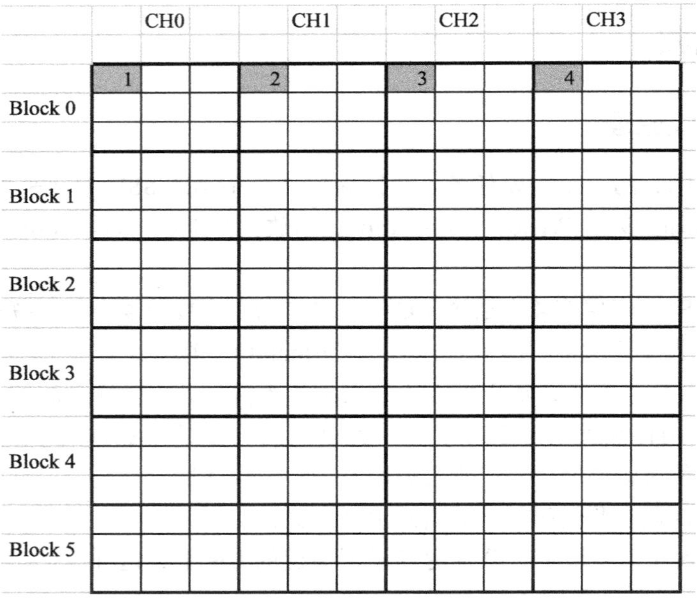

CH0
CH1
CH2
CH3
Block 0
Block 1
Block 2
Block 3
Block 4
Block 5
SSD 容量
OP 空间

图 4-14　虚构的小小 SSD 空间

CH0
CH1
CH2
CH3
1
2
3
4
Block 0
Block 1
Block 2
Block 3
Block 4
Block 5

图 4-15　主机写入 4 个逻辑页数据后

	CH0			CH1			CH2			CH3		
	1	5	9	2	6	10	3	7	11	4	8	12
Block 0	13	17	21	14	18	22	15	19	23	16	20	24
	25	29	33	26	30	34	27	31	35	28	32	36
	37	41	45	38	42	46	39	43	47	40	44	48
Block 1	49	53	57	50	54	58	51	55	59	52	56	60
	61	65	69	62	66	70	63	67	71	64	68	72
	73	77	81	74	78	82	75	79	83	76	80	84
Block 2	85	89	93	86	90	94	87	91	95	88	92	96
	97	101	105	98	102	106	99	103	107	100	104	108
	109	113	117	110	114	118	111	115	119	112	116	120
Block 3	121	125	129	122	126	130	123	127	131	124	128	132
	133	137	141	134	138	142	135	139	143	136	140	144
	145	149	153	146	150	154	147	151	155	148	152	156
Block 4	157	161	165	158	162	166	159	163	167	160	164	168
	169	173	177	170	174	178	171	175	179	172	176	180
Block 5												

图 4-16　用户空间写满后的 SSD

整个盘写满了（从用户角度来看也就是整个用户空间写满了，但在闪存空间，由于 OP 的存在，并没有写满）。那如果想写入更多，应该怎么办？别无他法，只能把看过的内容割爱删除了，腾出空间放新的内容。

下面我们继续拷入。

假设还是从逻辑页 1 开始写入。这时，SSD 会把新写入的逻辑页写入到所谓的 OP 空间。对 SSD 来说，不存在什么用户空间和 OP 空间，它只会看到闪存空间。主机端来数据，SSD 就往闪存空间写。图 4-17 中出现了深色方块，怎么回事？因为逻辑页 1 ～ 4 的数据已更新，写到新的地方，那么之前那个位置上的逻辑页 1 ～ 4 数据就失效了，过期了，变垃圾了。用户更新数据，由于闪存不能在原位置覆盖写，固件只能另找闪存空间写入新的数据，因此导致原闪存空间数据过期，形成垃圾。

继续顺序写入，深色方块越来越多（垃圾数据越来越多）。所有闪存空间都写满后，小 SSD 就是下面这个样子（见图 4-18）。

等所有 Die 上的 Block 5 写满后，所有 Die 上的 Block 0 也全部变色了（这些数据都是垃圾）。

现在不仅整个用户空间都写满，整个闪存空间也都满了。如果用户想继续写入后续的逻辑页（36 之后的），该怎么办呢？

这时，就需要垃圾回收了。我们暂时从之前的 SSD 系统中走出来，看看什么是垃圾回收。

	CH0			CH1			CH2			CH3		
	1	5	9	2	6	10	3	7	11	4	8	12
Block 0	13	17	21	14	18	22	15	19	23	16	20	24
	25	29	33	26	30	34	27	31	35	28	32	36
	37	41	45	38	42	46	39	43	47	40	44	48
Block 1	49	53	57	50	54	58	51	55	59	52	56	60
	61	65	69	62	66	70	63	67	71	64	68	72
	73	77	81	74	78	82	75	79	83	76	80	84
Block 2	85	89	93	86	90	94	87	91	95	88	92	96
	97	101	105	98	102	106	99	103	107	100	104	108
	109	113	117	110	114	118	111	115	119	112	116	120
Block 3	121	125	129	122	126	130	123	127	131	124	128	132
	133	137	141	134	138	142	135	139	143	136	140	144
	145	149	153	146	150	154	147	151	155	148	152	156
Block 4	157	161	165	158	162	166	159	163	167	160	164	168
	169	173	177	170	174	178	171	175	179	172	176	180
	1			2			3			4		
Block 5												

图 4-17　删除 4 个逻辑页后再次写入 4 个逻辑页

	CH0			CH1			CH2			CH3		
	1	5	9	2	6	10	3	7	11	4	8	12
Block 0	13	17	21	14	18	22	15	19	23	16	20	24
	25	29	33	26	30	34	27	31	35	28	32	36
	37	41	45	38	42	46	39	43	47	40	44	48
Block 1	49	53	57	50	54	58	51	55	59	52	56	60
	61	65	69	62	66	70	63	67	71	64	68	72
	73	77	81	74	78	82	75	79	83	76	80	84
Block 2	85	89	93	86	90	94	87	91	95	88	92	96
	97	101	105	98	102	106	99	103	107	100	104	108
	109	113	117	110	114	118	111	115	119	112	116	120
Block 3	121	125	129	122	126	130	123	127	131	124	128	132
	133	137	141	134	138	142	135	139	143	136	140	144
	145	149	153	146	150	154	147	151	155	148	152	156
Block 4	157	161	165	158	162	166	159	163	167	160	164	168
	169	173	177	170	174	178	171	175	179	172	176	180
	1	5	9	2	6	10	3	7	11	4	8	12
Block 5	13	17	21	14	18	22	15	19	23	16	20	24
	25	29	33	26	30	34	27	31	35	28	32	36

图 4-18　闪存空间写满

需要说明的是，实际中是不会等所有闪存空间都写满后才开始做 GC 的，而是在满之前就触发 GC，这里只是为描述 GC 而做的假设。

垃圾回收，就是把某个闪存块上的有效数据（图 4-19 中浅色方块）读出来，重写，然后把该闪存块擦除，就得到新的可用闪存块了。

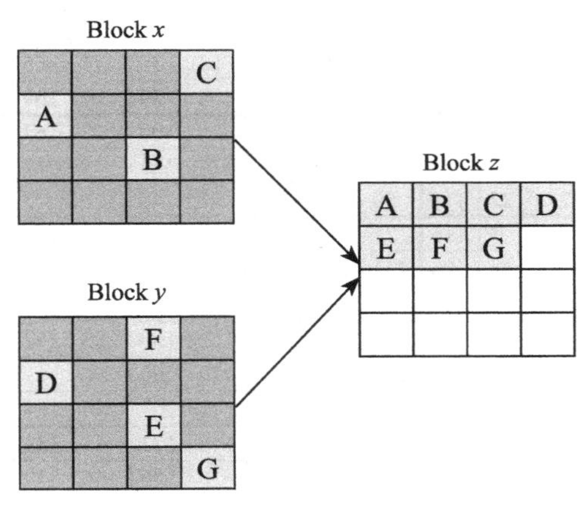

图 4-19　垃圾回收示例

图 4-19 中，Block x 上面有效数据为 A、B、C，Block y 上面有效数据为 D、E、F、G，其余方块为无效数据。垃圾回收机制就是先找一个可用 Block z，然后把 Block x 和 Block y 的有效数据搬移到 Block z 上面去，这样 Block x 和 Block y 上面就没有任何有效数据，可以擦除变成两个可用的闪存块，如图 4-20 所示。

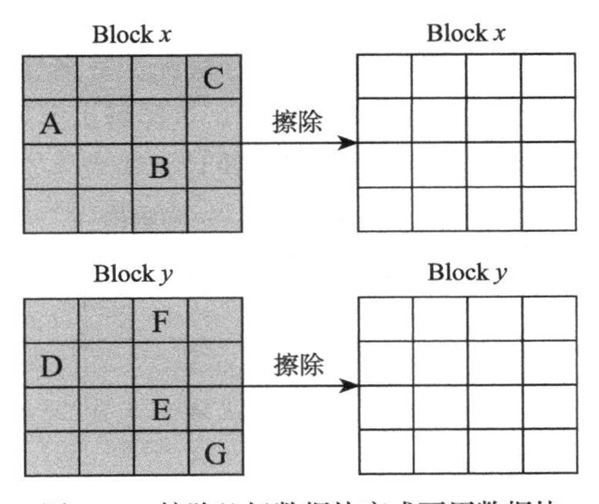

图 4-20　擦除垃圾数据块变成可用数据块

再回到我们的小小 SSD 系统中来。

上例中，由于我们是顺序写入，垃圾集中在 Block 0 上，上面没有任何有效数据，我们把它们擦除就可以腾出新的写入空间，用户就可以把新的数据写入到垃圾回收完成的 Block 0 上了。从这个例子中我们可以看出：顺序写，即使是闪存空间写满后的写（Full Drive 写），性能也是比较好的，因为垃圾回收可以很快完成（也许只需要一个擦除动作）。

但现实是残酷的：用户写入数据，更多的可能是随机写入数据。下面是一个闪存空间经历随机写满后的样子（见图 4-21）。

	CH0			CH1			CH2			CH3		
	154	108	121	46	11	110	37	110	157	134	73	31
Block 0	123	19	131	6	45	173	54	35	71	165	96	141
	164	134	57	109	172	86	158	59	107	109	118	34
	10	54	135	68	90	10	150	100	22	167	126	119
Block 1	104	98	63	85	46	94	148	123	7	17	176	59
	27	22	118	50	51	28	91	40	110	3	161	103
	57	3	115	21	114	144	157	98	54	132	71	24
Block 2	76	48	83	111	106	120	54	34	179	152	47	106
	26	1	106	179	137	112	6	38	107	20	167	49
	17	84	177	155	3	149	172	160	80	52	20	57
Block 3	45	78	141	141	70	37	178	66	56	61	119	163
	106	135	43	55	93	166	172	103	44	164	119	150
	172	132	3	150	79	173	148	172	11	133	175	68
Block 4	34	118	169	34	2	162	16	156	66	30	79	117
	8	12	90	92	22	88	153	81	83	53	13	26
	20	157	106	180	155	131	82	53	59	72	26	1
Block 5	14	132	20	151	82	128	77	168	9	113	111	22
	96	175	111	83	28	60	178	126	22	166	135	9

图 4-21　随机写满闪存空间后的 SSD

用户如果继续往 SSD 上写入数据，那么 SSD 怎么处理？当然需要做垃圾回收。不过，SSD 内部状况比之前看到的复杂多了，垃圾数据分散在每个闪存块上，而不是集中在某几个闪存块上。这个时候，如何挑选需要回收的闪存块呢？答案显而易见，挑垃圾比较多的闪存块来回收，因为有效数据少，要搬移的数据少，这样腾出空闪存块的速度快。

对上面每个闪存块的垃圾数（深色方块）做个统计，如表 4-2 所示。

表 4-2　每个闪存块上垃圾数据统计

	CH 0	CH 1	CH 2	CH 3	垃圾总数
BLOCK 0	4	8	7	5	24
BLOCK 1	5	3	3	7	19
BLOCK 2	6	2	4	3	15
BLOCK 3	3	3	4	3	13
BLOCK 4	3	2	1	3	9
BLOCK 5	1	0	2	2	5

由于是同时往 4 个通道上写，我们需要每个通道都有一个空闲的闪存块，因此，我们做垃圾回收时，不是回收某个闪存块，而是所有通道上都要挑一个。一般选择每个 Die 上块号一样的所有闪存块做垃圾回收。上例中，Block 0 上的垃圾数量最多（24 个深色方块，最多），因此我们挑 Block 0 作为垃圾回收的闪存块（这里忽略 PE Count 等因素，只看垃圾数）。回收完毕，我们把之前 Block 0 上面的有效数据（浅色方块）重新写回到这些闪存块

（这里，我们假设回收的有效数据和用户数据写在同一个闪存块，实际上，它们可能是分开写的），如图 4-22 所示。

	CH0			CH1			CH2			CH3		
Block 0	154	31	134	108	19	86	121	35	158	73	165	109
Block 1	10	54	135	68	90	10	150	100	22	167	126	119
	104	98	63	85	46	94	148	123	7	17	176	59
	27	22	118	50	51	28	91	40	110	3	161	103
Block 2	57	3	115	21	114	144	157	98	54	132	71	24
	76	48	83	111	106	120	54	34	179	152	47	106
	26	1	106	179	137	112	6	38	107	20	167	49
Block 3	17	84	177	155	3	149	172	160	80	52	20	57
	45	78	141	141	70	37	178	66	56	61	119	163
	106	135	43	55	93	166	172	103	44	164	119	150
Block 4	172	132	3	150	79	173	148	172	11	133	175	68
	34	118	169	34	2	162	16	156	66	30	79	117
	8	12	90	92	22	88	153	81	83	53	13	26
Block 5	20	157	106	180	155	131	82	53	59	72	26	1
	14	132	20	151	82	128	77	168	9	113	111	22
	96	175	111	83	28	60	178	126	22	166	135	9

图 4-22　做完垃圾回收后的 Block 0 可以继续写入数据

这时，有了空闲的空间（白色方块），用户就可以继续写入数据了。

江湖传言：SSD 越写越慢。没错，其实这是有科学依据的：可用闪存空间富裕时，SSD 是无须做 GC 的，因为总有空闲的空间可写。SSD 使用早期，由于没有触发 GC，无须额外的读写，所以速度很快。慢慢地会发现 SSD 变慢了，主要是因为 SSD 需要做 GC。

另外，从上面的例子来看，如果用户顺序写的话，垃圾比较集中，利于 SSD 做垃圾回收；如果用户是随机写的话，垃圾产生比较分散，SSD 做垃圾回收相对来说就更慢，所以性能没有前者好。因此，SSD 的 GC 性能跟用户写入数据的模式（随机写还是顺序写）也是有关的。

4.3.2　写放大

由于 GC 的存在，就有一个问题，用户要写入一定的数据，SSD 为了腾出空间写这些数据，需要额外的做一些数据的搬移，也就是额外的写，最后往往导致 SSD 往闪存中写入的数据量比实际用户写入 SSD 的数据量多。因此，SSD 中有个重要参数，就是写放大（WA，Write Amplification）：

$$写放大=\frac{写入闪存的数据量}{用户写的数据量}$$

对空盘来说（未触发 GC），写放大一般为 1，即用户写入多少数据，SSD 写入闪存也是多少数据量（这里忽略 SSD 内部数据的写，如映射表的写入）。在 SandForce 控制器出来之前，写放大最小值为 1。但是由于 SandForce 控制器内部具有实时数据压缩模块，它能对用户写入的数据进行实时压缩，然后再把它们写入到闪存，因此 WA 可以做到小于 1。举个例子，用户写入 8KB 数据，经压缩后，数据变为 4KB，如果这个时候还没有垃圾回收，那么写放大就只有 0.5。

来看看 GC 触发后，WA 是怎么算的。以前面的 GC 为例，我们挑选每个 Die 上的 Block 0 做垃圾回收，如图 4-23 所示。

	CH0			CH1			CH2			CH3		
Block 0	154	108	121	46	11	110	37	110	157	134	73	31
	123	19	131	6	45	173	54	35	71	165	96	141
	164	134	57	109	172	86	158	59	107	109	118	34

图 4-23　Block 0 数据示意

一共 36 个方块，其中有 12 个有效数据块，我们做完垃圾回收后，需把这 12 个有效数据块写回，如图 4-24 所示。

	CH0			CH1			CH2			CH3		
Block 0	154	31	134	108	19	86	121	35	158	73	165	109

图 4-24　垃圾回收后，将有效数据写回 Block 0

后面还可以写入 24 个方块的用户数据。因此，为了写这 24 个方块的用户数据，SSD 实际写了 12 个方块的原有效数据，再加上该 24 个方块的用户数据，总共写入 36 个方块数据，按照写放大定义：WA= 36/24 = 1.5 。

写放大越大，意味着额外写入闪存的数据越多，一方面磨损闪存，减少 SSD 寿命，另一方面，写入这些额外数据会占用底层闪存带宽，影响 SSD 性能。因此，SSD 设计的一个目标是让 WA 尽量小。减小写放大，可以使用前面提到的压缩办法（主控决定），顺序写也可以减小写放大（垃圾集中，但顺序写可遇不可求，取决于用户 Workload），还有就是增大 OP（这个可控）。

增大 OP 为何能减小写放大？ 先定义 OP 比例 =（闪存空间 – 用户空间）/ 用户空间。

还是以前面的 SSD 空间为例，SSD 容量是 180 个小方块，当 OP 是 36 个小方块时，整个 SSD 闪存空间为 216 个小方块，OP 比例是 36/180= 20%。那么 180 个小方块的用户数据平均分摊到 216 个小方块时，每个小方块的平均有效数据为 180/216 = 0.83，一个闪存块上的有效数据为 0.83 × 9 = 7.5，也就是一个闪存块上面平均有 7.5 个浅色块和 1.5 个深色块。为了写 1.5 个用户数据方块，需要写 9 个方块的数据（原有 7.5 个有效数据，加 1.5 个用户数据），写放大是 9/1.5 = 6。

如果整个 SSD 闪存空间不变，还是 216 个小方块，调整 OP 比例至 72 个小方块（牺牲用户空间，OP 比例 50%），因此，SSD 容量就变成 144 个小方块。144 个小方块的用户数据平均分摊到 216 个小方块时，每个小方块的平均有效数据为 144/216 = 0.67，一个闪存块上的有效数据为 $0.67 \times 9 \approx 6$，也就是一个闪存块上面平均有 6 个浅色块和 3 个深色块。为了写 3 个用户数据方块，需要写 9 个方块的数据（原有 6 个有效数据，加 3 个用户数据），写放大是 9/3 = 3。

从上可见，OP 越大，写放大越小。很好理解，OP 越大，每个闪存块有效数据越少，垃圾越多，因此需要重写更少的数据，因此写放大越小。同时，由于 GC 需要重写的数据越少，SSD 满盘写性能也越好。

当然，上面说的都是最坏的情况（垃圾数据平均分摊到每个闪存块上）。现实是，垃圾数据大多数时候并不是平均分配到每个闪存块上，有些块上的垃圾多，有些块上的垃圾少，实际 GC 挑选闪存块，是挑垃圾多的，因此，实际写放大是小于前面的计算值的。

OP 大小和写放大以及 SSD 耐写度的关系如图 4-25 所示。

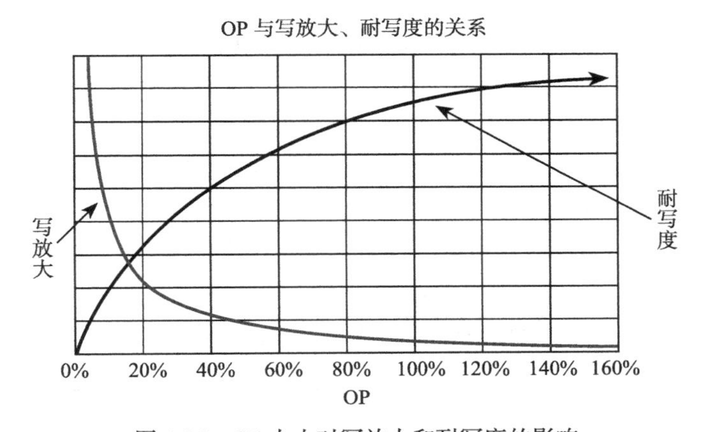

图 4-25 OP 大小对写放大和耐写度的影响

总结一下：WA 越小越好，因为越小意味着对闪存的损耗越小，可以延长闪存使用寿命，从而支持更多的用户数据写入量；OP 越大越好，OP 越大，意味着写放大越小，也意味着 SSD 写性能越好。

影响写放大的因素主要有：

- OP：OP 越大，WA 越小。
- 用户写入的数据 Pattern：如前文所见，如果数据都是顺序写入，GC 做的量就少（最好的情况是整个闪存块都是无效数据，只需擦除，无需数据搬移），写放大小。
- GC 策略：在挑选源闪存块的时候，如果不挑选有效数据最少（垃圾数据最多）的块作为源闪存块，就会增加写放大；另外，控制后台GC产生空闲闪存块的数量，也能减小写放大。

- 磨损平衡：为平衡每个闪存块的擦除次数，需要数据的搬移。
- 读干扰（Read disturb）和数据保存处理（Data Retention handling）：数据搬移增加写放大。
- 主控：带压缩和不带压缩的控制器肯定会影响写放大。
- Trim：有没有Trim，对写放大影响很大。

4.3.3 垃圾回收实现

垃圾回收可以简单地分为三步：

1）挑选源闪存块。

2）从源闪存块中找有效数据。

3）把有效数据写入到目标闪存块。

挑选源闪存块，一个常见的算法就是挑选有效数据最小的块，这样需要重写的有效数据就越少，写放大自然最小，回收一个块付出的代价也最小。那么，Die中那么多闪存块，怎么就能一下子找到有效数据最小的那个块呢？

这需要固件在写用户数据时做一些额外的工作，即记录和维护每个用户闪存块的有效数据量。用户每往一个新的块上写入一笔用户数据，该闪存块上的有效数据数就加1。同时还需要找到这笔数据之前所在的块（如果之前该笔数据曾写入过），由于该笔数据写入到新的块，那么在原闪存块上的数据就变无效了，因此原闪存块上的有效数据量应该减1。

还是以前面的小型SSD为例：

当用户没有写入任何数据时，所有闪存块上的有效数据都为0，如表4-3所示。

表4-3 初始化每个闪存块的有效数据

闪存块号	有效数据量	闪存块号	有效数据量
0	0	3	0
1	0	4	0
2	0	5	0

当往Block 0上写入逻辑页1、2、3、4后，Block 0的有效数据就变成4（见图4-26和表4-4）。

当用户空间写满后，每个闪存块上有效数据如图4-27和表4-5下所示。

覆盖写后，用户空间如图4-25所示。

由于逻辑页1、2、3、4写入到Block 5上，Block 5上的有效数据变成4，所以逻辑页1、2、3、4在之前所在的Block 0上变成无效，因此在写入逻辑页1、2、3、4的时候，不仅要更新Block 5上的有效数据为4，还应该把Block 0上的有效数据相应地减少4，如表4-6所示。

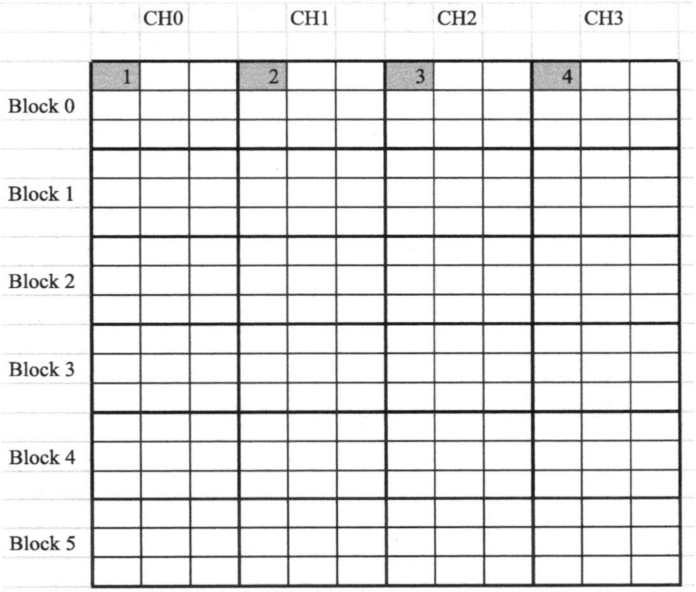

	CH0			CH1			CH2			CH3		
	1			2			3			4		
Block 0												
Block 1												
Block 2												
Block 3												
Block 4												
Block 5												

图 4-26　Block 0 上写入 4 个逻辑页

表 4-4　Block 0 有效数据更新为 4

闪存块号	有效数据量	闪存块号	有效数据量
0	**4**	3	0
1	0	4	0
2	0	5	0

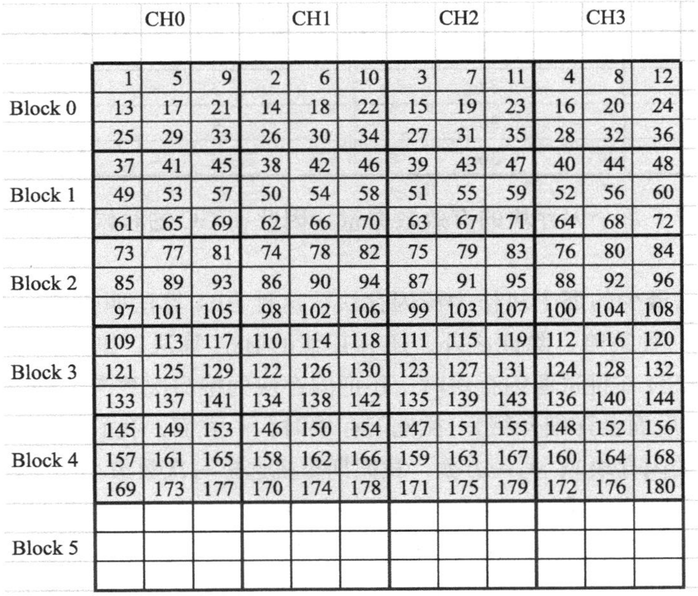

	CH0			CH1			CH2			CH3		
	1	5	9	2	6	10	3	7	11	4	8	12
Block 0	13	17	21	14	18	22	15	19	23	16	20	24
	25	29	33	26	30	34	27	31	35	28	32	36
	37	41	45	38	42	46	39	43	47	40	44	48
Block 1	49	53	57	50	54	58	51	55	59	52	56	60
	61	65	69	62	66	70	63	67	71	64	68	72
	73	77	81	74	78	82	75	79	83	76	80	84
Block 2	85	89	93	86	90	94	87	91	95	88	92	96
	97	101	105	98	102	106	99	103	107	100	104	108
	109	113	117	110	114	118	111	115	119	112	116	120
Block 3	121	125	129	122	126	130	123	127	131	124	128	132
	133	137	141	134	138	142	135	139	143	136	140	144
	145	149	153	146	150	154	147	151	155	148	152	156
Block 4	157	161	165	158	162	166	159	163	167	160	164	168
	169	173	177	170	174	178	171	175	179	172	176	180
Block 5												

图 4-27　首次写满用户空间

表 4-5　首次用户空间写满后闪存块上有效数据统计

闪存块号	有效数据量	闪存块号	有效数据量
0	36	3	36
1	36	4	36
2	36	5	0

	CH0			CH1			CH2			CH3		
	1	5	9	2	6	10	3	7	11	4	8	12
Block 0	13	17	21	14	18	22	15	19	23	16	20	24
	25	29	33	26	30	34	27	31	35	28	32	36
	37	41	45	38	42	46	39	43	47	40	44	48
Block 1	49	53	57	50	54	58	51	55	59	52	56	60
	61	65	69	62	66	70	63	67	71	64	68	72
	73	77	81	74	78	82	75	79	83	76	80	84
Block 2	85	89	93	86	90	94	87	91	95	88	92	96
	97	101	105	98	102	106	99	103	107	100	104	108
	109	113	117	110	114	118	111	115	119	112	116	120
Block 3	121	125	129	122	126	130	123	127	131	124	128	132
	133	137	141	134	138	142	135	139	143	136	140	144
	145	149	153	146	150	154	147	151	155	148	152	156
Block 4	157	161	165	158	162	166	159	163	167	160	164	168
	169	173	177	170	174	178	171	175	179	172	176	180
	1			2			3			4		
Block 5												

图 4-28　用户空间写满后继续写入 4 个逻辑页

表 4-6　覆盖写后 SSD 中闪存块有效数据统计

闪存块号	有效数据量	闪存块号	有效数据量
0	**32**	3	36
1	36	4	36
2	36	5	**4**

由于固件维护了每个闪存块的有效数据量，因此在GC的时候能快速找到有效数据最少的那个块。

挑选有效数据最少的那个块作为源闪存块，这种BPA算法叫作Greedy算法，是绝大多数SSD采用的一种策略。除此之外，还有其他的BPA算法。比如，除了基于闪存块有效数据量，有些SSD在挑选源闪存块时，还把闪存块的擦写次数考虑进去了，这其实暗藏着磨损平衡算法（后面会详细介绍）。挑选闪存块时，一方面，我们希望挑有效数据最少的（快速得到一个新的闪存块）；另一方面，我们期望挑选擦写次数最小的（分摊擦写次数到每个闪存块）。如果两者都具备，那最好不过了。但现实是，擦写次数最小的闪存块，有效数据未必最少；有效数据最少的闪存块，擦写次数未必最小。因此，需要给有效数据和擦写次数设定一个权重因子，进而得到一个最优的选择。这种方法的好处是可以把磨损平衡算法做到 GC 中来，可以不需要额外的磨损平衡算法；缺点是相对单纯只看有效数据策略的 GC，由于挑选的闪存块可能有效数据很多，因此写放大变大，GC 性能变差。

其实还有很多 BPA 算法（可以上 www.ssdfans.com 查看相关文章），但在实际的 SSD 产品中，主要还是应用前面提到的两种策略，简单实用。

这是 GC 的第一步，挑选源闪存块。

第二步就是把数据从源闪存块读出来。这里也是有讲究的，怎么读才是最有效率的？全部读出来还是只读有效数据？有人说，当然只读有效数据更有效率了，毕竟我们只需重写有效数据。我赞同这个观点，但问题来了，一个闪存块有那么多逻辑页数据，如何知道哪些数据是有效，哪些又是无效的呢？如图 4-29 所示。

	CH0			CH1			CH2			CH3		
	154	108	121	46	11	110	37	110	157	134	73	31
Block 0	123	19	131	6	45	173	54	35	71	165	96	141
	164	134	57	109	172	86	158	59	107	109	118	34
	10	54	135	68	90	10	150	100	22	167	126	119
Block 1	104	98	63	85	46	94	148	123	7	17	176	59
	27	22	118	50	51	28	91	40	110	3	161	103
	57	3	115	21	114	144	157	98	54	132	71	24
Block 2	76	48	83	111	106	120	54	34	179	152	47	106
	26	1	106	179	137	112	6	38	107	20	167	49
	17	84	177	155	3	149	172	160	80	52	20	57
Block 3	45	78	141	141	70	37	178	66	56	61	119	163
	106	135	43	55	93	166	172	103	44	164	119	150
	172	132	3	150	79	173	148	172	11	133	175	68
Block 4	34	118	169	34	2	162	16	156	66	30	79	117
	8	12	90	92	22	88	153	81	83	53	13	26
	20	157	106	180	155	131	82	53	59	72	26	1
Block 5	14	132	20	151	82	128	77	168	9	113	111	22
	96	175	111	83	28	60	178	126	22	166	135	9

图 4-29　用户数据随机分布在 SSD 内

当我们挑选 Block 0（有效数据最少）来做垃圾回收时，如果只读出有效数据（浅色方块），FW 如何知道 Block 0 上哪些数据是有效的呢？办法总是有的。

前面提到，固件在往一个闪存块上写入逻辑页时，会更新和维护闪存块的有效数据量，因此可以快速挑中源闪存块。更进一步，如果固件不仅仅只更新和维护闪存块的有效数据量，还给闪存块一个 Bitmap 表，标识哪个物理页（例子中我们假设逻辑页和闪存页大小一样）是否有效，那么在做 GC 的时候，固件只需根据 Bitmap 表的信息，把有效数据读出，然后重写即可。具体做法跟前面介绍的类似，即固件把一笔逻辑页写入到某个闪存块时，该闪存块上对应位置的 Bit 就置成 1。一个闪存块上新增一笔有效数据，就意味着该笔数据所在的前一个闪存块上数据变成无效，因此需要把前一个闪存块对应的位置的 Bit 清 0（见图 4-30）。

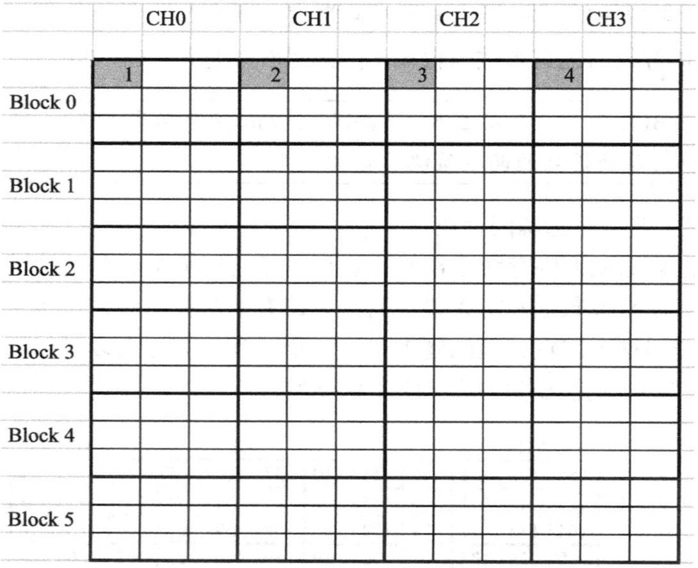

图 4-30　SSD 首次写入 4 个逻辑页数据

固件往 Block 0 写入逻辑页 0、1、2、3 后，Bitmap 信息如表 4-7 所示。

表 4-7　向 Block 0 写入后 SSD 中有效数据 Bitmap

闪存块号	有效数据量	有效数据 Bitmap（块内第一行）	闪存块号	有效数据量	有效数据 Bitmap（块内第一行）
0	4	100 100 100 100	3	0	000 000 000 000
1	0	000 000 000 000	4	0	000 000 000 000
2	0	000 000 000 000	5	0	000 000 000 000

固件写满后，整个用户空间如图 4-31 所示。

覆盖写后，用户空间如图 4-32 所示。

在写入逻辑页 1、2、3、4 的时候，不仅要更新 Block 5 上的 Bitmap，还应该把 Block 0（逻辑页 1、2、3、4 之前所在的闪存块）上对应的 Bits 清 0，如表 4-9 所示。

由于有了闪存块上有效数据的 Bitmap，在 GC 读的时候，固件就能准确定位到有效数据并读出。Bitmap 存在的好处，就是使 GC 更有效率，但固件需要付出额外的代价去维护每个闪存块的 Bitmap。在我们的例子中，每个闪存块（这里指的是所有 Die 上同一个闪存块号组成的闪存块集合）只有 36 个逻辑页，但在实际情况下，每个闪存块有可能存在一两千个闪存页，每个闪存页可以容纳若干个逻辑页，因此，每个闪存块的 Bitmap 需要占用数目不小的存储空间。对带 DRAM 的 SSD 来说，Bitmap 的存储空间可能不是问题，但对没有 DRAM 的 SSD 来说，可能就没有那么多的 SRAM 来存储所有闪存块的 Bitmap。对 DRAM-Less 的 SSD 来说，由于 SRAM 受限，只能在 SRAM 中加载部分闪存块的 Bitmap，因此还需要 Bitmap 的换入换出（同 Map Table），给固件带来不小的开销，实现起来没有想象中的简单。

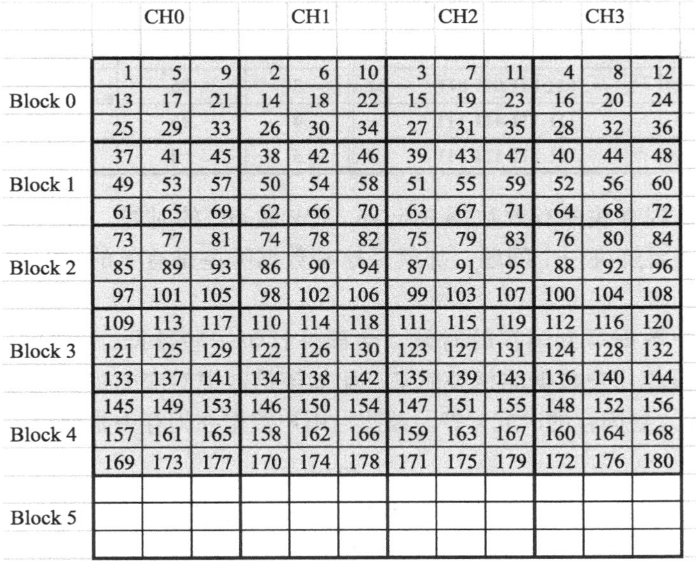

	CH0			CH1			CH2			CH3		
Block 0	1	5	9	2	6	10	3	7	11	4	8	12
	13	17	21	14	18	22	15	19	23	16	20	24
	25	29	33	26	30	34	27	31	35	28	32	36
Block 1	37	41	45	38	42	46	39	43	47	40	44	48
	49	53	57	50	54	58	51	55	59	52	56	60
	61	65	69	62	66	70	63	67	71	64	68	72
Block 2	73	77	81	74	78	82	75	79	83	76	80	84
	85	89	93	86	90	94	87	91	95	88	92	96
	97	101	105	98	102	106	99	103	107	100	104	108
Block 3	109	113	117	110	114	118	111	115	119	112	116	120
	121	125	129	122	126	130	123	127	131	124	128	132
	133	137	141	134	138	142	135	139	143	136	140	144
Block 4	145	149	153	146	150	154	147	151	155	148	152	156
	157	161	165	158	162	166	159	163	167	160	164	168
	169	173	177	170	174	178	171	175	179	172	176	180
Block 5												

图 4-31　首次 SSD 用户空间写满后

表 4-8　用户空间写满后各个闪存块的 Bitmap

闪存块号	有效数据量	有效数据 Bitmap（块内第一行）	闪存块号	有效数据量	有效数据 Bitmap（块内第一行）
0	36	111 111 111 111	3	36	111 111 111 111
1	36	111 111 111 111	4	36	111 111 111 111
2	36	111 111 111 111	5	0	000 000 000 000

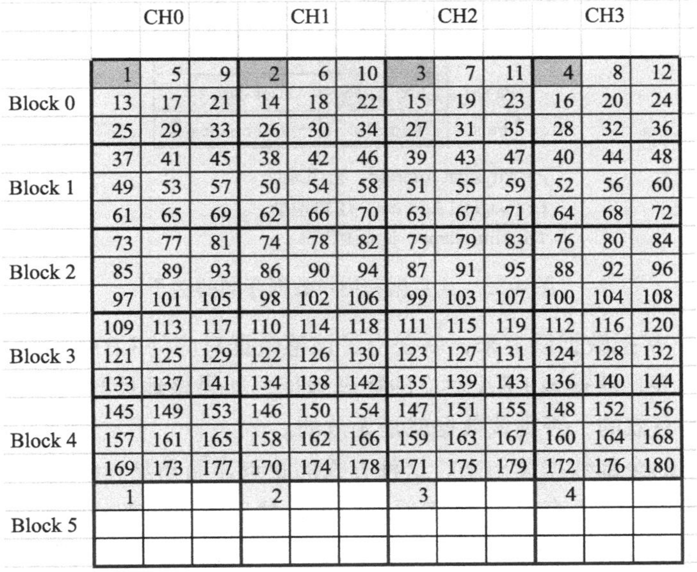

	CH0			CH1			CH2			CH3		
Block 0	1	5	9	2	6	10	3	7	11	4	8	12
	13	17	21	14	18	22	15	19	23	16	20	24
	25	29	33	26	30	34	27	31	35	28	32	36
Block 1	37	41	45	38	42	46	39	43	47	40	44	48
	49	53	57	50	54	58	51	55	59	52	56	60
	61	65	69	62	66	70	63	67	71	64	68	72
Block 2	73	77	81	74	78	82	75	79	83	76	80	84
	85	89	93	86	90	94	87	91	95	88	92	96
	97	101	105	98	102	106	99	103	107	100	104	108
Block 3	109	113	117	110	114	118	111	115	119	112	116	120
	121	125	129	122	126	130	123	127	131	124	128	132
	133	137	141	134	138	142	135	139	143	136	140	144
Block 4	145	149	153	146	150	154	147	151	155	148	152	156
	157	161	165	158	162	166	159	163	167	160	164	168
	169	173	177	170	174	178	171	175	179	172	176	180
Block 5	1			2			3			4		

图 4-32　用户空间写满后继续写入 4 个逻辑页

表 4-9　覆盖写后各个闪存块的 Bitmap

闪存块号	有效数据量	有效数据 Bitmap（块内第一行）	闪存块号	有效数据量	有效数据 Bitmap（块内第一行）
0	36	011 011 011 011	3	36	111 111 111 111
1	36	111 111 111 111	4	36	111 111 111 111
2	36	111 111 111 111	5	0	100 100 100 100

如果没有每个闪存块的有效数据 Bitmap，FW 做 GC 的时候，可以选择把所有数据读上来。但此时还需要解决一个问题，那就是这些数据哪些是有效的呢？也就是哪些数据需要重写呢？

SSD 在把用户数据写到闪存的时候，会额外打包一些数据，我们叫它元数据（Meta Data），它记录着该笔用户数据的相关信息，比如该笔数据对应的逻辑地址、数据长度，以及时间戳（数据写入到闪存的时间）等。因此，用户数据在闪存中是像图 4-33 这样存储的。

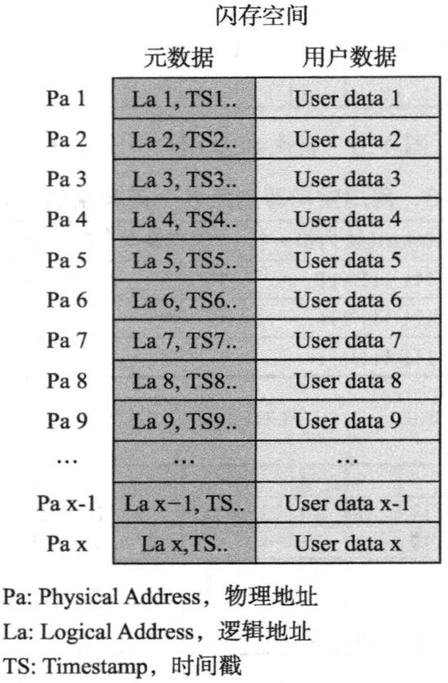

闪存空间

	元数据	用户数据
Pa 1	La 1, TS1..	User data 1
Pa 2	La 2, TS2..	User data 2
Pa 3	La 3, TS3..	User data 3
Pa 4	La 4, TS4..	User data 4
Pa 5	La 5, TS5..	User data 5
Pa 6	La 6, TS6..	User data 6
Pa 7	La 7, TS7..	User data 7
Pa 8	La 8, TS8..	User data 8
Pa 9	La 9, TS9..	User data 9
…	…	…
Pa x-1	La x−1, TS..	User data x-1
Pa x	La x,TS..	User data x

Pa: Physical Address，物理地址
La: Logical Address，逻辑地址
TS: Timestamp，时间戳

图 4-33　元数据和用户数据存储的例子

GC 的时候，FW 把数据读上来，就获得了该笔数据对应的 LBA，要判断该数据是否无效，需要查找映射表，获得该 LBA 对应的物理地址，如果该地址与该数据在闪存块上的地址一致，就说明是有效的，否则该数据就是无效的。

把源闪存块里的全部数据读出来，这种方式的缺点显而易见：GC 做得慢。不管数据是否有效（读之前不知道是否有效），都需要读出来，然后还需要查找映射表来决定该笔数据是否无效。这对带 DRAM 的 SSD 来说问题不大，因为其所有映射表都在 DRAM 中，但对 DRAM-Less 的 SSD 来说，很多时候都需要从闪存里面把映射关系读上来，这简直是个灾难。这种方式的好处就是 FW 实现起来简单，不需要维护额外类似闪存块有效数据 Bitmap 之类的东西，不需要额外的 RAM 资源和 FW 开销。

还有一个折中的办法。就是除了维护 L2P（Logical to Physical）的映射表，还维护一张 P2L（Physical to Logical）的表。该表记录了每个闪存块写入的 LBA，该 P2L 数据写在该闪存块的某个位置（或单独存储）。当回收该闪存块时，首先把该 P2L 表加载上来，然后根据上面的 LBA，依次查找映射表，决定该数据是否有效，有效的数据会被读出来，然后重新写入。采用该方法，不需要把该闪存块上的所有数据一股脑地读出来，但还是需要查找映射表以决定数据是否有效。因此，该方法在性能上介于前面两种方法之间，在资源和固件开销上也是处于中间的。

当有效数据读出来时，最后一步就是重写，即把读出来的有效数据写入闪存。

4.3.4　垃圾回收时机

SSD 什么时候做 GC？当用户写入数据时，如果可用的闪存块小于一定阈值，这时就需要做 GC，以腾出空间给用户写。这时做的 GC，叫作 Foreground GC（前台垃圾回收）。这是被动方式，它是由于 SSD 没有多少可用的闪存块时，才去做的 GC。与之相对应的，就是 Background GC（后台垃圾回收），它是在 SSD 空闲（Idle）的时候，SSD 主动去做的 GC，这样在用户写入的时候就有充裕的可用闪存块，不需要临时抱佛脚（做 Foreground GC），从而改善用户写入性能。但是，出于功耗考虑，有些 SSD 可能就不做后台垃圾回收了，当 SSD 空闲后，直接进入省电模式，或者做少量的 GC，然后进入省电模式。

这是常见的两种垃圾回收时机，都是 SSD 自己内部控制的。事实上，除了 SSD 本身，有些 SSD 还支持主机控制其去做 GC。这个比较有意思，我们花点时间来看看。

2015 年 8 月 15 日，OCZ 发布了一款 SATA 接口企业级 SSD——Saber 1000 HMS，它是首款具有“主机管理 SSD”（Host Managed SSD，HMS）功能的 SSD。所谓 HMS，就是主机通过应用软件获取 SSD 的运行状态，然后控制 SSD 的一些行为。

在 SSD 的内部，运行着一些后台任务，比如垃圾回收、记录 SSD 运行日志等。这些后台任务的执行，会影响 SSD 的性能，并且使得 SSD 的时延（latency）不可预测。HMS 技术使得主机能控制 SSD 的后台任务，后台任务执行或者不执行，什么时候执行，什么时候不执行，主机是可控的。

这有什么用呢？对单个 SSD 来说，使用者可以通过 HMS 软件，在 SSD 空闲时让其执行垃圾回收任务，这样，在后续的写入过程中，SSD 内部有足够的空闲块可写，不需要临时去做垃圾回收，从而提升 SSD 性能，减小写入的时延。

Saber 1000 HMS 是企业级的 SSD。相比客户级 SSD，稳定的性能和时延是企业级更加追求的。后台任务的存在，使得 SSD 性能和时延很难保持一致。HMS 技术的出现，使得整个系统具有稳定的性能和可预测的时延，如图 4-34 所示。

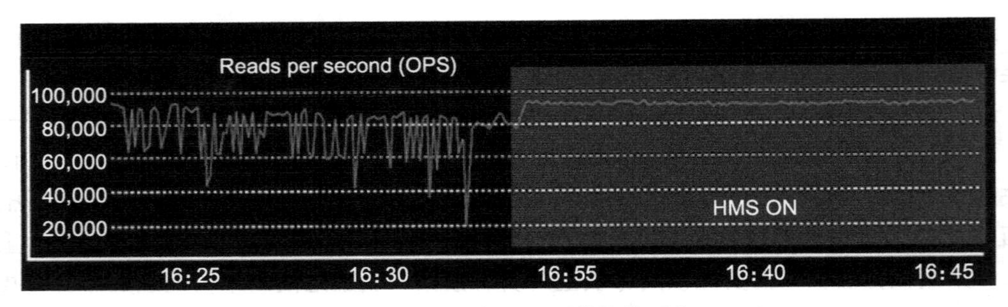

图 4-34　HMS 打开后系统性能平稳

4.4　Trim

对一个文件 File A 来说，用户看到的是文件，操作系统把文件划分为若干个逻辑块，然后写入 SSD 的闪存空间。当用户删除掉文件 File A 时，其实它只是切断用户与操作系统的联系，即用户访问不到这些地址空间；而在 SSD 内部，逻辑页与物理页的映射关系还在，文件数据在闪存当中也是有效的，如图 4-35 所示。

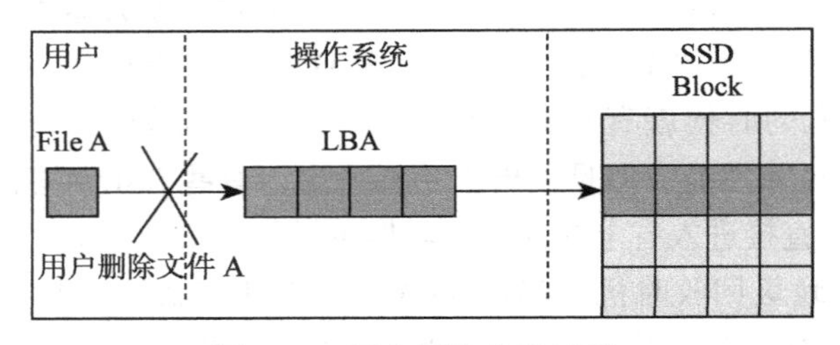

图 4-35　用户删除文件示例

在没有 Trim 之前，SSD 无法知道那些被删除的数据页是否无效，必须等到系统要求在相同的地方（用户空间、逻辑空间）写入数据时才知道那些数据是无效的，进而放心删除。由于 SSD 不知道这些删除的数据已经无效，在做垃圾回收的时候，仍把它当作有效数据进行数据的搬移，这不仅影响到 GC 的性能，还影响到 SSD 的寿命（写放大增大）。

Trim 是一个新增的 ATA 命令（Data Set Management），专为 SSD 而生。当用户删除一个文件时，操作系统（对 Windows 来说，它自 Windows 7 开始支持 Trim）会发 Trim 命令给 SSD，告诉 SSD 该文件对应的数据无效了。一旦 SSD 知道哪些数据无效之后，在做垃圾回收的时候就可以把这些删除掉的数据抛弃掉，不做无谓的数据搬移。这样不仅增强了 SSD 的性能，还延长了 SSD 寿命。

SCSI 里面的同等命令叫 UNMAP，NVMe 里面叫 Dataset Management。它们指的都是同一个功能。

当 SSD 收到 Trim 命令时，它要做些什么呢？

举个例子。主机通过 Trim 命令告诉 SSD：我 0 ～ 7 的逻辑页上的数据删除了，你可以把它们当垃圾处理。收到 Trim 命令之前，逻辑页 0 ～ 7 有以下映射，它们分别写在物理地址 PBA a ～ h，如图 4-36 所示。

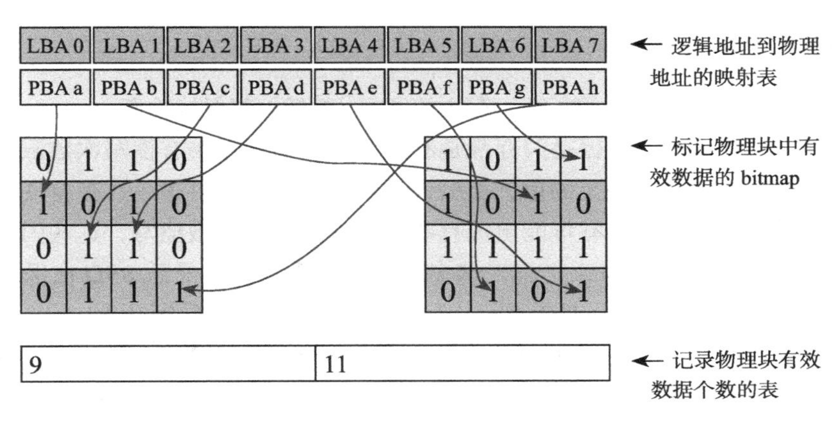

图 4-36　FTL 中的 3 张表

如前所述，一般 FTL 都有这 3 个表。FTL 映射表记录每个 LBA 对应的物理页位置。Valid Page Bit Map（VPBM）记录每个物理块上哪个页有有效数据，Valid Page Count（VPC）则记录每个物理块上的有效页个数。通常 GC 会使用 VPC 进行排序来回收最少有效页的闪存块；VPBM 则是为了在 GC 时只读有用的数据，也有部分 FTL 会省略这个表。

如图 4-36 所示，FTL 的映射往往是非常分散的，连续的逻辑页对应地址会在很多不同的闪存块上。SSD 收到 Trim 命令后，为了实现数据删除，固件要按顺序做以下的事情（图 4-37 中的步骤 1 ～ 4）。

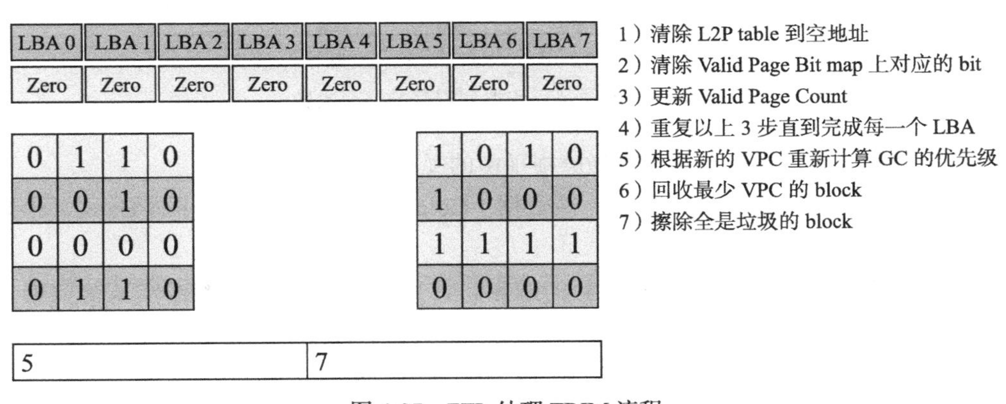

图 4-37　FTL 处理 TRIM 流程

Trim 的实现逻辑基本就是这样，不同的 SSD 实现可能略有不同，比如如果没有有效数据 Bitmap，就没有图 4-37 中的第 2 步操作。需要说明的是，图 4-37 中的步骤 5 ～ 7 是 Trim 命令处理后，GC 的处理，它们不是 Trim 命令处理的部分。Trim 命令是不会触发 GC 的。

关于Trim的更多内容，可以上www.ssdfans.com搜索Trim相关的文章。

4.5 磨损平衡

磨损平衡，就是让SSD中的每个闪存块的磨损（擦除）都保持均衡。

为什么要做磨损平衡？原因是闪存都是有寿命的，即闪存块有擦写次数限制。一个闪存块，如果其擦写次数超过一定的值，那么该块就变得不那么可靠了，甚至变成坏块不能用了。如果不做磨损平衡，则有可能出现有些闪存块频繁拿来做擦写，这些闪存块很容易就会寿终正寝。随着不断的写入，越来越多的坏块出现，最后导致SSD在保质期前就挂掉。相反，如果让所有闪存块一起来承担，则能经受更多的用户数据写入。

一个闪存块寿命有多长呢？从SLC十几万的擦写次数，到MLC几千的擦写次数，然后到TLC的一两千次甚至几百次擦写次数，随着闪存工艺不断向前推，闪存的寿命越来越短，SSD对磨损平衡的处理要求也越来越高，如图4-38所示。

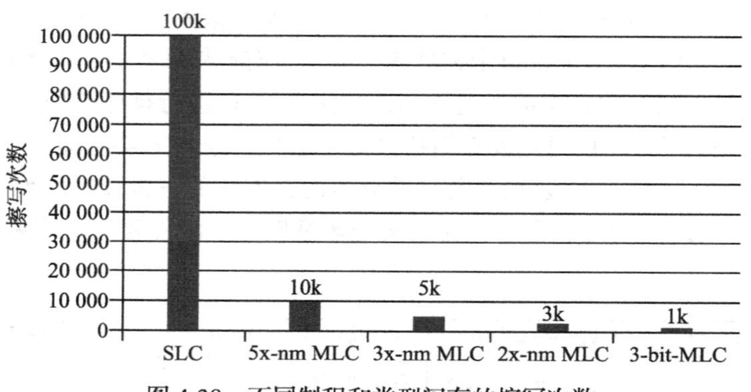

图4-38　不同制程和类型闪存的擦写次数

接下来的问题就是，SSD是怎么做磨损平衡的呢？

在这之前，我们先抛出几个概念：冷数据（Cold Data）和热数据（Hot Data），年老的（Old）块和年轻的（Young）块。

所谓冷数据，就是用户不经常更新的数据，比如用户写入SSD的操作系统数据、只读文件数据、小电影等；相反，热数据就是用户更新频繁的数据。数据的频繁更新，会在SSD内部产生很多垃圾数据（新的数据写入导致老数据失效）。

所谓年老的块，就是擦写次数比较多的闪存块；擦写次数比较少的闪存块，年纪相对小，我们叫它年轻的块。SSD很容易区分年老的块和年轻的块，看它们的EC（Erase Count，擦除次数）就可以了，大的就是老的，小的就是年轻的。

SSD一般有动态磨损平衡（Dynamic WL）和静态磨损平衡（Static WL）两种算法。动态磨损平衡算法的基本思想是把热数据写到年轻的块上，即在拿一个新的闪存块用来写的时候，挑选擦写次数小的；静态磨损平衡算法基本思想是把冷数据写到年老的块上，即把冷数据搬到擦写次数比较多的闪存块上。

动态磨损平衡可能相对好理解一些：在写入新数据时，挑选年轻力壮的闪存块，这样就避免了一直往年长的闪存块上写入数据，闪存块的擦写次数能保持一个比较均衡的值。

我们重点来说说静态磨损平衡。

为什么还需要静态磨损平衡？冷数据由于不经常更新，它写在一个或者几个闪存块上后，基本保持不动，这样，这些闪存块的擦写次数就不会增加；相反，对别的闪存块，由于经常拿来写入用户数据，擦写次数是一直增长的。这样就导致闪存块的擦写不均衡，这不是我们期望的。因此，固件需要做静态磨损平衡，把冷数据搬到擦写次数比较多的闪存块上，让那些劳苦功高的年老闪存块休息一下，腾出来的年轻闪存块去替年老的闪存块承受用户数据的写入。

固件具体做静态磨损平衡的时候，一般使用 GC 机制来做，只不过它挑选源闪存块时，不是挑选有效数据最小的闪存块，而是挑选冷数据所在的闪存块。其他和 GC 差不多，即读取源闪存块上的有效数据，然后把它写到擦写次数相对大的闪存块上去。

静态磨损平衡可能导致冷数据和热数据混在同一个闪存块上，即冷数据可能跟用户刚写入的数据混在一起，或者冷数据和 GC 的数据写在一起，或者三者写在一起。

1）SWL 数据和用户数据混在一起写在同一个闪存块上，如图 4-39 所示。

2）SWL 数据和 GC 数据混在一起写在同一个闪存块上，如图 4-40 所示。

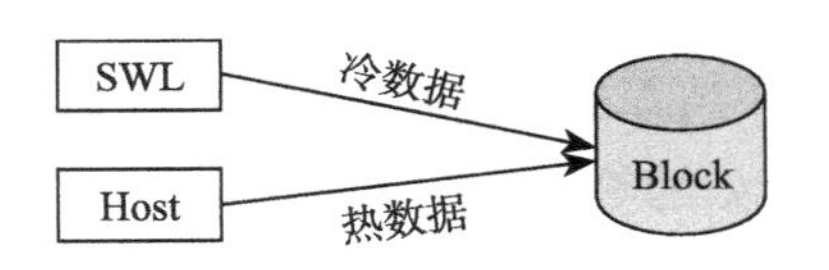

图 4-39　SWL 和用户数据写在一起

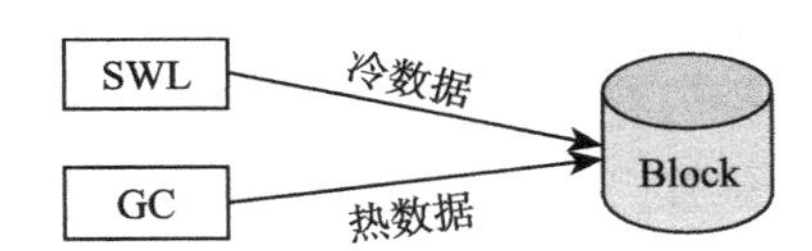

图 4-40　SWL 和 GC 数据写在一起

3）三者全都混在一起写在同一个闪存块上，如图 4-41 所示。

为什么我要提冷热数据混在一起写这个问题？冷热数据混在一起写不好吗？

的确有不好的地方，那就是在做 GC 的时候，由于冷数据掺杂其中（冷数据由于不经常被用户更改，这些数据往往是有效数据），这些冷数据就可能经常地从一个闪存块搬到另外一个闪存块，然后从另外一个闪存块再搬到别的闪存块上去，长此以往，引入了不少额外的写，导致写放大增大。

有读者要问，那该怎么办？下面提供一种解决方案。

解决办法如图 4-42 所示，做静态磨损平衡的时候，用专门的闪存块来放冷数据，即不与用户或者 GC 写入同一个闪存块。这样冷数据就单独写在某些闪存块上，它们一般不会挑选为 GC 的源闪存块，也就避免了这些冷数据的频繁搬移。它只有在下一次需要做静态磨损平衡的时候，才会从一个闪存块搬到另外一个闪存块。

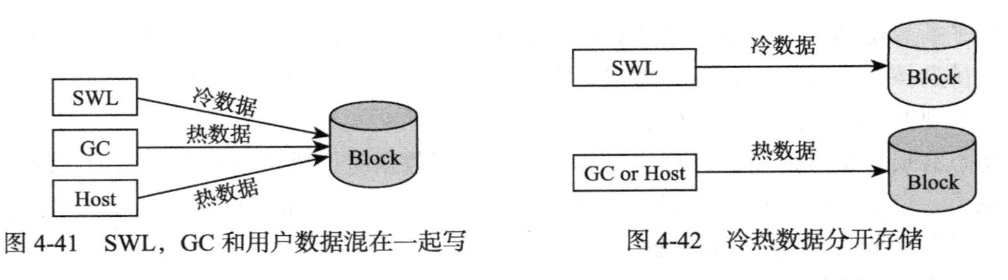

图 4-41　SWL，GC和用户数据混在一起写　　　图 4-42　冷热数据分开存储

不同的SSD有不同的静态磨损平衡做法。如果不在乎写放大（EC预算够大，不差钱），也不在乎冷数据搬移导致的性能下降，那么冷热数据混在一起就一起，毕竟实现简单（不需要另外管理静态磨损平衡的闪存块）；相反，如果对写放大比较敏感的话，那么最好还是冷热数据分开。

4.6　掉电恢复

掉电分两种，一种是正常掉电，另一种是异常掉电。不管是哪种原因导致的掉电，重新上电后，SSD都需要能从掉电中恢复过来，继续正常工作。

先说正常掉电。在掉电前，主机会通过命令通知SSD，比如SATA中的Idle Immediately，SSD收到该命令后，主要会做以下事情：

- ❑ 把buffer中缓存的用户数据刷入闪存。
- ❑ 把映射表刷入闪存。
- ❑ 把闪存的块信息写入闪存（比如当前写的是哪个闪存块，以及写到该闪存块的哪个位置，哪些闪存块已经写过，哪些闪存块又是无效的等）。
- ❑ 把SSD其他信息写入闪存。

主机等SSD处理完以上事情后，才会真正停止对SSD的供电。正常掉电不会导致数据的丢失，重新上电后，SSD只需把掉电前保存的相关信息（比如映射数据，闪存块信息等）重新加载，又能接着掉电前的状态继续工作。

如果SSD世界只存在正常掉电，那么SSD的实现就会简单很多。可是，突如其来的掉电（异常掉电），对SSD来说，没有“喜”，只有“惊”。

所谓的异常掉电，就是SSD在没有收到主机的掉电通知时就被断电；或者收到主机的掉电通知，但还没有来得及处理上面提到的那些事情，就被断电了。异常掉电可能会导致数据的丢失，比如缓存在SSD中的数据来不及写到闪存，掉电导致这部分数据丢失。还有，根据闪存特性，如果掉电发生在写MLC的Upper page，会导致其对应的Lower Page数据遭到破坏，也就是意味着之前写入闪存的数据也可能由于异常掉电导致丢失。异常掉电恢复的目的一方面是尽可能恢复用户数据，把损失减到最低；另一方面是让SSD经历异常掉电后还能正常工作。

本节主要介绍异常掉电处理。

SSD 为什么怕异常掉电？它不是用闪存做存储介质吗？它不是数据掉电不丢失吗？没错。不过一个 SSD，除了数据掉电不丢失的闪存，还需要有掉电数据丢失的 RAM、SRAM 或者 DRAM。闪存的作用是存储数据，而 RAM 的作用主要是 SSD 工作时用以缓存用户数据和存放映射表（Map Table，逻辑地址映射闪存物理地址）。所以一旦掉电，RAM 的数据就会丢失。

为防止异常掉电导致的数据丢失，一个简单的设计就是在 SSD 上加电容，SSD 一旦检测到掉电，就让电容开始放电，然后把 RAM 中的数据刷到闪存上面去，从而避免数据丢失。企业级的 SSD 一般都带有电容。带电容的 SSD，还是需要设计异常掉电处理模块，因为电容不能 100% 保证 SSD 在掉电前把所有的信息刷入闪存。

还有一个比较前卫的想法，就是把 RAM 这种 Volatile（掉电数据丢失）的东西，用 Non-Volatile（掉电数据不丢失）的东西来替代，但要求这种 Non-Volatile 的东西性能上接近 RAM。这样，整个 SSD 都是 Non-Volatile 的了。Intel 和 Micron 合作开发的 3D XPoint，可作为一个选择。3D XPoint 兼有闪存掉电数据不丢失和内存快速访问的特点。

RAM 中缓存的用户数据，主机自认为把它们写到 SSD 了（非 FUA 命令，数据写到缓存，SSD 就返回状态给主机），但 SSD 只是把它们缓存在 RAM 中，并没有写到闪存。异常掉电时，如果 SSD 上没有使用电容，也没有使用其他黑科技，这部分数据便损失无疑。重上电时，主机是再也读不到这些数据了。

掉电还会导致 RAM 中映射表丢失。映射表数据很重要，对一个逻辑地址，如果 SSD 查找不到对应的物理地址，它就无法从闪存上读取数据返回给主机。如果映射表中的数据不是最新的，旧的物理地址对应着老的数据，SSD 就会错误地把老数据返回给主机，这个问题就严重了。

阿呆原账户上有 10 元钱，最近存入 100 万元，但由于异常掉电导致银行没有把 100 万元写入数据库，下次阿呆到 ATM 上一看，怎么还是 10 元钱？阿呆当时就昏死过去！异常掉电害死人。

但是，和 RAM 中用户数据丢失不同，RAM 中映射表数据是有办法恢复过来的。SSD 的异常掉电恢复主要就是映射表的恢复重建。

那么，如何重建映射表呢？下面介绍一种重构策略（不同的 SSD 重构策略略有不同，但大同小异）。SSD 在把用户数据写到闪存的时候，会额外打包一些数据，我们叫它元数据（Meta Data），它记录着该笔用户数据的相关信息，比如该笔数据对应的逻辑地址、数据写入时间（时间戳）等，如图 4-43 所示。

元数据：	逻辑地址（LBA）	时间戳（TS）	其他内容

图 4-43　元数据内容示例

因此，用户数据在闪存中是像下面这样存储的（见图 4-44）。

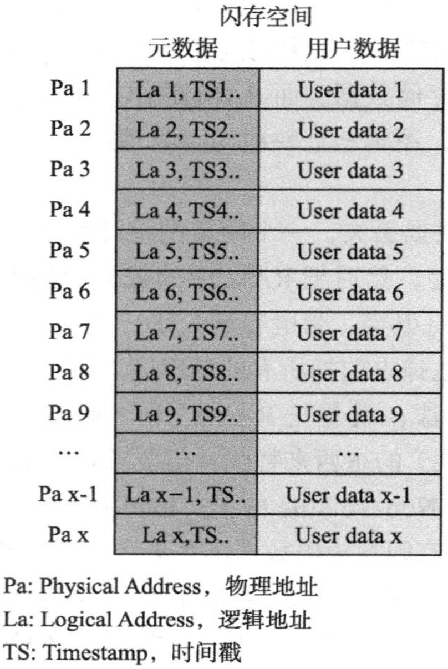

闪存空间

	元数据	用户数据
Pa 1	La 1, TS1..	User data 1
Pa 2	La 2, TS2..	User data 2
Pa 3	La 3, TS3..	User data 3
Pa 4	La 4, TS4..	User data 4
Pa 5	La 5, TS5..	User data 5
Pa 6	La 6, TS6..	User data 6
Pa 7	La 7, TS7..	User data 7
Pa 8	La 8, TS8..	User data 8
Pa 9	La 9, TS9..	User data 9
…	…	…
Pa x-1	La x−1, TS..	User data x-1
Pa x	La x,TS..	User data x

Pa: Physical Address，物理地址
La: Logical Address，逻辑地址
TS: Timestamp，时间戳

图 4-44 元数据和用户数据存储示例

以图 4-44 为例，如果我们读取物理地址 Pa x，就能读取到元数据 x 和用户数据 x，而元数据是有逻辑地址 La x 的，因此，我们就能获得映射：La x → Pa x。映射表的恢复原理其实很简单，只要全盘扫描整个闪存空间，就能获得所有的映射关系，最终完成整个映射表的重构。

原理简单，但实现起来还有一些问题需要考虑，比如如何解决数据新旧问题、重构速度问题等。

同一逻辑地址，用户可能写过若干次，在闪存空间，该逻辑地址对应的数据有很多是旧数据，只有一笔是新数据，那么如何甄别哪些数据是旧的，哪些数据是新的呢？如何让逻辑地址映射到最新数据所在的物理地址呢？以图 4-44 为例，SSD 起初把逻辑地址 La 2 的数据写在物理地址 Pa 2 上；之后，用户又改写了那笔数据，SSD 把它写到了物理地址 Pa 8 上。我们知道，用户最后写入的数据总是最新的。在这里，时间戳帮上大忙了，哪个值大，就表示哪个是最后写入的。SSD 可以依赖 Meta data 中的时间戳来区分新旧数据的。图 4-44 中，在全盘扫描时，假设扫描顺序是从物理地址 Pa 1 到物理地址 Pa x，对逻辑地址 La 2 来说，开始会产生映射 La 2 → Pa 2，但扫描到 Pa 8 时，发现时间戳比之前的更新，于是新的映射取代旧的映射，最后得到映射关系：La 2 → Pa 8。

全盘扫描有一个问题，就是映射表恢复很慢，所耗的时间与 SSD 容量成正比。现在 SSD 容量已达到 TB 级别，全盘扫描映射方式，重构映射表需要花费几分钟甚至几十分钟，这在实际使用中，用户是不能接受的。那SSD内部是如何快速恢复映射表的呢？

一种办法就是SSD定期把SSD中RAM的数据（包括映射表和缓存的用户数据）和SSD相关的状态信息（诸如闪存块擦写次数、闪存块读次数、闪存块其他信息等）写入到闪存中去，与正常掉电前SSD要做的事情类似，这个操作我们称之为做Checkpoint（检查点，此处译成“快照”更合适），如图4-45所示。

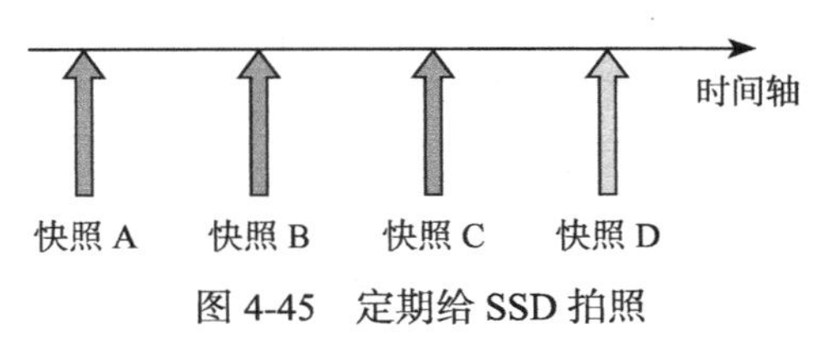

图4-45　定期给SSD拍照

假设图4-45中，在做完快照C后，做下一个快照D之前，SSD在X处发生了异常掉电，如图4-46所示。

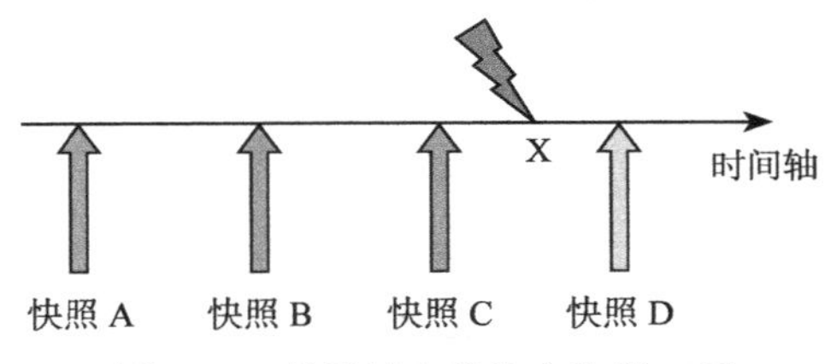

图4-46　异常掉电发生在快照C后

重上电，SSD可以从闪存中读取到最新的快照信息，即快照C。由于异常掉电，从快照C处到X处新产生的映射关系丢失。由于之前绝大多数的映射关系都被快照C保存，因此需要重建的映射关系仅仅是快照C之后产生的映射关系，这部分关系的恢复，仅需扫描一些局部的物理空间，因此，相对全盘扫描，映射表重建速度大大加快。

4.7　坏块管理

4.7.1　坏块来源

坏块来源主要包括：

- 出厂坏块（Factory Bad Block）：闪存从工厂出来，就或多或少的有一些坏块。
- 增长坏块（Grown Bad Block）：随着闪存的使用，一些初期好块也会变成坏块。变坏的原因，主要是擦写磨损。

4.7.2　坏块鉴别

闪存厂商在闪存出厂时，会对出厂坏块做特殊标记。一般来说，刚出厂的闪存都被擦除，里面的数据是全0xFF。但是对坏块来说，闪存厂商会打上不同的标记。拿TOSHIBA

某型号闪存来说，它是这样标记出厂坏块的，如图 4-47 所示。

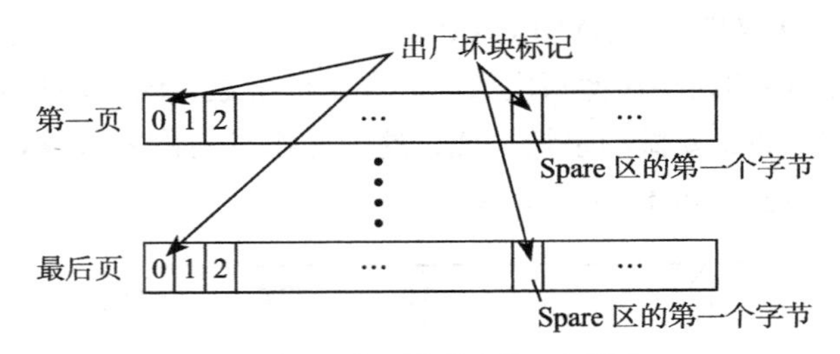

图 4-47　出厂坏块标记示意图

它会在出厂坏块的第一个闪存页和最后一个闪存页的数据区第一个字节和 Spare 区第一个字节写上一个非 0xFF 的值。

用户在使用闪存的时候，首先应该按照闪存文档，扫描所有的闪存块，把坏块剔除出来，建立一张坏块表。还是拿上面的闪存来说，TOSHIBA 建议按照下面的流程来建立坏块表（见图 4-48）。

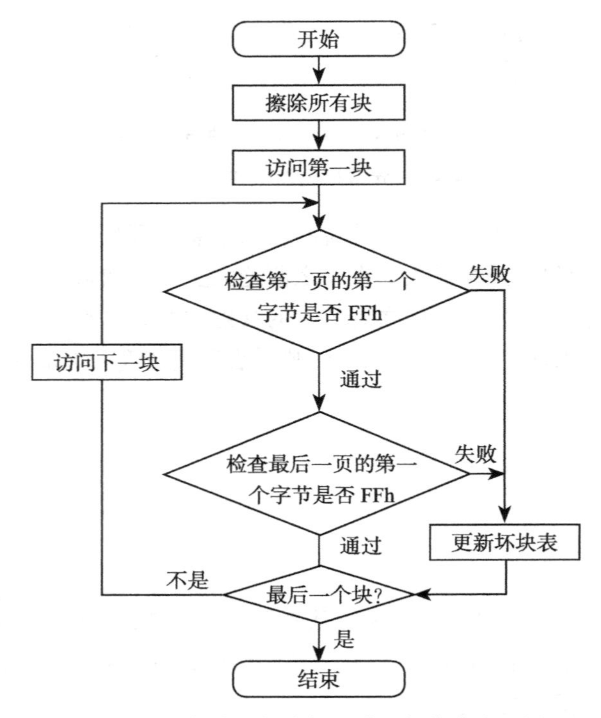

图 4-48　根据出厂坏块标记建立坏块表流程图

还有些闪存厂商，它会把坏块信息存储在闪存内部某个地方（掉电不丢失），用户在建立坏块表的时候，没有必要扫描所有的闪存块来识别坏块，只需读取闪存的那个特定区域。比如 Micron，它的闪存内部有个叫 OTP（One Time Programming）的区域，出厂坏块信息可以存在里面。

对增长坏块而言，它的出现会通过读写擦等操作反映出来。比如读到 UECC（Uncorrectable Error Correction Code，数据没有办法通过 ECC 纠错恢复）、擦除失败、写失败，这都是一个坏块出现的症状。用户应该把这些坏块加入坏块表，不再使用。

4.7.3　坏块管理策略

一般有两种策略管理坏块，一是略过（Skip）策略，二是替换（Replace）策略。

1. 略过策略

用户根据建立的坏块表，在写闪存的时候，一旦遇到坏块就跨过它，写下一个 Block。

SSD 的存储空间是闪存阵列，一般有几个并行通道，每个通道上连接了若干个闪存。以图 4-49 为例，该 SSD 有四个通道，每个通道上挂了一个闪存 Die。

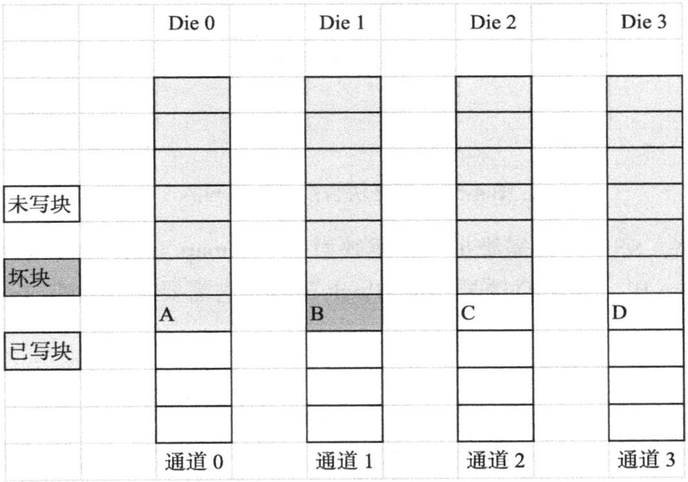

Die 0　Die 1　Die 2　Die 3

未写块
坏块
已写块

A　B　C　D

通道 0　通道 1　通道 2　通道 3

图 4-49　略过坏块 B 写数据

SSD 向四个 Die 依次写入。假设 Die 1 上有个 Block B 是坏块，若固件采取坏块略过策略，则写完 Block A 时，接下来便会跨过 Block B 写到 Die 2 的 Block C 上面去。

2. 替换机制

与略过策略不同，当某个 Die 上发现坏块时，它会被该 Die 上的某个好块替换。用户在写数据的时候，不是跨过这个 Die，而是写到替换块上面去。采用此策略，除正常用户使用的闪存块，还需额外保留一部分好的闪存块，用于替换用户空间的坏块。整个 Die 上闪存块就划分为两个区域：用户空间和预留空间，如图 4-50 所示。

还是以上面的情况为例：用户写入数据时，当碰到坏块 B，它不会略过 Die 1 不写，而是写入到 Block B 的替换者 Block B' 上面去。

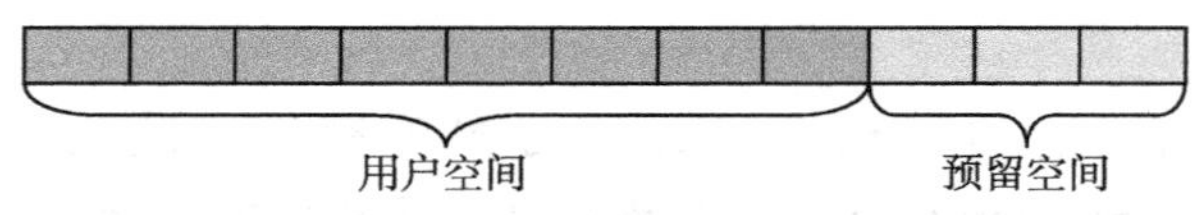

图 4-50　闪存空间逻辑上分为用户空间和预留空间

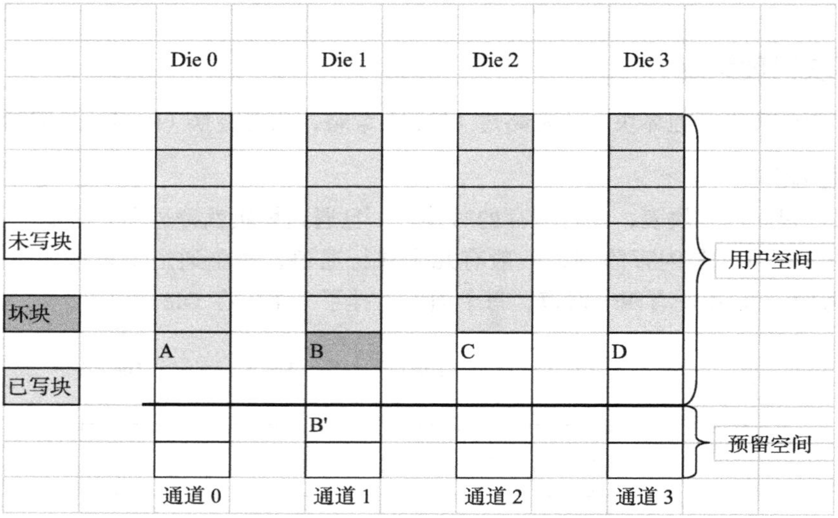

图 4-51　用好块替换坏块后写入

采用替换策略，SSD 内部需维护一张重映射表（Remap Table）：坏块到替换块的映射，比如图 4-51 的 B → B'。当 SSD 需要访问 Block B 时，它需要查找重映射表，实际访问的物理 Block 应该是 B'。

我们看看两者策略的优劣。

略过策略的劣势在于性能不稳定。以 4 个 Die 为例，略过策略可能导致 Die 的并行度在 1 和 4 个 Die 之间，而替换策略并行度总是 4 个 Die，毋庸置疑，前者性能表现不如后者。但替换策略有木桶效应，如果某个 Die 质量比较差，则整个 SSD 可用的闪存块则受限于那个坏的 Die。

4.8　SLC cache

SLC 相对 MLC 和 TLC 来说，有更好的读写性能和更长的寿命。下面是 SLC、MLC 和 TLC 在性能和寿命（Endurance）上的一个直观对比，如表 4-10 所示（不同制程和不同商家的闪存，参数不尽相同，数据仅供参考）。

表 4-10　SLC、MLC 和 TLC 寿命和性能比较

闪存类型	SLC	MLC	TLC
每单元比特数	1	2	3

（续）

闪存类型	SLC	MLC	TLC
擦写次（次）	约 10 万	约 5000	约 1000
读时间（μs）	约 25	约 50	约 75
写时间（μs）	约 300	约 600	约 900
擦除时间（μs）	约 1500	约 3000	约 4500

由于 SLC 有速度优势，因此有些 SSD 拿它来做 Cache 使用，让 SSD 具有更好的突发性能（Burst Performance）。

这里所说的 SLC Cache，不是说单独拿 SLC 闪存来做 Cache，而是把 MLC 或者 TLC 里面的一些闪存块配置成 SLC 模式来访问，而这个特性一般的 MLC 或者 TLC 都是支持的。SLC 模式下的闪存块，相比 MLC 或者 TLC 模式下的闪存块，更快更耐写，可以用来做 Cache。

除了性能，SLC 还有更好的耐写性，寿命更长。

使用 SLC Cache 的出发点，主要有以下几点：

1）**性能考虑**：SLC 性能好，用户数据写到 SLC 比直接写到 MLC 或者 TLC 上快很多。

2）**防止 Lower Page 数据被带坏**：用户数据写到 SLC，不存在写 Upper Page 或者 Extra Page 带坏 Lower Page 数据的可能。

3）**解决闪存的缺陷**：比如有些 MLC 或者 TLC 的闪存块，如果没有写满，然后去读的话，可能会读到 ECC 错误，而对 SLC 模式下的闪存块，就没有这个问题。

4）**更多的数据写入量**：SLC 更耐写。

一般只有消费级 SSD 或者移动存储（比如 eMMC、UFS 等）使用 SLC Cache，因为使用 SLC Cache 具有更好的突发性能；对企业级 SSD 来说，它追求的是稳态速度，它不希望 SSD 一下子速度飙升（写 SLC），然后一下子速度急剧下降（写 TLC）。

另外，消费级 SSD 和移动存储产品一般都没有电容保护，使用 SLC Cache 能保证 Lower Page 数据不丢失；而企业级 SSD 一般都配有电容，能保证闪存的正常写入，它不存在 Lower Page 数据被带坏的问题，所以没有必要采用 SLC Cache 这种手段来保护数据。

SLC Cache 写入策略有：

- 强制 SLC 写入：用户写入数据时，必须先写入到 SLC 闪存块，然后通过 GC 搬到 MLC 或者 TLC 闪存块；
- 非强制 SLC 写入：用户写入数据时，如果有 SLC 闪存块，则写入到 SLC 闪存块，否则直接写到 MLC 或者 TLC 闪存块。

强制写入策略能保护 Lower Page 数据，而后者不能。非强制 SLC 写入策略，具有更好的后期写入性能，因为在 SLC 闪存块耗尽的情况下，用户数据直接写入到 MLC 或者 TLC；而对强制写入 SLC 策略来说，它一方面要把 SLC 的数据搬到 MLC 或者 TLC，以腾出 SLC 空间供新用户数据的写入，同时又要把用户数据写入到 SLC，性能肯定比只写 MLC 或者

TLC 慢。

在这里可能有的读者有疑惑，强制写入 SLC 策略，SLC 数据最后都要搬到 MLC 或者 TLC，所以还是存在直接写 MLC 或者 TLC 的事实，也就是还是存在 Lower Page 数据被带坏的可能。是的，没错，做 GC（数据搬移）是有这个问题。但是，如果我们在目标闪存块没有被写满前，不把源闪存块擦除，这样即使 Lower Page 数据被带坏，它还是能通过读源闪存块恢复数据，是不是？

根据 SLC 闪存块的来源，有以下几种 SLC Cache 办法。

1）静态 SLC Cache：拿出一些 Block 专门用做 SLC Cache；

2）动态 SLC Cache：所有的 MLC 或者 TLC 都有可能挑来当 SLC Cache，SLC 和 TLC 不分家；

3）两者混合：即既有专门的 SLC 闪存块，还能把其他通用闪存块拿来当 SLC Cache。

4.9 RD& DR

RD 指的是 Read Disturb，DR 指的是 Data Retention。两者都能导致数据丢失，但原理和固件处理方式都不一样，下面分别介绍。

1. RD

对一个闪存块来说，每次读其中的一个闪存页，都需要在其他字线（Wordline）上加较高的电压以保证晶体管导通。对这些晶体管来说，有点像在做轻微的“写入（Program）”，长此以往，由于电子进入浮栅极过多，从而导致比特翻转：1 → 0。当出错比特数超出 ECC 的纠错能力时，数据就会丢失。这就是 RD 的原理，更详细的内容可参看本书其他章节。RD 为了读某个闪存页的数据，却要别的闪存页遭受损失，实在是有些损人利己。

由于每次都是很轻微的写入，要使存储单元数据发生变化，不是一朝一夕的事情，而是长期积累的结果。因此，如果我们能保证某个闪存块读的次数低于某个阈值，在比特发生翻转之前（或者翻转的比特低于某个值时），就对这个闪存块上的数据进行一次刷新：把闪存块上的数据搬到别的闪存块上（或者先搬到别的闪存块上，然后擦除原闪存块后，再复制回来），防患于未然，这样就能解决 RD 导致数据丢失的问题。

因此，FTL 应该有记录每个闪存块读次数的一张表：每读一次该闪存块，对应的读次数加 1。当 FW 检测到某个闪存块读的次数超过某个阈值，就刷新该闪存块。当数据写到新的闪存块后，读次数归零，一切重新开始。每个闪存块的读次数，掉电时应该保存到闪存上，重新上电时，再加载它们。

事实上，当某个闪存块上的读次数超出阈值时，上面的数据翻转可能并没有超过很多（可设阈值），这种情况就没有必要立刻刷新。毕竟，刷新带来的读数据和写数据，需要耗时间和擦写次数，对性能和闪存寿命有影响。因此，有些 FTL 为避免“过”刷新，可能会在读次数超过阈值后，先检测比特翻转数，然后决定是否真正需要刷新，如果不需要立刻刷新，会重新设置一个更大的阈值，待下次读的次数达到新阈值后，重复之前的操作。

关于读阈值，过去的FTL在SSD的整个生命周期中，都是用一个固定的值，这种处理简单粗暴，很不科学（但固件实现简单）。其实，RD与闪存的年龄有关：年龄越大（PE越大），对RD的免疫力越低。因此，对阈值的设定，采用动态的才是合理的，即对不同的PE，读阈值应该不同。具体来说，PE越大，读阈值应该越小。

关于刷新动作，有Block（阻塞）和Non-block（非阻塞）两种处理方式。所谓阻塞方式，就是固件把其他事情都放在一边，专门处理闪存块的刷新；所谓非阻塞方式，就是闪存块的刷新与其他操作同时进行（Interleave操作）。前者处理方式劣势明显，那就是带来很长的命令时延：在处理闪存块的刷新的时候，就不能执行读写操作，导致读写推后。随着闪存块尺寸的增大，这种处理方式的劣势越发凸显。所以，现在的FTL一般都采用非阻塞的刷新处理方式。

RD就说到这里，我们再说说DR。

2. DR

中国有句古话，就是天下没有不透风的墙。用到闪存上，就是没有电子穿越不了的绝缘材料。绝缘氧化层把存储在浮栅极的电子关在里面，但是，随着时间的推移，还是有电子从里面跑出来。当跑出来的电子达到一定数量时，就会使存储单元的比特发生翻转：0→1（注意，RD是使1翻转为0），当出错比特数超出ECC的纠错能力，数据就丢失。这就能解释为什么你的固态硬盘如果很长时间不用，可能就启动不了，或者启动很慢（固件需要处理由于DR引起的数据错误）的现象了。

问题来了，为什么SSD长久不用数据就会丢失，而经常使用却不会呢？原因是FW或者FTL立功了。针对DR这个问题，稍微好一点的SSD，FTL都会有相应的处理。怎么处理呢？FTL在SSD上电或者平时运行时，每隔一段时间对闪存空间进行扫描，当发现比特翻转超出一定阈值时，跟RD处理一样，进行数据刷新，这样就能避免数据彻底丢失。SSD如果常年不上电，FTL根本就没有机会执行这些操作，只能眼睁睁地看着电子流失。

4.10 Host Based FTL

按照FTL放在哪里划分，SSD有Host Based FTL和Device Based FTL两种模式。

顾名思义，Host Based把FTL放在主机驱动程序中，Device Based则是把FTL放在SSD主控内部。大部分企业级SSD和几乎全部消费级SSD都是Device Based，SSD主控芯片做了包括FTL在内的所有控制工作。也有一些企业级SSD采用了Host Based FTL，像垃圾回收、磨损平衡、坏块管理等都放在主机驱动程序中完成，这种模式的优点是可以实现差异化，典型产品是FusionIO。

4.10.1 Device Based FTL 的不足

图 4-52 所示是两种模式的架构对比。看得出来，从逻辑上来说，一个完整的 Device Based SSD 系统可以分为三块：

1）主机驱动：为应用程序提供读写接口；和板载控制器通过 NVMe 等协议进行交互，完成应用程序的读写命令。

2）板载控制器：

- ❑ 通过 SATA、NVMe 等协议，接收主机发送的命令并执行。
- ❑ 管理 SSD，实现 FTL 垃圾回收、磨损平衡等算法。
- ❑ 控制和实现闪存时序。

3）闪存阵列：存储介质。

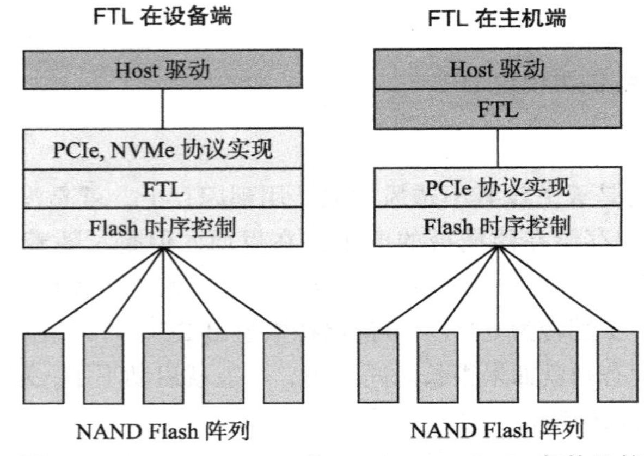

图 4-52　Host Based FTL 和 Device Based FTL 架构比较

Device Based 是个通用的架构，在 SATA、NVMe 等协议的广泛普及下，产品越来越标准化。CPU 制造商提供 PCIe 或者 SATA 支持，主板和服务器制造商为 SSD 提供接口和槽位，操作系统开发商提供 SSD 标准化驱动程序，SSD 制造商只需要制造出符合 SATA、SAS 或 NVMe 标准的 SSD 就可以出货了。

大家分工合作，互不干扰，一切都看起来都很完美。在厂商的立场上确实很完美，但对用户来说就不完美了。SSD 之所以是一场存储革命，是因为它实在是不同于机械硬盘。在 HDD 时代，用户只需要对着每个扇区写数据就可以了，不管是什么应用程序，都得按这个规矩来。SSD 就不一样，它包含了很多闪存芯片，这些芯片可以并行读写，所以有些用户希望能针对自己的应用特点去直接管理闪存内部资源，达到更高的效率和性能。

总体来说，Device Based 存在以下缺点：

- ❑ FTL 架构通用，不能针对具体应用做定制化。
- ❑ 控制器芯片功能复杂，设计难度大，研发成本高。
- ❑ 闪存更新很快，一般每年闪存厂商都会推出新一代产品，有新的使用特性，需要控制器芯片做出修改，但是芯片改版成本很高。

- 企业级应用需要高性能、大容量，通用控制器芯片支持的最大性能和容量有限制。
- 企业级市场需求多种多样，有些需求需要控制器提供特殊功能支持，这些是通用 SSD 主控芯片无法提供的。

为了解决这些问题，有些企业级 SSD 采用了 Host Based 方案。也有一些大型互联网公司，例如 Google、Microsoft，还有百度等，自己研发 Host Based SSD，针对自己的存储架构，开发驱动程序和控制器逻辑。

4.10.2　Host Based FTL 架构

Host Based SSD 一般的模式是把闪存的读写接口直接开放给驱动程序，这样驱动程序就能自行管理闪存内部资源。控制器大都采用可编程逻辑器件 FPGA，功能比较简单，主要实现 ECC 纠错和闪存时序控制。

如图 4-53 所示，主机驱动直接管理闪存阵列，控制器只是起到 ECC 纠错算法和物理协议转换的作用。

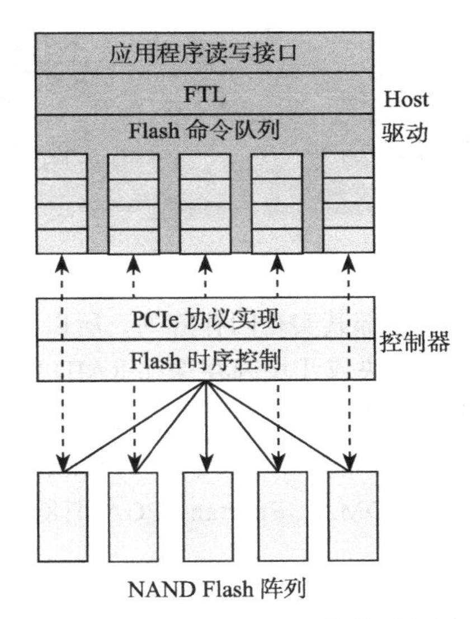

图 4-53　Host Based FTL 架构示意图

4.10.3　百度的软件定义闪存

在机械硬盘时代，硬盘的制造技术掌握在少数几家大公司手里，用户只能购买。但是进入 SSD 时代之后，硬盘的制造门槛没有那么高了，简单来说，SSD 就是将闪存芯片和控制芯片组装起来，所以国内很多有技术实力的公司就想开发自己的 SSD，例如华为、百度等。

百度、腾讯、阿里巴巴以及Google和Facebook等互联网巨头有着数量庞大的服务器，每家都是十万台级别，这注定了它们不能从存储厂商购买昂贵的服务器，只能自己研发廉价的服务器和存储设备来建设数据中心。这个存储设备也包括定制化的SSD。

百度的欧阳剑团队在国际著名的计算机体系结构学术会议ASPLOS'14上发表了一篇文章，介绍他们研发的软件定义闪存SDF（Software Defined Flash）。相比市场上销售的SSD，SDF主要的特点有：

1）没有垃圾回收。SDF的使用者使用闪存块大小的整数倍为单位来写数据（比如8 MB），所以每个闪存块里面不会有垃圾，或者整体都是垃圾，写之前直接擦除就可以了。这样的好处有：

- SSD内部不用做垃圾回收，读写带宽得到提高。
- 不需要预留空间，释放出20%的额外空间。
- 没有内部搬移数据产生的写操作，闪存没有了写放大，寿命延长。

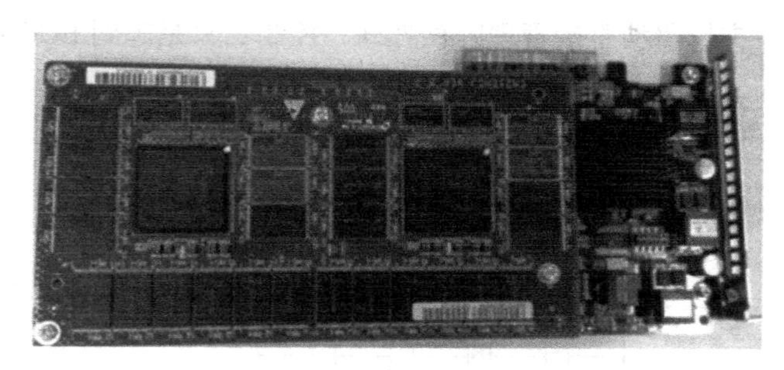

图4-54　SDF板

2）没有闪存级RAID。SSD内部其实是闪存阵列，所以为了数据安全性，很多企业级SSD会用闪存组成RAID组，用一块或几块闪存保存RAID数据。但是互联网公司的数据一般都有3个备份，所以不担心SSD内部数据丢失，因此，RAID是没有必要的。

3）FPGA作为控制芯片，功能很少：ECC、坏块管理、地址转换、动态磨损平衡。Virtex-5 FPGA实现了PCIe接口和DMA，Spartan FPGA则是闪存控制芯片。

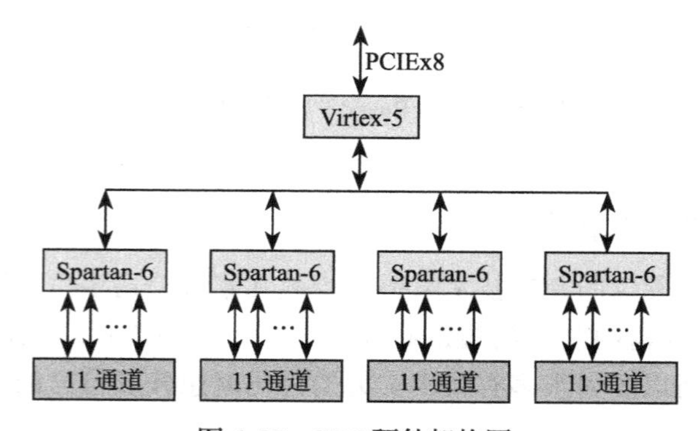

图4-55　SDF硬件架构图

4）SSD 内部每个通道都向用户开放，由用户选择写哪个通道。

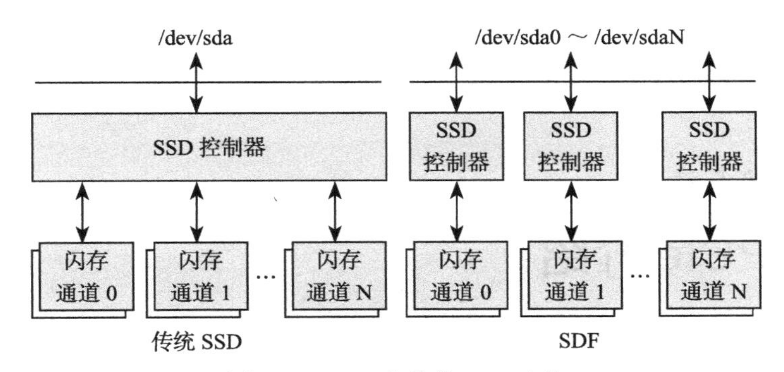

图 4-56　SDF 和传统 SSD 比较

5）软件接口层非常简单，相比传统的 Linux 存储堆栈，省略了文件系统、块设备、IO 调度、SATA 协议等，用户直接通过 IOCTRL（设备驱动程序中对设备的 I/O 通道进行管理的函数）来发同步的写命令到 PCIe 驱动，如图 4-57 所示。软件延迟从 12μs 缩减到 2 ～ 4μs，这个时间只是花在 PCIe 中断处理上。

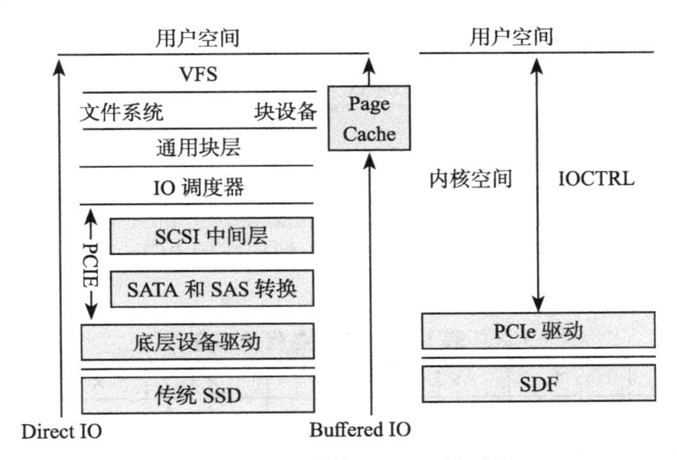

图 4-57　SDF 和传统 SSD IO 栈对比

SDF 内部保存的数据是百度自己的日志文件系统数据，每个数据块大概 8MB。

看得出来，百度的这个软件定义闪存针对自己的应用特点，仅仅保留了最关键的功能，SSD 设计得非常精简，节约了大量的资源，同时延迟也很短。

FTL 部分就讲到这儿，希望读者看完后有所收获。读者也可以关注 SSDFans 微信公众号和网站 www.ssdfans.com，获取更多 FTL 和 SSD 相关知识。

Chapter 5 第5章

PCIe介绍

5.1 从PCIe的速度说起

现在，SSD已经大跨步迈入PCIe时代。作为SSD的一项重要技术，我们有必要对PCIe有个基本的了解。

为什么SSD要用PCIe接口？因为它快，比SATA快。它究竟有多快？我们首先从PCIe接口的速度开始我们的PCIe之旅。

PCIe发展到现在，从PCIe 1.0、PCIe 2.0，到现在的PCIe 3.0，速度一代比一代快，如表5-1所示。

表5-1 PCIe各代的带宽

链接速度	×1	×2	×4	×8	×12	×16	×32
Gen1带宽（GB/s）	0.5	1	2	4	6	8	16
Gen2带宽（GB/s）	1	2	4	8	12	16	32
Gen3带宽（GB/s）	2	4	8	16	24	32	64

2017年，PCIe4.0已经发布，但本章内容仅限于PCIe 3.0或更早版本。

从链接速度这一行我们看到×1、×2、×4……这是什么意思？这是指PCIe连接的通道数（Lane）。就像高速公路一样，有单车道、2车道、4车道的（见图5-1），不过像8车道或者更多车道的公路不常见，但PCIe是可以最多有32个Lane的。

两个设备之间的PCIe连接，叫作一个Link，如图5-2所示。

如图5-2所示，A与B之间是个双向连接，车可以从A驶向B，同时，车也可以从B驶向A，各行其道。两个PCIe设备之间，有专门的发送和接收通道，数据可以同时往两个方向传输，PCIe Spec 称这种工作模式为双单工模式（Dual-Simplex），可以理解为全双工模式。

图 5-1　PCIe Lane 类比高速公路通道

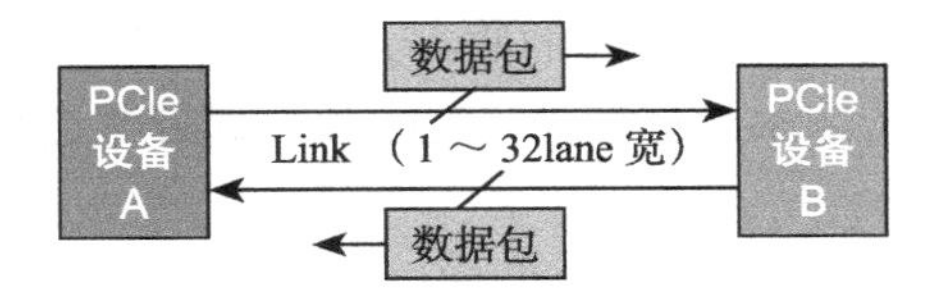

图 5-2　PCIe Link 的概念

SATA 是什么工作模式呢？如图 5-3 所示。

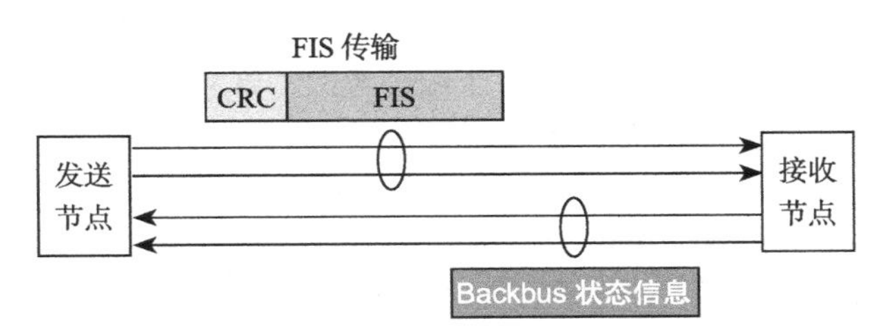

图 5-3　SATA 工作模式

和 PCIe 一样，SATA 也有独立的发送和接收通道，但与 PCIe 工作模式不一样，同一时间，只有一条通道可以进行数据传输。也就是说，你在一条通道上发送数据，在另外一条通道上就不能接收数据，反之亦然。这种工作模式称为半双工模式。

PCIe 犹如我们的手机，双方可以同时讲话，而 SATA 就是对讲机了，一个人在说话，另外一个人就只能听不能说。

回到表 5-1，表中的带宽，比如 PCIe3.0 × 1，带宽为 2GB/s，是指双向带宽，即读写带宽。如果单指读或者写，该值应该减半，即 1GB/s 的读速度或者写速度。

我们来看看表里面的带宽是怎么算出来的。

PCIe 是串行总线，PCIe1.0 的线上比特传输速率为 2.5Gbps，物理层使用 8/10 编码，即

8bit 的数据，实际在物理线路上是需要传输 10bit 的，多余的 2bit 用来校验。因此：

PCIe1.0×1 的带宽 =（2.5Gbps×2（双向通道））/10 = 0.5GB/s

这是单条 Lane 的带宽，有几条 Lane，那么整个带宽计算就是用 0.5GB/s 乘以 Lane 的数目。

PCIe2.0 的线上比特传输速率在 PCIe1.0 的基础上翻了一倍，为 5Gbps，物理层同样使用 8/10 编码，所以：

PCIe2.0×1 的带宽 =（5Gbps×2（双向通道））/ 10 = 1GB/s

同样，有多少条 Lane，带宽就是 1GB/s 乘以 Lane 的数目。

PCIe3.0 的线上比特传输速率没有在 PCIe2.0 的基础上翻倍，不是 10Gbps，而是 8Gbps，但物理层使用的是 128/130 编码进行数据传输，所以：

PCIe3.0×1 的带宽 =（8Gbps×2（双向通道）×（128bit/130bit））/ 8 ≈ 2GB/s

同样，有多少条 Lane，带宽就是 2GB/s 乘以 Lane 的数目。

由于采用了 128/130 编码，每 128bit 的数据，只额外增加了 2bit 的开销，有效数据传输比率增大，虽然线上比特传输率没有翻倍，但有效数据带宽还是在 PCIe2.0 的基础上实现翻倍。

这里值得一提的是，上面算出的数据带宽已经考虑到 8/10 或者 128/130 编码，因此，大家在算带宽的时候，没有必要再考虑线上编码的问题了。

和 SATA 单通道不同，PCIe 连接可以通过增加通道数扩展带宽，弹性十足。通道数越多，速度越快。不过，通道数越多，成本越高，占用更多空间，还有就是更耗电。因此，使用多少通道，应该在性能和其他因素之间进行一个综合考虑。单考虑性能的话，PCIe 最高带宽可达 64GB/s，即 PCIe 3.0 × 32 对应的带宽，这是很恐怖的一个数据。不过，现有的 PCIe SSD 一般最多使用 4 通道，如 PCIe3.0x4，双向带宽为 8GB/s，读或者写带宽为 4GB/s。

Intel SSD 750 参数		
容量	400GB	1.2TB
外形尺寸	2.5"15mm SFF-8639 or PCle Add-In Card (HHHL)	
接口	PCle3.0 × 4-NVMe	
控制器	Intel CH29AE41AB0	
NAND	Intel 20nm 128Gbit MLC	
顺序读	2200MB/s	2400MB/s
顺序写	900MB/s	1200MB/s
4KB 随机读	430k IOPS	440k IOPS
4KB 随机写	230k IOPS	290k IOPS
空闲功耗	4W	4W
读写功耗	9W/12W	10W/22W
加密支持	N/A	
耐写性	70GB Writes per Day for Five Years	

图 5-4 Intel PCIe SSD 750 规格书

在此，顺便来算算 PCIe3.0×4 理论上最大的 4KB IOPS。PCIe3.0×4 理论最大读或写的速度为 4GB/s，不考虑协议开销，每秒可以传输 4GB/4KB 个 4KB 大小的 IO，该值为 1M，即理论上最大 IOPS 为 1000k。因此，一个 SSD，不管底层用什么介质，闪存还是 3D XPoint，接口速度就这么快，最大 IOPS 是不可能超过这个值的。

PCIe 是从 PCI 发展过来的，PCIe 的“e”是 express 的简称，表示“快”。PCIe 怎么就能比 PCI（或者 PCI-X）快呢？那是因为 PCIe 在物理传输上，跟 PCI 有着本质的区别：PCI 使用并口传输数据，而 PCIe 使用的是串口传输。我 PCI 并行总线，单个时钟周期可以传输 32bit 或 64bit，怎么就比不了你单个时钟周期传输 1 个 bit 数据的串行总线呢？

在实际时钟频率比较低的情况下，并口因为可以同时传输若干比特，速率确实比串口快，如图 5-5 所示。随着技术的发展，要求数据传输速率越来越快，要求时钟频率也越来越快，但是，并行总线时钟频率不是想快就能快的。

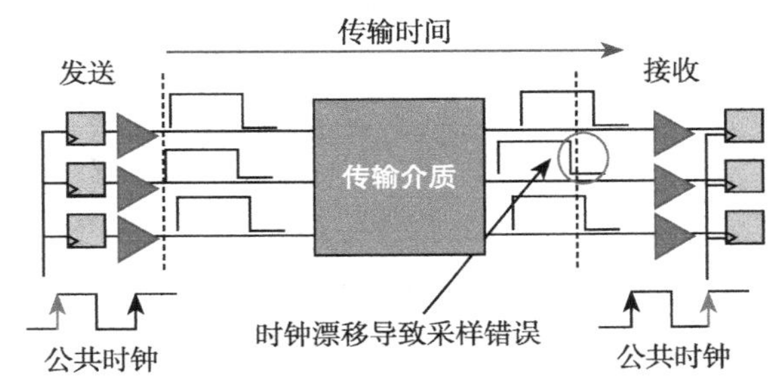

图 5-5 并行传输时序

在发送端，数据在某个时钟沿传出去（左边时钟第一个上升沿），在接收端，数据在下个时钟沿（右边时钟第二个上升沿）接收。因此，要在接收端能正确采集到数据，要求时钟的周期必须大于数据传输的时间（从发送端到接收端的时间，Flight Time），受限于数据传输时间（该时间还随着数据线长度的增加而增加），因此时钟频率不能做得太高。另外，时钟信号在线上传输的时候，也会存在相位偏移（Clock Skew），影响接收端的数据采集。由于采用并行传输，接收端必须等最慢的那个 bit 数据到了以后，才能锁住整个数据。

PCIe 使用串行总线进行数据传输就没有这些问题。它没有外部时钟信号，它的时钟信息通过 8/10 编码或者 128/130 编码嵌入在数据流，接收端可以从数据流里面恢复时钟信息，因此，它不受数据在线上传输时间的限制，导线多长、数据传输频率多快都没有问题。没有外部时钟信号，自然就没有所谓的相位偏移问题。由于是串行传输，只有一个 bit 传输，所以不存在信号偏移（Signal Skew）问题。但是，如果使用多条 Lane 传输数据（串行中又有并行），这个问题又回来了，因为接收端同样要等最慢的那个 Lane 上的数据到达才能处理整个数据。不过，你不用担心，PCIe 自己能解决好这个问题。

5.2 PCIe 拓扑结构

计算机网络的拓扑结构是引用拓扑学中研究与大小、形状无关的点、线关系的方法，把网络中的计算机和通信设备抽象为一个点，把传输介质抽象为一条线，由点和线组成的几何图形就是计算机网络的拓扑结构。

计算机网络主要的拓扑结构有总线型拓扑、环形拓扑、树形拓扑、星形拓扑、混合型拓扑以及网状拓扑。

PCI采用的是总线型拓扑结构，一条PCI总线上挂着若干个PCI终端设备或者PCI桥设备，大家共享该条PCI总线，哪个人想说话，必须获得总线使用权，然后才能发言。如图5-6所示是一个基于PCI的传统计算机系统。

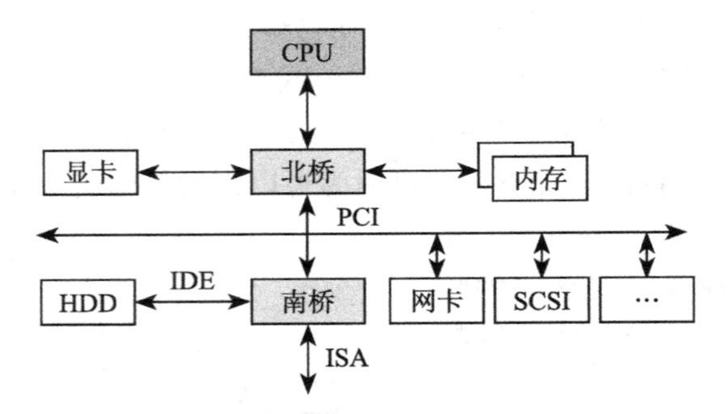

图5-6 基于PCI的传统计算机系统

北桥下面的那根PCI总线，挂载了以太网设备、SCSI设备、南桥以及其他设备，它们共享那条总线，某个设备只有获得总线使用权才能进行数据传输。

而PCIe则采用树形拓扑结构，一个简单而又典型的PCIe拓扑结构如图5-7所示。

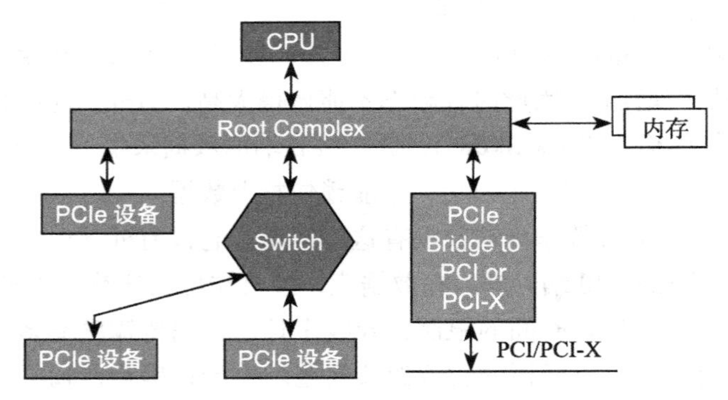

图5-7 基于PCIe计算机系统

整个PCIe拓扑结构是一个树形结构。Root Complex（RC）是树的根，它为CPU代言，与整个计算机系统其他部分通信，比如CPU通过它访问内存，通过它访问PCIe系统中的设备。

RC的内部实现很复杂，PCIe Spec也没有规定RC该做什么，不该做什么。我们也不需要知道那么多，只需清楚：它一般实现了一条内部PCIe总线（BUS 0），以及通过若干个PCIe bridge，扩展出一些PCIe Port，如图5-8所示。

PCIe Endpoint，就是PCIe终端设备，比如PCIe SSD、PCIe网卡等，这些Endpoint可以直接连在RC上，也可以通过Switch连到PCIe总线上。Switch用于扩展链路，提供更多的端口用以连接 Endpoint。拿 USB 打比方，计算机主板上提供的 USB 口有限，如果你要连接很多 USB 设备，比如无线网卡、无线鼠标、USB 摄像头、USB 打印机、U 盘等，USB 口不够用，我会上网买个 USB HUB 用以扩展接口。

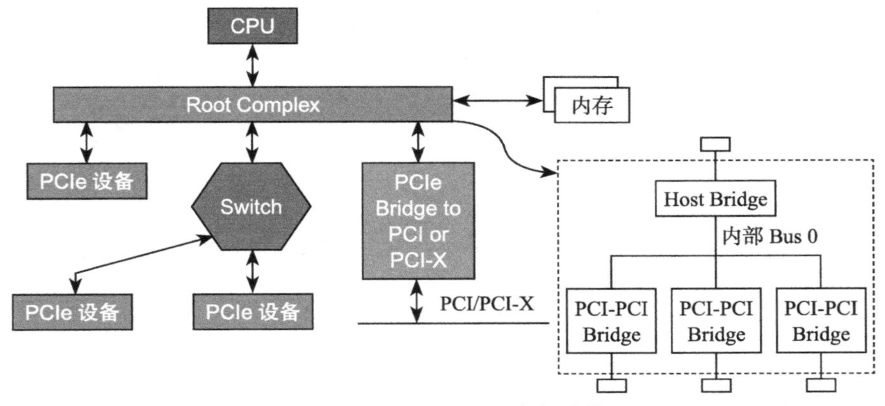

图 5-8　Root Complex 内部总线

Switch 扩展了 PCIe 端口，靠近 RC 的那个端口，我们称为上游端口（Upstream Port），而分出来的其他端口，我们称为下游端口（Downstream Port）。一个 Switch 只有一个上游端口，可以扩展出若干个下游端口。下游端口可以直接连接 Endpoint，也可以连接 Switch，扩展出更多的 PCIe 端口，如图 5-9 所示。

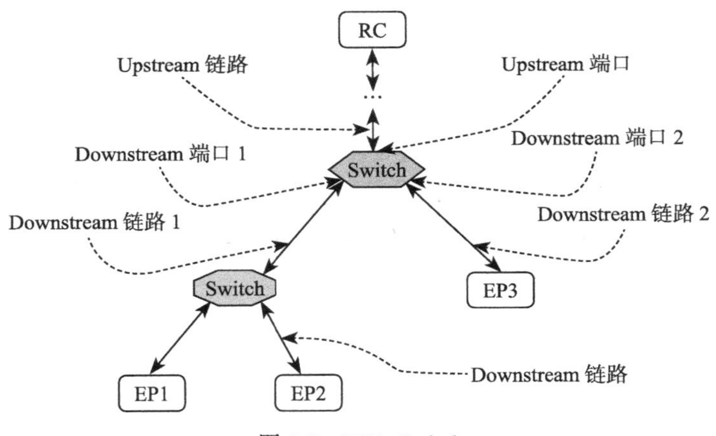

图 5-9　PCIe Switch

对每个 Switch 来说，它下面的 Endpoint 或者 Switch，都是归它管的。上游下来的数据，它需要甄别数据是传给它下面哪个设备的，然后进行转发；下面设备向 RC 传数据，也要通过 Switch 代为转发。因此，Switch 的作用就是扩展 PCIe 端口，并为挂在它上面的设备（Endpoint 或者 Switch）提供路由和转发服务。

每个 Switch 内部，也是有一根内部 PCIe 总线的，然后通过若干个 Bridge，扩展出若干个下游端口，如图 5-10 所示。

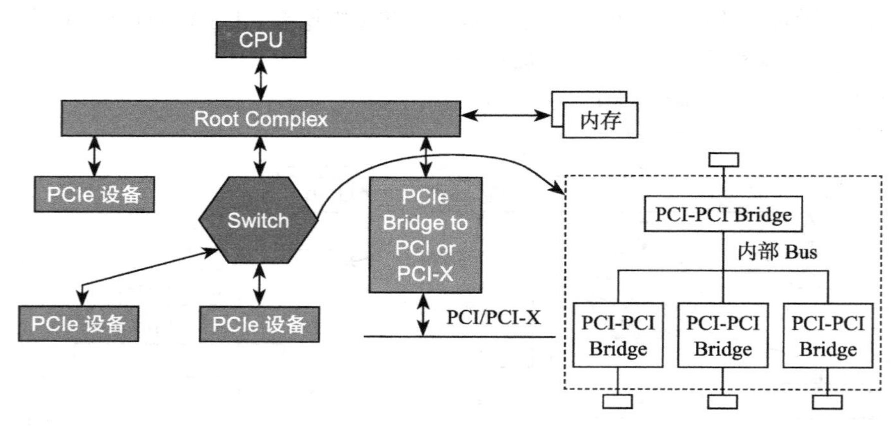

图 5-10　Switch 内部总线结构

最后小结一下：

PCIe 采用的是树形拓扑结构，RC 是树的根或主干，它为 CPU 代言，与 PCIe 系统其他部分通信，一般为通信的发起者。Switch 是树枝，树枝上有叶子（Endpoint），也可节外生枝，Switch 上连 Switch，归根结底，是为了连接更多的 Endpoint。Switch 为它下面的 Endpoint 或 Switch 提供路由转发服务。Endpoint 是树叶，诸如 SSD、网卡、显卡等，实现某些特定功能（Function）。我们还看到有所谓的 Bridge，用以将 PCIe 总线转换成 PCI 总线，或者反过来，不是我们要讲的重点，忽略之。PCIe 与采用总线共享式通信方式的 PCI 不同，PCIe 采用点到点（Endpoint to Endpoint）的通信方式，每个设备独享通道带宽，速度和效率都比 PCI 好。

需要指出的是，虽然 PCIe 采用点到点通信，即理论上任何两个 Endpoint 都可以直接通信，但实际中很少这样做，因为两个不同设备的数据格式不一样，除非这两个设备是同一个厂商的。通常都是 Endpoint 与 RC 通信，或者 Endpoint 通过 RC 与另外一个 Endpoint 通信。

5.3　PCIe 分层结构

绝大多数的总线或者接口，都是采用分层实现的。PCIe 也不例外，它的层次结构如图 5-11 所示。

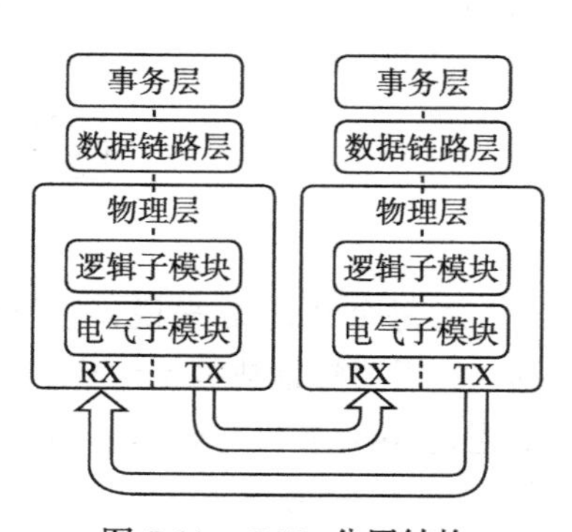

图 5-11　PCIe 分层结构

PCIe 定义了下三层：事务层（Transaction Layer）、数据链路层（Data Link Layer）和物理层（Physical Layer，包括逻辑子模块和电气子模块），每层职能是不同的，但下层总是为上层服务的。分层设计的一个好处是，如果层次分得够好，接口版本升级时，硬件设计可能只需要改动某一层，其他层可以保持不动。

PCIe 传输的数据从上到下，都是以数据包（Packet）的形式传输的，每层数据包都是有其固定的格式。

事务层的主要职责是创建（发送）或者解析（接收）TLP（Transaction Layer Packet）、流量控制、QoS、事务排序等。

数据链路层的主要职责是创建（发送）或者解析（接收）DLLP（Data Link Layer Packet）、Ack/Nak 协议（链路层检错和纠错）、流控、电源管理等。

物理层的主要职责是处理所有的 Packet 数据物理传输，发送端数据分发到各个 Lane 传输（Stripe），接收端把各个 Lane 上的数据汇总起来（De-stripe），每个 Lane 上加扰（Scramble，目的是让 0 和 1 分布均匀，去除信道的电磁干扰 EMI）和去扰（De-scramble），以及 8/10 或者 128/130 编码解码等。

这里先贴个这三层的细节图（见图 5-12）。

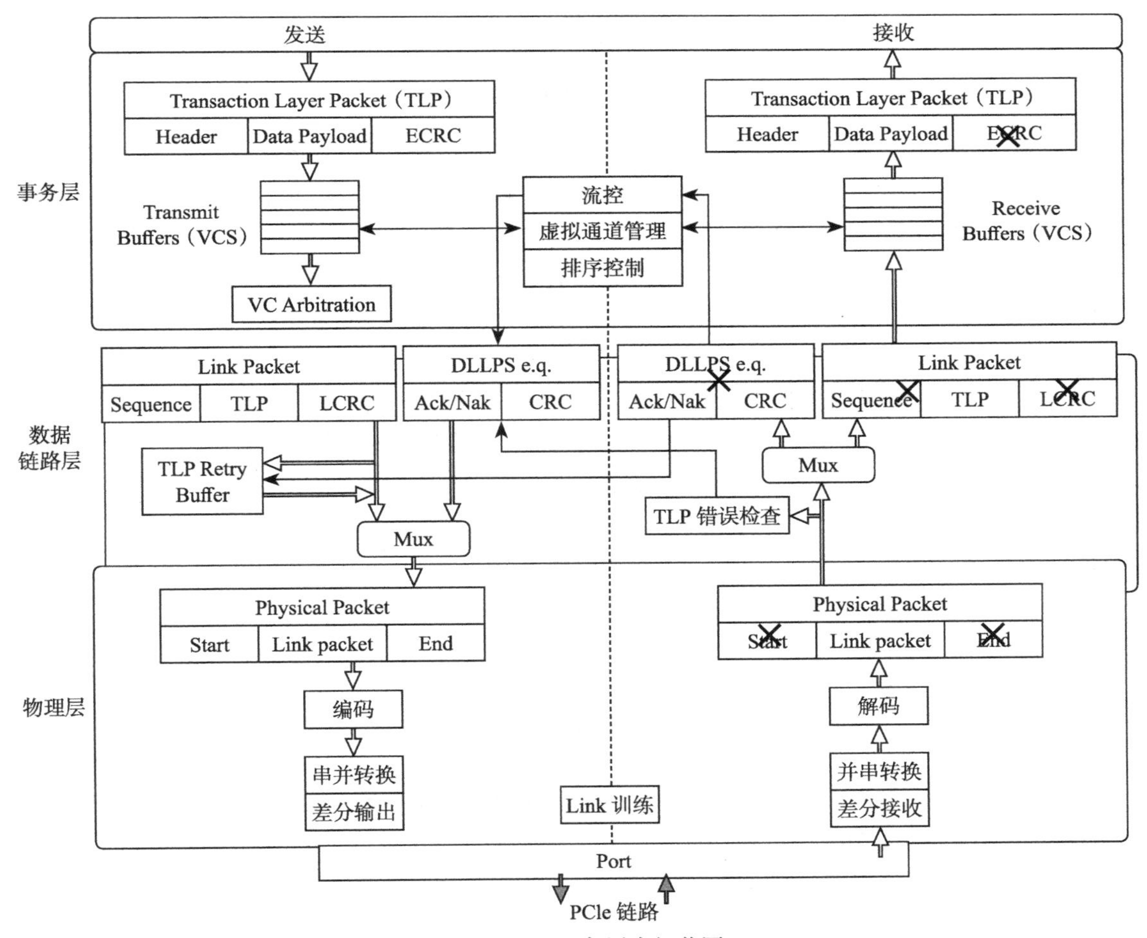

图 5-12　PCIe 各层次细节图

数据从上到下，一层层打包，上层打包完的数据，作为下层的原始数据，再打包。就像人穿衣服一样，穿了内衣穿衬衫，穿了衬衫穿外套。

Data 是事务层上层（诸如命令层、NVMe 层）给的数据，事务层给它头上加个 Header，然后尾巴上再加个 CRC 校验，就构成了一个 TLP。这个 TLP 下传到数据链路层，又被数据链路层在头上加了个包序列号（Sequence Number，SN），尾巴上再加个 CRC 校验，然后下传到物理层。物理层为其头上加个 Start，尾巴上加个 End 符号，把这些数据分派到各个 Lane 上，然后在每个 Lane 上加扰码，经 8/10 或 128/130 编码，最后通过物理传输介质传输给接收方，如图 5-13 所示。

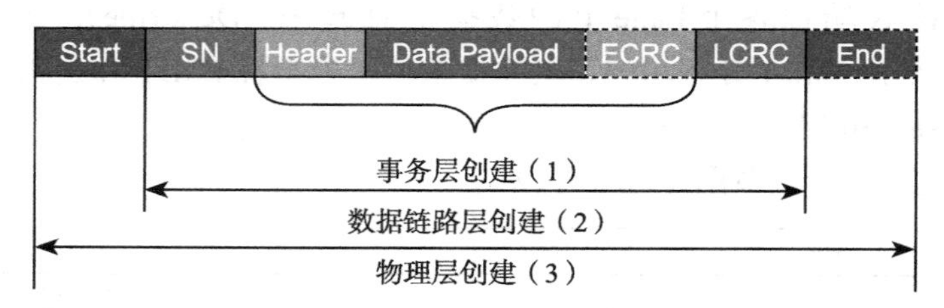

图 5-13　发送方打包 TLP 过程

接收方物理层是最先接收到这些数据的，掐头（Start）去尾（End），然后交由上层。在数据链路层，校验序列号和 LCRC，如果没问题，剥掉序列号和 LCRC，往事务层走；如果校验出差，通知对方重传。在事务层，校验 ECRC，有错，数据抛弃；没错，去掉 ECRC，获得数据。整个过程犹如脱衣睡觉，外套脱了，衬衫脱了，内衣也脱了，光溜溜钻进被窝，如图 5-14 所示。

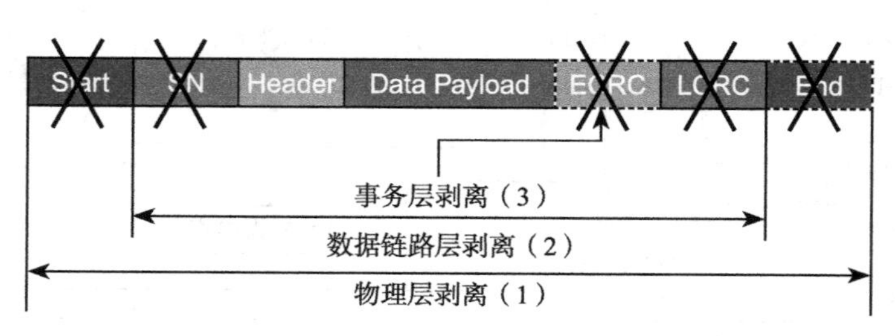

图 5-14　接收方解包 TLP 过程

和 PCI 数据裸奔不同，PCIe 的数据是穿衣服的。PCIe 数据以 Packet 的形式传输，比起 PCI 冷冰冰的数据，PCIe 的数据是鲜活有生命的。

每个 Endpoint 都需要实现这三层，每个 Switch 的 Port 也需要实现这三层（见图 5-15）。

如图 5-15 所示，如果 RC 要与 EP1 通信，中间要经历怎样的一个过程？

如果把前述的数据发送和接收过程叫作穿衣和脱衣，那么，RC 与 EP1 数据传输过程中，则存在好几次这样穿衣脱衣的过程：RC 帮数据穿好衣服，发送给 Switch 的上游端口，A 为了知道该笔数据发送给谁，就需要脱掉该数据的衣服，找到里面的地址信息。衣服脱光后，Switch 发现它是往 EP1 的，又帮它换了身新衣服，发送给端口 B。B 又不嫌麻烦的脱掉它的衣服，换上新衣服，最后发送给 EP1，如图 5-16 所示。

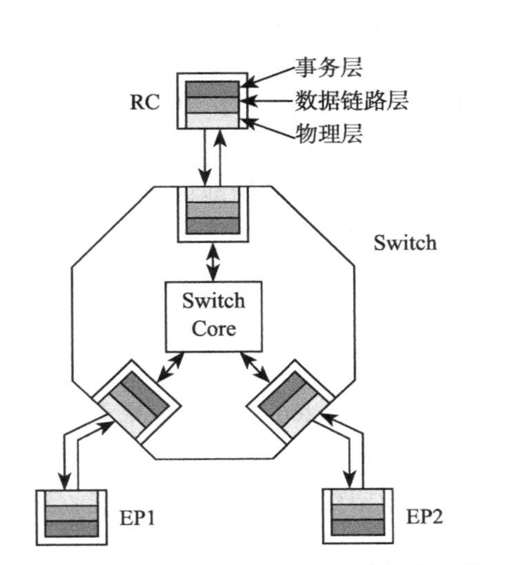

图 5-15 RC、Switch 和 EP 都要实现三层

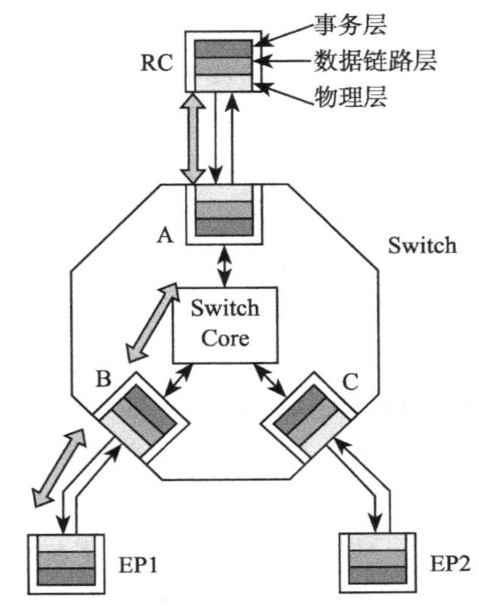

图 5-16 RC 和 EP 通信

Switch 的主要功能是转发数据，为什么还需要实现事务层？ Switch 必须实现这三层，因为数据的目的地信息是在 TLP 中的，如果不实现这一层，就无法知道目的地址，也就无法实现数据寻址路由。

5.4 PCIe TLP 类型

主机与 PCIe 设备之间，或者 PCIe 设备与设备之间，数据传输都是以 Packet 形式进行的。事务层根据上层（软件层或者应用层）请求（Request）的类型、目的地址和其他相关属性，把这些请求打包，产生 TLP（Transaction Layer Packet，事务层数据包）。然后这些 TLP 往下，经历数据链路层、物理层，最终到达目标设备。

根据软件层的不同请求，事务层产生四种不同的 TLP 请求：

- ❑ Memory；
- ❑ IO；
- ❑ Configuration；
- ❑ Message。

前三种分别用于访问内存空间、IO 空间、配置空间，这三种请求在 PCI 或者 PCI-X 时代就有了，最后的 Message 请求是 PCIe 新加的。在 PCI 或者 PCI-X 时代，像中断、错误以及电源管理相关信息，都是通过边带信号（Sideband Signal）进行传输的，但 PCIe 干掉了这些边带信号线，所有的通信都是走带内信号，即通过 Packet 传输，因此，过去一些由边带信号线传输的数据，比如中断信息、错误信息等，现在就交由 Message 来传输了。

我们知道，一个设备的物理空间，可以通过内存映射（Memory Map）的方式映射到主机的主存，有些空间还可以映射到主机的 IO 空间（如果主机存在 IO 空间的话）。但新的 PCIe 设备（区别于 Legacy PCIe 设备）只支持内存映射，之所以还存在访问 IO 空间的 TLP，完全是为了照顾那些老设备。以后 IO 映射的方式会逐渐取消，为减轻学习压力，我们以后看到 IO 相关的东西，大可忽略掉。

所有配置空间（Configuration）的访问，都是主机发起的，确切地说是 RC 发起的，往往只在上电枚举和配置阶段会发起配置空间的访问，这样的 TLP 很重要，但不是常态；Message 也是一样，只有在有中断或者有错误等情况下，才会有 Message TLP，这是非主流的。PCIe 线上主流传输的是 Memory 访问相关的 TLP，主机与设备或者设备与设备之间，数据都是在彼此的 Memory 之间（抛掉 IO）交互，因此，这种 TLP 是我们最常见的。

这四种请求，如果需要对方响应的，我们称之为 Non-Posted TLP ；如果不指望对方给响应的，我们称之为 Posted TLP。Post，有“邮政”的意思，我们只管把信投到邮箱，能不能到达对方，就取决于邮递员了。Posted TLP，就是不指望对方回复（信能不能收到都是个问题）；Non-Posted TLP，就是要求对方务必回复。

哪些 TLP 是 Posted，哪些又是 Non-Posted 的呢？像 Configuration 和 IO 访问，无论读写，都是 Non-Posted 的，这样的请求必须得到设备的响应；Message TLP 是 Posted 的；Memory Read 必须是 Non-Posted 的，我读你数据，你不返回数据（返回数据也是响应），那肯定不行，所以 Memory Read 必须得到响应；而 Memory Write 是 Posted 的，我数据传给你，无须回复，这样主机或者设备可以不等对方回复，趁早把下一笔数据写下去，这样一定程度上提高了写的性能。有人会担心如果没有得到对方的响应，发送者就没有办法知道数据究竟有没有成功写入，就有丢数据的风险。虽然这个风险存在（概率很小），但数据链路层提供了 ACK/NAK 机制，一定程度上能保证 TLP 正确交互，因此能很大程度上减小了数据写失败的可能。TLP 的请求类型如表 5-2 所示。

表 5-2　TLP 请求类型

请求类型	Non-Posted / Posted
Memory Read	Non-Posted
Memory Write	Posted
Memory Read Lock	Non-Posted
IO Read	Non-Posted
IO Write	Non-Posted
Configuration Read (Type 0 和 Type 1)	Non-Posted
Configuration Write (Type 0 和 Type 1)	Non-Posted
Message	Posted

所以，只要记住只有 Memory Write 和 Message 两种 TLP 是 Posted 的就可以了，其他都是 Non-Posted 的。

Memory Read Lock 是历史的遗留物，Native PCIe 设备已经抛弃了它，它存在的意义完全是为了兼容 Legacy PCIe 设备。和 IO 一样，我们也可以忽略。能不看的就不看，PCIe 内容本来就多，不要被这些过时没用的东西挡住我们学习的道路。

在 Configuration 一栏，我们看到 Type 0 和 Type 1。在之前的拓扑结构中，我们看到除了 Endpoint 之外，还有 Switch，他们都是 PCIe 设备，但配置种类不同，因此用 Type 0 和 Type 1 区分，如表 5-3 所示。

表 5-3 Native PCIe TLP 类型

请求类型	Non-Posted / Posted
Memory Read	Non-Posted
Memory Write	Posted
Configuration Read (Type 0 和 Type 1)	Non-Posted
Configuration Write (Type 0 和 Type 1)	Non-Posted
Message	Posted

这样，Request TLP 是不是清爽点?

对 Non-Posted 的 Request，是一定需要对方响应的，对方需要通过返回一个 Completion TLP 来作为响应。对 Read Request 来说，响应者通过 Completion TLP 返回请求者所需的数据，这种 Completion TLP 包含有效数据；对 Write Request（现在只有 Configuration Write 了）来说，响应者通过 Completion TLP 告诉请求者执行状态，这样的 Completion TLP 不含有效数据。

因此，PCIe 里面所有的 TLP = Request TLP + Completion TLP。

表 5-4 Native PCIe 请求和响应 TLP 类型

TLP 数据包类型	缩写
Memory Read	MRd
Memory Write	MWr
Configuration Read（Type 0 和 Type 1）	CfgRd0，CfgRd1
Configuration Write（Type 0 和 Type 1）	CfgWr0，CfgWr1
Message Request with Data	MsgD
Message Request without Data	Msg
Completion with Data	CplD
Completion without Data	Cpl

看个 Memory Read 的例子，如图 5-17 所示。

例子中，PCIe 设备 C 想读主机内存的数据，因此，它在事务层上生成一个 Memory Read TLP，该 MRd 一路向上，到达 RC。RC 收到该 Request，就到内存中取 PCIe 设备 C

所需的数据，RC通过Completion with Data TLP（CplD）返回数据，原路返回，直到PCIe设备C。

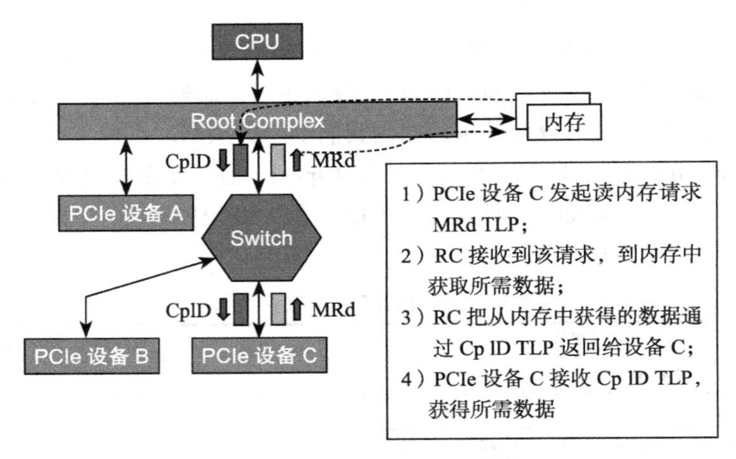

图5-17　MemoryRead示例

一个TLP最多只能携带4KB有效数据，因此，上例中，如果PCIe设备C需要读16KB的数据，则RC必须返回4个CplD给PCIe设备C。注意，PCIe设备C只需发1个MRd就可以了。

再看个Memory Write的例子，如图5-18所示。

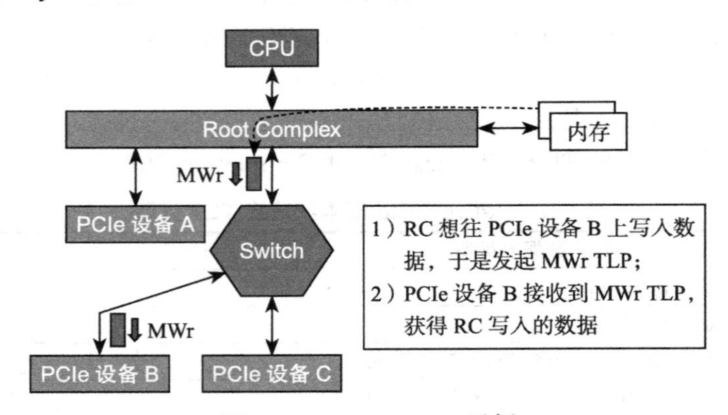

图5-18　MemoryWrite示例

该例中，主机想往PCIe设备B中写入数据，因此RC在其事务层生成了一个Memory Write TLP（要写的数据在该TLP中），通过Switch直到目的地。前面说过Memory Write TLP是Posted的，因此，PCIe设备B收到数据后，不需要返回Completion TLP（如果这时返回Completion TLP，反而是画蛇添足）。

同样的，由于一个TLP只能携带4KB数据，因此主机想往PCIe设备B上写入16KB数据，RC必须发送4个MWr TLP。

5.5 PCIe TLP 结构

无论 Request TLP，还是作为回应的 Completion TLP，它们的模样都差不多，如图 5-19 所示。

Transaction Layer Packet（TLP）		
Header	Data Payload	ECRC

图 5-19　TLP 数据格式

TLP 主要由三部分组成：Header、Data（可选，取决具体 TLP 类型）和 ECRC（可选）。TLP 都是始于发送端的事务层（Transaction Layer），终于接收端的事务层。

每个 TLP 都有一个 Header，跟动物一样，没有头就活不了，所以 TLP 可以没手没脚，但不能没有头。事务层根据上层请求内容，生成 TLP Header。Header 内容包括发送者的相关信息、目标地址（该 TLP 要发给谁）、TLP 类型（诸如前面提到的 Memory Read、Memory Write）、数据长度（如果有的话）等。

Data Payload 域，用以放有效载荷数据。该域不是必需的，因为并不是每个 TLP 都必须携带数据，比如 Memory Read TLP，它只是一个请求，数据是由目标设备通过 Completion TLP 返回的。后面我们会整理哪些 TLP 需要携带数据，哪些 TLP 不带数据。前面也提到，一个 TLP 最大载重是 4KB，数据长度大于 4KB 的话，就需要分几个 TLP 传输。

ECRC(End to End CRC) 域，它对之前的 Header 和 Data（如果有的话）生成一个 CRC，在接收端根据收到的 TLP 重新生成 Header 和 Data（如果有的话）的 CRC，与收到的 CRC 比较，一样则说明数据在传输过程中没有出错，否则就有错。它也是可选的，可以设置不加 CRC。

Data 域和 CRC 域没有什么好说的，有花头的是 Header 域，我们要深入其中看看。

一个 Header 大小可以是 3DW，也可以是 4DW。以 4DW 的 Header 为例，TLP 的 Header 如下所示（见图 5-20）。

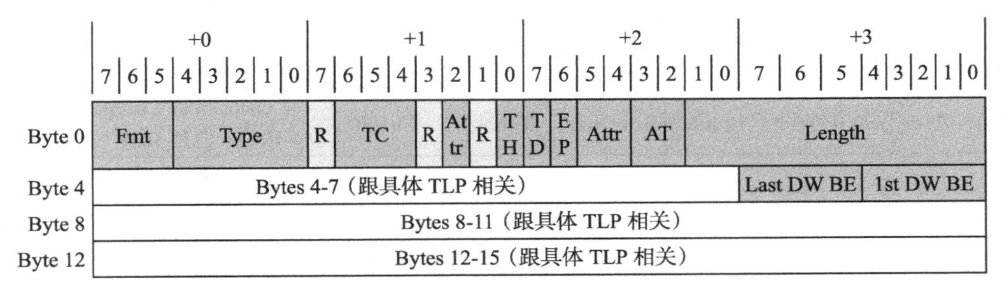

图 5-20　TLP 的 Header 格式

深色区域为所有 TLP Header 公共部分，所有 Header 都有这些；其他则跟具体的 TLP 相关。

稍微解释一下：

- Fmt：Format，表明该 TLP 是否带有数据，Header 是 3DW 还是 4DW。
- Type ：TLP 类型，上一节提到的，包括 Memory Read、Memory Write、Configuration Read、Configuration Write、Message 和 Completion 等。
- R：Reserved，等于 0。
- TC ：Traffic Class，TLP 也分三六九等，优先级高的先得到服务。TC:3bit，说明可以分为 8 个等级，0 ～ 7，TC 默认是 0，数字越大，优先级越高。
- Attr：Attrbiute，属性，前后共三个 bit。
- TH：TLP Processing Hints。
- TD ：TLP Digest，之前说 ECRC 可选，如果这个 bit 置起来，说明该 TLP 包含 ECRC，接收端应该做 CRC 校验。
- EP：Poisoned Data，"有毒"的数据，远离。
- AT：Address Type，地址种类。
- Length ：Payload 数据长度，10 个 bit，最大为 1024，单位为 DW，所以 TLP 最大数据长度是 4KB; 该长度总是 DW 的整数倍，如果 TLP 的数据不是 DW 的整数倍（不是 4Byte 的整数倍），则需要用到 Last DW BE 和 1st DW BE 这两个域。

到目前为止，对于 Header，我们只需知道它大概有什么内容，没有必要记住每个域是什么。

这里重点讲讲 Fmt 和 Type，看看不同 TLP（这里所列为精简版的，仅为 Native PCIe 设备所支持的 TLP）的 Fmt 和 Type 应该怎样编码（见表 5-5 ）。

表 5-5　TLP 格式和类型域编码

TLP	Fmt 域	Type 域	说明
Memory Read Request	000=3DW，不带数据 001=4DW，不带数据	0 0000	Memory Read 不带数据，其 Header 大小为 3DW 或 4DW
Memory Write Request	010=3DW，带数据 011=4DW，带数据	0 0000	Memory Write 带数据，其 Header 大小为 3DW 或 4DW
Configuration Type 0 Read Request	000=3DW，不带数据	0 0100	读 Endpoint 的 Configuration，不带数据，Header 总是 3DW
Configuration Type 0 Write Request	010=3DW，带数据	0 0100	写 Endpoint 的 Configuration，带数据，Header 总是 3DW
Configuration Type 1 Read Request	000=3DW，不带数据	0 0101	读 Switch 的 Configuration，不带数据，Header 总是 3DW
Configuration Type 1 Write Request	010=3DW，带数据	0 0101	写 Switch 的 Configuration，带数据，Header 总是 3DW
Message Request	001=4DW，不带数据	1 0rrr	Message 的 Header 总是 4DW
Message Request with Data	011 = 4DW，带数据	1 0rrr	Message 的 Header 总是 4DW
Completion	000=3DW，不带数据	0 1010	Completion 的 Header 总是 3DW
Completion with Data	010=3DW，带数据	0 1010	Completion 的 Header 总是 3DW

如表 5-5 所示，Configuration 和 Completion 的 TLP（以 C 打头的 TLP）的 Header 大小总是 3 字节；Message TLP 的 Header 总是 4 字节。而 Memory 相关 TLP 的 Header 取决于地址空间的大小，地址空间小于 4GB 的，Header 大小为 3DW；大于 4GB 的，Header 大小则为 4DW。

上面介绍了几个 TLP Header 的通用部分，下面分别介绍具体 TLP 的 Header。

1. Memory TLP

有两个重要的内容在前面没有提到，那就是 TLP 的源和目标。即该 TLP 是哪里产生的，它要到哪里去，这些信息都是包含在 Header 里面的。因为不同的 TLP 类型，寻址方式不同，因此要结合具体 TLP 来看。

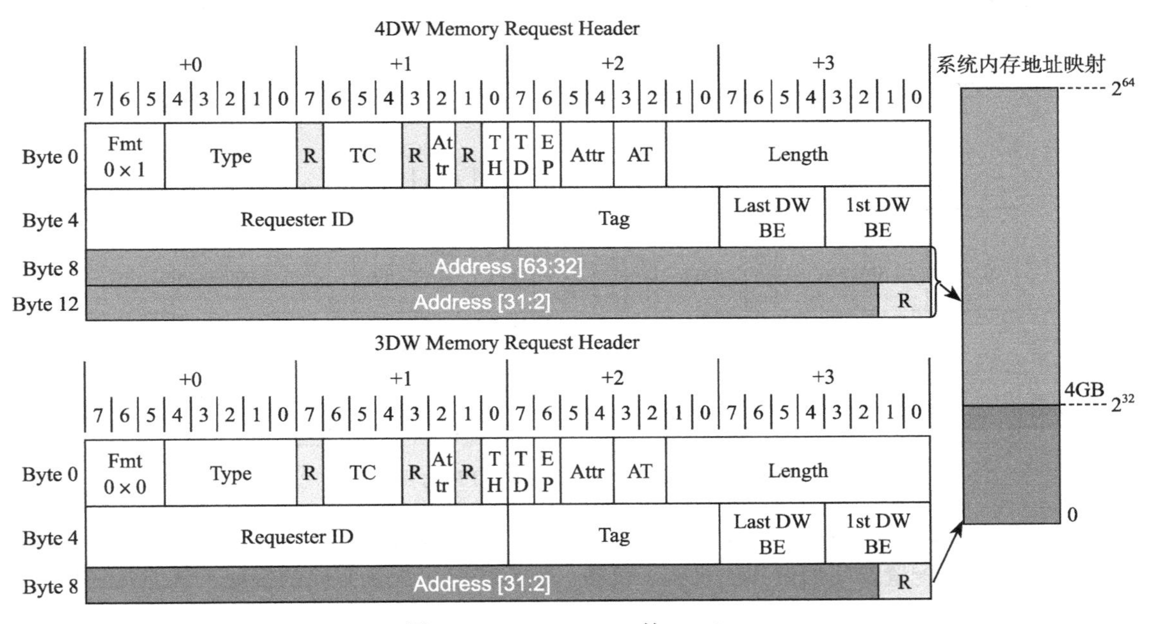

图 5-21 Memory TLP 的 Header

对一个 PCIe 设备来说，它开放给主机访问的设备空间首先会映射到主机的内存空间，主机如果想访问设备的某个空间，TLP Header 当中的地址应该设置为该访问空间在主机内存的映射地址。如果主机内存空间小于 4GB，则 Memory 读写 TLP 的 Header 大小为 3DW；大于 4GB，则为 4DW。对 4GB 内存空间，32bit 的地址用 1DW 就可以表示，该地址位于 Byte8-11；而 4GB 以上的内存空间，需要用 2DW 表示地址，该地址位于 Byte8-15。

该 TLP 经过 Switch 的时候，Switch 会根据地址信息，把该 TLP 转发到目标设备。之所以能唯一地找到目标设备，是因为不同的 Endpoint 设备空间会映射到主机内存空间的不同位置。

关于 TLP 路由，后文还会详细介绍。

Memory TLP 的目标是通过内存地址告知的，而源则是通过“Requester ID”告知的。每个设备在 PCIe 系统中都有唯一的 ID，该 ID 由总线（Bus）、设备（Device）、功能（Function）三者唯一确定。这个后面也会专门讲，这里只需知道一个 PCIe 组成有唯一的一个 ID，不管是 RC、Switch 还是 Endpoint。

2. Configuration TLP

Endpoint 和 Switch 的配置（Configuration）格式不一样，分别由 Type 0 和 Type 1 来表示。配置可以认为是一个 Endpoint 或者 Switch 的标准空间，这段空间在初始化时需要映射到主机的内存空间。与设备的其他空间不同，该空间是标准化的，即不管是哪个厂家生产的设备，都需要有这段空间，而且哪个地方放什么东西，都是协议规定好的，主机按协议访问这部分空间。主机软件访问 PCIe 设备的配置空间，RC 会生成 Configuration TLP 与 Switch 或 EP 交互。

如表 5-22 所示是访问 Endpoint 的配置空间的 TLP Header（Type 0）。

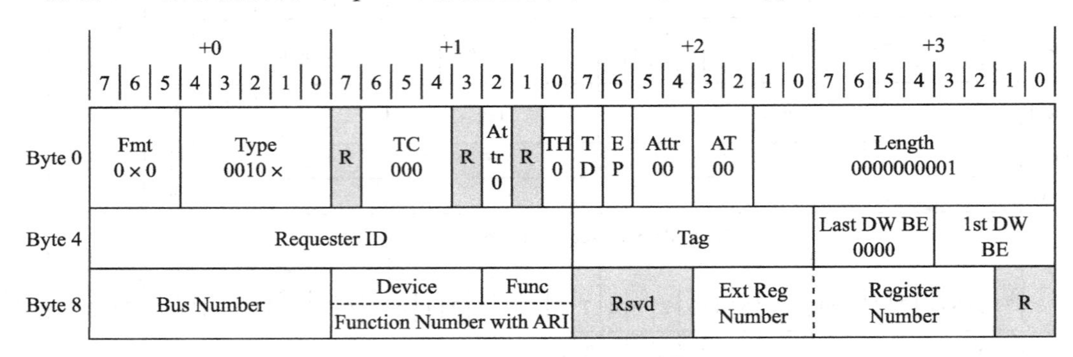

图 5-22 Type 0 Configuration TLP 的 Header

Bus Number + Device + Function 就唯一决定了目标设备；Ext Reg Number + Register Number 相当于配置空间的偏移。找到了设备，然后指定了配置空间的偏移，就能找到具体想访问的配置空间的某个位置（寄存器）。

3. Message TLP

Message TLP 用于传输中断、错误、电源管理等信息，取代 PCI 时代的边带信号传输。Message TLP 的 Header 大小总是 4DW，如图 5-23 所示。

Message Code 指定该 Message 的类型，具体如下图 5-24 所示。

不同的 Message Code，最后两个 DW 的意义也不同，这里不再展开。

4. Completion TLP

有 Non-Posted Request TLP，才有 Completion TLP，有因才有果。前面看到，Requester 的 TLP 当中都有 Requester ID 和 Tag，来告知接收者、发起者是谁。那么响应者的目标地址就很简单，照抄发起者的源地址就可以了。Completion TLP 的 Header 如图 5-25 所示。

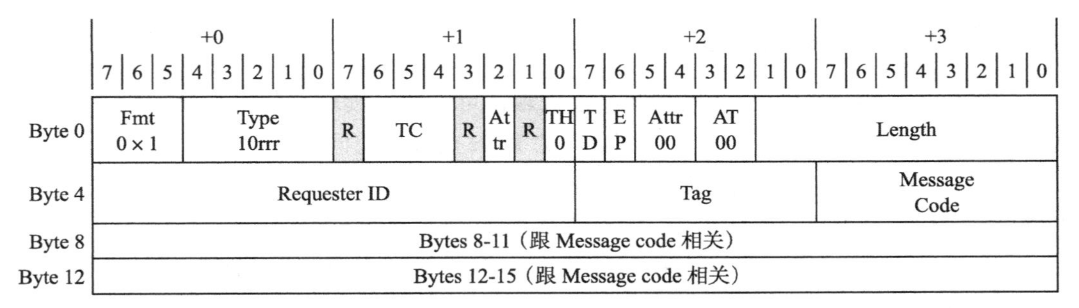

图 5-23 Message TLP 的 Header

Message Code [7:0]	Byte 7 Bit 7:0	这个域表示发送message的类型 0000 0000b = Unlock Message 0001 0000b = Lat. Tolerance Reporting 0001 0010b = Optimized Buffer Flush/Fill 0001 xxxxb = Power Mgt. Message 0010 0xxxb = INTx Message 0011 00xxb = Error Message 0100 xxxxb = Ignored Messages 0101 0000b = Set Slot Power Message 0111 111xb = Vendor-Defined Messages

图 5-24 Messagecode 域解释

	+0								+1								+2								+3							
	7	6	5	4	3	2	1	0	7	6	5	4	3	2	1	0	7	6	5	4	3	2	1	0	7	6	5	4	3	2	1	0
Byte 0	Fmt 0×0			Type 01010					R	TC			R	Attr	R	TH 0	TD	EP	Attr		AT 00		Length									
Byte 4	Completer ID																Compl. Status			BCM	Byte Count											
Byte 8	Requester ID																Tag								R	Lower Address						

图 5-25 Completion TLP 的 Header

Completion TLP 一方面，可以返回请求者的数据，比如作为 Memory 或 Configuration Read 的响应；另一方面，还可以返回该事务（Transaction）的状态。因此，在 Completion TLP 的 Header 中有一个 Completion Status，用以返回事务状态（见图 5-26）。

域名称	Header Byte/Bit	解释
Compl. Status [2:0] (Completion Status Code)	Byte 6 Bit 7:5	These bits indicate status for this Completion. 000b = Successful Completion (SC) 001b = Unsupported Request (UR) 010b = Config Req Retry Status (CRS) 100b = Completer abort (CA)

图 5-26 Completion Status Code

5.6 PCIe 配置和地址空间

每个 PCIe 设备都有这样一段空间，主机软件可以通过读取它获得该设备的一些信息，也可以通过它来配置该设备，这段空间就称为 PCIe 的配置空间。不同于每个设备的其他空间，PCIe 设备的配置空间是协议规定好的，哪个地方放什么内容，都是有定义的。PCI 或者 PCI-X 时代就有配置空间的概念，具体如图 5-27 所示。

整个配置空间就是一系列寄存器的集合，由两部分组成：64B 的 Header 和 192B 的 Capability 数据结构。

进入 PCIe 时代，PCIe 能耐更大，192B 不足以罗列它的绝活。为了保持后向兼容，又要不把绝活落下，怎么办？很简单，扩展后者的空间，把整个配置空间由 256B 扩展成 4KB，前面 256B 保持不变（见图 5-28）。

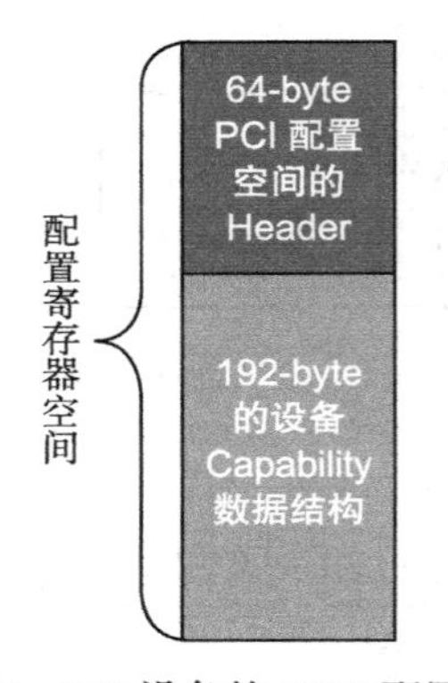

图 5-27 PCI 设备的 256B 配置空间

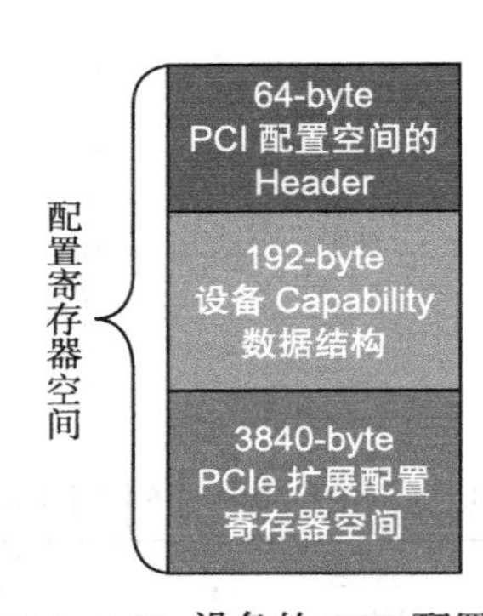

图 5-28 PCIe 设备的 4KB 配置空间

PCIe 有什么能耐（Capability）我们不看，先看看只占 64B 的 Configuration Header（见图 5-29）。

其中，Type 0 Header 是 Endpoint 的 Configuration Header，Type 1 Header 是 Switch 的 Configuration Header。

像 Device ID、Vendor ID、Class Code 和 Revision ID 是只读寄存器，PCIe 设备通过这些寄存器告诉主机软件，这是哪个厂家的设备、设备 ID 是多少以及是什么类型的（网卡、显卡、桥）设备。

其他的我们暂时不看，我们看看重要的 BAR（Base Address Register）。

对 Endpoint Configuration（Type 0）提供了最多 6 个 BAR，而对 Switch（Type 1）来说只有 2 个。BAR 是做什么的？

每个 PCIe 设备，都有自己的内部空间，这部分空间如果开放给主机（软件或者 CPU）访问，那么主机怎样才能往这部分空间写入或者读数据呢？

我们知道，CPU 只能直接访问主机内存（Memory）空间（或者 IO 空间），不能对 PCIe 等外设进行直接操作。怎么办？记得前文提到的 RC 吗？它可以为 CPU 分忧。

Type 0 Header

Byte 3	Byte 2	Byte 1	Byte 0	Doubleword
Device ID		Vendor ID		00
Status		Command		01
Class Code			Revision ID	02
BIST	Header Type	Latency Timer	Cache Line Size	03
Base Address 0				04
Base Address 1				05
Base Address 2				06
Base Address 3				07
Base Address 4				08
Base Address 5				09
CardBus CIS Pointer				10
Subsystem ID		Subsystem Vendor ID		11
Expansion ROM Base Address				12
Reserved			Capabilities Pointer	13
Reserved				14
Max_Lat	Min_Gnt	Interrupt Pin	Interrupt Line	15

Type 1 Header

Byte 3	Byte 2	Byte 1	Byte 0	Doubleword
Device ID		Vendor ID		00
Status		Command		01
Class Code			Revision ID	02
BIST	Header Type	Latency Timer	Cache Line Size	03
Base Address 0				04
Base Address 1				05
Secondary Latency Timer	Subordinate Bus Number	Secondary Bus Number	Primary Bus Number	06
Secondary Status		I/O Limit	I/O Base	07
Memory Limit		Memory Base		08
Prefetchable Memory Limit		Prefetchable Memory Base		09
Prefetchable Base-Upper 32-bits				10
Prefetchable Limit-Upper 32-bits				11
I/O Limit Upper 16-bits		I/O Base Upper 16-bits		12
Reserved		Capabilities Pointer		13
Expansion ROM Base Address				14
Bridge Control		Interrupt Pin	Interrupt Line	15

图 5-29　配置空间的 Header

解决办法是：CPU 如果想访问某个设备的空间，由于它不能亲自跟那些 PCIe 外设打交道，因此叫 RC 去办。比如，如果 CPU 想读 PCIe 外设的数据，先叫 RC 通过 TLP 把数据从 PCIe 外设读到主机内存，然后 CPU 从主机内存读数据；如果 CPU 要往外设写数据，则先把数据在内存中准备好，然后叫 RC 通过 TLP 写入到 PCIe 设备。

图 5-30 的最左边的虚线表示 CPU 要读 Endpoint A 的数据，RC 则通过 TLP（经历 Switch）数据交互获得数据，并把它写入到系统内存中，然后 CPU 从内存中读取数据（深色实线箭头所示），从而 CPU 间接完成对 PCIe 设备数据的读取。

具体实现就是上电的时候，系统把 PCIe 设备开放的空间（系统软件可见）映射到内存地址空间，CPU 要访问该 PCIe 设备空间，只需访问对应的内存地址空间。RC 检查该内存地址，如果发现该内存空间地址是某个 PCIe 设备空间的映射，就会触发其产生 TLP，去访问对应的 PCIe 设备，读取或者写入 PCIe 设备。

一个 PCIe 设备，可能有若干个内部空间（属性可能不一样，比如有些可预读，有些不可预读）需要映射到内存空间，设备出厂时，这些空间的大小和属性都写在 Configuration

BAR 寄存器里面，上电后，系统软件读取这些 BAR，分别为其分配对应的系统内存地址空间，并把相应的内存基地址写回到 BAR（BAR 的地址其实是 PCI 总线域的地址，CPU 访问的是存储器域的地址，CPU 访问 PCIe 设备时，需要把总线域地址转换成存储器域的地址）。

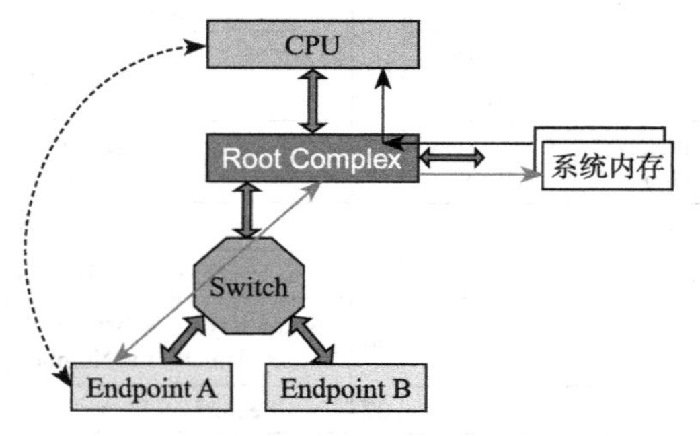

图 5-30　CPU 与 EP 通信示例

如图 5-31 所示，Native PCIe Endpoint（Switch 右下）只支持 Memory Map，它有两个不同属性的内部空间要开放给系统软件，因此，它可以分别映射到内存（Memory，不是 DRAM 区域）地址空间的两个地方；还有一个 Legacy Endpoint，它既支持 Memory Map，还支持 IO Map，它也有两个不同属性的内部空间，分别映射到系统内存空间和 IO 空间。

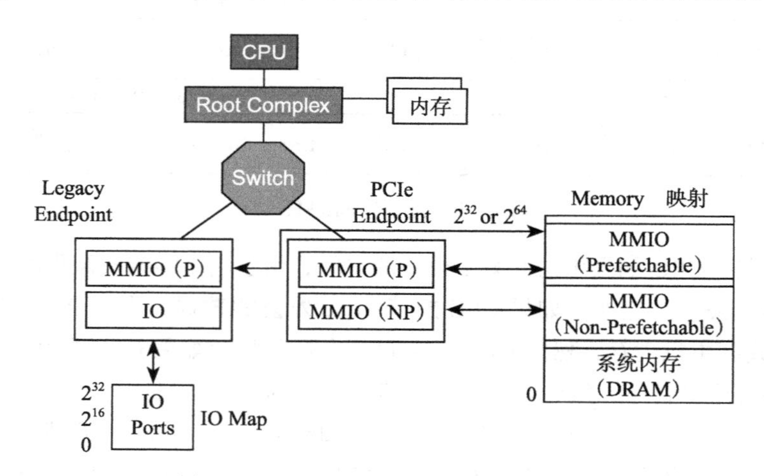

图 5-31　Memory 映射和 I/O 映射示例

下面，我们来看一下，对于 PCIe 设备，系统软件是如何为其分配映射空间的（见图 5-32）。

上电时，系统软件首先会读取 PCIe 设备的 BAR0，得到数据（见图 5-33）

然后系统软件往该 BAR0 写入全 1（见图 5-34）。

BAR 寄存器有些 bit 是只读的，是 PCIe 设备在出厂前就固定好的 bit，写全 1 进去，如果值保持不变，就说明这些 bit 是厂家固化好的，这些固化好的 bit 提供了这块内部空间的一些信息：

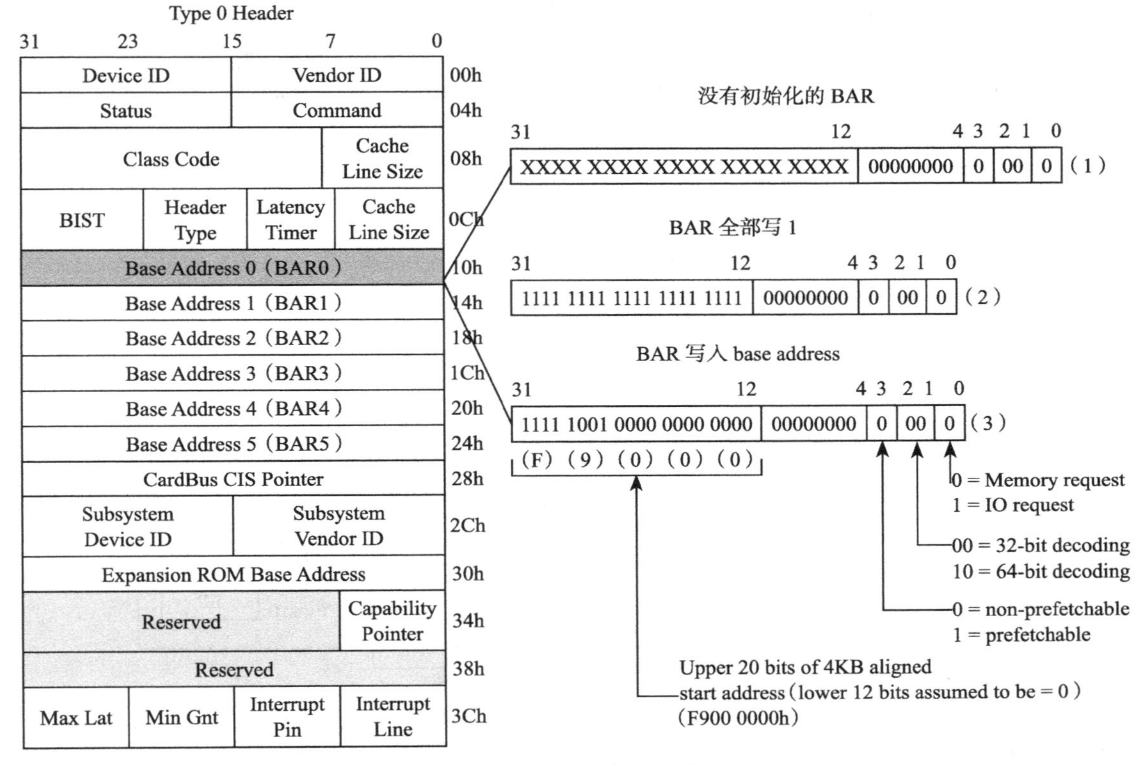

图5-32 BAR0设置示例

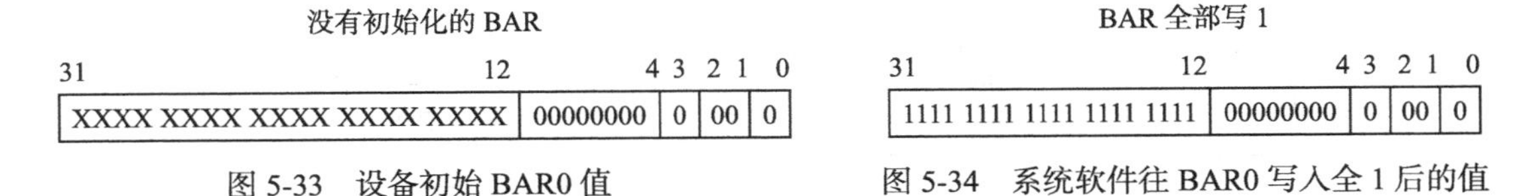

图5-33 设备初始BAR0值

图5-34 系统软件往BAR0写入全1后的值

如何解读？低12位没变，表明该设备空间大小是4KB（2的12次方字节），然后低4位表明了该存储空间的一些属性（IO映射还是内存映射？32bit地址还是64bit地址？能否预取？做过单片机的人可能知道，有些寄存器只要一读，数据就会清掉，因此，对这样的空间，是不能预读的，因为预读会改变原来的值），这些都是PCIe设备在出厂前都设置好的，提供给系统软件的信息。

然后系统软件根据这些信息，在系统内存空间找到这样一块地方来映射这4KB的空间，把分配的基地址写入到BAR0（见图5-35）。

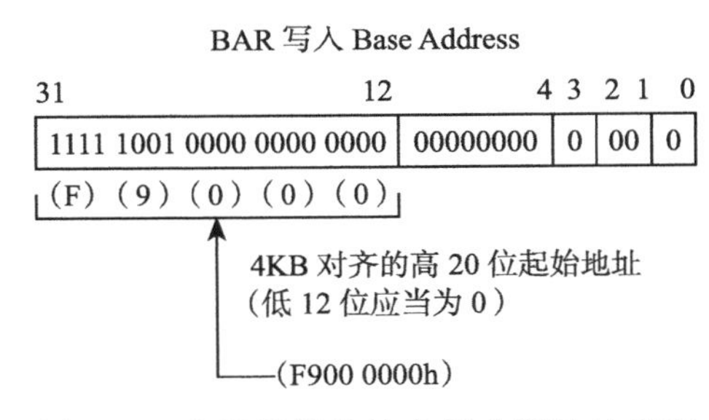

图5-35 主机软件为该空间分配地址空间后BAR0的值

从而完成了该 PCIe 空间的映射。一个 PCIe 设备可能有若干个内部空间需要开放出来，系统软件依次读取 BAR1、BAR2……直到 BAR5，完成所有内部空间的映射。

上面主要讲了 Endpoint 的 BAR，Switch 也有两个 BAR，这里不展开讲，下节讲 TLP 路由的时候再回过头来讲。下面我们继续说配置空间。

前面说每个 PCIe 设备都有一个配置空间，其实这样的说法是不准确的，而是每个 PCIe 设备至少有一个配置空间。一个 PCIe 设备可能具有多个功能（Function），比如既能当硬盘，还能当网卡，每个功能对应一个配置空间。

在一个 PCIe 拓扑结构里，一条总线下面可以挂几个设备，而每个设备可以具有几个功能，如图 5-36 所示。

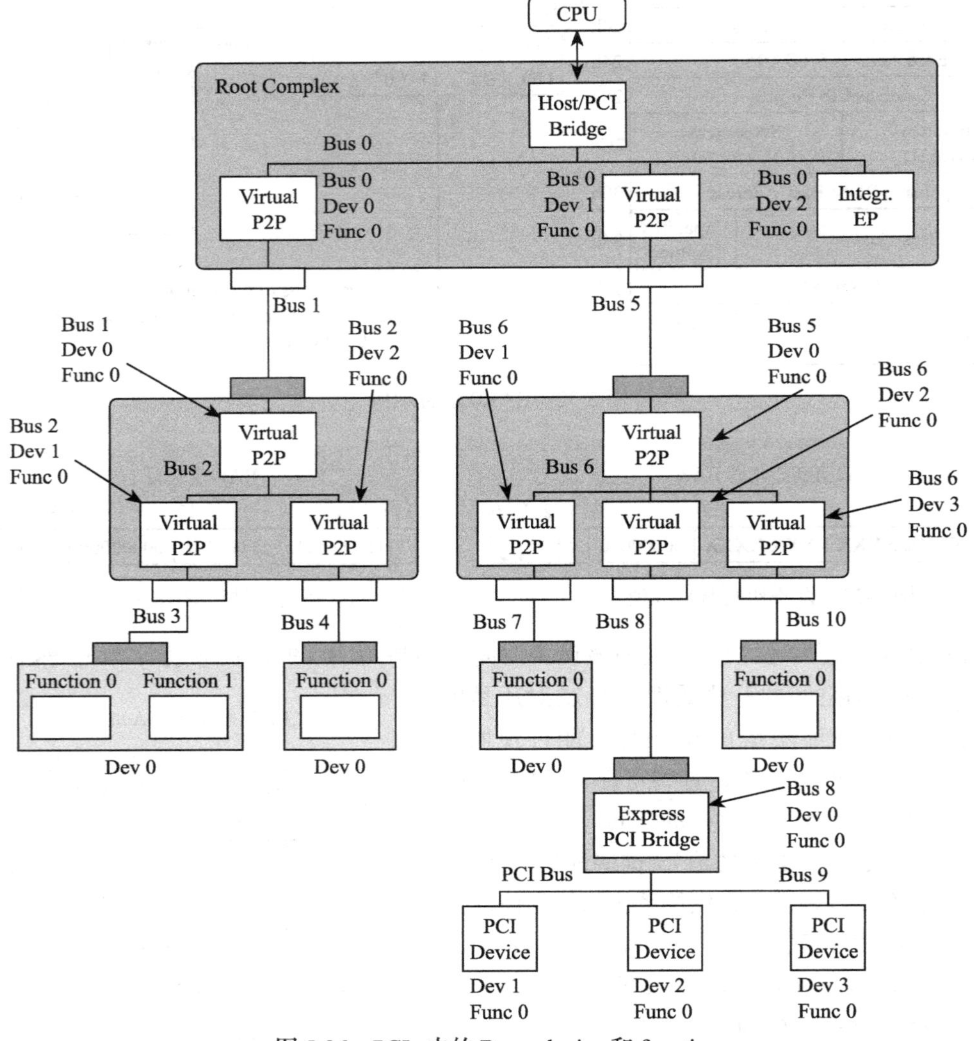

图 5-36　PCIe 中的 Bus、device 和 function

因此，在整个 PCIe 系统中，只要知道了 Bus No.+Device No.+Function No.，就能找到唯一的 Function。

寻址基本单元是功能，它的 ID 由 Bus+Device+Function 组成（BDF）。一个 PCIe 系统，可以最多有 256 条 Bus，每条 Bus 上最多可以挂 32 个设备，而每个设备最多又能实现 8 个 Function，每个 Function 对应 4KB 的配置空间。上电时，这些配置空间都需要映射到主机的内存地址空间（PCIe 域，非 DRAM 区域）。这块内存地址映射区域大小为：$256 \times 32 \times 8 \times 4\text{KB} = 256\text{MB}$。注意，这只是内存空间的某个区域，不占用 DRAM 空间。

系统软件如何读取 Configuration 空间呢？不能通过 BAR 中的地址，为什么？别忘了 BAR 是在 Configuration 中的，你首先要读取 Configuration，才能得到 BAR。系统不是为所有可能的 Configuration 空间做了内存映射吗？系统软件想访问哪个 Configuration，只需指定相应 Function 对应的内存空间地址，RC 发现这个地址是 Configuration 映射空间，就会产生相应的 Configuration Read TLP（映射地址→ BDF）去获得相应 Function 的 Configuration。

再回想一下前面介绍的 Configuration Read TLP 的 Header 格式（见图 5-37）。

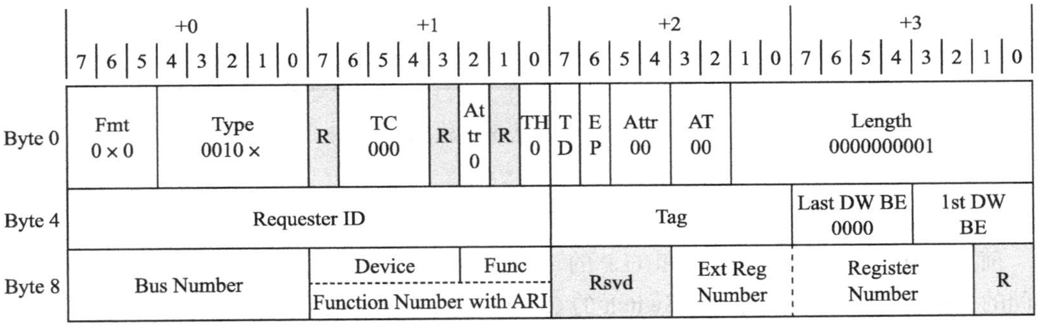
+0
+1
+2
+3
7 6 5 4 3 2 1 0 7 6 5 4 3 2 1 0 7 6 5 4 3 2 1 0 7 6 5 4 3 2 1 0
Byte 0
Fmt 0×0
Type 0010×
R
TC 000
R
Attr 0
R
TH 0
TD
EP
Attr 00
AT 00
Length 0000000001
Byte 4
Requester ID
Tag
Last DW BE 0000
1st DW BE
Byte 8
Bus Number
Device
Func
Function Number with ARI
Rsvd
Ext Reg Number
Register Number
R

图 5-37　ConfigurationRead TLP 的 Header

Bus Number + Device + Function 就唯一决定了目标设备；Ext Reg Number + Register Number 相当于配置空间的偏移。找到设备，然后指定配置空间的偏移，就能找到具体想访问的配置空间的某个位置（寄存器）。

请注意，只有 RC 才能发起 Configuration 的访问请求，其他设备是不允许对别的设备进行 Configuration 读写的。

5.7　TLP 的路由

一个 TLP 是怎样历经千山万水，最后顺利抵达目的地的呢？

下面就以图 5-38 所示的简单拓扑结构为例，讨论一个 TLP 是怎样从发起者到达接收者，即 TLP 的路由问题。

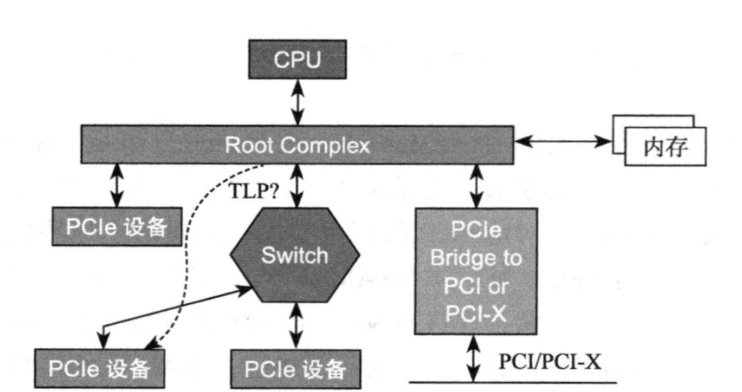

图 5-38　TLP 如何传输？

PCIe 共有三种路由方式：基于地址（Memory Address）路由、基于设备 ID（Bus Number + Device Number + Function Number）路由，还有就是隐式（Implicit）路由。

表 5-6　TLP 路由方式

TLP 类型	路由方式
Memory Read/Write TLP	地址路由
Configuration Read/Write TLP	ID 路由
Completion TLP	ID 路由
Message TLP	地址路由或者 ID 路由或者隐式路由

不同类型的 TLP，其寻址方式也不同，表 5-6 总结了每种 TLP 对应的路由方式。

下面分别讲述这几种路由方式。

1. 地址路由

前面提到，Switch 负责路由和 TLP 的转发，而路由信息是存储在 Switch 的 Configuration 空间的，因此，很有必要先理解 Switch 的 Configuration（见图 5-39）。

BAR0 和 BAR1 没有什么好说，跟前节讲的 Endpoint 的 BAR 意义一样，存放 Switch 内部空间在主机内存空间映射基址。

Switch 有一个上游端口（靠近 RC）和若干个下游端口，每个端口其实是一个 Bridge，都有一个 Configuration，每个 Configuration 描述了其下面连接设备空间映射的范围，分别由 Memory Base 和 Memory Limit 来表示。对上游端口，其 Configuration 描述的地址范围是它下游所有设备的映射空间范围，而对每个下游端口的 Configuration，描述了连接它端口设备的映射空间范围。

前面我们看到，Memory Read 或者 Memory Write TLP 的 Header 里面都有一个地址信息，该地址是 PCIe 设备内部空间在内存中的映射地址（见图 5-40）。

当一个 Endpoint 收到一个 Memory Read 或者 Memory Write TLP，它会把 TLP Header 中的地址跟 Configuration 当中所有的 BAR 寄存器比较，如果 TLP Header 中的地址落在这些 BAR 的地址空间，那么它就认为该 TLP 是发给它的，于是接收该 TLP，否则就忽略，如图 5-41 所示。

Type 1 Header

31		15	0	
Device ID		Vendor ID		00h
Status		Command		04h
Class Code			Cache Line Size	08h
BIST	Header Type	Latency Timer	Cache Line Size	0Ch
Base Address 0（BAR0）				10h
Base Address 1（BAR1）				14h
Secondary Lat Timer	Subordinate Bus #	Secondary Bus #	Primary Bus #	18h
Secondary Status		IO Limit	IO Base	1Ch
Non-prefetchable Memory Limit		Non-prefetchable Memory Base		20h
Prefetchable Memory Limit		Prefetchable Memory Base		24h
Prefetchable Memory Base Upper 32 Bits				28h
Prefetchable Memory Limit Upper 32 Bits				2Ch
IO Limit Upper 16Bits		IO Base Upper 16 Bits		30h
Reserved			Capability Pointer	34h
Expansion ROM Base Address				38h
Bridge Control		Interrupt Pin	Interrupt Line	3Ch

图 5-39 Type 1 Configuration Header

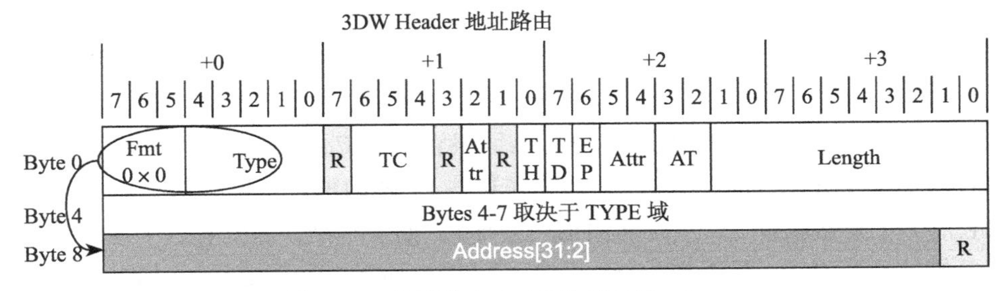

图 5-40 地址路由 3DW 的 TLP Header

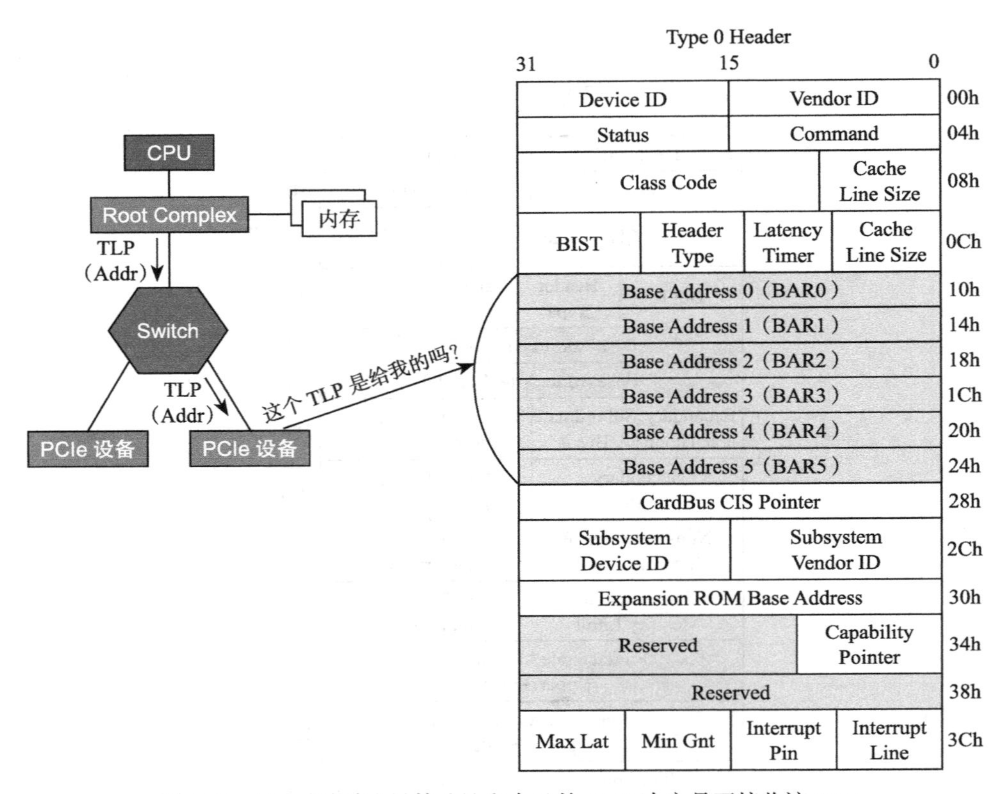

图 5-41　EP 通过对比目的地址和自己的 BAR 决定是否接收该 TLP

当一个 Switch 上游端口收到一个 Memory Read 或者 Memory Write TLP，它首先把 TLP Header 中的地址跟它自己 Configuration 当中的所有 BAR 寄存器比较，如果 TLP Header 当中的地址落在这些 BAR 的地址空间，那么它就认为该 TLP 是发给它的，于是接收该 TLP（这个过程与 Endpoint 的处理方式一样）；如果不是，则看这个地址是否落在其下游设备的地址范围内（是否在 Memory Base 和 Memory Limit 之间），如果是，说明该 TLP 是发给它下游设备的，因此它要完成路由转发；如果地址不落在下游设备的地方范围内，说明该 TLP 不是发给它下游设备的，则不接受该 TLP，如图 5-42 所示。

刚才的描述是针对 TLP 从 Upstream 流到 Downstream 的路由。如果 TLP 从下游往上走呢？

它（某端口）首先把 TLP Header 中的地址跟它自己 Configuration 当中的所有 BAR 寄存器比较，如果 TLP Header 当中的地址落在这些 BAR 的地址空间，那么它就认为该 TLP 是发给它的，于是接收该 TLP（跟前面描述一样）；如果不是，那就看这个地址是否落在其下游设备的地址范围内（是否在 Memory Base 和 Memory Limit 之间）。如果是，这个时候不是接受，而是拒绝；相反，如果地址不落在下游设备的地址范围内，Switch 则把该 TLP 传上去。

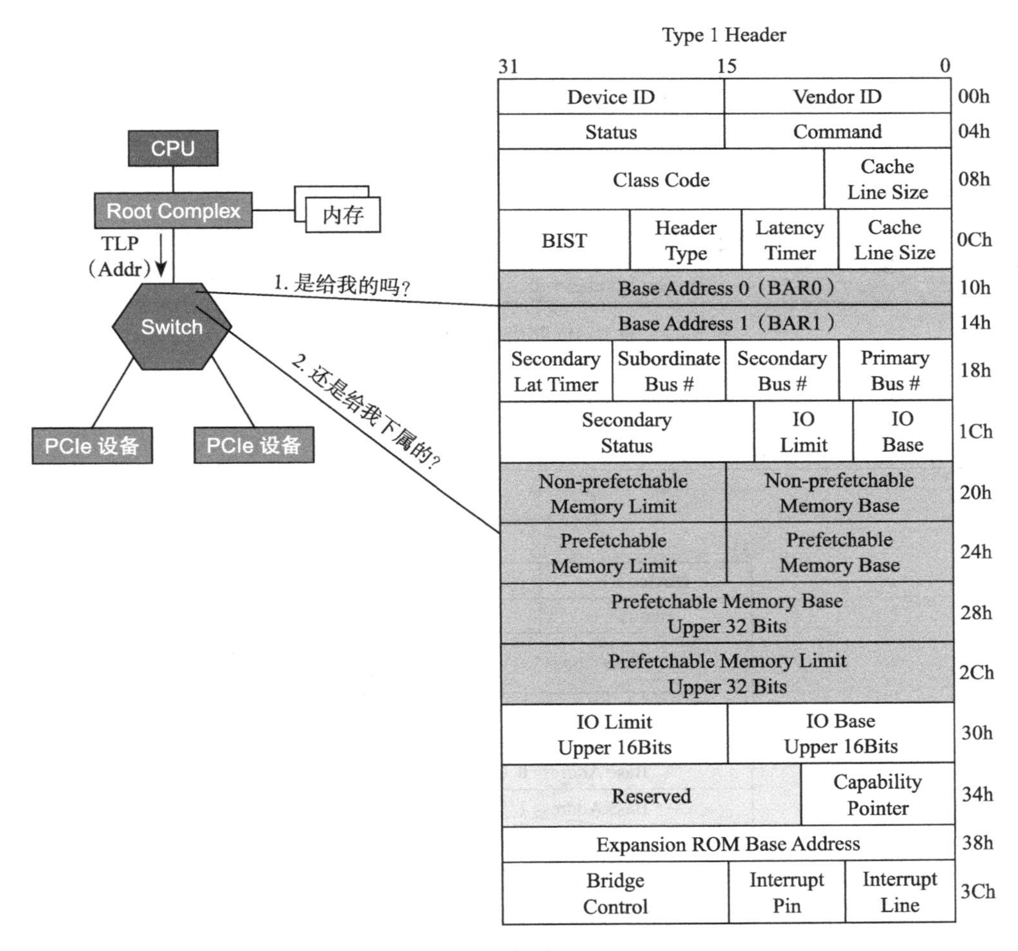

图 5-42 Switch 如何分配地址路由

2. ID 路由

在一个 PCIe 拓扑结构中，由 ID = Bus Number+Device Number+Function Number（BDF）能唯一找到某个设备的某个功能。这种按设备 ID 号来寻址的方式叫作 ID 路由。Configuration TLP 和 Completion TLP（CplD）按 ID 路由寻址，Message 在某些情况下也是 ID 路由。

使用 ID 路由的 TLP，其 TLP Header 中含有 BDF 信息（见图 5-43）。

当一个 Endpoint 收到一个这样的 TLP，它用自己的 ID 和收到 TLP Header 中的 BDF 比较，如果是给自己的，就收下 TLP，否则就拒绝。

如果是一个 Switch 收到这样的一个 TLP，怎么处理？我们再回头看看 Switch 的 Configuration Header（见图 5-44）。

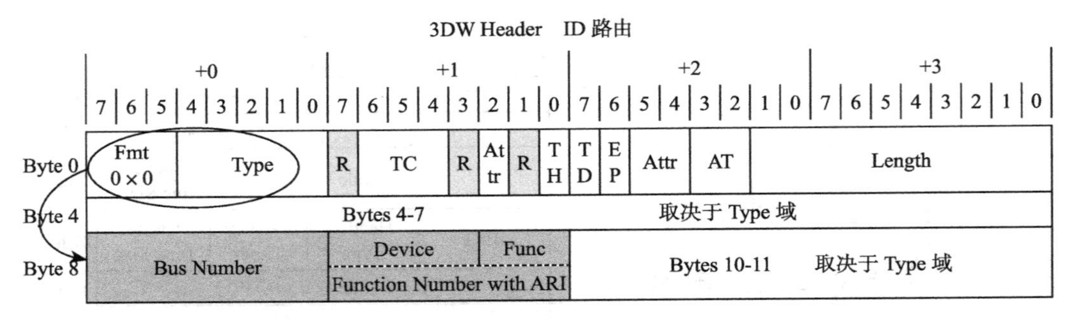

图 5-43 使用 ID 路由的 3DW TLP Header

注意： 不是一个 Switch 对应一个 Configuration 空间（Type 1 Header），而是 Switch 的每个 Port 都有一个 Configuration 空间（Type 1 Header）。

Type 1 Header

31		15	0	
Device ID		Vendor ID		00h
Status		Command		04h
Class Code			Cache Line Size	08h
BIST	Header Type	Latency Timer	Cache Line Size	0Ch
Base Address 0（BAR0）				10h
Base Address 1（BAR1）				14h
Secondary Lat Timer	Subordinate Bus #	Secondary Bus #	Primary Bus #	18h
Secondary Status		IO Limit	IO Base	1Ch
Non-prefetchable Memory Limit		Non-prefetchable Memory Base		20h
Prefetchable Memory Limit		Prefetchable Memory Base		24h
Prefetchable Memory Base Upper 32 Bits				28h
Prefetchable Memory Limit Upper 32 Bits				2Ch
IO Limit Upper 16Bits		IO Base Upper 16 Bits		30h
Reserved			Capability Pointer	34h
Expansion ROM Base Address				38h
Bridge Control		Interrupt Pin	Interrupt Line	3Ch

图 5-44 Type 1 Header

看三个寄存器：Subordinate Bus Number、Secondary Bus Number 和 Primary Bus Number，如图5-45所示。

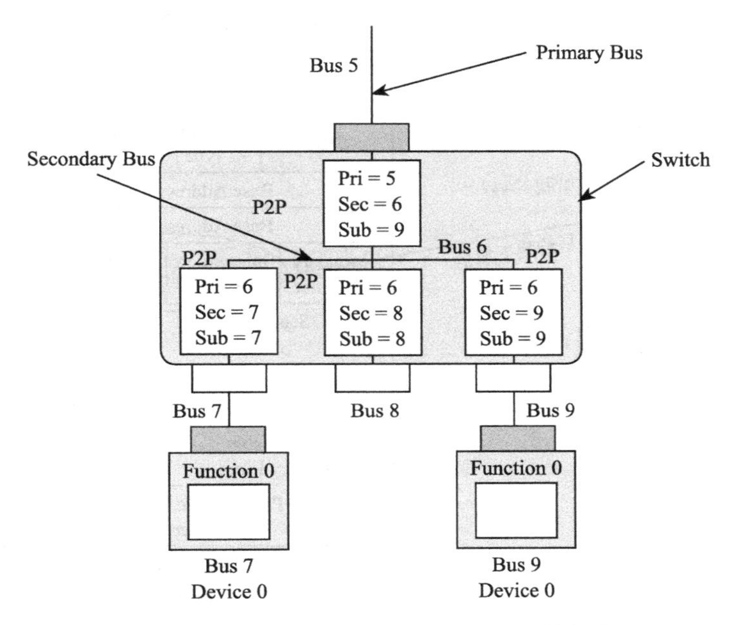

图5-45 Primary Bus 和 Secondary Bus 的概念

对一个 Switch 来说，每个 Port 靠近 RC（上游）的那根 Bus 叫作 Primary Bus，其 Number 写在其 Configuration Header 中的 Primary Bus Number 寄存器；每个 Port 下面的那根 Bus 叫作 Secondary Bus，其 Number 写在其 Configuration Header 中的 Secondary Bus Number 寄存器；对上游端口，Subordinate Bus 是其下游所有端口连接的 Bus 编号最大的那根 Bus，Subordinate Bus Number 写在每个 Port 的 Configuration Header 中的 Subordinate Bus Number 寄存器。

当一个 Switch 收到一个基于 ID 寻址的 TLP，首先检查 TLP 中的 BDF 是否与自己的 ID 匹配，如匹配，说明该 TLP 是给自己的，收下；否则，检查该 TLP 中的 Bus Number 是否落在 Secondary Bus Number 和 Subordinate Bus Number 之间。如果是，说明该 TLP 是发给其下游设备的，然后转发到对应的下游端口；如果是其他情况，则拒绝这些 TLP。

3. 隐式路由

只有 Message TLP 才支持隐式路由。在 PCIe 总线中，有些 Message 是与 RC 通信的，RC 是该 TLP 的发送者或者接收者，因此没有必要明明白白地指定地址或者 ID，这种路由方式称为隐式路由。Message TLP 还支持地址路由和 ID 路由，但以隐式路由为主。

Message TLP 的 Header 总是 4DW，如图5-47所示。

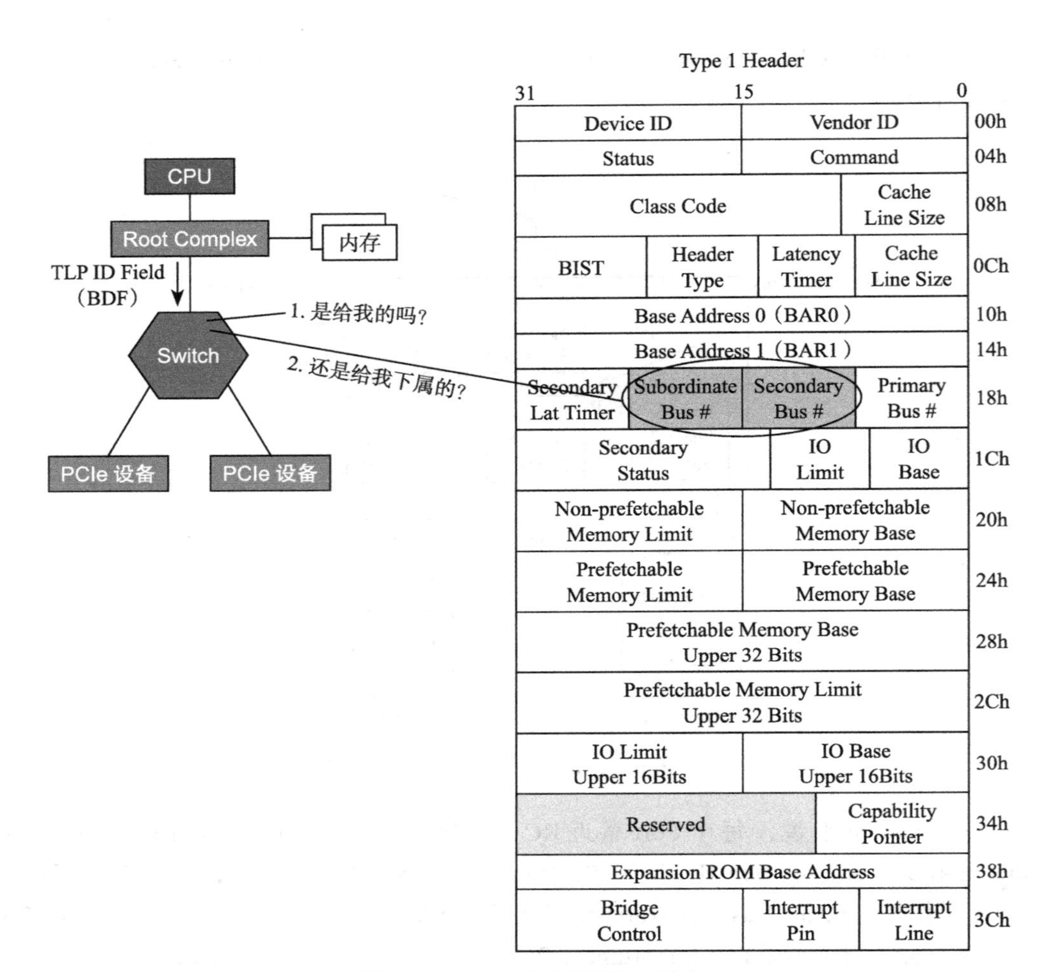

图 5-46　Switch 如何进行 ID 路由

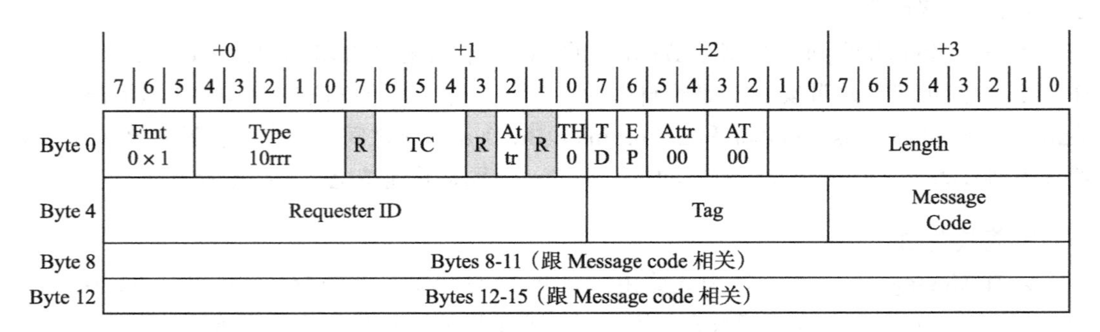

图 5-47　Message TLP 的 Header

Type 字段，低 3 位，由 rrr 表示，指明该 Message 的路由方式，具体如图 5-48 所示。

Message Routing Subfield R[2:0]
- 000b = Implicit - Route to the Root Complex
- 001b = Route by Address (bytes 8-15 of header contain address)
- 010b = Route by ID (bytes 8-9 of header contain ID)
- 011b = Implicit - Broadcast downstream
- 100b = Implicit - Local: terminate at receiver
- 101b = Implicit - Gather & route to the Root Complex
- 110b - 111b = Reserved: terminate at receiver

图 5-48 Type 域低 3 位决定了 Message TLP 路由方式

当一个 Endpoint 收到一个 Message TLP，检查 TLP Header，如果是 RC 的广播 Message（011b）或者该 Message 终结于它（100b），它就接受该 Message。

当一个 Switch 收到一个 Message TLP，检查 TLP Header，如果是 RC 的广播 Message（011b），则往它每个下游端口复制该 Message 然后转发。如果该 Message 终结于它（100b），则接受该 TLP。如果下游端口收到发给 RC 的 Message，则往上游端口转发。

上面说的是 Message 使用隐式路由的情况。如果是地址路由或者 ID 路由，Message TLP 的路由跟其他的 TLP 一样，不再赘述。

5.8 数据链路层

前面看到，一个 TLP 源于事务层，终于事务层。但 TLP 不是从发送端一步就跑到接收端，它经由发送端的数据链路层和物理层，然后是接收端的物理层和数据链路层，最终完成 TLP 的发送和接收。

数据链路层位于事务层的下一层，理所当然为事务层服务。那么，数据链路层在 TLP 传输过程中起了什么作用呢？

发送端：数据链路层接收上层传来的 TLP，它给每个 TLP 加上 Sequence Number（序列号，下文都用“序列号”来阐述）和 LCRC（Link CRC），然后转交给物理层。

接收端：数据链路层接收物理层传来的 TLP，检测 CRC 和序列号，如果有问题，会拒绝接收该 TLP，即不会传到它的事务层，并且通知发送端重传；如果该 TLP 没有问题，数据链路层则去除 TLP 中的序列号和 LCRC，交由它的事务层，并通知发送端 TLP 正确接收。

从上面的描述可以看出，数据链路层保证了 TLP 在数据总线上的正常传输，并使用了握手协议（Ack/Nak）和重传（Retry）机制来保证数据传输的一致性和完整性。

数据链路层的作用，除了保证 TLP 数据包的正确传输，还包括 TLP 流量控制和电源管理等功能。数据链路层借助 DLLP 来完成这些功能，如图 5-49 所示。

DLLP（Data Link Layer Packet，数据链路层的数据包）源于发送端的数据链路层，终于接收端的数据链路层，因此，处于高层的事务层是感知不到它的存在的。

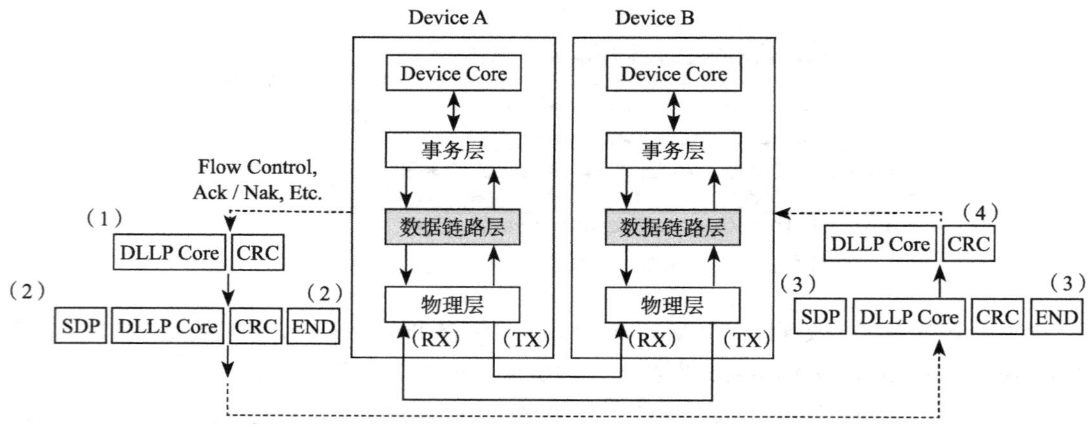

图 5-49　数据链路层在协议栈中的位置和作用

发送端：数据链路层生成 DLLP，交由物理层，物理层加起始（SDP）和结束标志（GEN 1/2 加 END，GEN3 则没有），然后物理传输到对方。

接收端：物理层对 DLLP 掐头去尾，交由数据链路层，数据链路层对 DLLP 进行校验，不管正确与否，DLLP 都终于这层。

与事务层 TLP 传输不同，数据链路层只处理端到端的数据传输。一个 TLP，可以翻山越岭（经过若干个 Switch），从一个设备传输到相隔很远的设备。但 DLLP 的传输，仅限于相邻的两个端口。因此，DLLP 中不需要包含路由信息，即不需要告诉我这个 DLLP 是哪个设备发起的，以及要发送给哪个目标设备。

如图 5-50 所示，一个 TLP 可以从 RC 传到 EP1，但 DLLP 的传输只限于 RC 与 Switch 上游 Port，Switch 的上游 Port 与下游 Port，以及 Switch 下游 Port 与 EP1（或者 EP2）。

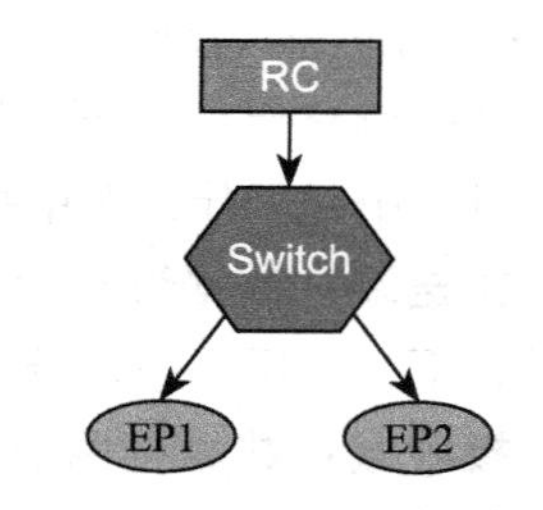

图 5-50　简单的 PCIe 系统示例

数据链路层主要有四大类型 DLLP：

- 用以确保 TLP 传输完整性的 DLLP: ACK/NAK;
- 流控相关的 DLLP；
- 电源管理相关的 DLLP；
- 厂家自定义 DLLP。

具体如表 5-7 所示。

表 5-7　DLLP 类型

DLLP 类型	类型编码	目的
ACK（确认 TLP 收到无误）	0000 0000b	用以保证 TLP 传输的完整性
NAK（TLP 有问题，需要重发）	0001 0000b	用以保证 TLP 传输的完整性
PM_Enter_L1	0010 0000b	电源管理
PM_Enter_L2L3	0010 0001b	电源管理
PM_Active_State_Request_L1	0010 0011b	电源管理

（续）

DLLP 类型	类型编码	目的
PM_Request_Ack	0010 0100b	电源管理
InitFC1_P	0100 0xxxb	TLP 的流控
InitFC1_NP	0101 0xxxb	TLP 的流控
InitFC1_Cpl	0110 0xxxb	TLP 的流控
InitFC2_P	1100 0xxxb	TLP 的流控
InitFC2_NP	1101 0xxxb	TLP 的流控
InitFC2_Cpl	1110 0xxxb	TLP 的流控
UpdateFC_P	1000 0xxxb	TLP 的流控
UpdateFC_NP	1001 0xxxb	TLP 的流控
UpdateFC_Cpl	1010 0xxxb	TLP 的流控
VendorSpecific	0011 0000	厂家自定义
保留的	其他	保留

DLLP 大小为 6B（物理层上加上头尾，传输的是 8B），格式如图 5-51 所示。

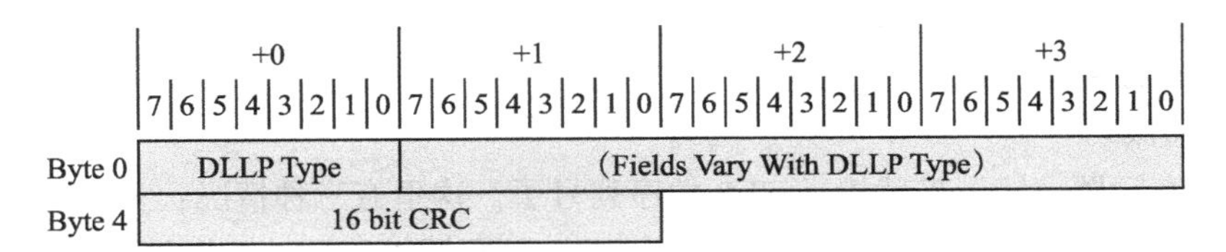

图 5-51　6B DLLP 格式

不同类型的 DLLP，格式相同，内容不一样。

1. ACK/NAK 协议

首先，我们来看 ACK/NAK DLLP，其格式如下（见图 5-52）。

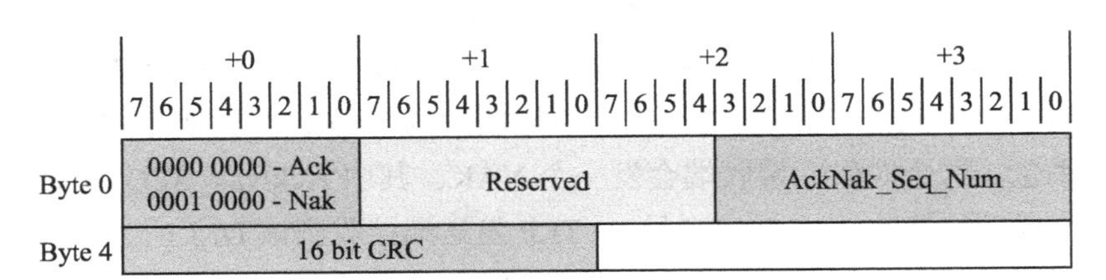

图 5-52　ACK/NAK DLLP 格式

数据链路层通过 ACK/NAK 协议来保证每个 TLP 的正确传输，其基本原理为：TLP 发送端的数据链路层为每个 TLP 加上序列号和 LCRC，在该 TLP 被接收端正确收到之前，它会一直保持在一个叫 Replay Buffer 的接口里面。TLP 接收端的数据链路层接收到该 TLP 后，做 CRC 校验和序列号检查，如果没有问题，TLP 接收端（可能）会生成和发送 ACK DLLP，TLP 发送方接收到 ACK 后，知道 TLP 被正确接收，因此它会把相关的 TLP 从 Replay Buffer 中清除；如果 TLP 接收方检测到 TLP 有错误，则会生成和发送 NAK DLLP，

TLP 发送方接收到 NAK 后，知道有 TLP 传输出错，会重新发送 Replay Buffer 相关的 TLP 给对方。TLP 传输出错往往是瞬态的，重传基本能保证 TLP 传输正确。TLP 接收方只有收到正确的 TLP 才会去掉序列号和 LCRC，并把 TLP 交给它的事务层。

前面提到，没有收到 ACK 的 TLP，发送端的链路层都会把它（包括序列号和 LCRC）放在 Replay Buffer 中。在接收端，当成功收到一个 TLP 后，它的序列号加 1，设置为下一个期望接收到的 TLP 序列号。

假设当前发送端 Replay Buffer 中有序列号分别为 10、11、12、13 的 4 个 TLP，即这些 TLP 发送出去了，但还没有得到响应。

假设接收端上一个成功接收到的 TLP 序列号为 11，期望下个接收到的 TLP 序列号为 12。这时，接收端接收到一个 TLP，首先，它会对该 TLP 做 LCRC 校验：

（1）校验失败

TLP 接收端会发送一个 NAK，其中 AckNak_SEQ_NUM 设为 11。TLP 发送端接收到该 NAK 后，知道 11 和它之前的 TLP（这里是 TLP 10）被成功接收，因此 TLP 10 和 TLP 11 会从 Replay Buffer 清掉（不需要重发）。同时，它知道 12 和后面的 TLP（这里是 TLP 13）没有被成功接收，因此它们会重发。

（2）校验成功

CRC 没有问题，接下来就检查 TLP 的序列号了。这里有三种情况：

- **TLP 接收端发现收到的 TLP 序列号为 12，与预期相符。**TLP 接收端可能需要发一个 ACK，也可能不需要发 ACK。为什么这么说？为减少数据链路层 DLLP 的传输，可能设置正确接收到若干个 TLP 后，才会返回一个 ACK，并非每成功接收一个 TLP，就返回一个 ACK。假设这个时候需要返回 ACK，则设 AckNak_SEQ_NUM 为 12。TLP 发送端接收到该 ACK，知道 TLP 12 和它之前所有的 TLP 都被成功接收，因此 TLP 10、TLP 11 和 TLP 12 会从 Replay Buffer 清掉。
- **TLP 接收端发现收到的 TLP 序列号为 13，与预期不符（预期为 TLP 12）。**TLP 接收端希望接收到的 TLP 为 12，这个时候收到的却是 13，说明 TLP 12 在半路丢了，发生丢包。这个时候，接收端会发一个 NAK，其中 AckNak_SEQ_NUM 设为 11（即上一个成功被接收的 TLP 序列号）。TLP 发送端接收到该 DLLP 后，知道 TLP 11 和它之前所有的 TLP 都被成功接收，因此 TLP 10 和 TLP 11 会从 Replay Buffer 清掉，并重发 TLP 12 和它后面的 TLP（这里是 TLP 13）。
- **TLP 接收端发现收到的 TLP 序列号为 10，与预期不符（预期为 TLP 12）。**TLP 上次正确接收到的是 TLP 11，这次又收到一个序列号比它小的 TLP，为什么会这样？原因是在 TLP 发送端，一个 TLP 在一定时间内没有收到 ACK，它会自动重发所有 Hold 在 Replay Buffer 中的 TLP。由于发送端的这个超时重发机制，导致一个 TLP 会被接收端接收到两次或者更多次（如果接收端一直不能及时响应）。TLP 接收端如果收到重复的 TLP 包，它会默默扔掉这些重复的 TLP，并发送 ACK，其中的

AckNak_SEQ_NUM 设为 11。TLP 发送端接收到该 DLLP 后，知道 TLP 11 和它之前所有的 TLP 都被成功接收，因此 TLP 10 和 TLP 11 会从 Replay Buffer 清掉。

图 5-53 是数据链路层内部框图，从中我们可以看到 ACK/NAK 是怎样实现的。

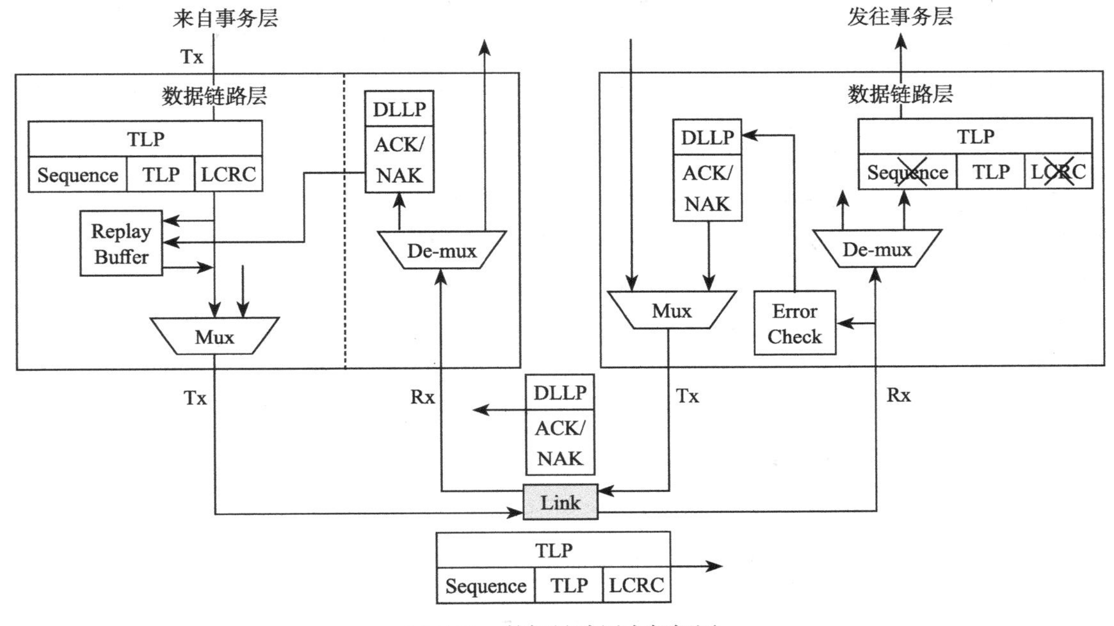

图 5-53 数据链路层内部框图

数据链路层通过 ACK/NAK 协议和 TLP 重传机制，保障了 TLP 传输的数据完整性。

问题来了，每个 DLLP 在接收端也需要做 CRC 校验，那如果 DLLP 出错了怎么办？接收端会丢弃出错的 DLLP，并通过下一个成功的 DLLP 更新之前丢失的信息。读者可根据上面的例子自行分析。

2. TLP 流控（流量控制，Flow Control）

我们再看看跟流控相关的 DLLP，其格式如图 5-54 所示。

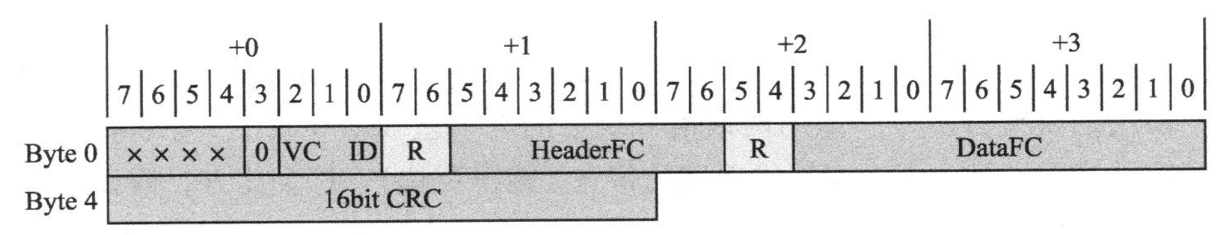

图 5-54 流控 DLLP 格式

我们不打算对每个流控 DLLP 展开解释，这里只简单说说 TLP 流控机制。

TLP 的发送端不能随便向对方发送 TLP，因为接收端处理 TLP 的速度可能赶不上发送 TLP 的速度。接收端如果没有足够空间接受该 TLP 的话，就会拒绝该 TLP，发送端必须重复发送该 TLP 直到对方接受，这在一定程度上影响了通信的效率。PCIe 有一套流控机制，来保证 TLP 的发送和接收是高效的。

TLP 流控基于 Credit。每个 TLP 都有一定大小，发送者在发送前，先看看对方是否有足够的空间来接纳该 TLP，如果有，则发送过去，否则就 Hold 在那里，直到对方有足够的空间再发。那发送者怎样才能知道对方有多少空间呢？ PCIe 使用流控 DLLP 来告知。接收端会时不时通过 DLLP 来告诉对方我有多少 TLP 接收空间，然后发送端依据此信息决定是不是生成 TLP 并发送过去，如图 5-55 所示。

需要注意的是，这里的流控是针对 TLP 传输而言。DLLP 的传输是不需要流控的，因为每个 DLLP 的大小只有六个字节，跟 TLP 相比非常迷你。如果 DLLP 需要流控，那就麻烦了。TLP 的流控是通过 DLLP 来实现的，如果 DLLP 还需要流控，那又有谁来帮忙实现呢？

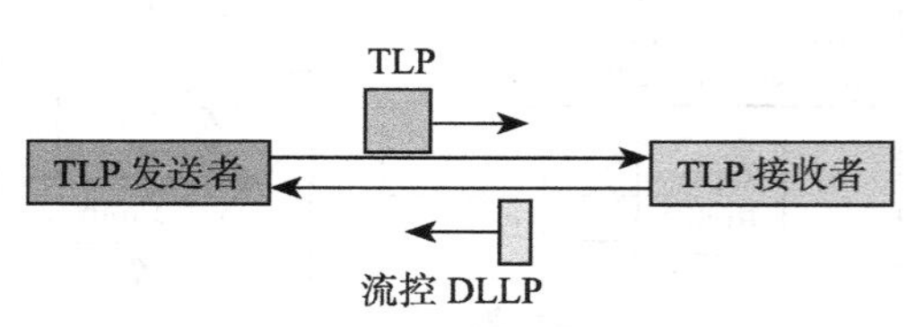

图 5-55　TLP 接收者通过流控 DLLP 告知发送者可用 TLP 接收空间

3. 电源管理

最后是跟电源管理相关的 DLLP（见图 5-56）。

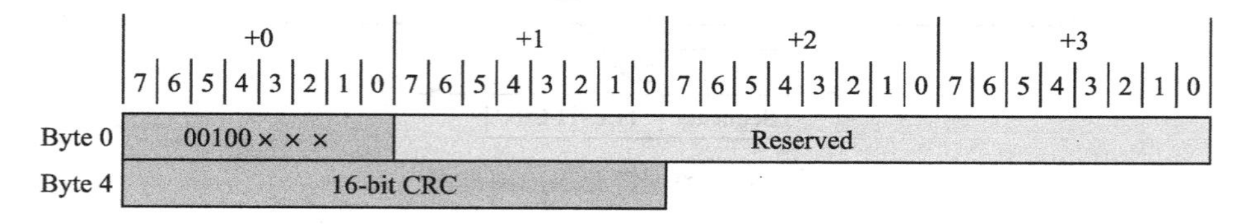

图 5-56　电源管理 DLLP 格式

关于电源管理，请查看第 8 章，在这里不做解释。

5.9　物理层

物理层是整个 PCIe 协议层的最底层，用来跑腿的。无论是 TLP 还是 DLLP，到最后都需要物理层来进行实实在在的物理信号传输。因此，有必要深入基层，了解一下物理层在做什么。

物理层由电气模块和逻辑模块组成。电气模块方面，我们知道 PCIe 是采用串行总线传输数据，使用的是差分信号，即用两根信号线上的电平差表示 0 或 1。与单端信号传输相比，差分信号抗干扰能力强，能提供更宽的带宽（跑得更快）。打个比方，假设用两个信号线上电平差表示 0 和 1，具体来讲，差值大于 0，表示 1；差值小于 0，表示 0。如果传输过程中存在干扰，两个线上加了近乎同样大小的干扰电平，两者相减，差值几乎不变，并不会影响信号传输。但对单端信号传输来说，就很容易受干扰，比如 0 ～ 1V 表示 0，1 ～ 3V 表示 1，一个本来是 0.8V 的电压，加入干扰，变成 1.5V，相当于 0 变成 1，数据就出错了。抗干扰能力强，因而可以用更快的速度进行数据传输，从而提供更宽的带宽（关于 PCIe 速度，可参看 5.1 节）。

关于电气模块更多详细内容，可以去读 PCIe 规范。对于 SSD 开发人员（尤其是固件开发者）来说，我觉得记住“串行总线，差分信号”就可以了，PCIe 的快是因为在物理传输上使用了这两大技术。

我们重点看看物理层的逻辑模块，如图 5-57 所示。

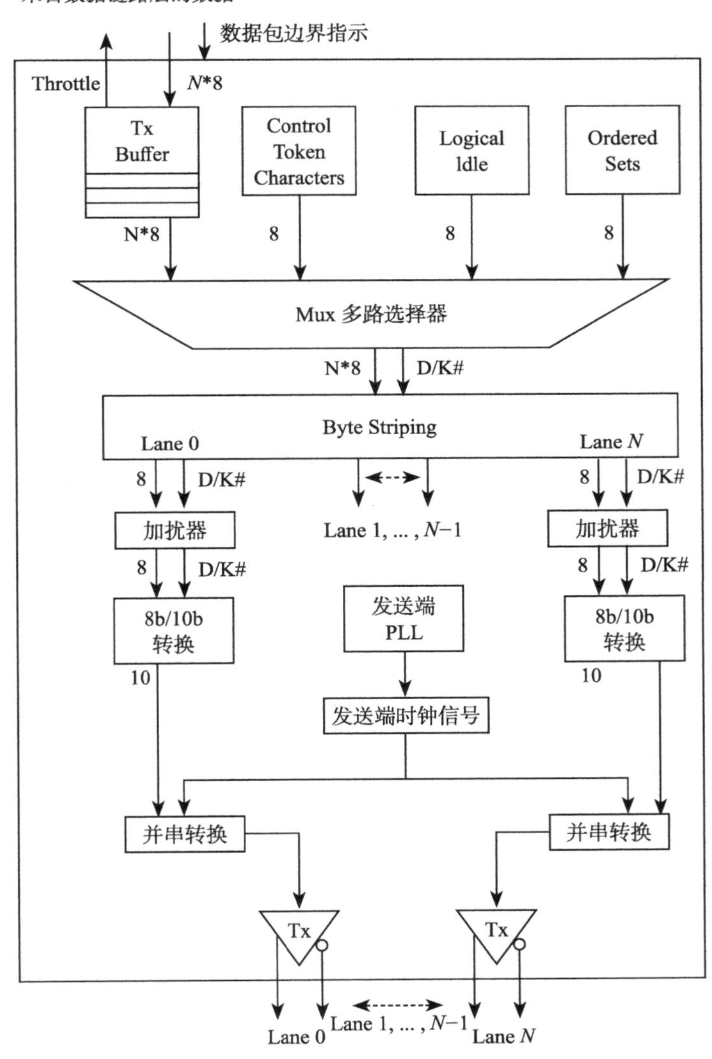

图 5-57 物理层中发送端逻辑子模块

- 物理层从数据链路层获得 TLP 或者是 DLLP，然后放到 TxBuffer 里。
- 物理层给 TLP 或者 DLLP 加入头（Start code）和尾（End code、Gen 3 没有尾巴）；给

每个 TLP 或者 DLLP 加上边界符号，这样接收端就能把 TLP 或者 DLLP 区分开。

- 第一节提到，PCIe 链路上可能有若干个 Lane。在物理层，TLP 或者 DLLP 数据会分派到每个 Lane 上独立传输。这个过程叫 Byte Stripping，类似于串并转换。
- 数据进入每条 Lane 后，分别加串扰（Scramble），目的是减少电磁干扰（EMI），手段是让数据与随机数据进行异或操作，输出伪随机数据，然后再发送出去。
- 加扰后的数据进行 8/10 编码（Gen3 是 128/130 编码）。8/10 编码是 IBM 的专利，目的主要有：让数据流中的 0 和 1 个数相当，保持直流平衡；嵌入时钟信息，PCIe 不需要专门的时钟进行信号传输。
- 最后进行并串转换，发送到串行物理总线上去。

接收端逻辑模块如图 5-58 所示。

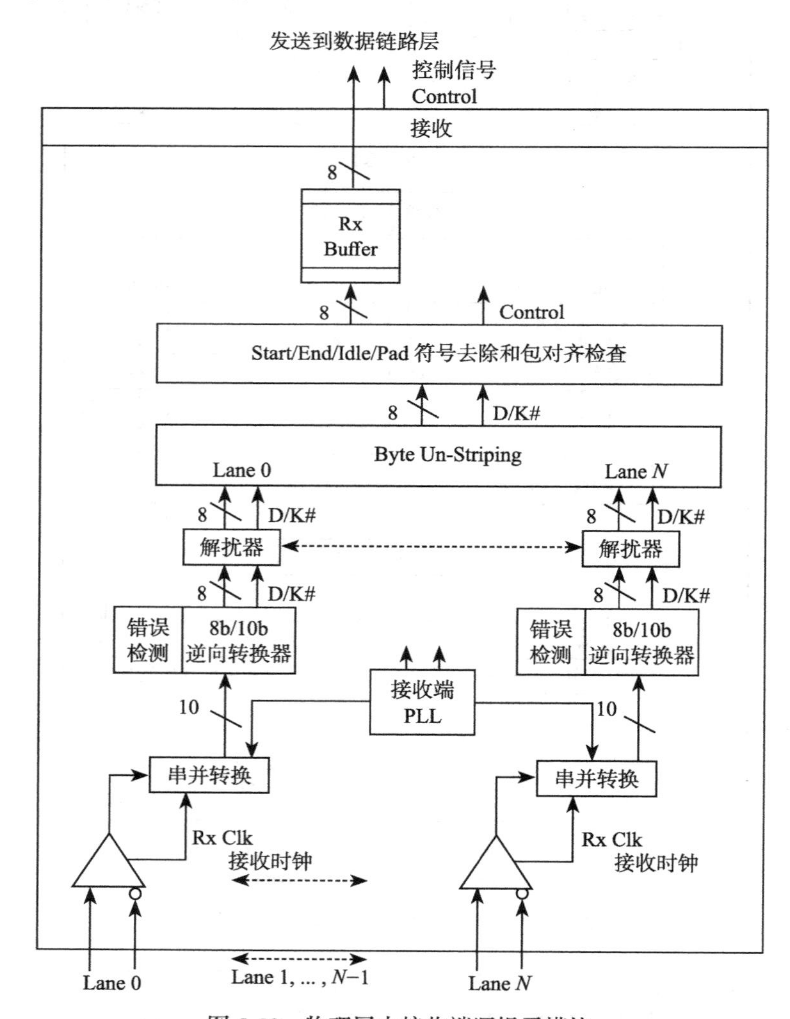

图 5-58　物理层中接收端逻辑子模块

接收端逆向操作，不再赘述。

PCIe 的三层，从上到下，依次为事务层、数据链路层和物理层。每层都有自己的数据包定义：事务层产生 TLP，经过数据链路层和物理层传输给接收方；数据链路层产生 DLLP，经过物理层传输到对方；物理层，不仅仅为上层 TLP 和 DLLP 做嫁衣，其实它也有自己的数据包定义，称为 Ordered Sets，简称 OS。

TLP 用以传输应用层或者命令层（事务层的顶头上司）数据，DLLP 用以 ACK/NAK、流控和电源管理等，OS 的功能是物理层用以管理链路的，比如链路训练（LinkTraining）、改变链路电源状态等。表 5-8 是 PCIe 中 OS 列表。

表 5-8　Ordered Sets 列表

Ordered Sets	说明
TS1OS/TS2OS	Training Sequence，用以链路初始化和链路训练等
EIOS	Electrical Idle，使 PCIe 链路进入空闲状态
FTSOS	Fast Training Sequence，使 PCIe 链路从低功耗状态 (L0s) 进入正常工作状态 (L0)
SOS (SKP OS)	SKP OS，用于时钟补偿
EIEOS	Electrical Idle Exit，PCIe 链路退出空闲状态

5.10 PCIe Reset

PCIe 是个博大精深的协议，跟 Reset 相关的术语就有不少：Cold Reset、Warm Reset、Hot Reset、Conventional Reset、Function Level Reset、Fundamental Reset、Non-Fundamental Reset。

要想完全理解 PCIe Reset，就要提纲挈领，快速从一大堆概念中理出头绪。

1. 整理出这些 Reset 之间的关系

这些 Reset 之间是从属关系，总线规定了两个复位方式：Conventional Reset 和 Function Level Reset（FLR）。

而 Conventional Reset 又进一步分为两大类：Fundamental Reset 和 Non-Fundamental Reset。

Fundamental Reset 方式包括 Cold 和 Warm Reset 方式，可以用 PCIe 将设备中的绝大多数内部寄存器和内部状态都恢复成初始值。

而 Non-Fundamental Reset 方式为 Hot Reset 方式。

看看表 5-9，有没有感觉好一点？

表 5-9　PCIe Reset 分类

<table>
<tr><td rowspan="2">Conventional Reset</td><td>Fundamental Reset</td><td>Cold Reset 和 Warm Reset</td></tr>
<tr><td>Non-Fundamental Reset</td><td>Hot Reset</td></tr>
<tr><td>Function Level Reset</td><td></td><td></td></tr>
</table>

2. 明白每种 Reset 的功能、实现方式及对设备的影响

Fundamental Reset：由硬件控制，会重启整个设备，包括：重新初始化所有的 State Machine、所有的硬件逻辑、Port State 和 Configuration Register。

当然，也有 Fundamental Reset 搞不定的情况，就是某些 Register 里属性为“Sticky”的 Field，跟蛋蛋一样坚强，任你怎么 Reset，我自岿然不动。

这些 Field 在 Debug 的时候非常有用，特别是那些需要 Reset Link 的情况，比如在 Link Reset 以后还能保存之前的错误状态，这对 FW 以及上层应用来说是很有用的。Fundamental Reset 一般发生在整个系统 Reset 的时候（比如重启电脑），但是也可以只针对某个设备做 Fundamental Reset。

Fundamental Reset 有两种：

- ❑ Cold Reset: Power Off/On Device 的 Vcc（Vaux 一直在）。
- ❑ Warm Reset（Optional）：保持 Vcc 的情况下由系统触发，比如改变系统的电源管理状态可能会触发设备的 Warm Reset，PCIe 协议没有定义具体如何触发 Warm Reset，而是把决定权交给系统。

有两种方法对一块 PCIe SSD 做 Fundamental Reset。

系统这边给设备发 PERST#（PCIe Express Reset）信号，以图 5-59 所示为例。

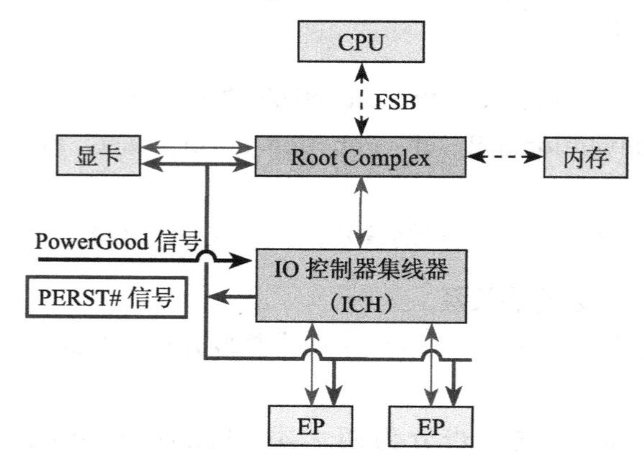

图 5-59　系统上电产生 PERST# 信号

1）如果这块 PCIe 设备支持 PERST# 信号：

- ❑ 一个系统上电时，主电源稳定后会有“Power Good”信号；
- ❑ 这时 ICH 就会发 PERST# 信号给下面挂的 PCIe SSD；
- ❑ 如果系统重启，Power Good 信号的变化会触发 PERST# 的 Assert 和 De-Assert，就可以实现 PCIe 设备的 Cold Reset；
- ❑ 如果系统可以提供 Power Good 信号以外的方法触发 PERST#，就可以实现 Warm Reset，PERST# 信号会发送给所有 PCIe 设备，设备可以选择使用这个信号，也可以不理它；

2）如果这块PCIe设备不支持PERST#信号：

- 上电时它会自动进行Fundamental Reset；
- 那些特立独行，选择不理睬PERST#信号的设备，必须能自己触发Fundamental Reset。比如，侦测到3.3V后就触发Reset（当设备发现供电超过其标准电压时，必须触发Reset）。

Hot Reset：通过Assert TS1的Symbol 5的Bit [0] 实现（见图5-60）。

TS1

序号	描述
0	COM
1	Link#
2	Lane#
3	#FTS
4	Rate ID
5	training control
6-15	TS ID

training control	
Bit 0	0=De-assert Hot Reset 1=Assert Hot Reset
Bit 1	0=De-assert Disable Link 1=Assert Disable Link
Bit 2	0=De-assert Loopback 1=Assert Loopback
Bit 3	0=De-assert Disable Scrambing 1=Assert Disable Scrambing
Bit 4	0=De-assert Compliance Receive 1=Assert Compliance Receive
Bit 5-7	Reserved

图5-60　TS1中的Hot Reset控制位

PCIe设备收到两个连续的带Hot Reset的TS1后，经过2ms的timeout：

- LTSSM经过Recovery和Hot Reset State，最终停在Detect State（Link Training的初始状态）；
- 设备所有的State Machine、硬件逻辑、Port State和Configuration Register（Sticky bit除外）全部回到初始值。

当PCIe SSD出现问题时，可以通过软件触发Hot Reset使其恢复，具体方法如下：

- 对RC的Bridge Control Register Bit[6] – Secondary Bus Reset写“1”；
- RC会开始发带Hot Reset的TS1；
- 2ms后设备会进入Hot Reset状态，此时LTSSM的状态变化是L0→RCVRY→HOTRESET；
- 将RC的Bridge Control Register Bit[6] – Secondary Bus Reset清零，设备的LTSSM的状态变化HOTRESET→DETECT；
- 重新开始LTSSM进行Link Training。

这个我觉得有点像SATA里面主机端通过Trigger OOB去修复Link上的一些问题。

软件还可以通过设置设备的 Link Control Register（链路控制寄存器）– Link disable bit 把设备 disable 掉（见图 5-61）。

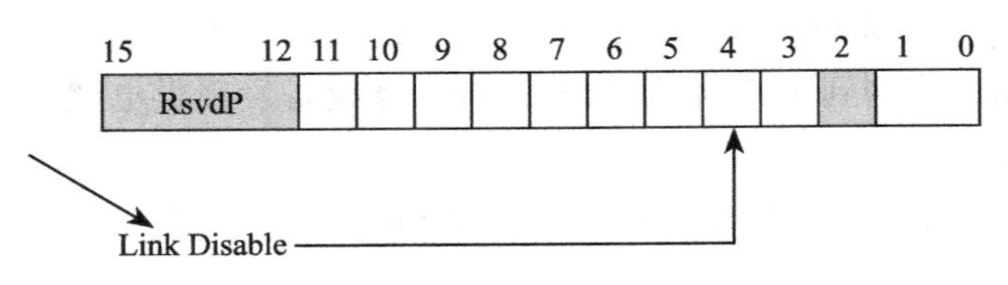

图 5-61 PCIe 链路控制寄存器

当设备的 Link Disable bit 被置上以后，会进入 LTSSM Recovery State，开始向 RC 发送带 Disable bit 的 TS1（这个动作只能由 EP 发起，RC 端这个 bit 是 reserve 的），如图 5-62 所示。

TS1

序号	描述
0	COM
1	Link #
2	Lane #
3	# FTS
4	Rate ID
5	Training Control
6-15	TS ID

training control	
Bit 0	0=De-assert Hot Reset 1=Assert Hot Reset
Bit 1	0=De-assert Disable Link 1=Assert Disable Link
Bit 2	0=De-assert Loopback 1=Assert Loopback
Bit 3	0=De-assert Disable Scrambing 1=Assert Disable Scrambing
Bit 4	0=De-assert Compliance Receive 1=Assert Compliance Receive
Bit 5-7	Reserved

图 5-62 TS1 中的 Disable Link 控制位

RC 端收到这样的 TS1 以后，其物理层会发送 LinkUp=0 的信号给链路层，之后所有的 Lane 都会进入 Electrical Idle。2ms timeout 后，RC 会进入 LTSSM Detect mode，但是设备会一直停留在 LTSSM 的 Disable 状态，等待重出江湖的那一天。

FLR（Function Level Reset）：PCIe Link 就像一条大马路，上面可以跑各种各种的车，这些车就是不同的 Function。如果某个 Function 出了问题，当然可以通过 Reset 整个 Link 的方式来解决，不过细腻的阿呆不会建议采取这种方法，他会使用 Function Level Reset，哪里不舒服点哪里。并不是所有的设备都支持 FLR，需要检查 Device Capabilities Register（设备能力寄存器）的 Bit28 进行确认。

如果设备支持 FLR，那么软件就可以通过 Device Control Register（设备控制寄存器）的 Bit15 来进行 Function Reset 了，（见图 5-64）。

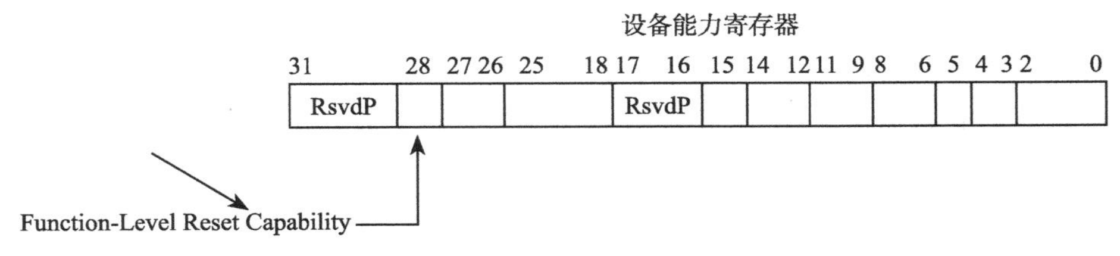

图 5-63 设备能力寄存器

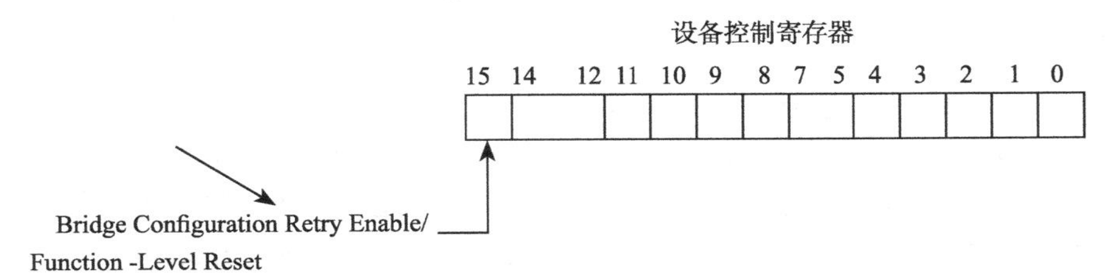

图 5-64 设备控制寄存器

FLR 会把对应 Function 的内部状态，寄存器重置，但是以下寄存器不会受到影响：

- Sticky bits —— Cold Reset 和 Warm Reset 都拿它们没辙。
- HwInit 类型的寄存器。在 PCIe 设备中，有效配置寄存器的属性为 HwInit，这些寄存器的值由芯片的配置引脚决定，后者上电复位后从 EEPROM 中获取。Cold Reset 和 Warm Reset 可以复位这些寄存器，然后从 EEPROM 中重新获取数据，但是使用 FLR 方式不能复位这些寄存器。
- 一些特殊的配置寄存器。比如 Captured Power、ASPM Control、Max_Payload_Size 或者 Virtual Channel。
- FLR 不会改变设备的 LTSSM 状态。

FLR 的时间：协议规定一个 Function 的 Reset 需要在 100ms 内完成。但是软件在启动 FLR 前，要注意是否有还没完成的 CplD，遇到这种情况，要么等这些 CplD 完成再开始 FLR，要么启动 FLR 以后等 100ms 以后再重新初始化这个 Function。这种情况如果不处理好，可能会导致 Data Corruption——前一批事务要求的数据因为 FLR 的影响被误传给了后一批事务。

要避免这种情况，阿呆建议这么做：

- 确保其他软件在 FLR 期间不会访问这个 Function；
- 把 Command Register 清空，让 Function 自己待着；
- 轮循 Device Status Register（设备状态寄存器）的 bit5（Transactions Pending）直到被 Clear（这个 bit=1 代表还有未完成的 CplD），如图 5-65

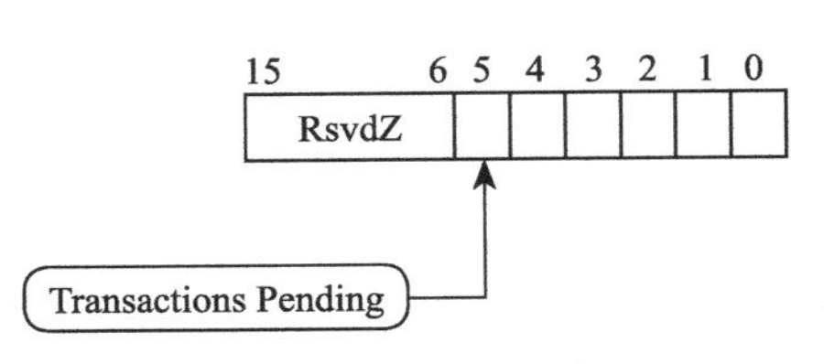

图 5-65 设备状态寄存器

所示，或者等待到 Completion Timeout 的时间，如果 Completion Timeout 没有被 Enable，等 100ms；
- 初始化 FLR 然后等 100ms；
- 重新配置 Function 并 Enable。

在 FLR 过程中：
- 这个 Function 对外不能被使用；
- 不能保留之前的任何可以被读取的信息（比如内部的 Memory 需要被清零或者改写）；
- 回复要求 FLR 的 Cfg Request，并开始 FLR；
- 对于发进来的 TLP 可以回复 UC（Unexpected Completion）或者直接丢掉；
- FLR 应该在 100ms 之内完成，但是其后的初始化还需要花一些时间，在初始化过程中如果收到 Cfg Request，可以回复 CRS（Configuration Retry Status）。

阿呆总结了 Reset 退出时的那些事：
- 从 Reset 状态退出后，必须在 20ms 内开始 Link Training；
- 软件需要给 Link 充分的时间完成 Link Training 和初始化，至少要等上 100ms 才能开始发送 Cfg Request ；
- 如果软件等了 100ms 开始发 Cfg Request，但是设备还没初始化完成，设备会回复 CRS；
- 这时 RC 可以选择重发 Cfg Request 或者上报 CPU 说设备还没准备好；
- 设备最多可以有 1s 时间（从 PCI 那继承来的），之后必须能够正常工作，否则 System/RC 则可以认为设备挂了。

5.11 PCIe Max Payload Size 和 Max Read Request Size

我们来聊两句 MAX_READ_REQUEST_SIZE 和 MAX_PAYLOAD_SIZE。

这两部分都在 Device Control Register（设备控制寄存器）里，如图 5-66 所示，分别由 bit[14 : 12] 和 bit[7 : 5] 控制。

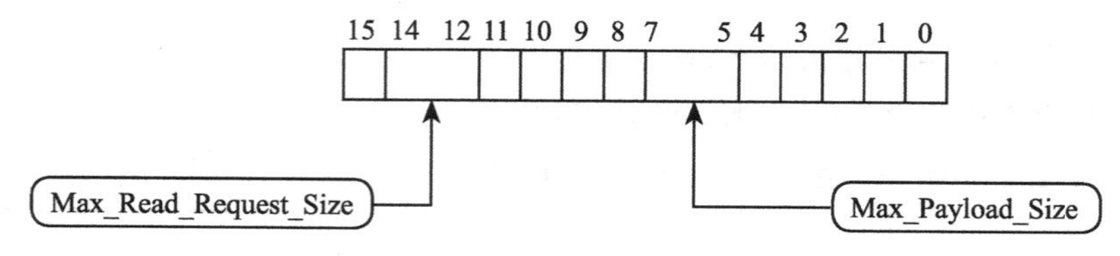

图 5-66 设备控制寄存器

1. Maximum Payload Size（简称 MPS）

控制一个 TLP 可以传输的最大数据长度。作为接收方，必须能处理跟 MPS 设定大小相同的 TLP 数据包，作为传输方，不允许创建超过 MPS 设定的 TLP 数据包。

PCIe 协议允许一个最大的 Payload 可以到 4KB，但是规定了在整个传输路径上的所有设备，都必须使用相同的 MPS 设置，同时不能超过该路径上任何一个设备的 MPS 能力值。也就是说，MPS Capability 高的设备要迁就低的设备。以 PCIe SSD 来说，插到一块老掉牙的主板上（MPS 只有 128 Byte），你的 Payload Size 再大，也是没有用的。

系统的 MPS 值设置是在上电以后的设备枚举配置阶段完成的，以主板上的 PCIe RC 和 PCIe SSD 为例，它们都在 Device Capability Register 里声明自己能支持的各种 MPS，OS 的 PCIe 驱动侦测到他们各自的能力值，然后挑低的那个设置到两者的 Device Control Register 中。

PCIe SSD 自身的 MPS capability 则是在其 PCIe core 初始化阶段设置的。

2. Maximum Read Request Size

在配置阶段，OS 的 PCIe 驱动也会配置另外一个参数 Maximum Read Request Size，用于控制一个 Memory Read 的最大 Size，最大 4KB（以 128 Byte 为单位）。

Read Request Size 是可以大于 MPS 的，比如给一个 MPS=128 Byte 的 PCIe SSD 发一个 512 Byte 的 Read Request，PCIe SSD 可以通过返回 4 个 128 Byte 的 Cpld，或者 8 个 64 Byte 的 Cpld 来完成这个 Request 的响应。OS 层面可以通过控制 PCIe SSD 的 Maximum Read Request Size 参数，平衡多个 PCIe SSD 之间的吞吐量，避免系统带宽（总共 40 个 Lane）被某些 SSD 霸占。

同时，Read Request Size 也对 PCIe SSD 的 Performance 有影响，这个 Size 太小，意味着同样的 Data，需要发送更多的 Request 去获取，而 Read Request 的 TLP 是不带任何 Data Payload 的。

举例来说，要传 64KB 的数据，如果 Read Request=128 Byte，则需要 512 个 Read TLP，512 个 TLP 的开销可是不小的。

为了提高特别是大 Block Size Data 的传输效率，可以尽量把 Read Request Size 设得大一点，用更少的次数传递更多的数据。

5.12　PCIe SSD 热插拔

PCIe SSD 最早是 Fusion-IO 推出来的，以闪存卡的形式被互联网公司和数据中心广泛使用。闪存卡一般作为数据缓存来使用，如果要在服务器中集成更多的 PCIe SSD，闪存卡的形式就有局限了。闪存卡有以下缺点：

- 插在服务器主板的 PCIe 插槽上，数量有限。
- 通过 PCIe 插槽供电，单卡容量受到限制。
- 在 PCIe 插槽上，容易出现由于散热不良导致宕机的问题。
- 不能热插拔。如果发现 PCIe 闪存卡有故障，必须要停止服务，关闭服务器，打开机箱，拔出闪存卡。这对有成百上千台服务器的数据中心来说，管理成本非常高。

所以，如图 5-67 所示，PCIe SSD 推出了新的硬件形式 SFF-8639，又称 U.2。U.2 PCIe SSD 类似于传统的盘位式 SATA、SAS 硬盘，可以直接从服务器前面板热插拔。

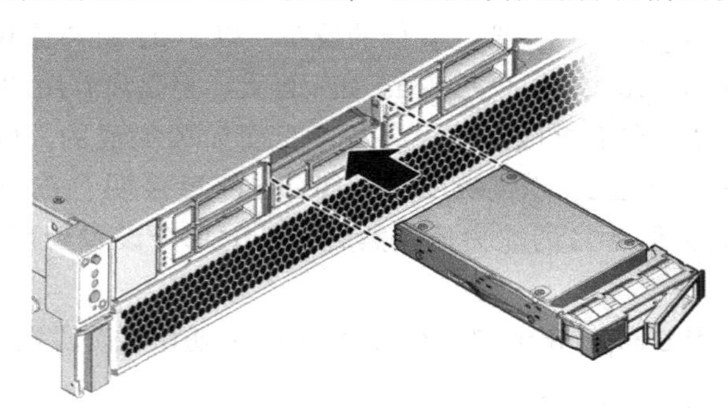

图 5-67 热插拔示意图（本图来源于 Oracle NVMe SSD 热插拔说明）

当服务器有很多个可以热插拔的 U.2 SSD 之后，存储密度大为提升，更重要的是，U.2 SSD 不只可以用作数据缓存，关键数据也可以放在其中。通过多个 U.2 SSD 组成 RAID 阵列，当某个 U.2 SSD 故障之后，可以通过前面板显示灯确定故障 SSD 盘位，予以更换。同时，不会造成服务器停止服务或者数据丢失。

目前有很多服务器厂商都发布了有很多 U.2 SSD 盘位的服务器，有的是少数 U.2 SSD 和多数 SATA HDD 混合，有的甚至是 24 个纯 U.2 SSD 盘位。配备了高密度 SSD 的服务器对数据中心来说，可以大幅减少传统服务器的数量，因为很多企业应用对存储容量要求并不高，传统机械硬盘阵列的容量很大，却处于浪费状态。企业对硬盘带宽的要求更高，一台 SSD 阵列服务器能够支持的用户数是 HDD 阵列服务器的好几倍，功耗和制冷成本却少了好几倍。目前，房租和土地成本越来越高，能够在有限的数据中心空间中为大量用户提供服务，对电信、视频网站、互联网公司等企业来说非常重要。所以可以预期，随着闪存价格的逐年下降，配备 SSD 阵列的服务器会越来越普及。

我们来看看 PCIe SSD 热插拔的技术实现。传统 SATA、SAS 硬盘通过 HBA 和主机通信，所以也是通过 HBA 来管理热插拔。但是，PCIe SSD 直接连到 CPU 的 PCIe 控制器，热插拔需要驱动直接管理。根据 Memblaze 公司公众号的介绍，一般热插拔 PCIe SSD 需要几方面的支持：

- PCIe SSD：一方面需要硬件支持，避免 SSD 在插盘过程中产生电流波峰导致器件损坏；另一方面，控制器要能自动检测到拔盘操作，避免数据因掉电而丢失。
- 服务器背板 PCIe SSD 插槽：需要通过服务器厂家了解是否支持 U.2 SSD 热插拔。
- 操作系统：要确定热插拔是操作系统还是 BIOS 处理的，也需要咨询服务器主板厂家来确定。
- PCIe SSD 驱动：不管是 Linux 内核自带的 NVMe 驱动，还是厂家提供的驱动，都需要在各种使用环境中做过大量热插拔稳定性测试，避免在实际操作中因为驱动问题导致系统崩溃。

拔出 PCIe SSD 的基本流程如下：

1）配置应用程序，停止所有对目标 SSD 的访问。如果某个程序打开了该 SSD 中的某个目录，也需要退出；

2）umount 目标 SSD 上的所有文件系统；

3）有些 SSD 厂家会要求卸载 SSD 驱动程序，从系统中删除已注册的块设备和 disk；

4）拔出 SSD。

5.13　SSD PCIe 链路性能损耗分析

下面介绍 PCIe SSD 在 PCIe 协议层面导致性能损耗的因素。

1. Encode 和 Decode

这个就是我们通常说的 8/10 转换（Gen3 是 128/130，但是道理一样），简单来说就是对数据重新编码，从而保证链路上实际传输的时候“1”和“0”的总体比例相当，且不要过多连续的“1”或“0”。同时把时钟信息嵌入数据流，避免高频时钟信号产生 EMI 的问题。Gen1 或者 Gen2，正常的 1 个 Byte 数据，经过 8bit/10bit 转换在实际物理链路上传输的时候就变成了 10 bit，也就是一个 Symbol，8bit/10bit 转换会带来 20% 的性能损耗。对 Gen3，由于是 128/130 编码，这部分性能损耗可以忽略。

2. TLP Packet Overhead

PCIe SSD 通过 MemWr 或者 CplD 这两种 TLP 与主机传输数据，从图 5-68 中可以看出，整个 TLP 里 Payload 是有效的传输 Data，而 PCIe 协议在外面穿了一层又一层的衣服，Transaction Layer（事务层或传输层）、Link Layer（链路层）和 PHY（物理层）分别在数据包（Payload）外增加了不少东西。PCIe 必须靠这些东西来保证传输的可靠性。

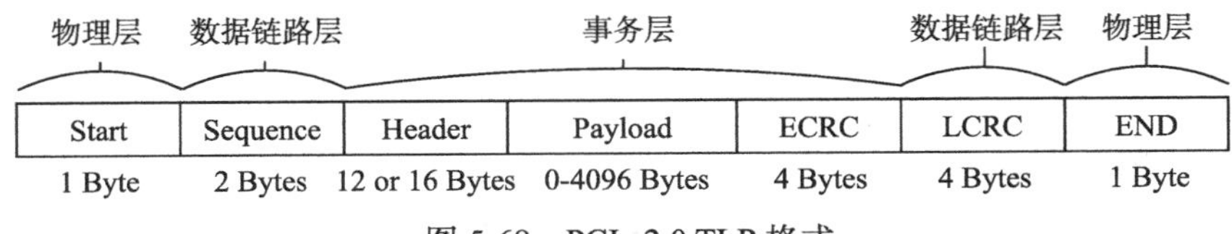

图 5-68　PCIe 2.0 TLP 格式

Transaction Layer：TLP Header、ECRC；Data Link Layer：Sequence、LCRC；PHY Layer：Start、End 这些七七八八的加起来，大概每个 TLP 会带来 20 ～ 30 Byte 的额外开销。

3. Traffic Overhead

PCIe 协议为了进行时钟偏差补偿，会发送 Skip，作用有点像 SATA 协议的 ALIGN。Gen1/Gen2 一个 Skip 是 4 Byte，Gen3 是 16 Byte，Skip 是定期发送的，以 Gen2 为例，每

隔 1538 个 symbol time（symbol time 就是 PCIe Link 上发送一个 Byte 需要花费的时间）就必须发一个。PCIe 协议不允许在 TLP 中间插入 Skip Order-set，只能在两个 TLP 的间隔中间发，这也会带来损耗。

4. Link Protocol Overhead

PCIe 是个有态度的协议，RC（主机）和 EP（PCIe SSD）之间发送的每一个 TLP，都需要对方告知接收的情况。

以主机传输数据给 SSD 为例：

- 主机发送一个 MemWr 的 TLP 以后，会把这个 TLP 存在自己这边 Data Link Layer Replay Buffer 里，同时等 SSD 回复。
- SSD 收到这个 TLP 以后，如果没问题，就回复 ACK。
- 主机收到 ACK 以后就知道 Replay Buffer 备份的 TLP 没用了，可以用后续的 TLP 覆盖。
- SSD 收到 TLP 如果发现有问题，比如说 LCRC 错误，就回复 NAK。
- 主机收到 NAK 以后就把 Replay Buffer 里的 TLP 拿出来，再发给 SSD 一次。
- SSD 再检查，然后再回复 ACK。

有态度是要付出代价的，ACK 和 NAK 的发送本身也会造成性能损耗，另外这里还要一个平衡需要掌握：PCIe 要求每一个 TLP，都需要对方发送 ACK 确认，但是允许对方接收几个 TLP 以后再发一个 ACK 确认，这样可以减少 ACK 发送的数量，对性能有所帮助。但是这个连续发送 TLP 的数量也不能太多，因为 Replay buffer 是有限的，一旦满了后面的 TLP 就不能发送了。

5. Flow control

PCIe 是个有腔调的协议，自带一个流控机制，目的是防止接收方 receiver buffer overflow。

RC 跟 EP 之间通过交换一种叫 UpdateFC 的 DLLP 来告知对方自己目前 receive buffer 的情况，显然发送这个也会占用带宽，从而对性能产生影响。

跟 ACK 类似，UpdateFC 的发送需要考虑频率问题，更低的频率对性能有好处，但是要求设备有较大的 receiver buffer。

6. System Parameters

System Parameters 主要有三个，MPS（Max Payload Size）、Max Read Request Size 和 RCB（Read Completion Boundary），前两个前面已经介绍过了，这里简单说一下 RCB。

看 PCIe Trace 时候，经常遇到的情况是，PCIe SSD 向主机发了一个 MemRd 的 TLP 要求数据，虽然 MPS 是 256 Byte 甚至是 512 Byte，结果主机回复了一堆的 64 Byte 或者 128 Byte 的 CplD。

导致这个情况的原因就是 RCB，RC 允许使用多个 CplD 回复一个 Read Request，而这些回复的 CplD 通常以 64 Byte 或 128Byte 为单位（也有 32Byte 的），原则就是在 Memory

里做到地址对齐。

研究完这些因素，需要量化计算。

下面用一个公式说明：

Bandwidth= [（Total Transfer Data Size）/（Transfer Time）]

已知条件：

- 200 个 MemWr TLP；
- MPS=128；
- PCIe Gen1x8。

准备活动：

- 计算 Symbol Time，2.5Gbps 换算成 1 个 Byte 传输时间是 4ns；
- 8 个 Lane，所以每 4ns 可以传输 8 个 Byte；
- TLP 传输时间：[(128 Bytes Payload + 20 Byte overhead)/8 Byte/Clock] × [4ns/Clock] = 74ns；
- DLLP 传输时间：[8 Bytes/ 8 Byte/Clock] × [4ns/Clock] = 4ns。

假设：

- 每 5 个 TLP 回复 1 个 ACK；
- 每 4 个 TLP 发送一个 FC Update。

正式计算：

- 总共的数据：200 × 128 Byte = 25 600Byte；
- 传输时间：200 × 74ns + 40 × 4ns + 50 × 4ns = 15160ns；
- 性能：25 600 Bytes/15 160ns = 1689 MB/s。

可将 MPS 调整到了 512B。重新计算，结果增加到了 1912MB/s，看到这个数字可知，以前的 SATA SSD 可以退休了。

以上的例子是以 MemWr 为例，而使用 MemRd 的时候，情况略有不同：MemWr 的 TLP 自带 Data Payload，而 MemRd 是先发一个 Read Request TLP，而后对方回复 CplD 进行 Data 传输，而 CplD Payload 的 Size 则会受到 RCB 的影响。

Chapter 6 第6章

NVMe 介绍

6.1 AHCI 到 NVMe

HDD 和早期的 SSD 绝大多数都是使用 SATA 接口，跑的是 AHCI（Advanced Host Controller Interface），它是由 Intel 联合多家公司研发的系统接口标准。AHCI 支持 NCQ（Native Command Queuing）功能和热插拔技术。NCQ 最大深度为 32，即主机最多可以发 32 条命令给 HDD 或者 SSD 执行，跟之前硬盘只能逐条命令执行相比，硬盘性能大幅提升。

在 HDD 时代或者 SSD 早期，AHCI 协议和 SATA 接口足够满足系统性能需求，因为整个系统的性能瓶颈在硬盘端（低速，高延时），而不是在协议和接口端。然而，随着 SSD 技术的飞速发展，SSD 盘的性能飙升，底层闪存带宽越来越宽，介质访问延时越来越低，系统性能瓶颈已经由下转移到上面的接口和协议处了。AHCI 和 SATA 已经不能满足高性能和低延时 SSD 的需求，因此 SSD 迫切需要自己更快、更高效的协议和接口。

时势造英雄，在这样的背景下，NVMe 横空出世。2009 年下半年，在带头大哥 Intel 的领导下，美光、戴尔、三星、Marvell 等巨头，一起制定了专门为 SSD 服务的 NVMe 协议，旨在将 SSD 从老旧的 SATA 和 AHCI 中解放出来。

何为 NVMe？ NVMe 即 Non-Volatile Memory Express，是非易失性存储器标准，是跑在 PCIe 接口上的协议标准。NVMe 的设计之初就有充分利用了 PCIe SSD 的低延时以及并行性，还有当代处理器、平台与应用的并行性。相比现在的 AHCI 标准，NVMe 标准可以带来多方面的性能提升。NVMe 为 SSD 而生，但不局限于以闪存为媒介的 SSD，它同样可以应用在高性能和低延时的 3D XPoint 这类新型的介质上。

首款支持 NVMe 标准的产品是三星 XS1715，于 2013 年 7 月发布。随后陆续有企业级的 NVMe 标准 SSD 推出。2015 年 Intel 750 发布，标志着 NVMe 标准的产品开始进入消费级市场。如今市面上已经出现很多 NVMe SSD 产品，包括企业级和消费级，如果说前几年 NVMe SSD 是阳春白雪，现如今已是下里巴人，NVMe SSD 已慢慢进入寻常百姓家。

需要指出的是，在移动设备上，NVMe 也占有一席之地。苹果自 iPhone 6s 开始，其存储设备上跑的就是 NVMe 协议标准。未来移动存储的方向，笔者认为不是 UFS，当然更不会是 eMMC，而是 NVMe，拭目以待吧。

那么，NVMe 究竟有什么好？跟 AHCI 相比，它有哪些优势？

NVMe 和 AHCI 相比，它的优势主要体现在以下几点：

1. 低时延（Latency）

造成硬盘存储时延的三大因素：存储介质本身、控制器以及软件接口标准。

- 存储介质层面，闪存（Flash）比传统机械硬盘速度快太多了。
- 控制器方面，从 SATA SSD 发展成 PCIe SSD，原生 PCIe 主控与 CPU 直接相连，而不像传统方式，要通过南桥控制器中转再连接 CPU，因此基于 PCIe 的 SSD 时延更低。
- 软件接口方面，NVMe 缩短了 CPU 到 SSD 的指令路径，比如 NVMe 减少了对寄存器的访问次数；使用了 MSI-X 中断管理；并行 & 多线程优化——NVMe 减少了各个 CPU 核之间的锁同步操作等。

所以基于 PCIe+NVMe 的 SSD 具有非常低的延时，如图 6-1 所示。

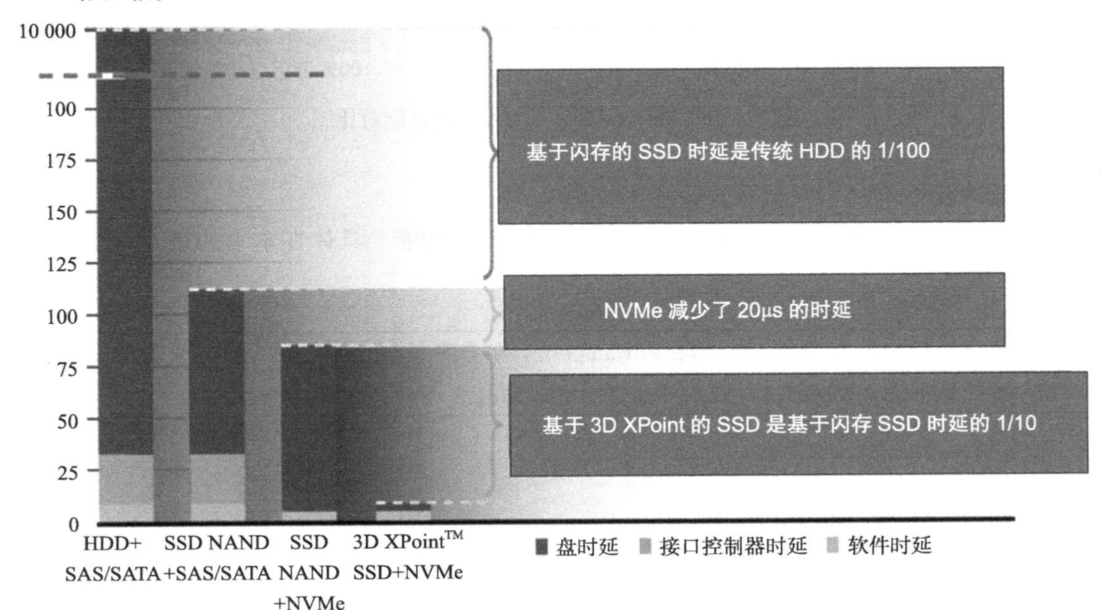

图 6-1 时延对比

2. 高性能（Throughput & IOPS）

理论上，IOPS= 队列深度 / IO 延迟，故 IOPS 的性能与队列深度有较大的关系（但 IOPS 并不与队列深度成正比，因为实际应用中，随着队列深度的增加，IO 延迟也会提高）。市面上性能不错的 SATA 接口 SSD，在队列深度上都可以达到 32，然而这也是 AHCI 所能做到的极限。但目前高端的企业级 PCIe SSD，其队列深度可能要达到 128，甚至是 256 才能够发挥出最高的 IOPS 性能。而在 NVMe 标准下，最大的队列深度可达 64K。此外，NVMe 的队列数量也从 AHCI 的 1，提高到了 64K。

PCIe 接口本身在性能上碾压 SATA，再加上 NVMe 具有比 AHCI 更深、更宽的命令队列，NVMe SSD 在性能上秒杀 SATA SSD 是水到渠成的事情。图 6-2 是 NVMe SSD、SAS SSD 和 SATA SSD 的性能对比图。

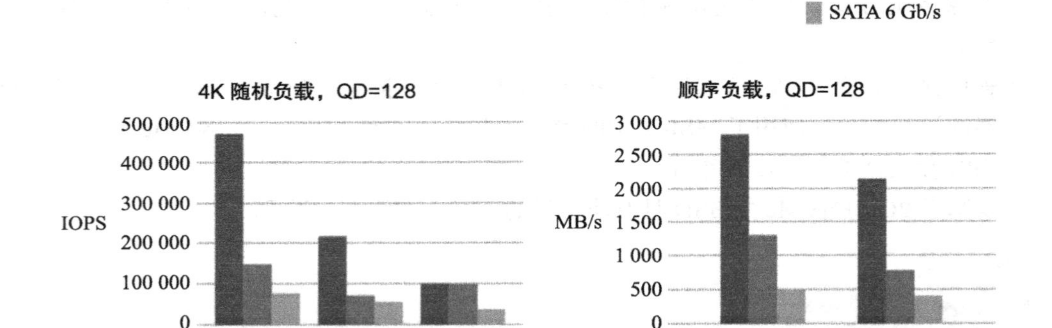

图 6-2　NVMe，SAS 和 SATA SSD 性能对比图

3. 低功耗

NVMe 加入了自动功耗状态切换和动态能耗管理功能，具体在本书的第 8 章会介绍，这里不再赘述。

下面大部分章节来源于 www.ssdfans.com 的《蛋蛋读 NVMe》系列。另外，最新 NVMe 协议标准是 NVMe1.3，但本章是基于 NVMe1.2 写的，请读者知晓。

6.2　NVMe 综述

NVMe 是一种主机（Host）与 SSD 之间通信的协议，它在协议栈中隶属高层，如图 6-3 所示。

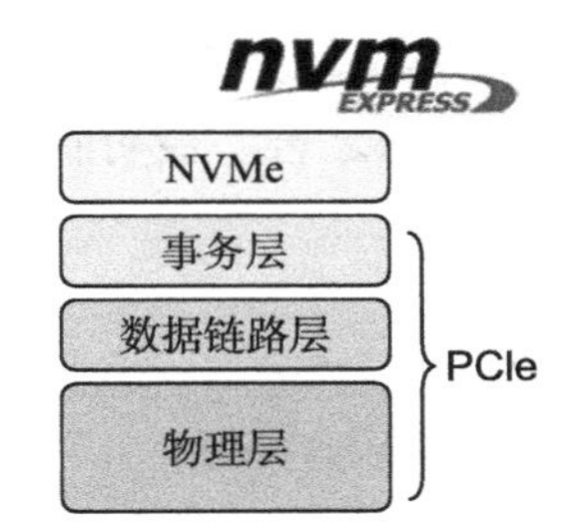

图 6-3　NVMe处于协议栈的最高层

NVMe作为命令层和应用层协议，理论上可以适配在任何接口协议上。但NVMe协议的原配是PCIe，因此如无特别说明，后面章节都是基于NVMe+PCIe。

NVMe在协议栈中处于应用层或者命令层，它是指挥官、军师，相当于三国时期诸葛亮的角色，"运筹帷幄之中，决胜千里之外"。军师设计好计谋，就交由手下五虎大将去执行。NVMe的手下大将就是PCIe，它所制定的任何命令，都交由PCIe去完成。虽然NVMe的命令也可以由别的接口完成，但NVMe与PCIe合作形成的战斗力无疑是最强的。

NVMe是为SSD所生的。NVMe出现之前，SSD绝大多数用的是AHCI加SATA的组合，后者其实是为传统HDD服务的。与HDD相比，SSD具有更低的延时和更高的性能，AHCI已经不能跟上SSD性能发展的步伐，而是成为了制约SSD性能的瓶颈。所有SATA接口的SSD，你去看性能参数，会发现都不会超过600MB/s（或者说都不超过560MB/s）。如果碰到有人跟你说他的SATA SSD读取性能可以超过600MB/s，直接拨打12315投诉。不是底层闪存带宽不够，是SATA接口速度限制了带宽，因为SATA 3.0最高带宽就是600MB/s，而且不会再有SATA 4.0了，如图6-4所示。

	SATA		PCIe	
	2.0	3.0	2.0	3.0
链路速度	3Gbps	6Gbps	8Gbps(×2) 16Gbps(×4)	16Gbps(×2) 32Gbps(×4)
有效数据速率	约275MB/s	约560MB/s	约780MB/s 约1 560MB/s	约1 560MB/s 约3 120MB/s

图 6-4　SATA和PCIe接口速度对比

好吧，既然SATA接口速度太慢，那么用PCIe好了，不过上层协议还是AHCI。五虎上将有了，由刘备指挥，让人不禁感叹暴殄天物呀。刘备什么水平，诸葛亮出现之前，居无定所，一会跟着曹操混，一会又跟着吕布混，谁肯收留就跟谁混，惨呀！AHCI和刘备一个德行，只有一个命令队列，最多同时只能发32条命令，HDD时代（群雄逐鹿）还能混混，SSD时代（三足鼎立）就只有被灭的份。刘备需要三顾茅庐，请诸葛亮出山辅佐。同样，SSD需要PCIe，更需要NVMe。

在这样的背景下，Intel 等巨头携天子以令诸侯，集大家的智慧，制定出了 NVMe 规范，目的就是释放 SSD 性能潜力，解 SSD 倒悬之苦。最初制定 NVMe 规范的主要公司如图 6-5 所示。

图 6-5　最初制定 NVMe 规范的主要公司

NVMe 制定了主机与 SSD 之间通信的命令，以及命令如何执行的。NVMe 有两种命令，一种叫 Admin 命令，用以主机管理和控制 SSD；另外一种就是 I/O 命令，用以主机和 SSD 之间数据的传输，如图 6-6 所示。

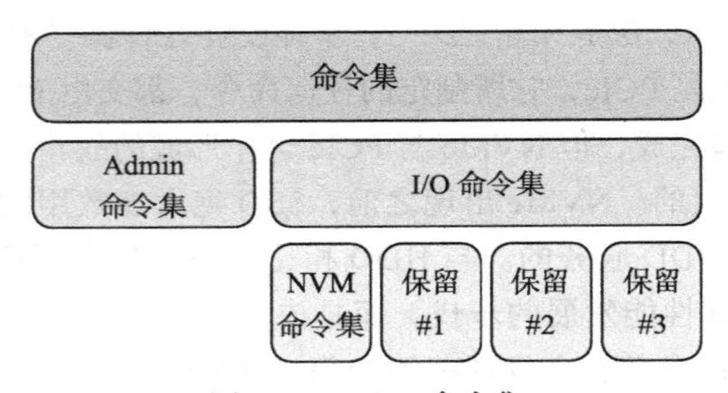

图 6-6　NVMe 命令集

NVMe 支持的 Admin 命令如图 6-7 所示。

命令	必须还是可选	种类
Create I/O Submission Queue	必须	Queue 管理
Delete I/O Submission Queue	必须	
Create I/O Completion Queue	必须	
Delete I/O Completion Queue	必须	
Identify	必须	配置
Get Features	必须	
Set Features	必须	
Get Log Page	必须	汇报状态信息
Asynchronous Event Request	必须	
Abort	必须	中止命令
Firmware Image Download	可选	固件更新 / 管理
Firmware Activate	可选	
I/O Command Set Specific Commands	可选	I/O 命令集特有
Vendor Specific Commands	可选	商家特有

图 6-7　NVMeAdmin 命令集

NVMe 支持的 I/O 命令如图 6-8 所示

命令	必须还是可选	种类
Read	必须	必须的数据命令
Write	必须	
Flush	必须	
Write Uncorrectable	可选	可选的数据命令
Write Zeros	可选	
Compare	可选	
Dataset Management	可选	数据暗示
Reservation Acquire	可选	Reservation 命令
Reservation Register	可选	
Reservation Release	可选	
Reservation Report	可选	
Vendor Specific Commands	可选	商家特有

图 6-8 NVMe NVM 命令集

跟 ATA 规范中定义的命令相比，NVMe 的命令个数少了很多，完全是为 SSD 量身定制的。在 SATA 时代，即使只有 HDD 才需要的命令（SSD 上其实完全没有必要），但为了符合协议标准，SSD 还是需要实现那些毫无意义（完全只是为了兼容性）的命令。没有办法，谁叫你 SSD 寄人篱下呢。NVMe 让 SSD 扬眉吐气了一把。

大家现在别纠结于具体的命令，了解一下就好。本章旨在授之以“渔”，而非“鱼”，因此不会介绍具体的 NVMe 命令，不会把协议命令搬过来凑篇幅。

命令有了，那么，主机又是怎么把这些命令发送给 SSD 执行呢？

NVMe 有三宝：Submission Queue（SQ）、Completion Queue（CQ）和 Doorbell Register（DB）。SQ 和 CQ 位于主机的内存中，DB 则位于 SSD 的控制器内部，如图 6-9 所示。

这张图信息量比较大，除了让我们知道 SQ 和 CQ 在主机的内存（Memory）中以及 DB 在 SSD 端外，而且让我们对一个 PCIe 系统有一个直观的认识。图 6-9 中的 NVMe 子系统一般就是 SSD。请看这张图几秒钟，然后闭上眼，脑补 SSD 所处的位置：SSD 作为一个 PCIe Endpoint（EP）通过 PCIe 连着 Root Complex（RC），然后 RC 连接着 CPU 和内存。RC 是什么？我们可以认为 RC 就是 CPU 的代言人或者助理。作为系统中的最高层，CPU 说：“我很忙的，你 SSD 有什么事情先跟我助理说！”尽管如此，SSD 的地位还是较过去提升了一级，过去 SSD 别说直接接触霸道总裁，就是连助理的面都见不到，SSD 和助理之间还隔着一座南桥。

回到我们的“吉祥三宝”（SQ、CQ、DB）。SQ 位于主机内存中，主机要发送命令时，先把准备好的命令放在 SQ 中，然后通知 SSD 来取；CQ 也是位于主机内存中，一个命令执行完成，成功或失败，SSD 总会在 CQ 中写入命令完成状态。DB（大宝）又是干什么用的呢？

主机发送命令时，不是直接往 SSD 中发送命令，而是把命令准备好放在自己的内存中，那怎么通知 SSD 来获取命令执行呢？主机就是通过写 SSD 端的大宝寄存器来告知 SSD 的。

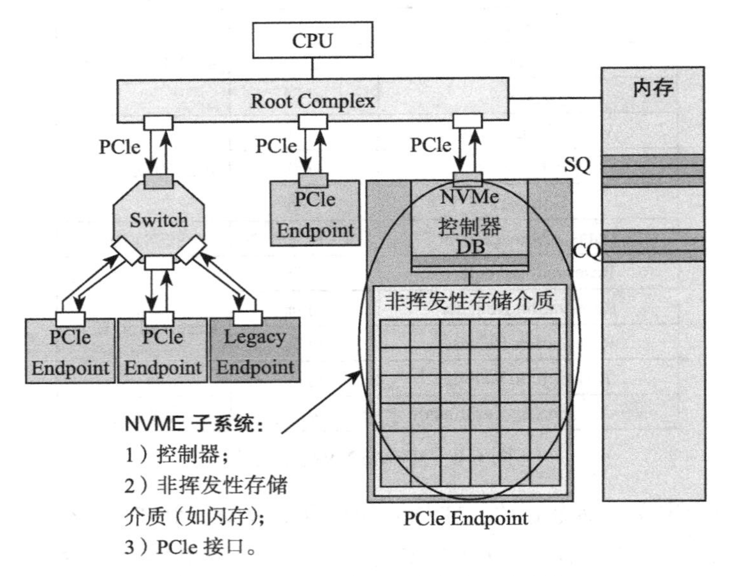

图 6-9　SQ、CQ 和 DB 在系统中的位置

我们来看看 NVMe 是如何处理命令的，如图 6-10 所示。

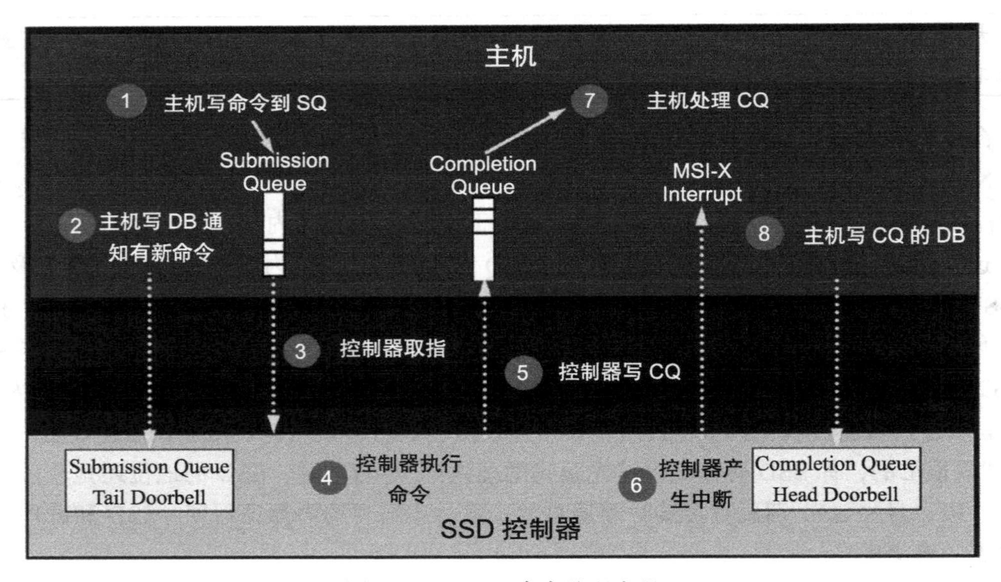

图 6-10　NVMe 命令处理流程

说，把大象放冰箱一共要几步？

答：三步。

第一步，打开冰箱门；

第二步，放进大象；

第三步，关上冰箱门。

说，NVMe 处理命令需要几步？答：八步。

第一步，主机写命令到 SQ；

第二步，主机写 SQ 的 DB，通知 SSD 取指；

第三步，SSD 收到通知后，到 SQ 中取指；

第四步，SSD 执行指令；

第五步，指令执行完成，SSD 往 CQ 中写指令执行结果；

第六步，然后 SSD 发中断通知主机指令完成；

第七步，收到中断，主机处理 CQ，查看指令完成状态；

第八步，主机处理完 CQ 中的指令执行结果，通过 DB 回复 SSD：指令执行结果已处理，辛苦您了！

6.3　吉祥三宝：SQ、CQ 和 DB

接下来我们来详细看看 NVMe 的吉祥三宝。

主机往 SQ 中写入命令，SSD 往 CQ 中写入命令完成结果。SQ 与 CQ 的关系，可以是一对一的关系，也可以是多对一的关系，但不管怎样，它们是成对的：有因就有果，有 SQ 就必然有 CQ。

有两种 SQ 和 CQ，一种是 Admin，另外一种是 IO，前者放 Admin 命令，用以主机管理控制 SSD，后者放置 IO 命令，用以主机与 SSD 之间传输数据。Admin SQ/CQ 和 IO SQ/CQ 各司其职，你不能把 Admin 命令放到 IO SQ 中，同样，你也不能把 IO 命令放到 Admin SQ 里面。IO SQ/CQ 不是一生下来就有的，它们是通过 Admin 命令创建的。

正如图 6-11 所示，系统中只有 1 对 Admin SQ/CQ，它们是一一对应的关系；IO SQ/CQ 却可以有很多，多达 65535 对（64K 减去 1 对 Admin SQ/CQ）。

需要指出的是，对 NVMe over Fabrics，SQ 和 CQ 的关系只能是一对一；IO SQ/CQ 也不是通过 Admin 命令创建的。

主机端每个 CPU 核（Core）可以有一个或者多个 SQ，但只有一个 CQ。给每个 CPU 核分配一对 SQ/CQ 好理解，为什么一个 CPU 核中还要多个 SQ 呢？一是性能需求，一个 CPU 核中有多线程，可以做到一个线程独享一个 SQ；二是 QoS 需求，什么是 QoS？Quality of Service，服务质量。脑补一个场景，蛋蛋一边看小电影，同时在后台用迅雷下载小电影，由于电脑配置差，看个小电影都卡。蛋蛋不要卡顿！怎么办？NVMe 建议，你

设置两个 SQ，一个赋予高优先级，一个低优先级，把看小电影所需的命令放到高优先级的 SQ，迅雷下载所需的命令放到低优先级的 SQ，这样，你的电脑就能把有限的资源优先满足你看小电影了。至于迅雷卡不卡，下载慢不慢，这个时候已经不重要了。能让蛋蛋舒舒服服地看完一部小电影，就是好的 QoS。实际系统中用多少个 SQ，取决于系统配置和性能需求，可灵活设置 I/O SQ 个数。

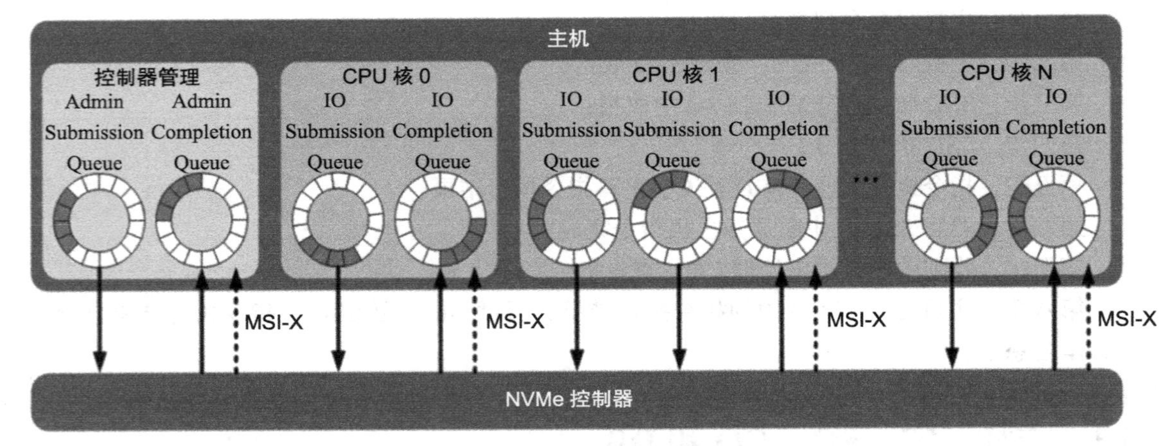

图 6-11　SQ 和 CQ

关于系统中 IO SQ 的个数，NVMe 白皮书给出如下建议（见表 6-1）。

表 6-1　NVMe 白皮书对 NVMe 的配置建议

特性	企业级应用推荐	消费级应用推荐
IO 队列数	16 到 128	2 到 8
物理不连续队列	取决于设计	不要
逻辑块大小	4KB	4KB
中断支持	MSI-X	MSI-X
固件更新	支持	支持
端到端数据保护	支持	不支持
SR-IOV 支持	支持	不支持

作为队列，每个 SQ 和 CQ 都有一定的深度：对 Admin SQ/CQ 来说，其深度可以是 2 ～ 4096（4K）；对 IO SQ/CQ，深度可以是 2 ～ 65536（64K）。队列深度也是可以配置的。

SQ/CQ 的个数可以配置，每个 SQ/CQ 的深度也可以配置，因此 NVMe 的性能是可以通过配置队列个数和队列深度来灵活调节的。

百变星君 NVMe：想胖就胖，想瘦就瘦；想高就高，想矮就矮。

我们已经知道，AHCI 只有一个命令队列，且队列深度是固定的 32，和 NVMe 相比，

无论是在命令队列广度还是深度上，都是无法望其项背的；NVMe命令队列的百般变化，更是AHCI无法做到的。说到百般变化，我突然又想到一件残忍的事情：PCIe也是可以的。一个PCIe接口，可以有1、2、4、8、12、16、32条lane！ SATA都要哭了：单挑都挑不过你，你还来群殴我，太欺负人了。

每个SQ放入的是命令条目，无论是Admin还是IO命令，每个命令条目大小都是64字节；每个CQ放入的是命令完成状态信息条目，每个条目大小是16字节。

在继续谈大宝（DB）之前，先对SQ和CQ做个小结：

- SQ用以主机发命令，CQ用以SSD回命令完成状态；
- SQ/CQ可以在主机的内存中，也可以在SSD中，但一般在主机内存中（本书中除非特殊说明，不然都是基于SQ/CQ在主机内存中作介绍）；
- 两种类型的SQ/CQ：Admin和IO，前者发送Admin命令，后者发送IO命令；
- 系统中只能有一对Admin SQ/CQ，但可以有很多对IO SQ/CQ；
- IO SQ与CQ可以是一对一的关系，也可以是多对一的关系；
- IO SQ是可以赋予不同优先级的；
- IO SQ/CQ深度可达64K，Admin SQ/CQ深度可达4K；
- IO SQ/CQ的广度和深度都可以灵活配置；
- 每条命令大小是64B，每条命令完成状态是16B。

SQ/CQ中的“Q”指Queue，队列的意思（见图6-12），无论SQ还是CQ，都是队列，并且是环形队列。队列有几个要素，除了队列深度、队列内容，还有队列的头部（Head）和尾部（Tail）。

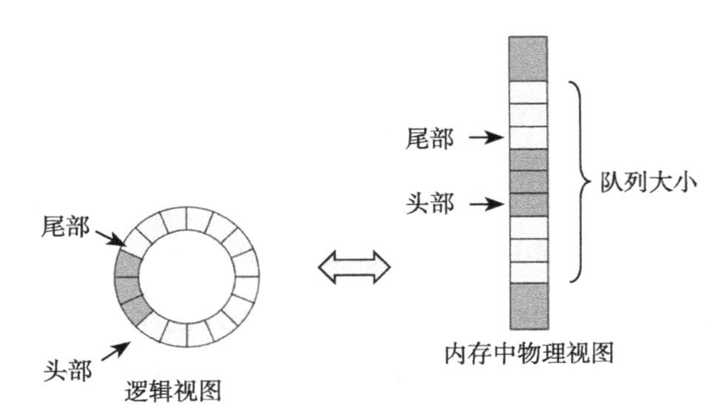

图6-12 队列（Queue）的概念

队伍头部的那个正在被服务或者等待被服务，一旦完成，就离开队伍。可见队列的头尾很重要，头决定谁会被马上服务，尾巴决定了新来的人站的位置。DB就是用来记录了一个SQ或者CQ的头和尾。每个SQ或者CQ，都有两个对应的DB：Head DB和Tail DB。DB是在SSD端的寄存器，记录SQ和CQ的头和尾巴的位置。

如图6-13所示是一个队列生产者/消费者（Producer/Consumer）模型。生产者往队列的尾部写入东西，消费者从队列的头部取出东西。对一个 SQ 来说，它的生产者是主机，因为它向 SQ 的尾部写入命令，消费者是 SSD，因为它从 SQ 的头部取出指令执行；对一个 CQ 来说，刚好相反，生产者是 SSD，因为它向 CQ 的尾部写入命令完成信息，消费者则是主机，它从 CQ 的头部取出命令完成信息。

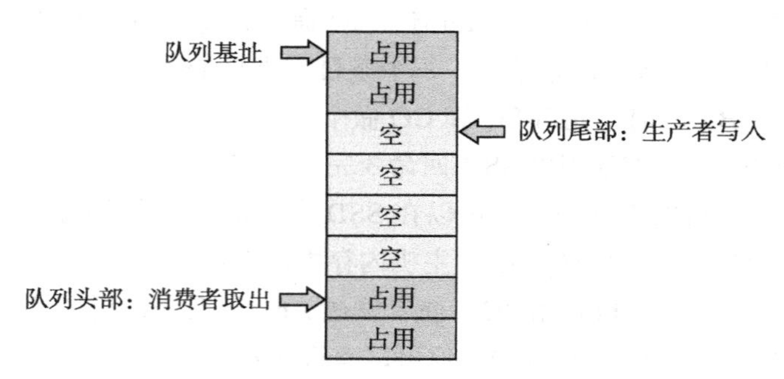

图 6-13　队列生产者 / 消费者模型

下面举个例子说明。

1）开始假设 SQ1 和 CQ1 是空的，Head = Tail = 0，如图 6-14 所示。

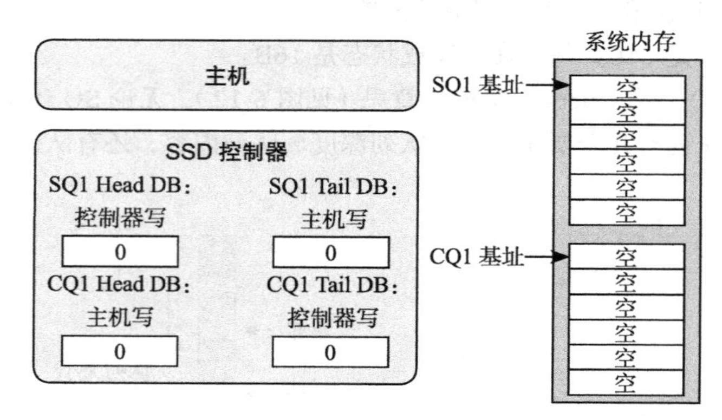

图 6-14　SQ、CQ、DB 初始化状态

2）这个时候，主机往 SQ1 中写入了三个命令，SQ1 的 Tail 则变成 3。主机往 SQ1 写入三个命令后，然后漂洋过海去更新 SSD 控制器端的 SQ1 Tail DB 寄存器，值为 3。主机更新这个寄存器的同时，也是在告诉 SSD 控制器：有新命令了，帮忙去我那里取一下，如图 6-15 所示。

3）SSD 控制器收到通知后，于是派人去 SQ1 把 3 个命令都取回来执行。SSD 把 SQ1 的三个命令都消费了，SQ1 的 Head 从而也调整为 3，SSD 控制器会把这个 Head 值写入本地的 SQ1 Head DB 寄存器，如图 6-16 所示。

4）SSD 执行完了两个命令，于是往 CQ1 中写入两个命令完成信息，更新 CQ1 对应的 Tail DB 寄存器，值为 2。同时发消息给主机：有命令完成，请注意查看，如图 6-17 所示。

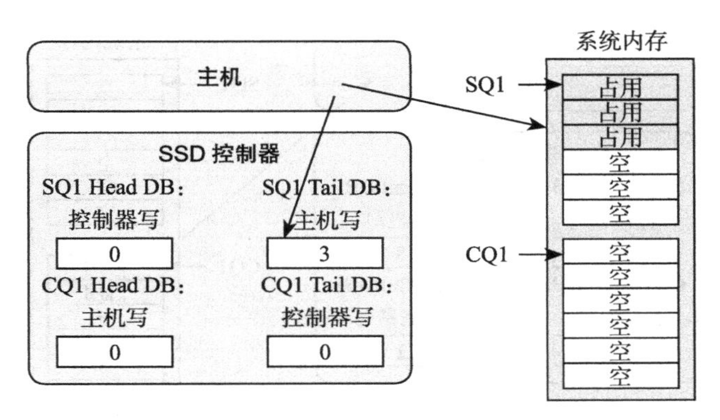

图 6-15 主机往 SQ 中写入三个命令

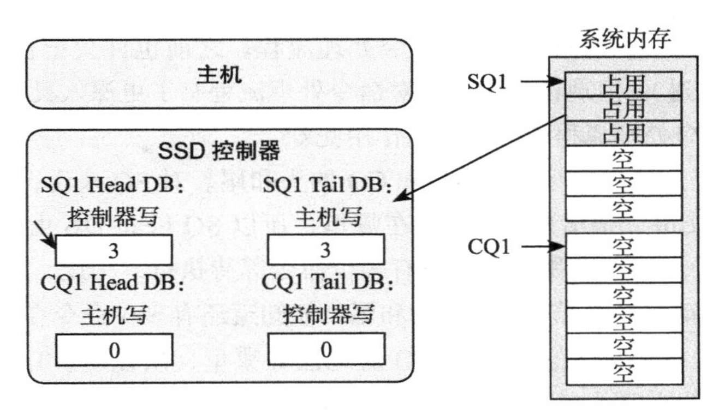

图 6-16 SSD 取走三个命令

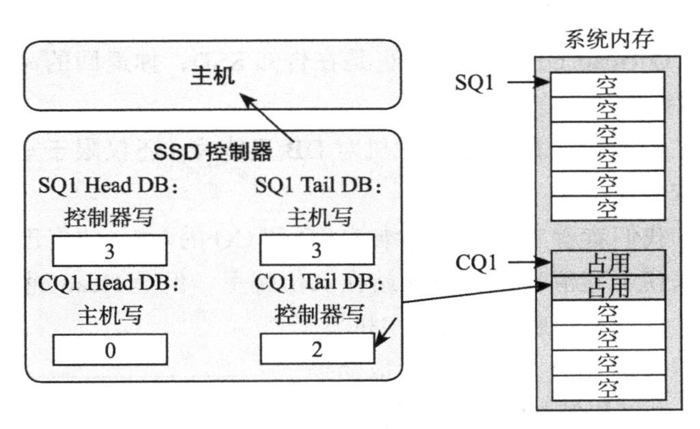

图 6-17 SSD 完成两个命令后写 CQ

5）主机收到 SSD 的短信通知（中断信息），于是从 CQ1 中取出那两条完成信息。处理完毕，主机又漂洋过海地往 CQ1 Head DB 寄存器中写入 CQ1 的 head，值为 2，如图 6-18 所示。

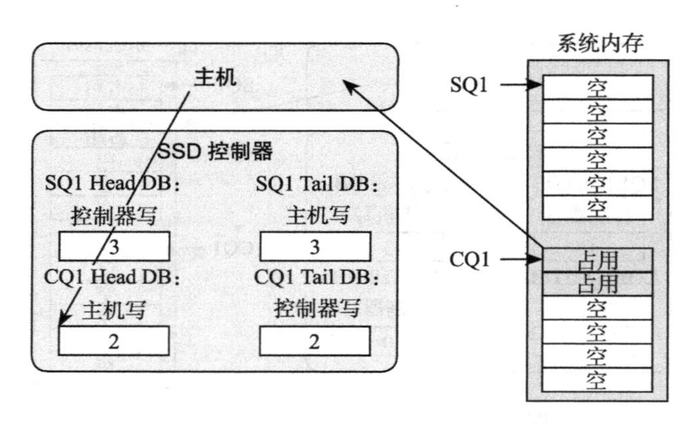

图 6-18　主机处理完 CQ 中的两个命令状态

通过这个例子，我们又重温了一下命令处理流程。之前也许只记住了命令处理需要 8 步（距离曹植一步之遥），但现在我们应该对命令处理流程有了更深入具体的认识。

那么，DB 在命令处理流程中起了什么作用呢？

首先，如前文提到的，它记住了 SQ 和 CQ 的头和尾。对 SQ 来说，SSD 是消费者，它直接和队列的头打交道，很清楚 SQ 的头在哪里，所以 SQ head DB 由 SSD 自己维护；但它不知道队伍有多长，尾巴在哪，后面还有多少命令等待执行，相反，主机知道，所以 SQ Tail DB 由主机来更新。SSD 结合 SQ 的头和尾，就知道还有多少命令在 SQ 中等待执行了。对 CQ 来说，SSD 是生产者，它很清楚 CQ 的尾巴在哪里，所以 CQ Tail DB 由自己更新，但是 SSD 不知道主机处理了多少条命令完成信息，需要主机告知，因此 CQ Head DB 由主机更新。SSD 根据 CQ 的头和尾，就知道 CQ 还能不能，以及能接受多少命令完成信息。

DB 还起到了通知作用：主机更新 SQ Tail DB 的同时，也是在告知 SSD 有新的命令需要处理；主机更新 CQ Head DB 的同时，也是在告知 SSD，你返回的命令完成状态信息我已经处理，同时表示谢意。

这里有一个对主机不公平的地方，主机对 DB 只能写（还仅限于写 SQ Tail DB 和 CQ Head DB），不能读取 DB。

在这个限制下，我们看看主机是怎样维护 SQ 和 CQ 的。SQ 的尾巴没有问题，主机是生产者，对新命令来说，它清楚自己应该站在队伍哪里。但是 Head 呢？ SSD 在取指的时候，是偷偷进行的，主机对此毫不知情。主机发了取指通知后，它并不清楚 SSD 什么时候去取命令、取了多少命令。怎么办？机智如你，如果是你，你会怎么做？山人自有妙计。给个提示（见图 6-19）。

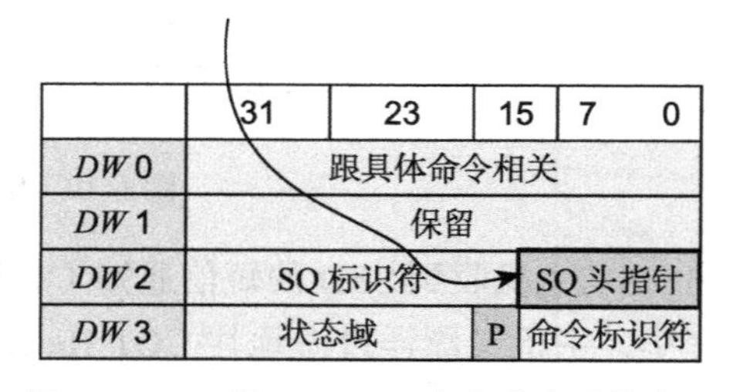

图 6-19　SQ 的 Head DB 在命令完成状态里

这是什么？这是 SSD 往 CQ 中写入的命令完成状态信息（16 字节）。

是的，SSD 往 CQ 中写入命令状态信息的同时，还把SQ Head DB的信息告知了主机！这样，主机对SQ队列的头部和尾部的信息就都有了，可以轻松玩转SQ。

CQ呢？主机知道它队列的头部，不知道尾部。那怎么能知道尾部呢？思路很简单，既然SSD知道，那你告诉我呗！SSD怎么告诉主机呢？还是通过SSD返回命令状态信息获取。看到图6-19中所示的“P”了吗？干什么用？做标记用。

具体是这样的：一开始CQ中每条命令完成将条目中的“P”比特初始化为0的工作，SSD在往CQ中写入命令完成条目时，会把“P”写成1（如果之前该位置为1，控制器写CQ的时候翻转该比特，即写0）。记住一点，CQ是在主机端的内存中，主机可以检查CQ中的所有内容，当然包括“P”了。主机记住上次队列的尾部，然后往下一个一个检查“P”，就能得出新的队列尾部了。就是这样，如图6-20所示。

最后，给大宝做个小结：

- DB在SSD控制器端，是寄存器；
- DB记录着SQ和CQ队列的头部和尾部；
- 每个SQ或者CQ有两个DB——Head DB和Tail DB；
- 主机只能写DB，不能读DB；
- 主机通过SSD往CQ中写入的命令完成状态获取其队列头部或者尾部。

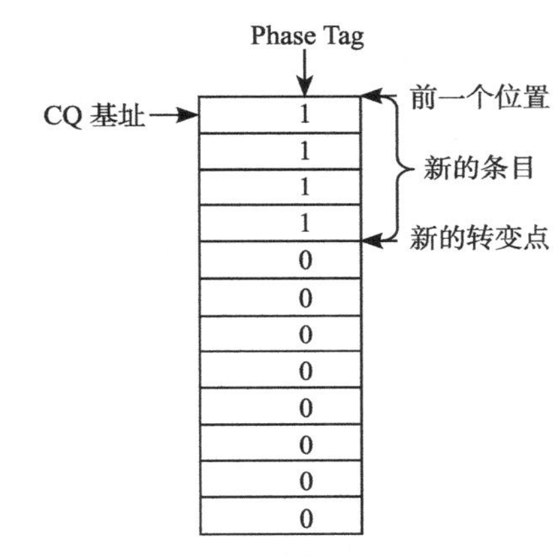

图6-20 主机根据PhaseTag计算CQ队列的尾部

6.4 寻址双雄：PRP和SGL

有个人一直在思考三个问题：我是谁？我从哪里来？我要去哪里？

你猜这个人最后怎么着？

成了哲学家？

疯了？

疯了的哲学家？

我觉得无外乎这三种结果了。

相比人的世界，这三个问题在NVMe的世界就很容易得到答案了，至少不会把人逼疯。我是数据，我从主机端来，要到SSD去。或者，我是数据，我从SSD来，要去主机端。

主机如果想往SSD上写入用户数据，需要告诉SSD写入什么数据，写入多少数据，以及数据源在内存中的什么位置，这些信息包含在主机向SSD发送的Write命令中。每笔用户数据对应着一个叫作LBA（Logical Block Address）的东西，Write命令通过指定LBA来告诉 SSD 写入的是什么数据。对 NVMe/PCIe 来说，SSD 收到 Write 命令后，通过 PCIe 去主机的内存数据所在位置读取数据，然后把这些数据写入闪存中，同时生成 LBA 与闪存位置的映射关系。

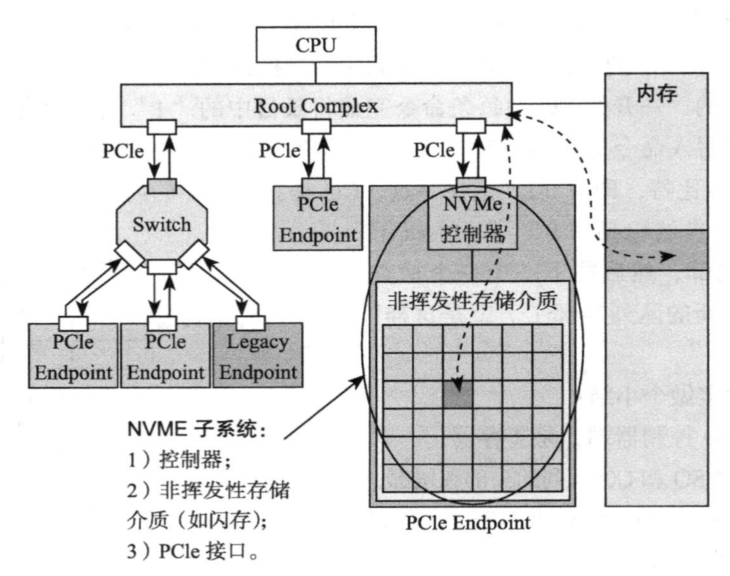

图 6-21　数据在主机内存和 SSD 中流动

主机如果想读取 SSD 上的用户数据，同样需要告诉 SSD 需要什么数据，需要多少数据，以及数据最后需要放到主机内存的哪个位置上去，这些信息包含在主机向 SSD 发送的 Read 命令中。SSD 根据 LBA，查找映射表（写入时生成的），找到对应闪存物理位置，然后读取闪存获得数据。数据从闪存读上来以后，对 NVMe/PCIe 来说，SSD 会通过 PCIe 把数据写入主机指定的内存中。这样就完成了主机对 SSD 的读访问。

在上面的描述中，大家有没有注意到一个问题，那就是主机在与 SSD 的数据传输过程中，主机是被动的一方，SSD 是主动的一方。主机需要数据，是 SSD 主动把数据写入主机的内存中；主机写数据，同样是 SSD 主动去主机的内存中取数据，然后写入闪存。正如快递小哥一样辛劳，SSD 不仅送货上门，还上门取件。

无论送货上门，还是上门取件，你都需要告诉快递小哥你的地址，世界那么大，快递小哥怎么就能找到你呢？同样的，主机你不亲自传输数据，那总该告诉我 SSD 去你内存中什么地方取用户数据，或者要把数据写入到你内存中的什么位置。你在告诉快递小哥送货地址或者取件地址时，会说 ×× 路 ×× 号 ×× 弄 ×× 楼 ×× 室，也可能会说 ×× 小区 ×× 楼 ×× 室，不管哪种方式，快递小哥能找到就行。主机也有两种方式来告诉 SSD 数据所在的内存位置，一是 PRP（Physical Region Page，物理区域页，有人戏称其为“拼人品”），二是 SGL(Scatter/Gather List，分散 / 聚集列表，有人戏称其为“死过来，送过来”）。

先说 PRP。NVMe 把主机端的内存划分为一个一个物理页（Page），页的大小可以是

4KB，8KB，16KB，…，128MB。

PRP 是什么，长什么样呢如图 6-22 所示。

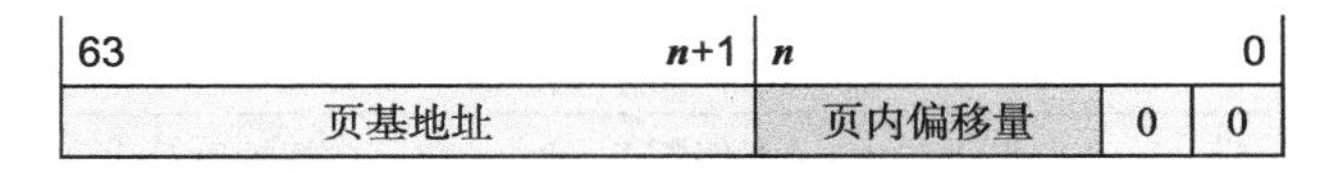

图 6-22 PRP 条目（Entry）布局（Layout）

PRP Entry 本质就是一个 64 位内存物理地址，只不过把这个物理地址分成两部分：页起始地址和页内偏移。最后两比特是 0，说明 PRP 表示的物理地址只能四字节对齐访问。页内偏移可以是 0，也可以是个非零的值，如图 6-23 所示。

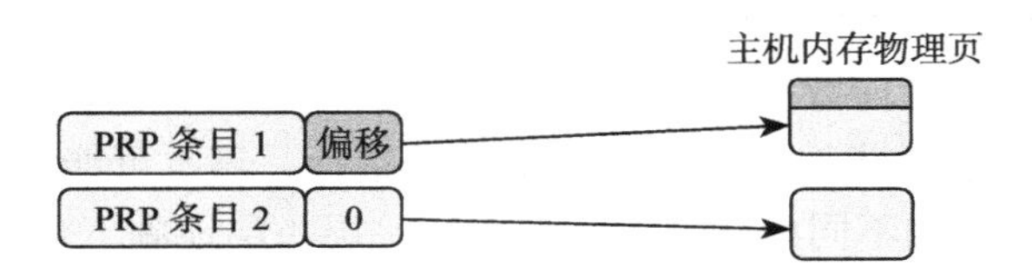

图 6-23 PRP 描述内存物理空间示例

一个 PRP Entry 描述的是一个物理页空间。如果需要描述若干个物理页，那就需要若干个 PRP Entry。把若干个 PRP Entry 连接起来，就成了 PRP 链表（List），如图 6-24 所示。

63 $n+1$	n 0
页基地址 k	0h
页基地址 $k+1$	0h
…	
页基地址 $k+m$	0h
页基地址 $k+m+1$	0h

图 6-24 PRP 链表布局（Layout）

是的，正如你所见，PRP 链表中的每个 PRP Entry 的偏移量都必须是 0，PRP 链表中的每个 PRP Entry 都是描述一个物理页。它们不允许有相同的物理页，不然 SSD 往同一个物理页写入几次数据，会导致先写入的数据被覆盖。

每个 NVMe 命令中有两个域：PRP1 和 PRP2，主机就是通过这两个域告诉 SSD 数据在内存中的位置或者数据需要写入的地址，如表 6-2 所示。

表 6-2 NVMe 命令格式中的 PRP

字节	描述
63:60	命令 **Dword15（CDW15）**：命令相关
59:56	命令 **Dword14（CDW14）**：命令相关
55:52	命令 **Dword13（CDW13）**：命令相关
51:48	命令 **Dword12（CDW12）**：命令相关

（续）

字节	描述
47:44	命令 **Dword11（CDW11）**：命令相关
43:40	命令 **Dword10（CDW10）**：命令相关
39:32	**PRP Entry 2（PRP2）**：命令中第二个地址条目（如果有用到的话）
31:24	**PRP Entry 1（PRP1）**：命令中第一个地址条目
23:16	**MetadataPointer（MPTR）**：连续元数据缓冲区地址
15:8	保留
7:4	**NamespaceIdentifier（NSID）**
3:0	命令 **Dword0（CDW0）**：所有命令都用

PRP1 和 PRP2 有可能指向数据所在位置，也可能指向 PRP 链表。类似 C 语言中的指针概念，PRP1 和 PRP2 可能是指针，也可能是指针的指针，还有可能是指针的指针的指针。别管你包得有多严实，根据不同的命令，SSD 总能一层一层地剥下包装，找到数据在内存的真正物理地址。

下面是一个 PRP1 指向 PRP 链表的示例，如图 6-25 所示。

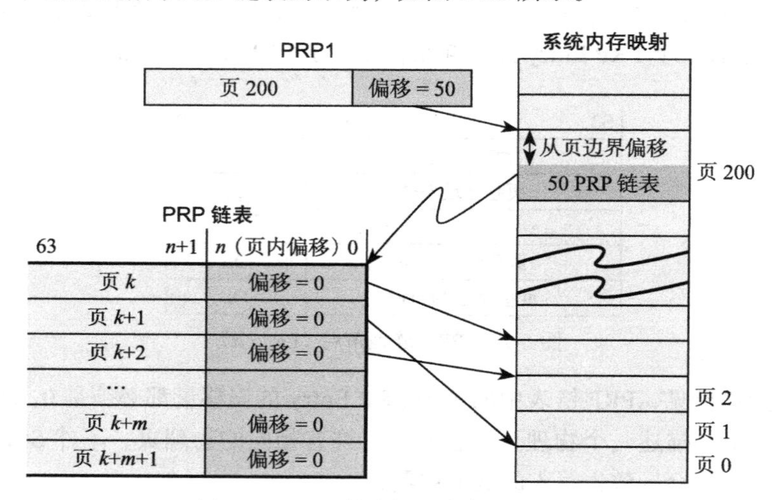

图 6-25　PRP 链表描述内存空间示例

PRP1 指向一个 PRP 链表，PRP 链表位于 Page 200，页内偏移 50 的位置。SSD 确定 PRP1 是个指向 PRP 链表的指针后，就会去主机内存中（Page 200，Offset 50）把 PRP 链表取过来。获得 PRP 链表后，就获得数据的真正物理地址，SSD 然后就会向这些物理地址读取或者写入数据。

对 Admin 命令来说，它只用 PRP 告诉 SSD 内存物理地址；对 I/O 命令来说，除了用 PRP，主机还可以用 SGL 的方式来告诉 SSD 数据在内存中写入或者读取的物理地址，如表 6-3 所示。

表 6-3　NVMe 命令格式中的 SGL

字节	描述
63:60	命令 **Dword15（CDW15）**：命令相关
59:56	命令 **Dword14（CDW14）**：命令相关
55:52	命令 **Dword13（CDW13）**：命令相关
51:48	命令 **Dword12（CDW12）**：命令相关
47:44	命令 **Dword11（CDW11）**：命令相关
43:40	命令 **Dword10（CDW10）**：命令相关
39:24	如果 CDW0[15:14]=00b，这个域解释为 PRP2+PRP1，即用 PRP 方式描述内存地址； 如果 CDW0[15:14]=01b 或者 10b，这个域解释为 SGL，即用 SGL 方式描述内存地址
23:16	**MetadataPointer（MPTR）**：连续元数据缓冲区地址
15:8	保留
7:4	**NamespaceIdentifier（NSID）**
3:0	命令 **Dword0（CDW0）**：所有命令都用

主机在命令中会告诉 SSD 采用何种方式。具体来说，如果命令当中 DW0[15：14] 是 0，就是 PRP 的方式，否则就是 SGL 的方式。

SGL 是什么？ SGL 是一个数据结构，用以描述一段数据空间，这个空间可以是数据源所在的空间，也可以是数据目标空间。SGL（Scatter Gather List）首先是个 List，是个链表，由一个或者多个 SGL 段（Segment）组成，而每个 SGL 段又由一个或者多个 SGL 描述符（Descriptor）组成。SGL 描述符是 SGL 最基本的单元，它描述了一段连续的物理内存空间：起始地址 + 空间大小。

每个 SGL 描述符大小是 16 字节。一块内存空间，可以用来放用户数据，也可以用来放 SGL 段，根据这段空间的不同用途，SGL 描述符也分几种类型，如表 6-4 所示。

表 6-4　SGL 描述符类型

编码	描述符	编码	描述符
0h	SGL 数据块描述符（Data Block Descriptor）	3h	SGL 末段描述符（Last Segment Descriptor）
1h	SGL 位桶描述符（Bit Bucket Descriptor）	4h ～ Eh	保留
2h	SGL 段描述符（Segment Descriptor）	Fh	商家指定

由表 6-4 可知，有 4 种 SGL 描述符：

- 一种是数据块描述符，这个好理解，就是描述的这段空间是用户数据空间。
- 一种是段描述符，SGL 不是由 SGL 段组成的链表吗？既然是链表，前面一个段就需要有个指针指向下一个段，这个指针就是 SGL 段描述符，它描述的是它下一个段所在的空间。
- 特别地，对链表当中倒数第二个段，它的 SGL 段描述符我们把它叫作 SGL 末段描述符。它本质还是 SGL 段描述符，描述的还是 SGL 段所在的空间。为什么需要把倒数第二个SGL段描述符单独的定义成一种类型呢？我认为是让SSD在解析SGL的时候，碰到SGL末段描述符，就知道链表快到头了，后面只有一个段了。

- 那么最后，SGL位桶是什么？它只对主机读有用，用以告诉SSD，你往这个内存写入的东西我是不要的。好吧，你既然不要，我也就不传了。

说了这么多，可能有点晕，结合图6-26，可能会更明白点。

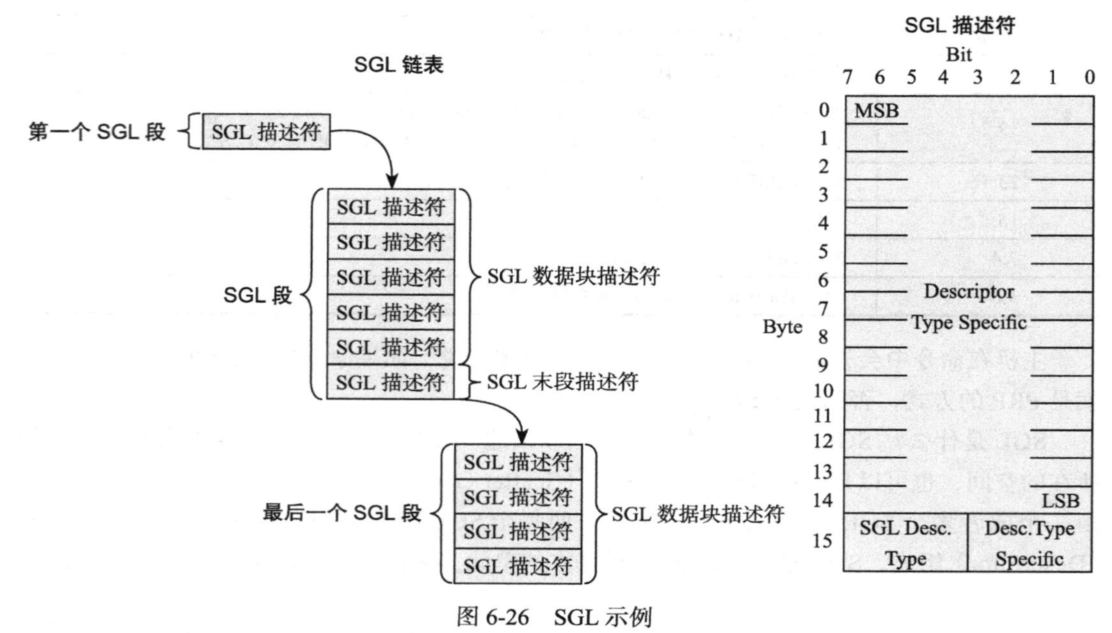

图6-26 SGL示例

如果还是晕，看个例子吧（见图6-27）。

这个例子中，假设主机需要从SSD中读取13KB的数据，其中真正只需要11KB数据，这11KB的数据需要放到3个大小不同的内存中，分别是：3KB、4KB和4KB。

无论是PRP还是SGL，本质都是描述内存中的一段数据空间，这段数据空间在物理上可能是连续的，也可能是不连续的。主机在命令中设置好PRP或者SGL，告诉SSD数据源在内存的什么位置，或者从闪存上读取的数据应该放到内存的什么位置。

大家也许跟我有个同样的疑问，那就是，既然有PRP，为什么还需要SGL？事实上，NVMe1.0的时候的确只有PRP，SGL是NVMe1.1之后引入的。那SGL和PRP本质的区别在哪？图6-28道出了真相：PRP描述的是物理页，而SGL可以描述任意大小的内存空间。

对NVMe over PCIe（我们目前讲的都是NVMe跑在PCIe上），Admin命令只支持PRP，I/O命令可以支持PRP或者SGL；对NVMe over Fabrics，所有命令只支持SGL。

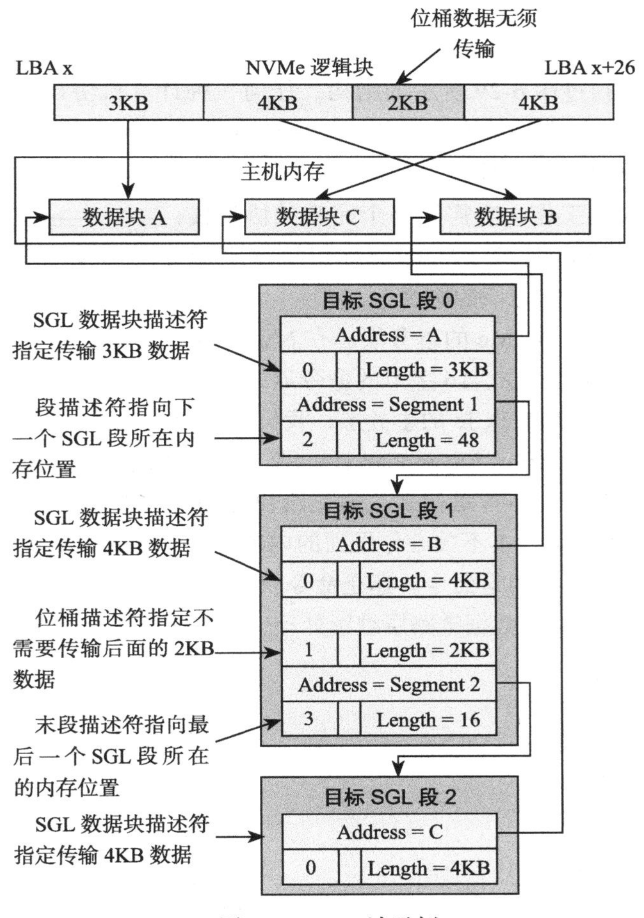

图 6-27 SGL 读示例

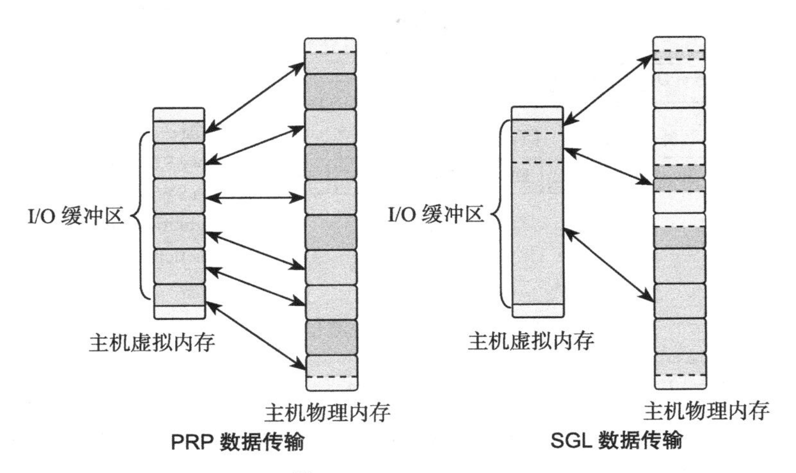

图 6-28 PRP vs SGL

6.5 Trace分析

前面我们已经看到过图6-29所示的结构，任何一种计算机协议都是采用这种分层结构的，下层总是为上层服务的。有些协议，图中所有的层次都有定义和实现；而有些协议，只定义了其中的几层。然而，要让一种协议能工作，它需要一个完整的协议栈，PCIe定义了下三层，NVMe定义了最上层，两者一拍即合，构成一个完整的主机与SSD通信的协议。

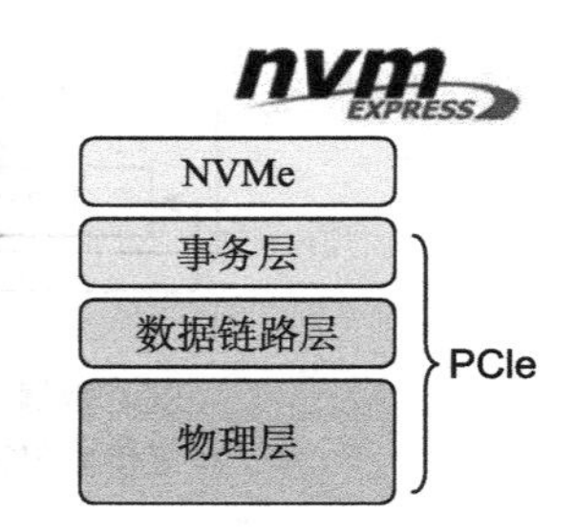

图6-29 PCIe+NVMe协议栈

PCIe最直接接触的是NVMe的事务层。在NVMe层，我们能看到的是64字节的命令、16字节的命令返回状态，以及跟命令相关的数据。而在PCIe的事务层，我们能看到的是事务层数据包（Transaction Layer Packet），即TLP。还是跟快递做类比，你要寄东西，可能是手机，可能是电脑，不管是什么，你交给快递小哥，他总是把你要寄的东西打包，快递员看到的就是包裹，他根本不关心你里面的内容。PCIe事务层作为NVMe最直接的服务者，不管你NVMe发给我的是命令，还是命令状态，或者是用户数据，我统统帮你放进包裹，打包后交给下一层，即数据链路层继续处理，如图6-30所示。

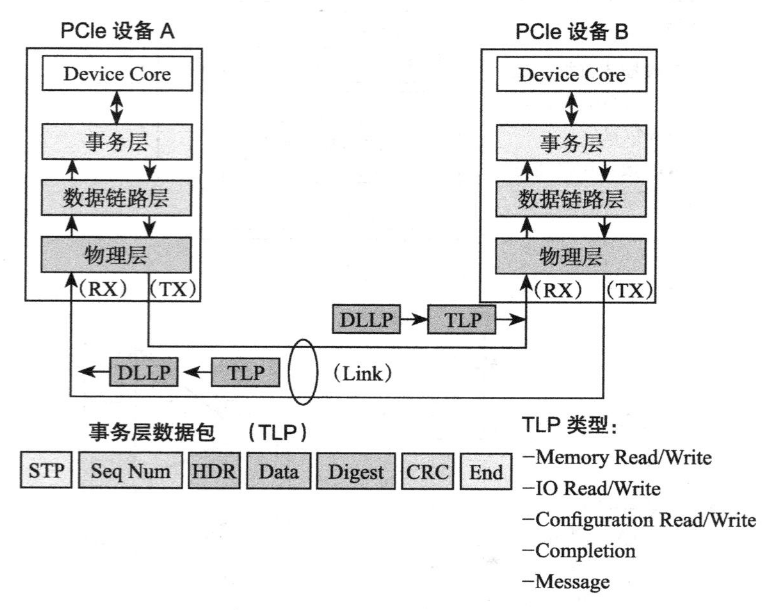

图6-30 PCIe两设备通信示意图

对PCIe，我们这里只关注事务层，因为它跟NVMe的接触是最直接、最亲密的。PCIe事务层传输的是TLP，它就是个包裹，一般由包头和数据组成，当然也有可能只有包头没有数据。NVMe传下来的数据都是放在TLP的数据部分的（Payload）。为实现不同的目的，

TLP 可分为以下几种类型：

❑ Configuration Read/Write

❑ I/O Read/Write

❑ Memory Read/Write

❑ Message

❑ Completion

注意，这个 Completion 跟 NVMe 层的 Completion 不是同一个东西，它们处在不同层。PCIe 层的 Completion TLP，是对所有 Non-Posted 型的 TLP 的响应，比如一个 Read TLP，就需要 Completion TLP 来作为响应。

NVMe 层的 Completion，是对每个 SQ 中的命令，都需要一个 Completion 来作为响应。

在 NVMe 命令处理过程中，PCIe 事务层基本只用 Memory Read/Write TLP 来为 NVMe 服务，其他类型 TLP 我们可以不用管。

主机发送一个 Read 命令，PCIe 是如何服务的？接下来，结合 NVMe 命令处理流程，我将带着大家把图 6-31 看懂，看看 NVMe 和 PCIe 的事务层发生了什么。

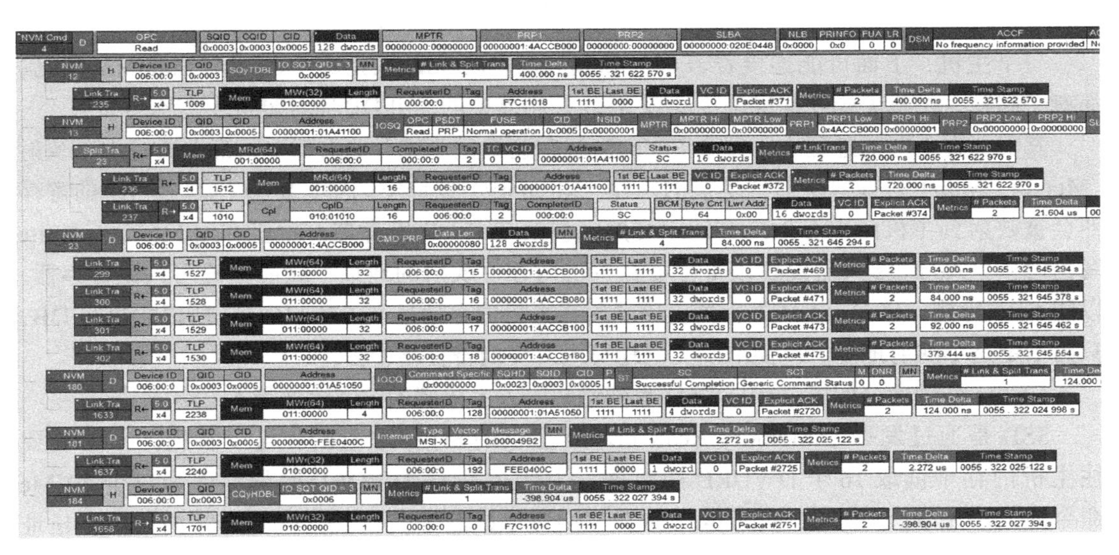

图 6-31　NVMe 读命令的 PCIeTrace 图

这张图密密麻麻的，到底是什么？别急，蛋蛋带你一步一步把它看懂。

首先，主机准备了一个 Read 命令给 SSD（见图 6-32）。

图 6-32　NVMe 读命令

也许你对 NVMe Read 命令格式不是很清楚，但从图 6-32 中，我们还是能得到下面的信息：主机需要从起始 LBA 0x20E0448（SLBA）上读取 128 个 DWORD（512 字节）的数据，读到哪里去呢？ PRP1 给出内存地址是 0x14ACCB000。这个命令放在编号为 3 的 SQ 里（SQID = 3），CQ 编号也是 3（CQID = 3）。我觉得知道这些就够了。相信你看了前面章节的介绍，刚才说的这些应该都能懂。

当主机把一个命令准备好放到 SQ 后，接下来步骤是什么呢？回想一下 NVMe 命令处理的八个步骤。

第一步：**主机准备好命令在 SQ**；（完成）

第二步：**主机通过写 SQ 的 Tail DB，通知 SSD 来取命令**。

图 6-33 中，上层是 NVMe 层，下层是 PCIe 的事务层，这一层我们看到的是 TLP。主机想往 SQ Tail DB 中写入的值是 5。PCIe 是通过一个 Memory Write TLP 来实现主机写 SQ 的 Tail DB 的。

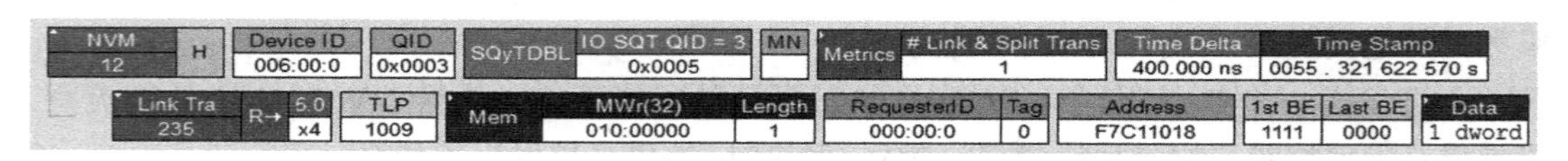

图 6-33　主机通过 Memory Write 写 SQ 的 Tail DB

一个主机，下面可能连接着若干个 Endpoint，该 SSD 只是其中的一个 Endpoint 而已，那有个问题，主机怎样才能准确更新该 SSD 控制器中的 Tail DB 寄存器呢？怎么寻址？

其实，在上电的过程中，每个 Endpoint（在这里是 SSD）的内部空间都会通过内存映射（Memory Map）的方式映射到主机的内存（Memory）地址空间中，SSD 控制器当中的寄存器会被映射到主机的内存地址空间，当然也包括 Tail DB 寄存器。主机在用 Memory Write 写的时候，Address 只需设置该寄存器在主机内存中映射的地址，就能准确写入该寄存器。以图 6-33 为例，该 Tail DB 寄存器应该映射在主机内存地址 0xF7C11018，所以主机写 DB，只需指定这个映射地址，就能准确无误地写入对应的寄存器中去。

NVMe 处理命令的第三步：**SSD 收到通知，去主机端的 SQ 中取指**。

SSD 是通过发一个 Memory Read TLP 到主机的 SQ 中取指的。可以看到，PCIe 需要往主机内存中读取 16 个 DWORD 的数据。为什么是 16 DWORD 数据？因为每个 NVMe 命令的大小是 64 个字节。从图 6-34 中，我们可以推断 SQ 3 当前的 Head 指向的内存地址是 0x101A41100。怎么推断来的？因为 SSD 总是从主机的 SQ Head 取指的，而图 6-34 中，Address 就是 0x101A41100，所以我们有此推断。

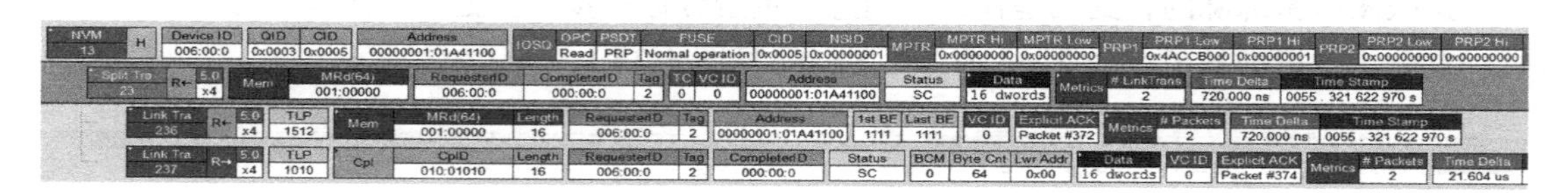

图 6-34　SSD 通过 Memory Read 取指

在图6-34中，SSD往主机发送了一个Memory Read的请求，主机通过Completion的方式把命令数据返回给SSD。和前面的Memory Write不同，Memory Read中不含数据，只是个请求，数据的传输需要对方发个Completion。像这种需要对方返回状态的TLP请求，我们叫它Non-Posted请求。怎么理解呢？Post有“邮政”的意思，就像你寄信一样，你往邮箱中一扔，对方能不能收到，就看快递员的素养了，反正你是把信发出去了。像Memory Write这种请求，就是Posted请求，数据传给对方，至于对方有没有处理，我们不在乎；而像Memory Read这种请求，它就必须是Non-Posted了，因为如果对方不响应（不返回数据）给我，Memory Read就是失败的。所以，每个Memory Read请求都有相应的Completion。

NVMe处理命令的第四步：**SSD执行读命令，把数据从闪存中读到缓存中，然后把数据传给主机**。

数据从闪存中读到缓存中，这是SSD内部的操作，跟PCIe和NVMe没有任何关系，因此，我们捕捉不到SSD的这个行为。在PCIe接口上，我们只能捕捉到SSD把数据传给主机的过程。

如图6-35所示，SSD通过Memory Write TLP把主机命令所需的128个DWORD数据写入主机命令所要求的内存中去。SSD每次写入32个DWORD，一共写了4次。正如之前所说，我们没有看到Completion TLP，合理。

NVM	D	Device ID	QID	CID	Address	CMD PRP	Data Len	Data	MN	Metrics	# Link & Split Trans	Time Delta	Time Stamp
23	D	006:00:0	0x0003	0x0005	00000001:4ACCB000	CMD PRP	0x00000080	128 dwords		Metrics	4	84.000 ns	0055 . 321 645 294 s

Link Tra		5.0	TLP		MWr(64)	Length	RequesterID	Tag	Address	1st BE	Last BE	Data	VC ID	Explicit ACK		# Packets
299	R←	x4	1527	Mem	011:00000	32	006:00:0	15	00000001:4ACCB000	1111	1111	32 dwords	0	Packet #469	Metrics	2
300	R←	x4	1528	Mem	011:00000	32	006:00:0	16	00000001:4ACCB080	1111	1111	32 dwords	0	Packet #471	Metrics	2
301	R←	x4	1529	Mem	011:00000	32	006:00:0	17	00000001:4ACCB100	1111	1111	32 dwords	0	Packet #473	Metrics	2
302	R←	x4	1530	Mem	011:00000	32	006:00:0	18	00000001:4ACCB180	1111	1111	32 dwords	0	Packet #475	Metrics	2

图6-35　SSD通过MemoryWrite返回数据给主机

SSD一旦把数据返回给主机，就会认为命令处理完毕，第五步就是：**SSD往主机的CQ中返回状态**。

如图6-36所示，SSD是通过Memory Write TLP把16个字节的命令完成状态信息写入主机的CQ中。

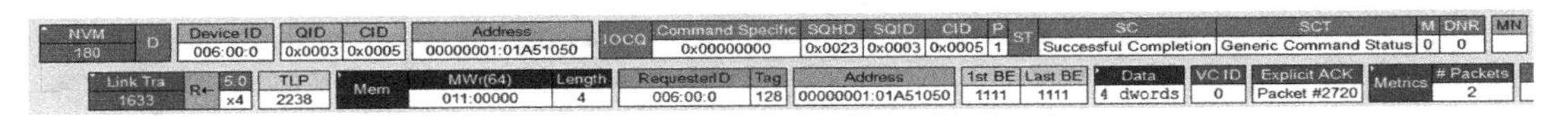

图6-36　SSD通过MemoryWrite写CQ

SSD往主机的CQ中写入后，第六步就是：**SSD采用中断的方式告诉主机去处理CQ**。

SSD中断主机，NVMe/PCIe有四种方式：Pin-Based Interrupt、Single Message MSI、Multiple Message MSI和MSI-X（关于中断，具体的可以参看NVMe V1.2协议规范第171页，有详细介绍，有兴趣的可以去看看）。在图6-37中，这个例子中使用的是MSI-X中断方式。跟传统的中断不一样，它不是通过硬件引脚的方式，而是和正常的数据信息一样，通过 PCIe 打包把中断信息告知主机。图 6-37 告诉我们，SSD 还是通过 Memory Write TLP 把中断信息告知主机，这个中断信息长度是 1 DWORD。

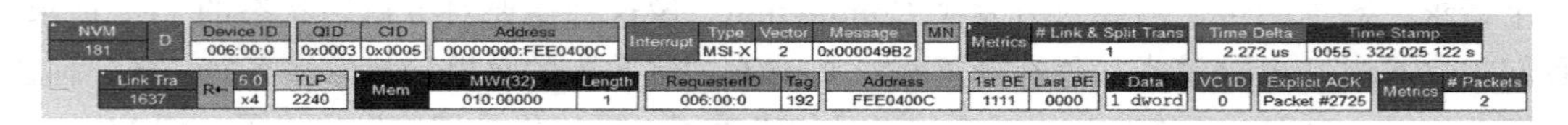

图 6-37 SSD 通过 Memory Write 通知主机处理 CQ

主机收到中断后，第七步就是：**主机处理相应的 CQ**。这步是在主机端内部发生的事情，在 Trace 上我们捕捉不到这个处理过程。

最后一步，主机处理完相应的 CQ 后，需要**更新 SSD 端的 CQ Head DB**，告知 SSD CQ 处理完毕。

跟前面一样，主机还是通过 Memory Write TLP 更新 SSD 端的 CQ Head DB，如图 6-38 所示。

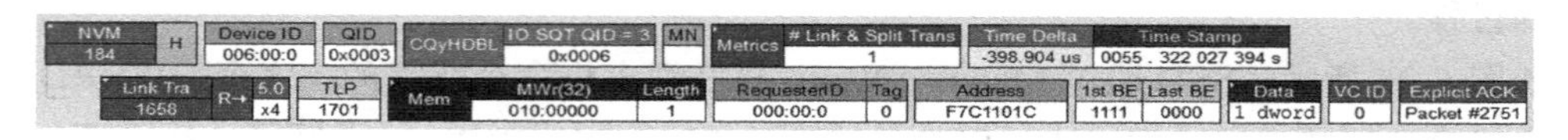

图 6-38 主机通过 Memory Write 更新 CQ 的 Head DB

通过 PCIe Trace，我们从 PCIe 的事务层看到了一个 NVMe Read 命令是怎么处理的，看到事务层基本都是通过 Memory Write 和 Memory Read TLP 传输 NVMe 命令、数据和状态等信息，看到了 NVMe 命令处理的八个步骤。

上面举的是 NVMe 读命令处理，其他命令处理过程其实差不多，这里不再赘述。

最后，我再贴出完整的 Trace，相信，也希望大家不会再有一团乱麻的感觉（见图 6-39）。

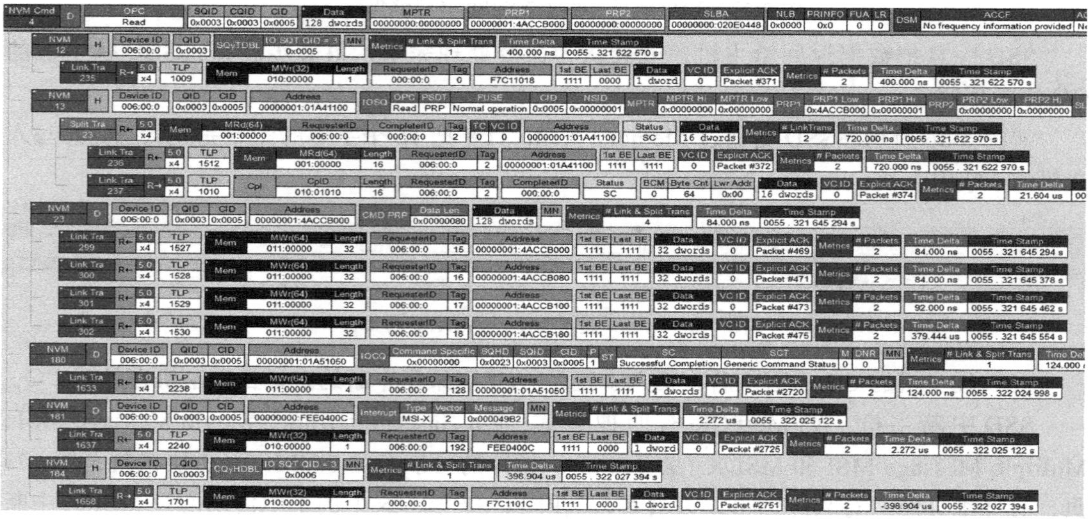

图 6-39 NVMe 读命令的 PCIe Trace 图

6.6　端到端数据保护

接下来，我们要说的话题就是NVMe中端到端的数据保护功能，看看NVMe中的保镖是怎样为我们的数据保驾护航的。

端到端：一端是主机的内存空间，一端是SSD的闪存空间。

我们需要保护的是用户数据。主机与SSD之间，数据传输的最小单元是逻辑块（Logical Block，LB），每个逻辑块大小可以是512/1024/2048/4096等字节，主机在格式化SSD的时候，逻辑块大小就确定了，之后两者就按这个逻辑块大小进行数据交互。

数据从主机到NVM（Non-Volatile Memory，目前一般是闪存，后面我就用闪存来代表NVM），首先要经过PCIe传输到SSD的控制器，然后控制器把数据写入闪存；反过来，主机想从闪存上读取数据，首先要由SSD控制器从闪存上获得数据，然后经过PCIe把数据传送给主机，如图6-40所示。

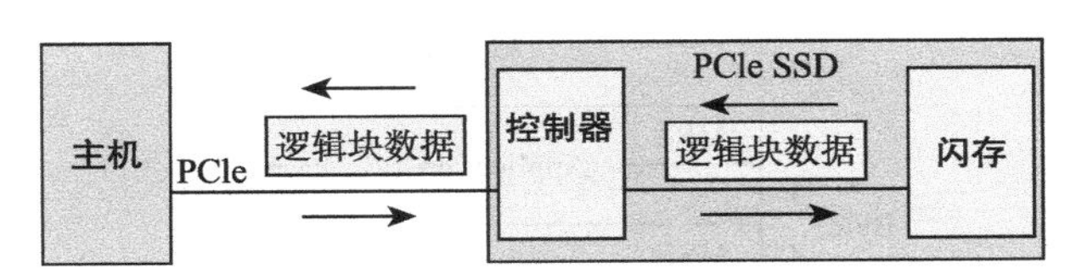

图6-40　主机与SSD之间传输数据

主机与SSD之间，数据在PCIe上传输的时候，由于信道噪声的存在（说白了就是存在干扰），可能导致数据出错；另外，在SSD内部，控制器与闪存之间，数据也可能发生错误。为确保主机与闪存之间数据的完整性，即主机写入闪存的数据与最初主机写的数据一致，以及主机读到的数据与最初从闪存上读上来的数据一致，NVMe提供了一个端到端的数据保护功能。

除了逻辑块数据本身，NVMe还允许每个逻辑块带个助理，叫作元数据（Meta Data）。这个助理的职责，NVMe虽然没有明确要求，但如果数据需要保护，这个助理就必须能充当保镖的角色。

元数据有两种存在方式，一种是作为逻辑块数据的扩展，和逻辑块数据放一起传输，这是贴身保镖（见图6-41）。

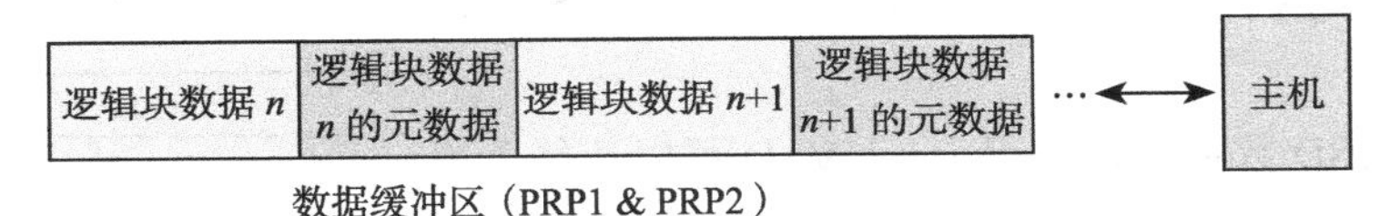

图6-41　元数据和逻辑块数据放一起传输

另外一种方式就是逻辑块数据和元数据分别传输。虽不是贴身保护，但保镖在附近时刻注意着主人的安全，属于非贴身保镖（见图6-42）。

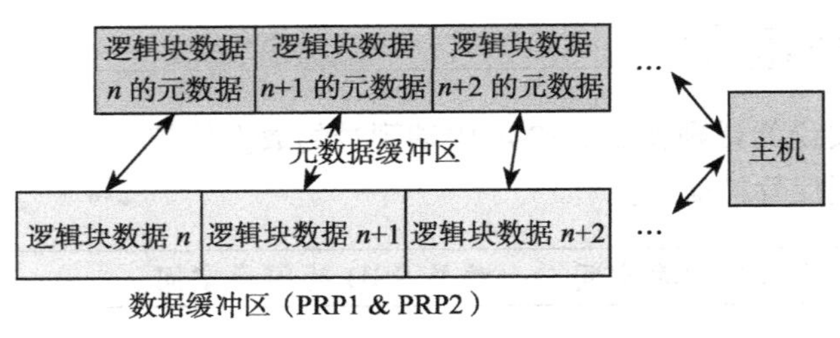

图 6-42 元数据和逻辑块数据分开传输

NVMe over Fabrics 只支持元数据和逻辑数据放一起，即贴身保护。

贴身保护与否，我们不关心形式，我们只关心元数据是如何保护逻辑块数据的。NVMe 要求每个逻辑块数据的保镖配备下面这把武器（见图 6-43）。

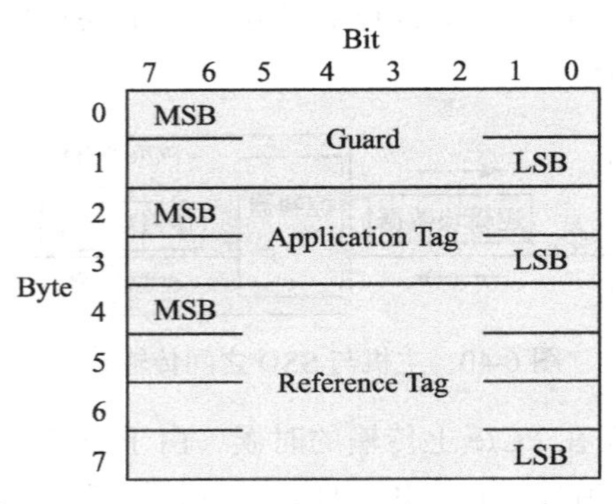

图 6-43 数据保护信息格式

其中：

- Guard：16 比特的 CRC（Cyclic Redundancy Check），它是逻辑块数据算出来的；
- Application Tag：这块区域对控制器不可见，为主机所用；
- Reference Tag：将用户数据和地址（LBA）相关联，防止数据错乱。

CRC 校验能够检测出数据是否有错，后者则是保证数据不会出现张冠李戴的问题，比如我读 LBA x，结果却读到了 LBA y 的数据。NVMe 数据保护机制能发现这类问题。

配了保镖的数据如图 6-44 所示（以 512 字节的数据块为例）。

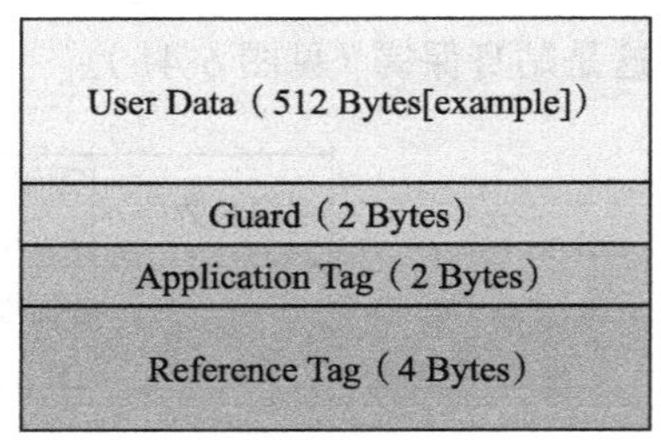

图 6-44 带有保护信息的逻辑数据块

在主机与 SSD 数据传输过程中，NVMe 可以让每个逻辑块数据都带上保镖，可以让它们不带保镖，也可以在某个治安差的地方把保镖带上，然后在治安环境好的地方不用保镖。

主机向 SSD 写入数据，不带保镖（见图 6-45）。

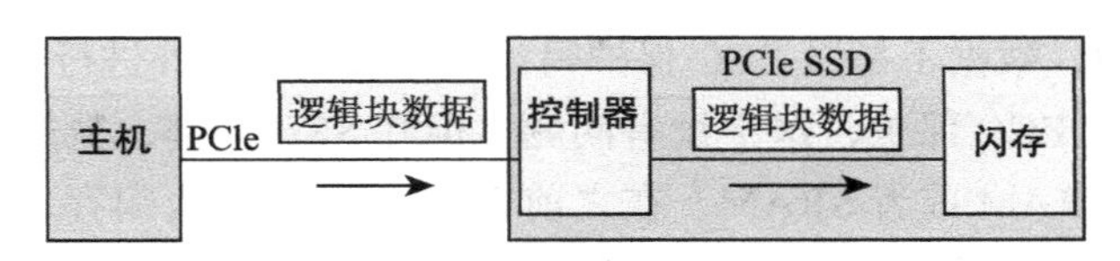

图 6-45　不带数据保护信息

什么情况下可以不带保镖？

如果你是普通人，完全没有必要配保镖，原因有：①你请不起保镖；②谁有空来伤害你呢？③太平盛世。

如果是无关紧要的数据（如小电影），完全没有必要进行端到端的保护，毕竟数据保护需要传输额外的数据（每个逻辑数据块需要至少额外 8 字节的数据保护信息，有效带宽减少），还需要 SSD 做额外的数据完整性校验（耗时，性能变差）。最关键的是在 PCIe 通道上，本来就有 LCRC 的保护，有必要的话还可以使能 ECRC，这个跟 NVMe 关系不大，就不展开了。

主机向 SSD 写入数据，全程带上保镖的情况（见图 6-46）。

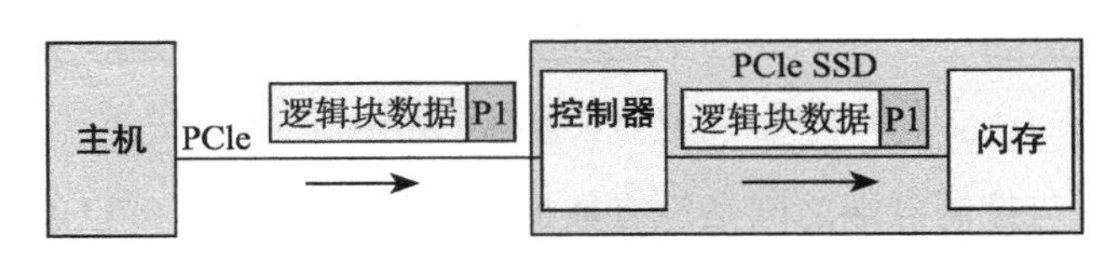

图 6-46　带数据保护信息数据写流程

图 6-46 中的 PI（Protection Information，保护信息）就是传说中的保镖。

主机数据通过 PCIe 传输到 SSD 控制器时，SSD 控制器会重新计算逻辑块数据的 CRC，与保镖的 CRC 比较，如果两者匹配，说明数据传输是没有问题的；否则，数据就是有问题的，这个时候，SSD 控制器就会给主机报错。

除了 CRC 校验，还要检测有没有张冠李戴的问题，通过检测 Reference Tag，看看这个没有 CRC 问题的数据是不是该主机写命令对应的数据，如果不匹配，同样需要向主机报错。

如果数据检测没有问题，SSD 控制器会把逻辑块数据和 PI 一同写入闪存中。将 PI 一同写入闪存中有什么意义呢？在读的时候有意义，如图 6-47 所示。

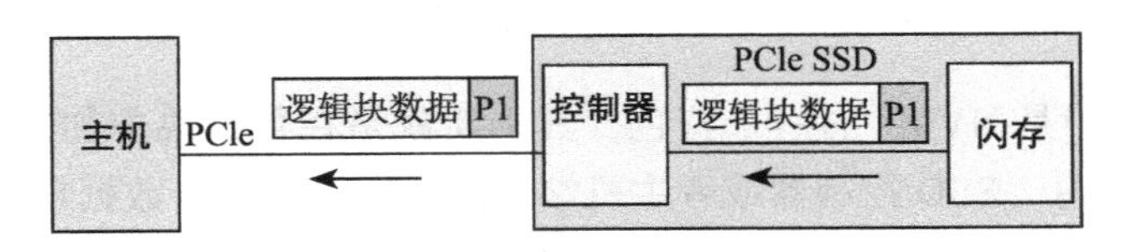

图 6-47　带数据保护信息数据读流程

SSD 控制器读闪存的时候，会对读上来的数据进行 CRC 校验，如果写入的时候带有 PI，这个时候就能检测出读上来的数据是否正确，从而决定这个数据要不要传给主机。有人要说，对闪存来说，数据不是受 ECC 保护吗？为什么还要额外进行数据校验？没错，写入闪存中的数据是受 ECC 保护，这个没有问题，但在 SSD 内部，数据从控制器到闪存之间，一般都要经过 DRAM 或者 SRAM，在之前 SSD 控制器写入闪存，或者这个时候从闪存读数据到 SSD 控制器，可能就会发生比特翻转之类的小概率事件，从而导致数据不正确。如果在 NVMe 层再做个 CRC 保护，这类数据错误就能被发现了。

除了数据在 SSD 内发生反转，由于固件问题或者别的原因，还是会出现数据张冠李戴的问题：数据虽然没有 CRC 错误，但是它不是我们想要的数据。因此，还需要做 Reference Tag 检测。

SSD 控制器通过 PCIe 把数据传给主机，主机端也会对数据进行校验，看 SSD 返回的数据是否有错。

主机往 SSD 写入数据，半程带保镖的情况（见图 6-48）。

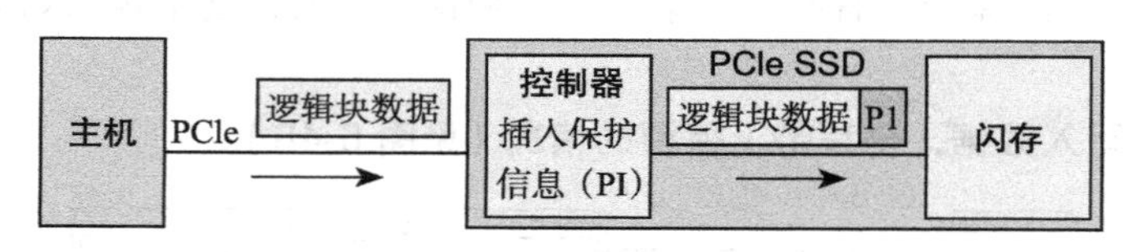

图 6-48　SSD 内部加入数据保护信息

这种情况，主机与控制器端之间是没有数据保护的，因为 PCIe 已经能提供数据完整性保证了。但在 SSD 内部，控制器到闪存之间，由于乱七八糟的原因（数据反转，LBA 数据不匹配），存在数据错误的可能，NVMe 要求 SSD 控制器在把数据写入闪存前，计算好数据的 PI，然后把数据和 PI 一同写入闪存。

SSD 控制器读闪存的时候，会对读上来的数据进行 PI 校验，如果没有问题，剥除 PI，然后把逻辑块数据返回给主机；如果校验失败，说明数据存在问题，SSD 需要向主机报错，如图 6-49 所示。

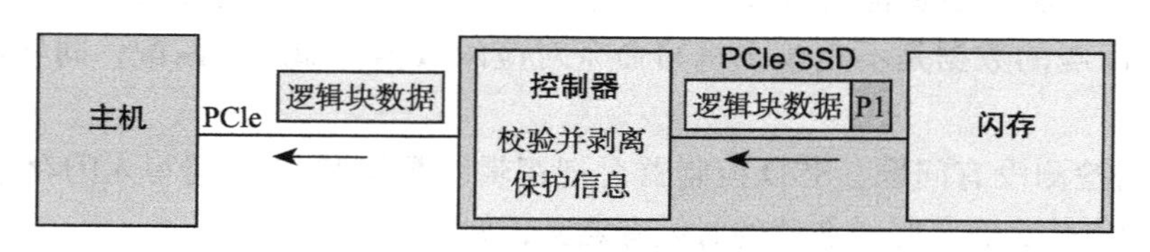

图 6-49　SSD 内部根据数据保护信息验证数据

数据端到端保护是 NVMe 的一个特色，其本质就是在数据块中加入 CRC 和数据块对应的 LBA 等冗余信息，SSD 控制器或者主机端利用这些信息进行数据校验，然后根据校验结果执行相应的操作。加入这些检错信息的好处是能让主机与 SSD 控制器及时发现数据错误，副作用就是：

1）每个数据块需要额外的至少 8 字节的数据保护信息，有效带宽减少：数据块越小，带宽影响越大。

2）SSD 控制器需要做数据校验，影响性能。

但是，我觉得这二个副作用的影响是微乎其微的，跟数据安全性相比，这又算得了什么呢？

6.7 Namespace

什么是 Namespace（以下简称 NS）？

一个 NVMe SSD 主要由 SSD 控制器、闪存空间和 PCIe 接口组成。如果把闪存空间划分成若干个独立的逻辑空间，每个空间逻辑块地址（LBA）范围是 0 到 $N-1$（N 是逻辑空间大小），这样划分出来的每一个逻辑空间我们就叫作 NS。对 SATA SSD 来说，一个闪存空间只对应着一个逻辑空间，与之不同的是，NVMe SSD 可以是一个闪存空间对应多个逻辑空间。

每个 NS 都有一个名称与 ID，如同每个人都有名字和身份证号码，ID 是独一无二的，系统就是通过 NS 的 ID 来区分不同的 NS。

如图 6-50 所示，整个闪存空间划分成两个 NS，名字分别是 NS A 和 NS B，对应的 NS ID 分别是 1 和 2。如果 NS A 大小是 M（以逻辑块大小为单位），NS B 大小是 N，则它们的逻辑地址空间分别是 0 到 $M-1$ 和 0 到 $N-1$。主机读写 SSD，都是要在命令中指定读写的是哪个 NS 中的逻辑块。原因很简单，如果不指定 NS，对同一个 LBA 来说，假设就是 LBA 0，SSD 根本就不知道去读或者写哪里，因为有两个逻辑空间，每个逻辑空间都有 LBA 0。

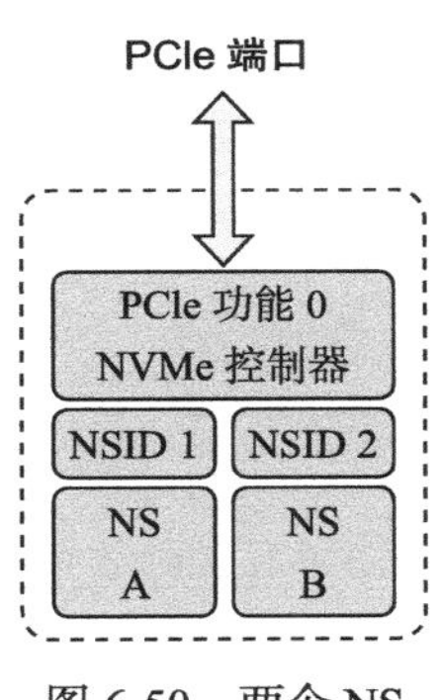

图 6-50 两个 NS

如同我只说德州，如果不告诉你是哪个国家的，你怎知道我说的是美国德州还是山东德州。

一个 NVMe 命令一共 64 字节，其中 Byte[7:4] 指定了要访问的 NS，如表 6-5 所示。

表 6-5 NVMe 命令中 NS 域

字节	描述
63:60	命令 **Dword15（CDW15）**：命令相关
59:56	命令 **Dword14（CDW14）**：命令相关
55:52	命令 **Dword13（CDW13）**：命令相关
51:48	命令 **Dword12（CDW12）**：命令相关
47:44	命令 **Dword11（CDW11）**：命令相关
43:40	命令 **Dword10（CDW10）**：命令相关
39:32	PRP Entry 2（PRP2）：命令中第二个地址条目（如果有用到的话）
31:24	**PRP Entry 1（PRP1）**：命令中第一个地址条目
23:16	**MetadataPointer（MPTR）**：连续元数据缓冲区地址

（续）

字节	描述
15:8	保留
7:4	**NamespaceIdentifier（NSID）**
3:0	命令 **Dword0（CDW0）**：所有命令都用

对每个NS来说，都有一个4KB大小的数据结构来描述它。该数据结构描述了该NS的大小，整个空间已经写了多少，每个LBA的大小，端到端数据保护相关设置，以及该NS是属于某个控制器还是几个控制器可以共享等。

NS由主机创建和管理，每个创建好的NS，从主机操作系统角度看来，就是一个独立的磁盘，用户可在每个NS做分区等操作。

下例中，整个闪存空间划分成两个NS，NS A和NS B，操作系统看到两个完全独立的磁盘，如图6-51所示。

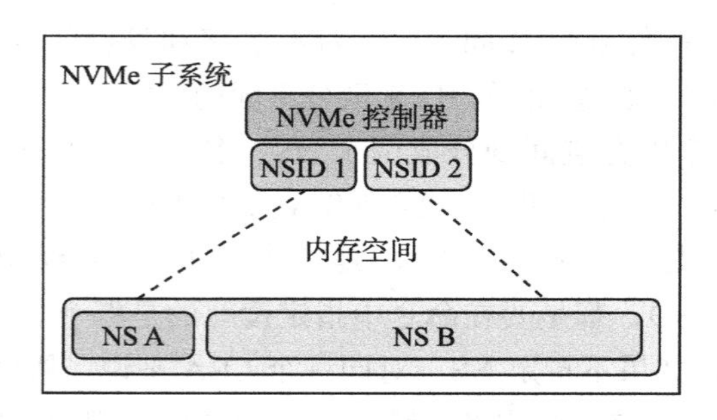

图6-51　NVMe子系统中有两个NS

每个NS是独立的，逻辑块大小可以不同，端到端数据保护配置也可以不同：你可以让一个NS使用保镖，另一个NS不使用保镖，再一个NS半程使用保镖（见6.6节）。

其实，NS更多是应用在企业级，可以根据客户不同需求创建不同特征的NS，也就是在一个SSD上创建出若干个不同功能特征的磁盘（NS）供不同客户使用。

NS的另外一个重要使用场合是：SR-IOV。

什么是SR-IOV？英文全称为Single Root-IO Virtualization，SR-IOV技术允许在虚拟机之间高效共享PCIe设备，并且它是在硬件中实现的，可以获得能够与本机性能媲美的IO性能。单个IO资源（单个SSD）可由许多虚拟机共享。共享的设备将提供专用的资源，并且还使用共享的通用资源。这样，每个虚拟机都可访问唯一的资源。

如图6-52所示，该SSD作为PCIe的一个Endpoint，实现了一个物理功能（Physical Function，PF），有4个虚拟功能（Virtual Function，VF）关联该PF。每个VF，都有自己独享的NS，还有公共的NS（NS E）。此功能使得虚拟功能可以共享物理设备，并在没有CPU和虚拟机管理程序软件开销的情况下执行IO。关于SR-IOV的更多知识，这里就不展开了，我们只需知道NVMe中的NS有用武之地就可以。

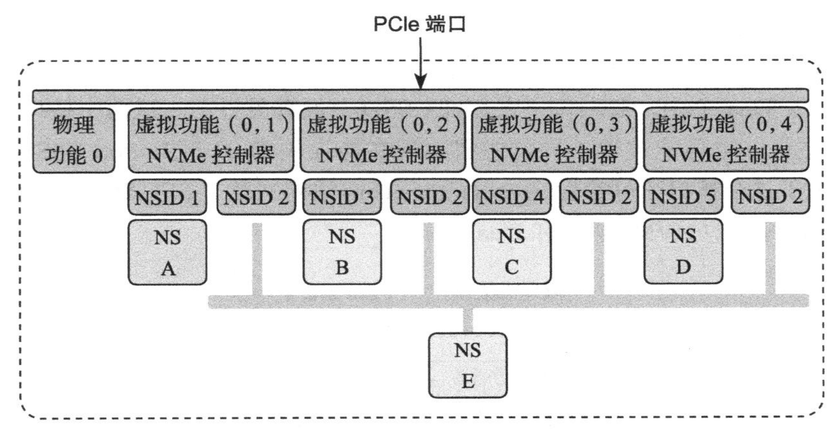

图 6-52　SR-IOV

对一个 NVMe 子系统来说，除了包含若干个 NS，还可以有若干个 SSD 控制器。注意，这里不是说一个 SSD 控制器有多个 CPU，而是说一个 SSD 有几个实现了 NVMe 功能的控制器。

如图 6-53 所示，一个 NVMe 子系统包含了两个控制器，分别实现不同功能（也可以是相同功能）。整个闪存空间分成 3 个 NS，其中 NS A 由控制器 0（左边）独享，NS C 由控制器 1（右边）独享，而 NS B 是两者共享。独享的意思是说只有与之关联的控制器才能访问该 NS，别的控制器是不能对其进行访问的，图 6-53 中控制器 0 是不能对 NS C 进行读写操作的，同样，控制器 1 也不能访问 NS A；共享的意思是说，该 NS（这里是 NS B）是可以被两个控制器共同访问的。对共享 NS，由于几个控制器都可以对它进行访问，所以要求每个控制器对该 NS 的访问都是原子操作，从而避免同步问题。

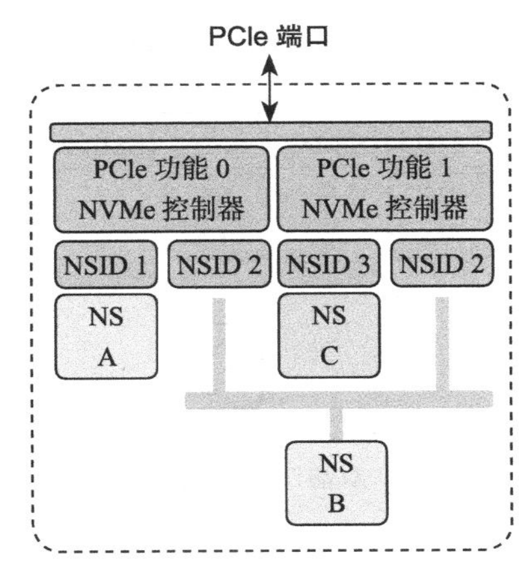

图 6-53　NVMe 子系统中有两个控制器

事实上，一个 NVMe 子系统，除了可以有若干个 NS，除了可以有若干个控制器，还可以有若干个 PCIe 接口。

与前面的架构不一样，图 6-54 的架构是每一个控制器都有自己的 PCIe 接口，而不是两者共享一个。Dual Port，双端口，在 SATA SSD 上没有见过吧。这两个接口往上有可能连着同一个主机，也可能连着不同的主机。现在能提供 Dual PCIe Port 的 SSD 接口只有 SFF-8639（关于这个接口，可参看 www.ssdfans.com 站内文章《 SFF-8639 接口来袭》），也叫 U.2，它支持标准的 NVMe 协议和 Dual-Port。

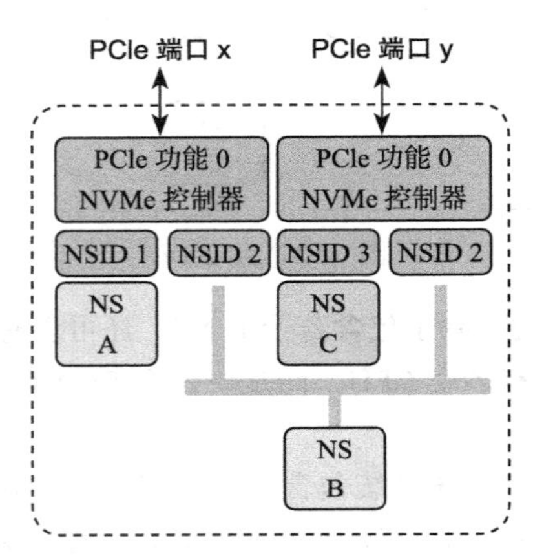

图 6-54　双控制器和双端口 NVMe 子系统

图 6-55 是两个 PCIe 接口连着一个主机的情况。

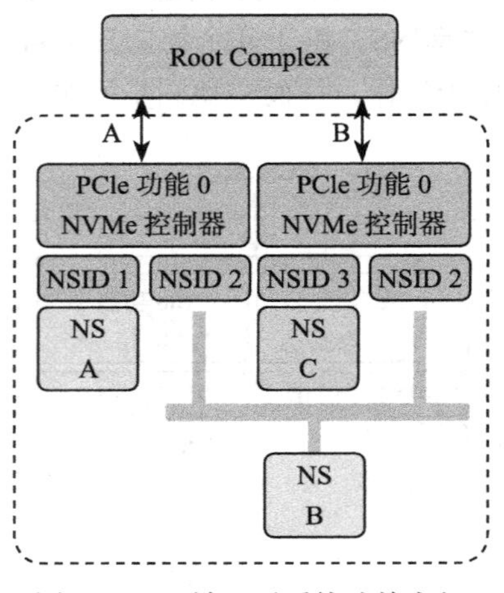

图 6-55　双端口子系统连接主机

为什么要这么玩？

我认为，一方面，主机访问 SSD，可以双管齐下，性能可能更好点。不过对访问 NS B 来说，同一时刻只能被一个控制器访问，双管齐下又如何。考虑到还可以同时操作 NS A 和

NS C，性能或多或少会有所提升。

我觉得，更重要的是，这种双接口冗余设计可以提升系统可靠性。假设 PCIe A 接口出现问题，这个时候主机可以通过 PCIe B 无缝衔接，继续对 NS B 进行访问。当然了，NS A 是无法访问了。

如果主机突然死机怎么办？在一些很苛刻的场景下是不允许主机宕机的。但是，是电脑总有死机的时候，怎么办？最直接有效的办法还是采用冗余容错策略：SSD 有两个控制器，有两个 PCIe 接口，那么我主机也弄个双主机，一个主机挂了，由另一个主机接管任务，继续执行，如图 6-56 所示。

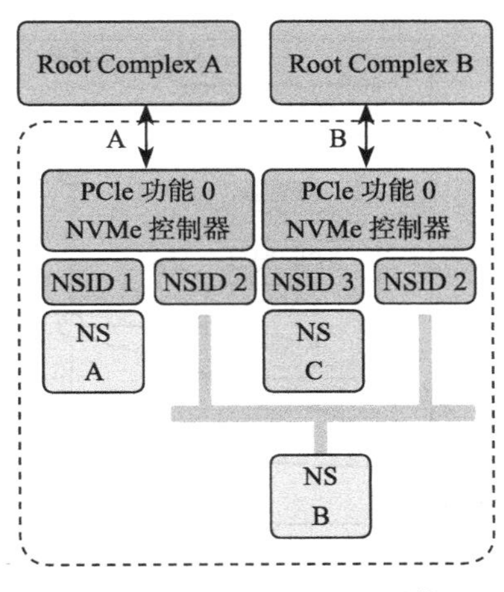

图 6-56 双端口双主机系统

我们来看一个双端口的真实产品。

2015 年，OCZ 发布了业界第一个具有双端口的 PCIe NVMe 的 SSD：Z-Drive 6000 系列（见图 6-57）。

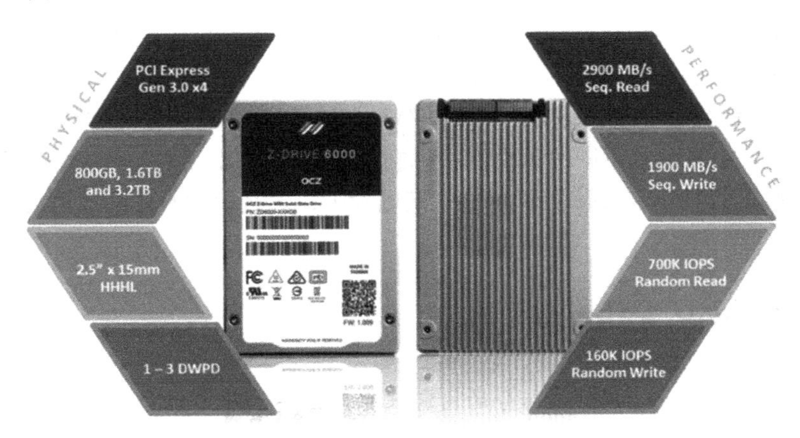

图 6-57 双端口 SSD:Z-Drive 6000

物理上，这些 SSD 都有两个 PCIe 端口，但可以通过不同的固件，实现单端口和双端口功能。

每个端口可以连接独立的主机，主机端有两个独立的数据通道（Data Path）对闪存空间进行访问，如果其中一个数据通道发生故障，OCZ 的主机热交换（Hot-swap）技术能让另外一个主机无缝低延时地接管任务。有些应用，比如银行金融系统、在线交易处理（OnLine Transaction Processing，OLTP）、在线分析处理（OnLine Analytical Processing，OLAP）、高性能计算（High Performance Computing，HPC）、大数据等，对系统可靠性和实时性要求非常高，这个时候，带有双端口的 SSD 就能派上用场了，如图 6-58 所示。

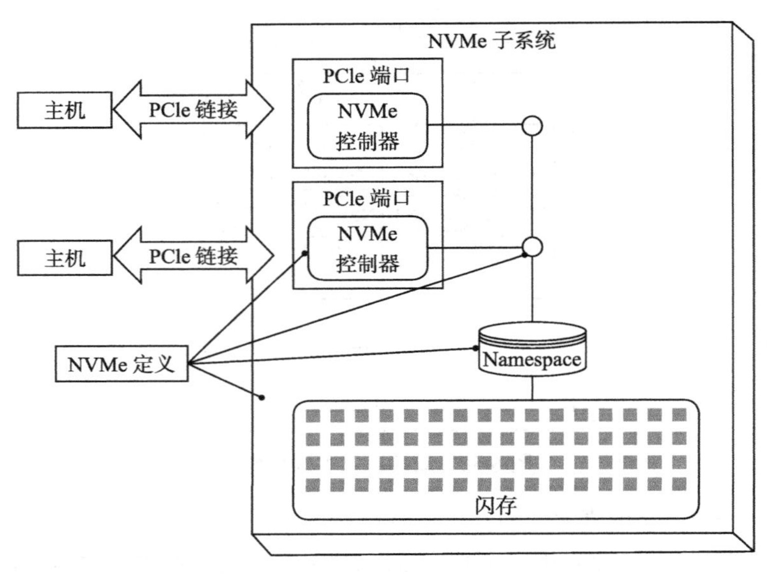

图 6-58　双端口连接双主机系统

带有双端口的这种 SSD，主要是面向企业用户，特别是上面提到的那些应用行业。对我们普通用户来说，我感觉就没有这个必要使用双端口了。

多 NS，多控制器，多 PCIe 接口，给 NVMe SSD 开发者以及存储架构师带来很大的发挥空间。给不同的 NS 配置不同的数据保护机制，或者虚拟化，或者使用冗余容错提高系统可靠性，抑或别的设计，NVMe 提供了这些基础设施，怎么玩就看你的想象力了。

6.8 NVMe over Fabrics

注：本书 NVMe over Fabrics 部分的内容来自 MemBlaze 的路向峰先生，SSDFans 获得其授权收录其文章，感谢路向峰先生对我们的信任。

NVMe 是针对新型的 Non-Volatile Memory（比如闪存、3D XPoint 等）而量身定制的，对于今天的应用来说，基于 NVMe 协议的 SSD 可以提供对性能、延迟、IO 协议栈开销的完美优化。一个 SSD 高达几十万甚至上百万 IOPS 的随机读写性能可以使单机应用用户体验飞速提升，但往往单机应用没法充分地填满这么多带宽。

NVMe SSD 目前的主要应用之一是全闪存阵列，但是 PCIe 接口并不适合存储设备的横向扩展（Scale Out）：想象一下如何把几百块 NVMe SSD 通过 PCIe 接入一个存储池中。

按照传统的模式，将少量的 NVMe SSD 组成存储节点，再通过 iSCSI 连接到前端，如图 6-59 所示。

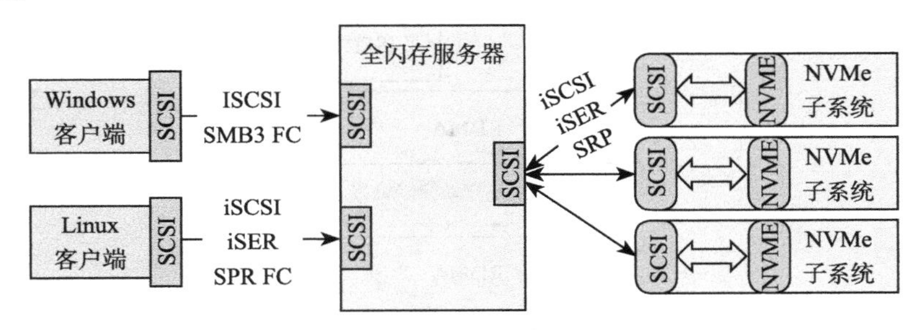

图 6-59 传统存储连接方式

这样的方式带来一个问题，NVMe 未来的小目标是时延（Latency）做到 10μs 以内，而 iSCSI 协议（或者 iSER、SRP）的时延是 100μs，如图 6-60 所示。

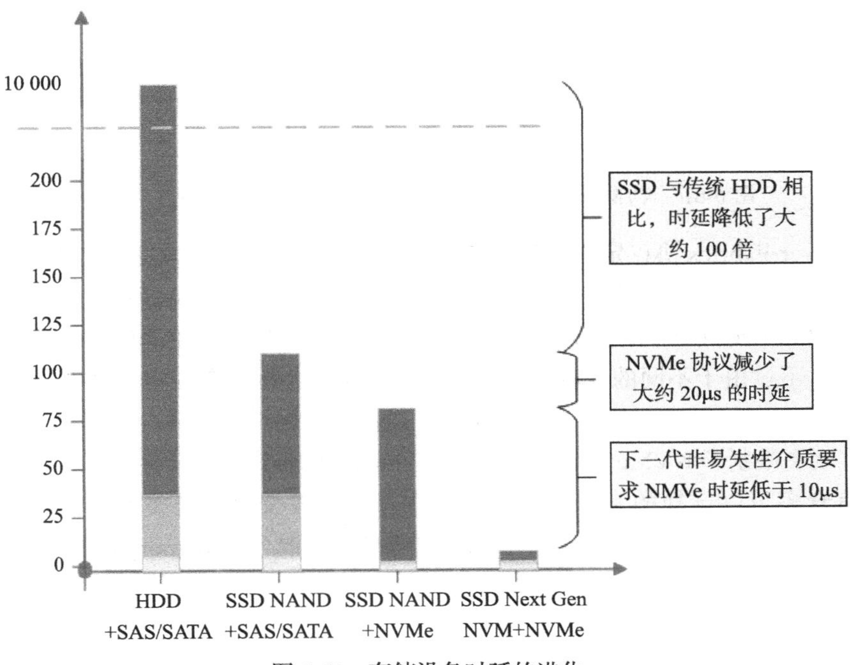

图 6-60 存储设备时延的进化

把一辆法拉利放到北京早高峰的西直门立交桥上，你什么意思？

NVMe over Fabrics 就是为了解决这个问题而生（见图 6-61）。

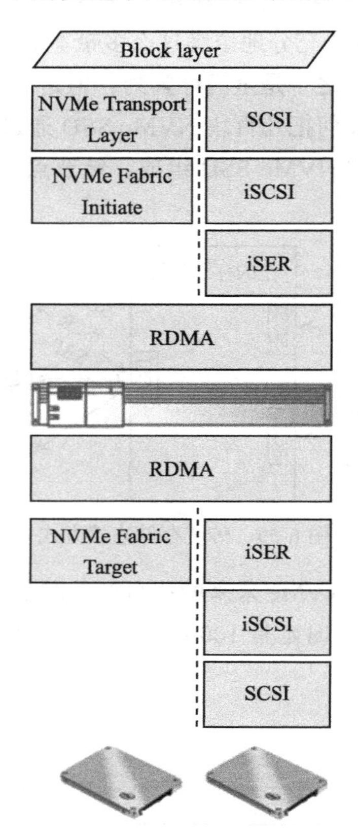

图 6-61　NVMe over Fabrics（左）与传统方式协议栈（右）比较

NVMe over Fabrics 协议定义了使用各种通用的事务层协议来实现 NVMe 功能的方式。在协议中所指的事务层包括了 RDMA、FibreChannel、PCIe Fabrics 等实现方式。

由于 NVMe over Fabrics 协议的这种灵活性，它可以非常方便地生长在各个主流的事务层协议中。不过由于不同的互联协议本身的特点不同，因此基于各种协议的 NVMe over Fabrics 的具体实现都是不同的。一些协议本身的协议开销较大，另一些需要专用的硬件网络设备，客观上限制了 NVMe over Fabrics 协议在其中的推广。

虽然有众多可以选择的互联方式，但这些互联方式按照接口类型可分成三类：内存（Memory）型接口、消息（Message）型接口和消息内存混合（Memory&Message）型接口。相应的互联类型和例子如图 6-62 所示。

在这些众多的事务层协议中，重点介绍一下 RDMA。RDMA（Remote Direct Memory Access，远程 DMA）通过网络把数据直接传入计算机的存储区，降低了 CPU 的处理工作量。当一个应用执行 RDMA 读或写请求时，不执行任何数据复制。在不需要任何内核内存参与的条件下，RDMA 请求会直接从运行在用户空间的应用中发送到本地网卡，然后经过网络传送到远程网卡，如图 6-63 所示。

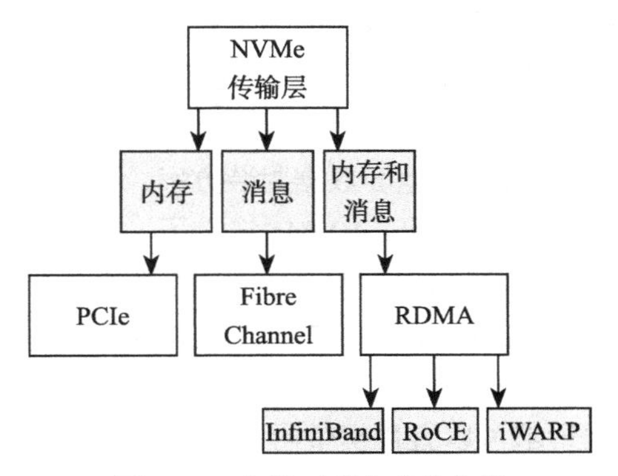

图 6-62　存储互联方式的分类

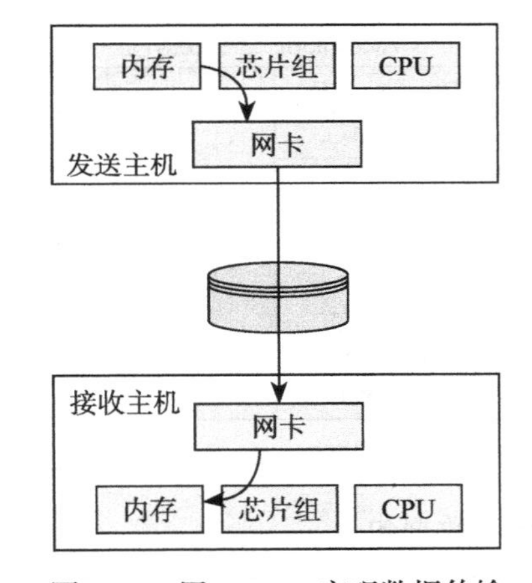

图 6-63　用 RDMA 实现数据传输

RDMA 对于 NVMe over Fabrics 协议的便利性体现在以下几个方面：

- 提供了低延迟、低抖动和低 CPU 使用率的事务层协议；
- 最大限度利用硬件加速，避免软件协议栈的开销；
- 定义了丰富的可异步访问的接口机制，这对于提高 IO 性能是至关重要的。

RDMA 设计初衷就是为了高性能、低延迟访问远端节点的，并且它的语义非常类似本地 DMA 的过程，因此很自然就可以将 RDMA 作为 NVMe 协议的载体，实现基于网络的 NVMe 协议。

但是，毕竟基于网络的传输模型与本地的 PCIe 传输模型还有种种差异，因此将 NVMe 协议拓展到互联层面需要解决一系列问题。所以，综合 RDMA、FC 等各种不同事务层协议的特点，NVMexpress Inc. 提出了 NVMe over Fabrics 协议，这是一个完整的网络高效存储协议。

对于 NVMe over Fabrics 协议来说，要解决下面几个问题：

1）提供对于不同互联透明的消息和数据的封装格式；

2）将 NVMe 进行操作所需要的接口方式映射到互联网络；

3）解决互联网络的节点发现、多路径等互联引入的新问题。

NVMe over Fabrics 协议定义了一整套数据封装方案，与传统的 NVMe 协议相比，这套封装方案针对互联做了一些调整和适配。NVMe 定义了一套异步的由软件驱动硬件执行相应动作的异步操作机制，发送和完成包仅仅携带必要的描述，而真正的数据和 SGL 描述符都是放在内存中并且由硬件通过 DMA 方式取得的。这是基于 PCIe 的 DMA 操作延迟很短（1us）的前提设计的。然而在互联协议中，节点之间的交互时间大大增加，为了减少两个节点之间不必要的交互，发送请求可以直接携带附加的数据或 SGL 描述符，完成请求也可以携带需要回传的数据，节约了两者之间交互的负担。

图 6-64 为 NVMe Fabric 命令数据包。

NVMe Fabric 命令数据包	
Command ID	可选的附加 SGL 或者命令数据
OpCode	
NSID	
Buffer Address（PRP/SGL）	
Command Parameters	

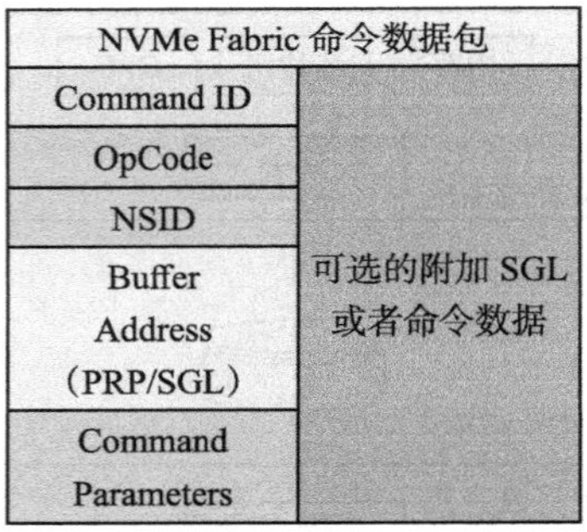

图 6-64　NVMe Fabric 命令数据包

图 6-65 为 NVMe Fabric 响应数据包。

NVMe Fabric 响应数据包	
Command Parameters	可选的命令数据
SQ Head Ptr	
Command Status	
Command ID	

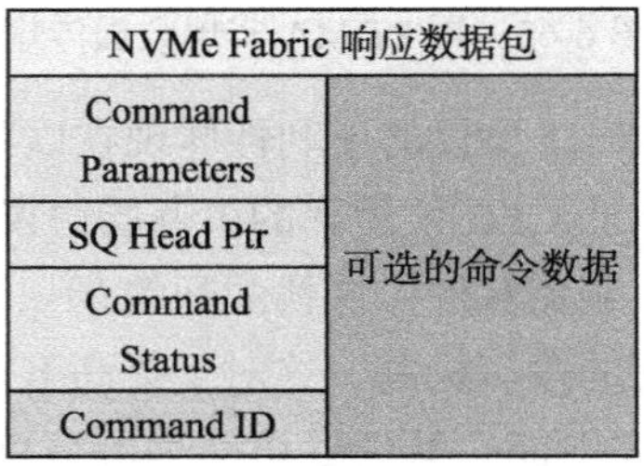

图 6-65　NVMe Fabric 响应数据包

与此同时，为了减少系统交互，在 NVMe over Fabrics 协议中，完成队列没有使用流控机制，因此需要主机在发送新命令之前确保完成队列有足够的可用空间（这点跟 NVMe 把 SQ/CQ 都放在主机端变化挺大的，有点 Host Base → Controller Base 的意思）。

一次 IO 的传输过程如图 6-66 所示。

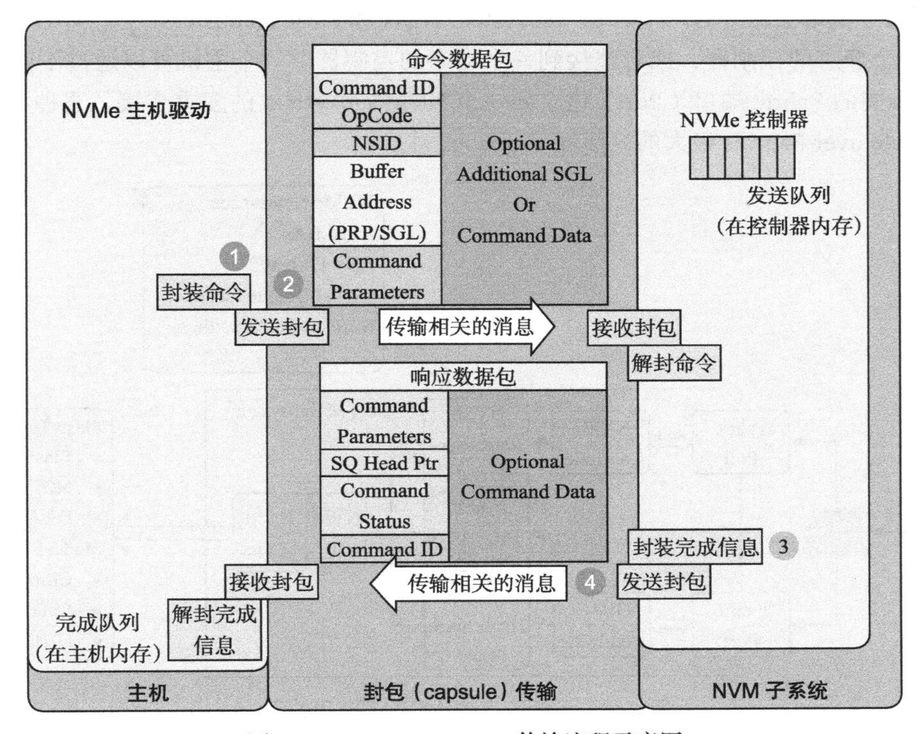

图 6-66　NVMe Fabric IO 传输流程示意图

1）发送端（Initiator）驱动程序封装发送请求并派发给硬件。

2）发送端硬件将发送请求发到目标端（Target）的发送队列。

3）目标端控制器处理完成 IO 请求，并准备出来完成请求派发给硬件。

4）目标端硬件将完成请求发到发送端的接收队列。

由于发送请求和完成请求可以直接携带数据，从而降低了互联中消耗的交互时间。

如果不需要在请求中携带数据，也可以由目标端在过程中直接从发起端获得相应的数据，如图 6-67 所示。

通过上述机制，NVMe over Fabrics 协议实现了对于 NVMe 协议的命令和数据传输的扩展。

普通的 NVMe 命令都可以通过这套机制映射，NVMe 的标准命令摇身一变，就成为互联协议的命令。

不过还是有一些场景是需要特殊考虑的，为了支持这些场景，协议扩展了 NVMe 命令，增加了与互联相关的 5 个命令：Connect、Property Get/Set、Authentication Send/Receive。

下面重点说一说 Connect 和 Property Get/Set。

在 NVMe over Fabrics 协议中，约定每个发送队列都与一个接收队列一一对应，不允许多个发送队列使用同一个接收队列。发送接收队列对是通过 Connect 命令来创建的。Connect 命令携带 Host NQN、NVM Subsystem NQN 和 Host Identifier 信息，并且可以指定连接到一个静态的控制器，或者连接到一个动态的控制器。一个主机可以通过不同的 Host NQN 或不同的 Fabric 端口（Port）建立到一个 NVMSubsystem 的多重连接。这种灵活性赋予了 NVMe over Fabrics 极大的灵活性。

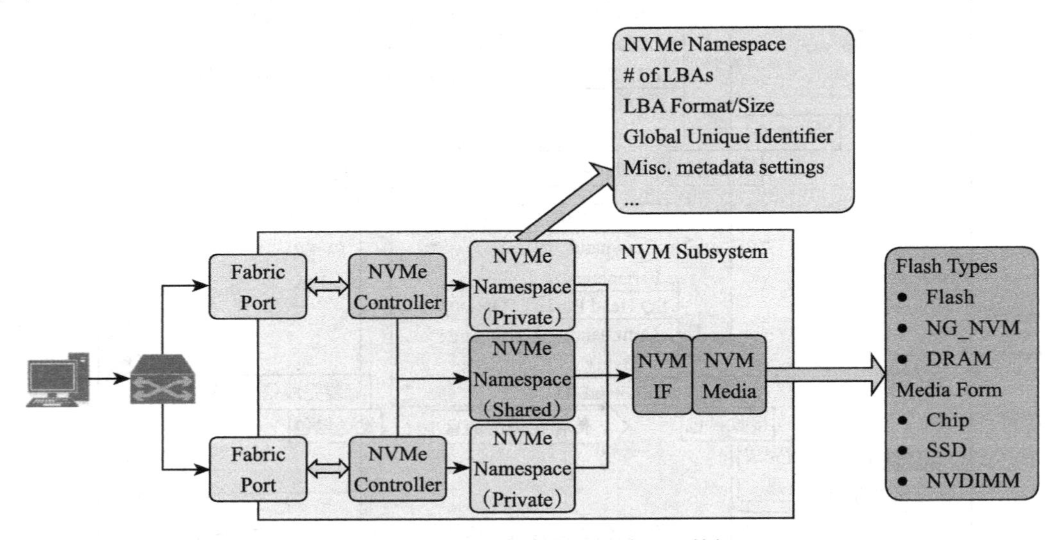

图 6-67 目标端直接从发起端获得数据

在 NVMe 协议中，控制器是一个代表与主机进行沟通的接口实体。由于 PCIe 协议是一种树状拓扑结构，因此一旦控制器所处的 PCIe 端口定下来后，接口所关联的控制器就完全定下来了。而对于 NVMe over Fabrics 协议来说，一个 Fabric 的端口可以嵌入多个控制器，因此根据需要不同，可以选择实现静态控制器或动态控制器。动态控制器是一种简单的模型，适用于对主机具有相同服务特性的需求。静态控制器则适用于有不同需要的场景，发起者（Initiator）可以查询了解一个 Fabric 端口内部包含的静态控制器各自的能力，然后选择连接到指定的控制器以满足自身的需求。

在 NVMe 协议中，PCIe 空间的 BAR0（BAR1）描述了一段内存空间用于对控制器进行基本的寄存器级别的配置。由于 Fabrics 结构没有对应的实现，因此 NVMe over Fabrics 协议定义了 Property Get/Set 分别表示对控制器端寄存器的读取和写入动作。

至此，NVMe 的标准操作就完全被准确和高效地映射成互联网络所对应的使用方式了。为了能满足互联网络的发现机制，NVMe over Fabrics 协议定义了发现服务，用于让发起者主动发现 NVM 子系统和对应的可访问的 Namespace。这个服务还同时用于支持多路径功能。该功能依赖于一个特殊的配置成支持发现服务的 NVM 子系统。发起者可以连接到该服务器并使用 Discovery Log Page 命令来获取可用的资源。

如表 6-6 所示，可以看出 NVMe 和 NVMe over Fabrics 的不同实现方式。

表6-6 NVMe与NVMe Over Fabrics的区别

区别	PCIe	Over Fabric
标识符	Bus/Device/Function	NVMe Qualified Name（NQN）
发现机制	总线枚举	通过 Discovery and Connect 命令
队列	基于内存	基于消息
数据传输方式	PRP 或 SGL	仅支持 SGL
发送队列和完成队列对应关系	一对一或者多对一	一对一
元数据存放	和块数据连续存放或者单独存放	和块数据连续存放
是否支持控制器向主机产生中断	支持	不支持

NVMe官网地址：http://www.NVMexpress.org/。

Chapter 7 第 7 章

SSD 测试

本章将介绍常用的 SSD 测试软件、研发过程中的测试流程、常用仪器设备及测试方法等。

7.1 主流 SSD 测试软件介绍

7.1.1 SSD 性能测试第一神器——FIO

对于 SSD 性能测试来说，最好的工具莫过于 FIO 了。

图 7-1 中所示的这个可爱的小伙子名字叫 Jens Axboe，他是丹麦哥本哈根大学计算机系没毕业的学生，他还有一个有名的同乡叫 Linus，没想到老乡后来成了他的领导。Jens 今年（2018 年）41 岁，16 岁开始就接触 Linux，后来也成了 Linux 开发者，现在是 Linux Kernel 大拿了，负责块设备层的维护。这个块设备层就是跟我们 SSD 关系最紧密的层级，联系了上层文件系统和下层设备驱动程序。他开发了不少有用的程序，比如 Linux IO Scheduler 里面的 Deadline、CFQ Scheduler，还有著名的王牌测试工具 FIO。Jens 曾经在 Fusion-IO、Oracle 等公司工作，现在在 Facebook。阿呆听说硅谷的 Facebook 给码农的薪水是最高的。

图 7-1　FIO 作者 Jens

FIO 是 Jens 开发的一个开源测试工具，功能非常强大，本节就只介绍其中一些基本功能：**线程、队列深度、Offset、同步异步、DirectIO、BIO**。

使用 FIO 之前，首先要有一些 SSD 性能测试方面的基础知识。

线程指的是同时有多少个读或写任务在并行执行，一般来说，CPU 里面的一个核心同一时间只能运行一个线程。如果只有一个核心，要想运行多线程，只能使用时间切片，每个线程跑一段时间片，所有线程轮流使用这个核心。Linux 使用 Jiffies 来代表一秒钟被划分成了多少个时间片，一般来说 Jiffies 是 1000 或 100，所以时间片就是 1 毫秒或 10 毫秒。

一般电脑发送一个读写命令到 SSD 只需要几微秒，但是 SSD 要花几百微秒甚至几毫秒才能执行完这个命令。如果发一个读写命令，然后线程一直休眠，等待结果回来才唤醒处理结果，这叫作**同步模式**。可以想象，同步模式是很浪费 SSD 性能的，因为 SSD 里面有很多并行单元，比如一般企业级 SSD 内部有 8 ～ 16 个数据通道，每个通道内部有 4 ～ 16 个并行逻辑单元（LUN，Plane），所以同一时间可以执行 32 ～ 256 个读写命令。同步模式就意味着，只有其中一个并行单元在工作，暴殄天物。

为了提高并行性，大部分情况下 SSD 读写采用的是**异步模式**。就是用几微秒发送命令，发完线程不会傻傻地在那里等，而是继续发后面的命令。如果前面的命令执行完了，SSD 通知会通过中断或者轮询等方式告诉 CPU，由 CPU 来调用该命令的回调函数来处理结果。这样的好处是，SSD 里面几十上百个并行单元都能分到活干，效率暴增。

不过，在异步模式下，CPU 不能一直无限地发命令到 SSD。比如 SSD 执行读写如果发生了卡顿，那有可能系统会一直不停地发命令，几千个，甚至几万个，这样一方面 SSD 扛不住，另一方面这么多命令会很占内存，系统也要挂掉了。这样，就带来一个参数叫作**队列深度**。举个例子，队列深度 64 就是说，系统发的命令都发到一个大小为 64 的队列，如果填满了就不能再发。等前面的读写命令执行完了，队列里面空出位置来，才能继续填命令。

一个 SSD 或者文件有大小，测试读写的时候设置 Offset 就可以从某个偏移地址开始测试。比如从 offset=4G 的偏移地址开始。

Linux 读写的时候，内核维护了缓存，数据先写到缓存，然后再后台写到 SSD。读的时候也优先读缓存里的数据。这样速度可以加快，但是一旦掉电，缓存里的数据就没了。所以有一种模式叫作 DirectIO，跳过缓存，直接读写 SSD。

Linux 读写 SSD 等块设备使用的是 BIO（Block-IO），这是个数据结构，包含了数据块的逻辑地址 LBA，数据大小和内存地址等。

1. FIO 初体验

一般 Linux 系统是自带 FIO 的，如果没有或者版本太老，要自己从 https://github.com/axboe/fio 下载最新版本源代码编译安装。进入代码主目录，输入下列命令就编译安装好了。

```
./configure;make && make install
```

帮助文档用下面命令查看：

```
man fio
```

先来看一个简单的例子：

```
    fio -rw=randwrite  -ioengine=libaio -direct=1 -thread-numjobs=1  -iodepth=64
-filename=/dev/sdb4  -size=10G -name=job1 -offset=0MB -bs=4k -name=job2 -offset=10G
-bs=512 --output TestResult.log
```

每一项的意思都可以从 fio 帮助文档查到，这里的参数解释如下：

- fio：软件名称。
- -rw=randwrite：读写模式，randwrite 是随机写测试，还有顺序读 read，顺序写 write，随机读 randread，混合读写等。
- -ioengine=libaio：libaio 指的是异步模式，如果是同步就要用 sync。
- -direct=1：是否使用 directIO。
- -thread：使用 pthread_create 创建线程，另一种是 fork 创建进程。进程的开销比线程要大，一般都采用 thread 测试。
- –numjobs=1：每个 job 是 1 个线程，这里用了几，后面每个用 -name 指定的任务就开几个线程测试。所以最终线程数 = 任务数 ×numjobs。
- -iodepth=64：队列深度 64。
- -filename=/dev/sdb4：数据写到 /dev/sdb4 这个盘（块设备）。这里可以是一个文件名，也可以是分区或者 SSD。
- -size=10G：每个线程写入数据量是 10GB。
- -name=job1：一个任务的名字，名字随便起，重复了也没关系。这个例子指定了 job1 和 job2，建立了两个任务，共享 -name=job1 之前的参数。-name 之后的就是这个任务独有的参数。
- -offset=0MB：从偏移地址 0MB 开始写。
- -bs=4k：每一个 BIO 命令包含的数据大小是 4KB。一般 **4kB IOPS 测试**，就是在这里设置。
- --output TestResult.log：日志输出到 TestResult.log。

2. FIO 结果解析

我们来看一个 FIO 测试随机读的结果。命令如下，两个任务并行测试，队列深度 64，异步模式，每个任务测试数据 10GB，每个数据块 4KB。所以，这个命令是在测试两个线程、队列深度 64 下的 4kB 随机读 IOPS。

```
    # fio -rw=randread -ioengine=libaio -direct=1  -iodepth=64 -filename=/dev/sdc
-size=1G -bs=4k -name=job1 -offset=0G -name=job2 -offset=10G
    job1: (g=0): rw=randread, bs=4K-4K/4K-4K/4K-4K, ioengine=libaio, iodepth=64
    job2: (g=0): rw=randread, bs=4K-4K/4K-4K/4K-4K, ioengine=libaio, iodepth=64
    fio-2.13
    Starting 2 processes
    Jobs: 2 (f=2)
```

```
job1: (groupid=0, jobs=1): err= 0: pid=27752: Fri Jul 28 14:16:50 2017
    read : io=1024.0MB, bw=392284KB/s, iops=98071, runt=  2673msec
    slat (usec): min=6, max=79, avg= 9.05, stdev= 2.04
    clat (usec): min=148, max=1371, avg=642.89, stdev=95.08
    lat (usec): min=157, max=1380, avg=651.94, stdev=95.16
    clat percentiles (usec):
        |  1.00th=[  438],  5.00th=[  486], 10.00th=[  516], 20.00th=[  564],
        | 30.00th=[  596], 40.00th=[  620], 50.00th=[  644], 60.00th=[  668],
        | 70.00th=[  692], 80.00th=[  724], 90.00th=[  756], 95.00th=[  796],
        | 99.00th=[  884], 99.50th=[  924], 99.90th=[ 1004], 99.95th=[ 1048],
        | 99.99th=[ 1144]
    lat (usec) : 250=0.01%, 500=6.82%, 750=81.14%, 1000=11.93%
    lat (msec) : 2=0.11%
    cpu          : usr=9.09%, sys=90.08%, ctx=304, majf=0, minf=98
    IO depths    : 1=0.1%, 2=0.1%, 4=0.1%, 8=0.1%, 16=0.1%, 32=0.1%, >=64=100.0%
        submit     : 0=0.0%, 4=100.0%, 8=0.0%, 16=0.0%, 32=0.0%, 64=0.0%,
>=64=0.0%
        complete   : 0=0.0%, 4=100.0%, 8=0.0%, 16=0.0%, 32=0.0%, 64=0.1%,
>=64=0.0%
      issued    : total=r=262144/w=0/d=0, short=r=0/w=0/d=0, drop=r=0/w=0/d=0
      latency   : target=0, window=0, percentile=100.00%, depth=64
job2: (groupid=0, jobs=1): err= 0: pid=27753: Fri Jul 28 14:16:50 2017
    read : io=1024.0MB, bw=447918KB/s, iops=111979, runt=  2341msec
    slat (usec): min=5, max=41, avg= 6.30, stdev= 0.79
    clat (usec): min=153, max=1324, avg=564.61, stdev=100.40
    lat (usec): min=159, max=1331, avg=570.90, stdev=100.41
    clat percentiles (usec):
        |  1.00th=[  354],  5.00th=[  398], 10.00th=[  430], 20.00th=[  474],
        | 30.00th=[  510], 40.00th=[  540], 50.00th=[  572], 60.00th=[  596],
        | 70.00th=[  620], 80.00th=[  644], 90.00th=[  684], 95.00th=[  724],
        | 99.00th=[  804], 99.50th=[  844], 99.90th=[  932], 99.95th=[  972],
        | 99.99th=[ 1096]
    lat (usec) : 250=0.03%, 500=27.57%, 750=69.57%, 1000=2.79%
    lat (msec) : 2=0.04%
    cpu          : usr=11.62%, sys=75.60%, ctx=35363, majf=0, minf=99
    IO depths    : 1=0.1%, 2=0.1%, 4=0.1%, 8=0.1%, 16=0.1%, 32=0.1%, >=64=100.0%
        submit     : 0=0.0%, 4=100.0%, 8=0.0%, 16=0.0%, 32=0.0%, 64=0.0%,
>=64=0.0%
        complete   : 0=0.0%, 4=100.0%, 8=0.0%, 16=0.0%, 32=0.0%, 64=0.1%,
>=64=0.0%
      issued    : total=r=262144/w=0/d=0, short=r=0/w=0/d=0, drop=r=0/w=0/d=0
      latency   : target=0, window=0, percentile=100.00%, depth=64

Run status group 0 (all jobs):
    READ: io=2048.0MB, aggrb=784568KB/s, minb=392284KB/s, maxb=447917KB/s,
mint=2341msec, maxt=2673msec

Disk stats (read/write):
    sdc: ios=521225/0, merge=0/0, ticks=277357/0, in_queue=18446744073705613924,
util=100.00%
```

FIO 会为每个 Job 打印统计信息。最后面是合计的数值。我们一般看重的是总的性能和延迟。

首先看的是最后总的**带宽**，aggrb=784568KB/s，算成 4KB 就是 196k IOPS。

再来看看**延迟（Latency）**。Slat 是发命令时间，slat（usec）：min=6，max=79，avg=9.05，stdev=2.04 说明最短时间 6 微秒，最长 79 微秒，平均 9 微秒，标准差 2.04。clat 是命令执行时间，lat 就是总的延迟。看得出来，读的平均延迟在 571 微秒左右。

clat percentiles（usec）给出了延迟的统计分布。比如 90.00th=[684] 说明 90% 的读命令延迟都在 684 微秒以内。

3. 用 FIO 做数据校验

用 FIO 可以检验写入数据是否出错。用 -verify=str 来选择校验算法，有 md5、crc16、crc32、crc32c、crc32c-intel、crc64、crc7、sha256、sha512、sha1 等。为了校验，需要用 do_verify 参数。如果是写，那么 do_verify=1 就意味着写完再读校验，这种会很占内存，因为 FIO 会把每个数据块的校验数据保存在内存里。do_verify=0 时只写校验数据，不做读校验。

读的时候如果 do_verify=1，那么读出来的数据都会做校验值检查；如果 do_verify=0，则只读数据，不做检查。

另外，verify=meta 时，fio 会在数据块内写入时间戳、逻辑地址等，此时还能用 verify_pattern 指定写入数据 pattern。

4. FIO 其他功能

FIO 功能非常强大，可以通过 man 来查看每一个功能，也有网页版帮助文档 https://linux.die.net/man/1/fio。

5. FIO 配置文件

前面的例子都是用命令行来测试，其实也可以用配置文件把这些参数写进去。比如新建 FIO 配置文件 test.log 内容如下：

```
[global]
filename=/dev/sdc
direct=1
iodepth=64
thread
rw=randread
ioengine=libaio
bs=4k
numjobs=1
size=10G

[job1]
name=job1
```

```
offset=0

[job2]
name=job2
offset=10G

;--end job file
```

保存后，只需要 fio test.log 就能执行测试任务了，是不是很方便？

7.1.2　AS SSD Benchmark

AS SSD Benchmark 是一款来自德国的 SSD 专用测试软件，可以测试连续读写、4K 对齐、4KB 随机读写和响应时间的表现，并给出一个综合评分。它有两种模式可选，即 MB/s 与 IOPS，如图 7-2 所示。

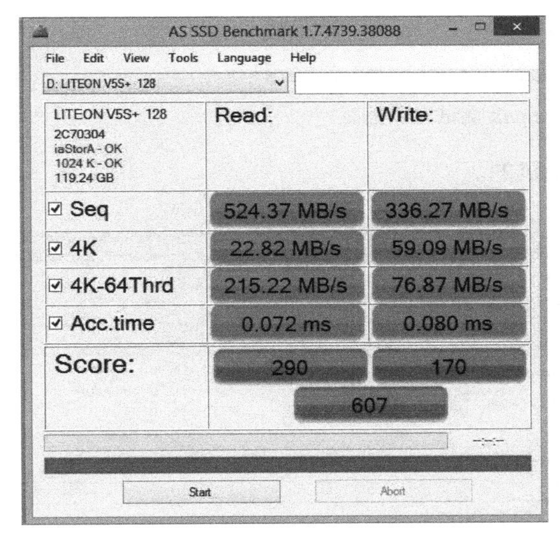

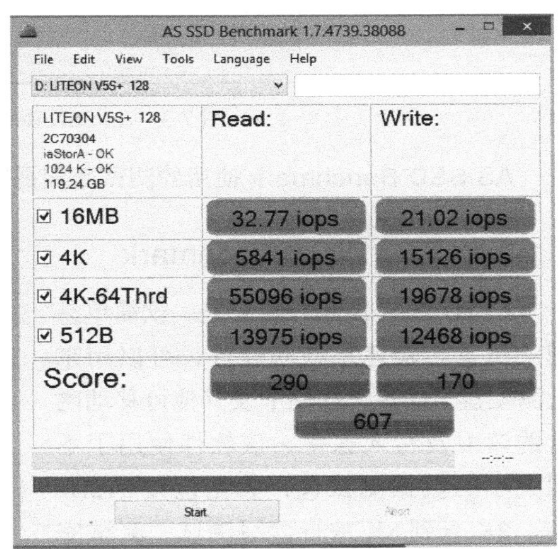

图 7-2　AS SSD Benchmark 测试指标

AS SSD Benchmark 在测试时一共会生成和写入 5GB 的测试数据文件，所有 3 个测试传输率项目都是去读写这些数据文件来换算速度的。其 4KB QD64 主要是用来测 NCQ（Native Command Queuing，原生命令队列）差距的。IDE 模式下就和普通 4KB 随机没有任何区别。由于每个测试都需要进行一定大小的数据读写，硬盘性能越低，测试需要花费的时间就越久，拿机械硬盘来跑这个测试并不适宜，跑完全程大约需要 1 个小时左右。寻址时间测试，读取是测试寻址随机的 4KB 文件（全盘 LBA 区域），写入是测试寻址随机的 512B 文件（指定的 1GB 地址范围）。注意，运行 AS SSD 基准测试至少需要 2GB 的空闲空间。

AS SSD Benchmark 除了可以测试 SSD 的性能外，还可以检测出 SSD 的固件算法、是否打开 AHCI 模式、是否进行 4K 对齐等（见图 7-3），是目前应用十分广泛的 SSD 测试软件。

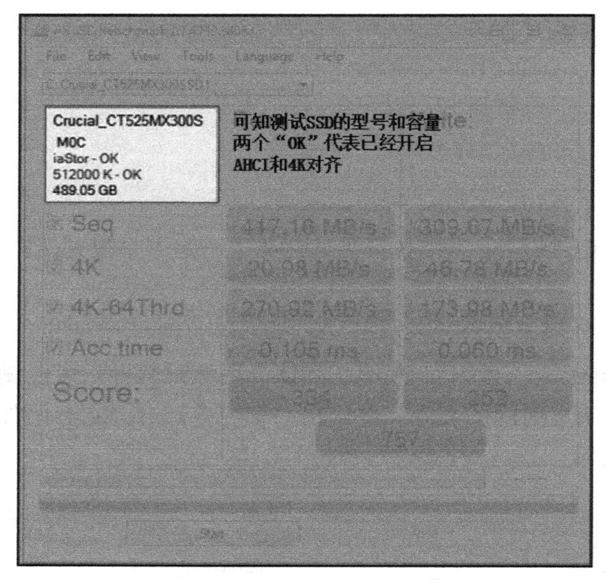

图 7-3　AS SSD Benchmark 测试对象信息

AS SSD Benchmark 使用的测试数据是随机的。

7.1.3　ATTO Disk Benchmark

ATTO Disk Benchmark 是一款简单易用的磁盘传输速率检测软件，可以用来检测硬盘、U 盘、存储卡及其他可移动磁盘的读取及写入速率。该软件使用了不同大小的数据测试包，数据包按 512B、1K、2K 直到 8K 进行读写测试，测试完成后数据用柱状图的形式表达出来，体现文件大小比例不同对磁盘速度的影响。

ATTO 测试是极限情况下的磁盘持续读写性能，采用的测试模型具有很高的可压缩性。**ATTO 默认测试全 0 数据**。它的应用截图如图 7-4 所示。

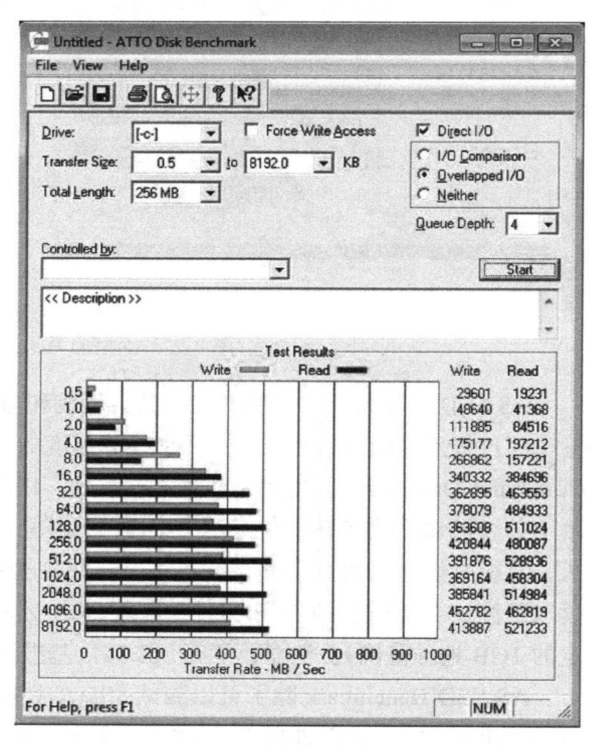

图 7-4　ATTO 应用截图

7.1.4　CrystalDiskMark

CrystalDiskMark 软件是一个测试硬盘或者存储设备的小巧工具，测试存储设备大小和测试次数都可以选择。测试项目里分为，持续传输率测试（块单位 1024KB），随机 512KB 传输率测试，随机 4KB 测试，随机 4KB QD32（队列深度 32）测试，如图 7-5 所示。CrystalDiskMark 默认运行 5 次，每次 100MB 的数据量，取最好成绩。CrystalDiskMark 软件测试前，同样会生成一个测试文件（大小由用户自行设置）。一般来说，设置得越大，数据缓存的干扰越少，成绩就更能反映 SSD 的真实性能，不过缺点是会影响 SSD 的耐久度（写入太多数据影响 P/E）。所以一般测试时都采纳软件默认值。

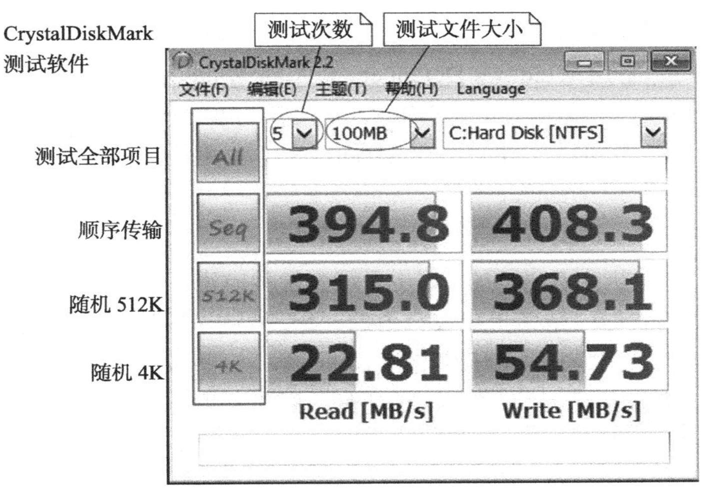

图 7-5　CrystalDiskMark 测试指标

软件默认测试数据为不可压缩数据。如果设置选项中选择了 <All 0x00，0Fill> 或 <All 1x00.1Fill>，测试成绩会大不一样。其实就是把数据模型改为全部是可压缩连续数据，这跟 ATTO 测试原理一样，测试出来成绩相当不错，但实际参考意义并不大。修改数据模型后有一个明显的特征，CDM 的标题栏上会直接标注出来，如图 7-6 所示。

将软件设置成，<All，0x0 Fill> 或者 <All 0x0 Fill>，
其实就是把数据模型改成全部是 0 或 1 可压缩连续数据。

图 7-6　CrystalDiskMark 设置不同填充 Pattern

7.1.5 PCMark Vantage

PCMark Vantage 可以衡量各种类型 PC 的综合性能。从多媒体家庭娱乐系统到笔记本，从专业工作站到高端游戏平台，无论是专业人士还是普通用户，都能通过 PCMark Vantage 透彻了解其性能，从而发挥最大性能。测试内容可以分为以下三个部分：

1）处理器测试：基于数据加密、解密、压缩、解压缩、图形处理、音频和视频转码、文本编辑、网页渲染、邮件功能、处理器人工智能游戏测试、联系人创建与搜索。

2）图形测试：基于高清视频播放、显卡图形处理、游戏测试。

3）硬盘测试：使用 Windows Defender、《Alan Wake》游戏、图像导入、Windows Vista 启动、视频编辑、媒体中心使用、Windows Media Player 搜索和归类，以及某些程序的启动（如 Office Word 2007、Adobe Photoshop CS2、Internet Explorer、Outlook 2007）。

7.1.6 IOMeter

IOMeter 是一个单机或者集群的 I/O 子系统测量和描述工具。与前面介绍的测试软件相比，IOMeter 在测试软件中是属于比较自由的，用户可以按照测试需求去配置测试磁盘数据范围、队列深度、数据模式（可压缩或者不可压缩，有些版本支持，有些老版本不支持）、测试模式（随机或者顺序访问）、读写测试比例、随机和顺序访问比例，以及测试时间等。IOMeter 应用截图如图 7-7 所示。

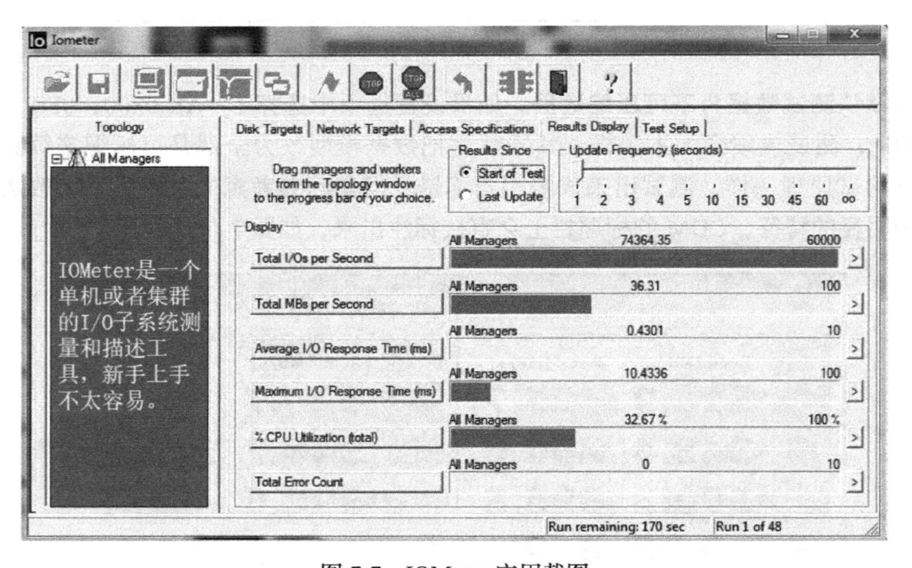

图 7-7　IOMeter 应用截图

本地 IO 性能测试：

1）启动程序，在 Windows 上单击 IOMeter 图标；

2）在 Disk Targets 页中选择一个驱动器；

3）在 Access Specifications 页中选择一个需要的测试项目；

4）在 Results Display 页中设置 Update Frequency（Seconds），即设置多长时间统计一次测试结果，如果不设置，不但在测试期间不显示测试结果，而且在测试结束后在测试结果文件中也没有数据；

- Total I/Os per Second：数据存取速度，该值越大越好；
- Total MBs per Second：数据传输速度，该值越大越好；
- Average I/O Response Time：平均响应时间，该值越小越好；
- CPU Utilization：CPU 占用率，越低越好；

5）单击工具栏中的 Start Tests 按钮，选择一个测试结果输出文件后开始一个测试（一般一次测试运行 10 分钟即可）；

6）测试完成后单击“stop”按钮停止所有测试；

7）查看测试结果，由于 IOMeter 没有提供一个 GUI 的查看测试报告的工具。可以使用 Excel 打开测试结果文件“csv”，然后利用 Excel 的图标工具整理测试结果。或者使用 IOMeter 提供“Import Wizard for MS Access”将测试结果导入一个 Access 文件。

7.2　验证与确认

SSD 从设计、固件到成品出货，少不了各种测试。中文博大精深，将这些都叫测试，到英文里则会对应 N 个词：Simulation、Emulation、Verification、Validation、Test、QA。

先聊一下 Verification 和 Validation。

为了帮助理解，先简单说一下芯片设计的过程：

1）需求：老大们商量这颗主控要实现什么功能。

2）架构：Architecture 出设计图。

3）设计：ASIC 把各种内部、外部 IP 攒起来。

4）TapeOut。

5）芯片回来。

在设计阶段，使用 Emulator（以后介绍）或者 FPGA 进行测试的过程，叫 Verification，中文翻译为“验证”——目的是为了帮助 ASIC 把事情做对。

在芯片回来以后，使用开发板进行测试的过程，叫 Validation，中文翻译为“确认”——目的是确保 ASIC 把事情给做对了。

在 Verification 阶段，一旦发现问题，ASIC 工程师可以马上 fix，然后通过升级 Emulator 的 database 或者更新 FPGA 的 bit file 把新的 RTL 交给测试再验证一遍，一直到做对为止。

相同的问题，如果是 Validation 阶段才发现，则只能通过重新 TapeOut（含 mental fix）或者让固件“打掩护”了。

7.3 测试仪器

7.3.1 Emulator

在 SSD 主控芯片设计阶段，除了 RTL Simulation 以外，通常还会进行 Verification 的工作，而 Verification 中就会使用到 Emulator 或者 FPGA。

先说一下 Simulation 和 Emulation 的区别：

- Simulator 是做仿真，基于软件，重点是实现芯片的功能并输出结果；
- Emulator 是做模拟，用硬件实现，通过模拟实现芯片的内部设计，从而实现功能并输出结果。

图 7-8 为业界比较知名的 Emulator 提供商 Cadence 旗下的 Emulator 产品 Palladium 系列。

图 7-8 Emulator

按照官方的说法，它可以做 Simulation、Simulation Acceleration 和 Emulation。

在设计 SSD 主控芯片时，Emulator 和 FPGA 都可以用于 ASIC Verification，那这两者区别有哪些？个人理解，主要有这么几点：

1）价格：Emulator 大概百万美元级别，FPGA 大概是数千到万美元级别；

2）能力：Emulator 的逻辑可以到 23 亿门（这是老款 Palladium XP，最新款据 Palladium Z1 达到了 90 亿门），FPGA 大概是百万门级别。对应到 SSD 主控里，一块 FPGA 可能只能模拟前段（PCIe+NVMe），后端（闪存 Controller）可能需要另外一块 FPGA，而 Emulator，只要你想塞，整个 ASIC 的 RTL 塞进入也是妥妥的；

3）Debug：Emulator 可以比较方便地导出 ASIC 工程师所需要的信号并抓取硬件逻辑波形，而 FPGA 在连接协议分析仪、逻辑分析仪方面比较方便；

4）速度：Emulator 虽然好，但是速度比 FPGA 要慢得多——来个传说中的例子：如果

FPGA 上 boot 一个 OS 要几个小时，那 Emulator 上 boot 一个 OS 可能要几天；

5）档次：FPGA 是个公司就能有，Emulator 则绝对是实力的彰显——有领导、VIP 来参观的时候，给参观一下，顿时就跟其他公司拉开差距了；

归根结底，Emulator 和 FPGA 都是很好的工具，需要正确、合理地使用，才能更好地在芯片研发阶段发现更多 ASIC 问题。

Emulator（或 FPGA）的另一个好处是，固件团体可以使用这些工具提前开始开发，不用等芯片回来以后，先经历"不死也要脱层皮"的 Bringup 阶段，然后才开始"遇到问题不知道硬件原因还是代码原因的"开发阶段。

Emulator——致力于构建 SSD 主控和谐团队！

7.3.2　协议分析仪

要测试 SSD，需要很多很多不一样的设备，需要花很多很多的银子。

目前市面上的 SSD 接口挺多，如 SATA、SAS、PCIe、U.2、M.2、MSATA、GumStick，其实走的前端协议就两大类：SATA/SAS 和 PCIe。

一颗 SSD 主控一般分前、中、后三段，前端就是 SATA/SAS 和 PCIe 这些配上 AHCI 或者 NVMe，中段就是 FTL，后端就是闪存控制器。

FTL 是纯软件实现，测这个基本上不需要什么设备。

后端跟闪存打交道，主要用逻辑分析仪，另一种巨贵的仪器，这里不展开说。

这里先聊两种协议分析仪（Analyzer），SATA/SAS Analyzer 和 PCIe Analyzer。

Analyzer 是什么？你可以这么理解，以 SATA Analyzer 为例，SATA Host 和 SATA SSD 之间传输命令和数据，就像两个人在打电话，不在这个线路上的你，正常情况下是听不到他们说了什么的。但通过 Analyzer，你就可以完完整整地知道他们之间的对话，同时还不会让他们俩察觉。

SATA/SAS Analyzer 的供应商，平时接触比较多的有两家：SerialTek 和 LeCroy。

如图 7-9 所示为 SerialTek SATA/SAS Analyzer。

图 7-9　SerialTek SATA/SAS 协议分析仪

连在主机和 SSD 之间的示意图如图 7-10 所示。

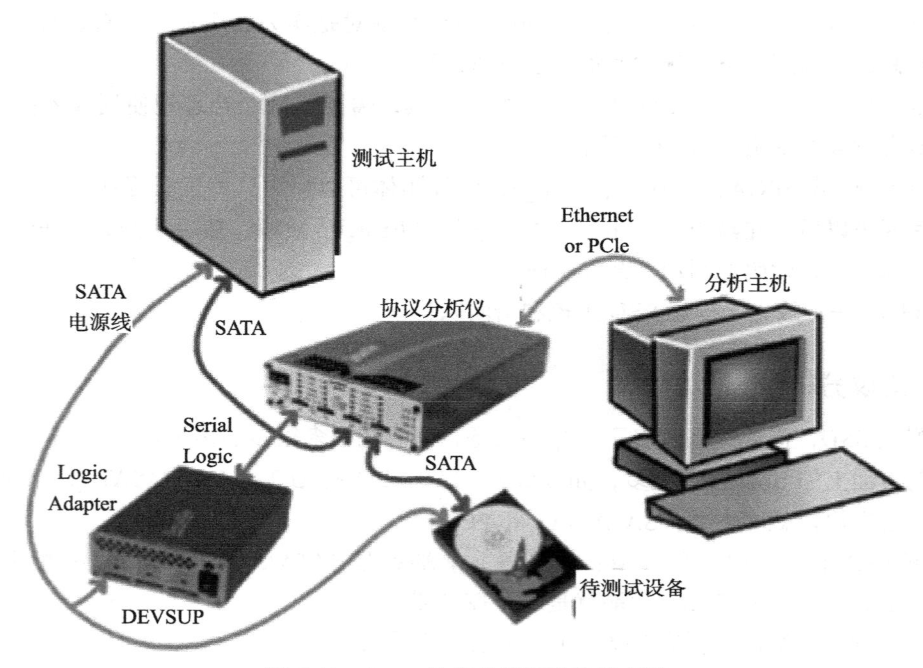

图 7-10　SATA 协议分析仪连接示意图

抓到的 Trace 是这个样子，如图 7-11 所示。

Time	Store#	Channel	Type - Initiator	Type - Target	Decode	Command
0.000.000.000	I1:260	I1	SATA Speed Neg - ...		SATA Speed Neg - First Align at new s...	
0.000.009.772	T1:643	T1		SATA Speed Neg - ...	SATA Speed Neg - First non-Align	
0.000.009.934	I1:260	I1	SATA Speed Neg - ...		SATA Speed Neg - First non-Align	
0.008.169.948	T1:643	T1		SATA_X_RDY [3]	SATA_X_RDY [3]	
0.008.170.048	I1:260	I1	SATA_R_RDY [3]		SATA_R_RDY [3]	
0.008.170.194	T1:645	T1		Register Dev->Hos...	STP REGISTER DEV->HOST (FIS 34); I...	
0.008.170.247	T1:647	T1		SATA_WTRM [3]	SATA_WTRM [3]	
0.008.170.288	I1:262	I1	SATA RX Sequence ...		SATA RX Sequence [3]	
0.008.170.361	I1:264	I1	SATA_R_OK [3]		SATA_R_OK [3]	
1.081.568.682	I1:272	I1	SATA_X_RDY [3]		SATA_X_RDY [3]	
1.081.568.808	T1:649	T1		SATA_R_RDY [3]	SATA_R_RDY [3]	
1.081.568.902	I1:274	I1	Register Host->De...		STP REGISTER HOST->DEV (FIS 27); ...	Software Reset Assert
1.081.568.955	I1:276	I1	SATA_WTRM [3]		SATA_WTRM [3]	
1.081.569.020	T1:657	T1		SATA RX Sequence ...	SATA RX Sequence [3]	
1.081.569.086	T1:659	T1		SATA_R_OK [3]	SATA_R_OK [3]	
1.081.569.162	I1:278	I1	SATA_WTRM [3]		SATA_WTRM [3]	
1.081.569.173	T1:661	T1		SATA_R_OK [3]	SATA_R_OK [3]	
1.081.615.414	I1:280	I1	SATA_X_RDY [3]		SATA_X_RDY [3]	
1.081.615.540	T1:663	T1		SATA_R_RDY [3]	SATA_R_RDY [3]	
1.081.615.634	I1:288	I1	Register Host->De...		STP REGISTER HOST->DEV (FIS 27); ...	Software Reset Deassert
1.081.615.687	I1:290	I1	SATA_WTRM [3]		SATA_WTRM [3]	
1.081.615.754	T1:665	T1		SATA RX Sequence ...	SATA RX Sequence [3]	
1.081.615.820	T1:769	T1		SATA_R_OK [3]	SATA_R_OK [3]	
1.089.700.506	T1:771	T1		SATA_X_RDY [3]	SATA_X_RDY [3]	
1.089.700.604	I1:292	I1	SATA_R_RDY [3]		SATA_R_RDY [3]	
1.089.700.758	T1:773	T1		Register Dev->Hos...	STP REGISTER DEV->HOST (FIS 34); I...	
1.089.700.811	T1:775	T1		SATA_WTRM [3]	SATA_WTRM [3]	

图 7-11　SATA Trace 示例

PCIe Analyzer 的供应商主要有三家：LeCroy、SerialTek 和 Agilent。

如图 7-12 所示为 LeCroy 的 PCIe Analyzer。

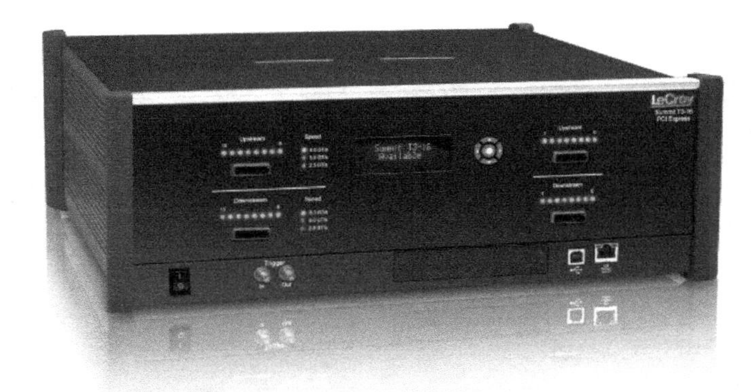

图 7-12　LeCroy PCIe 协议分析仪

它配有各种 Interposer 卡，如图 7-13 所示。

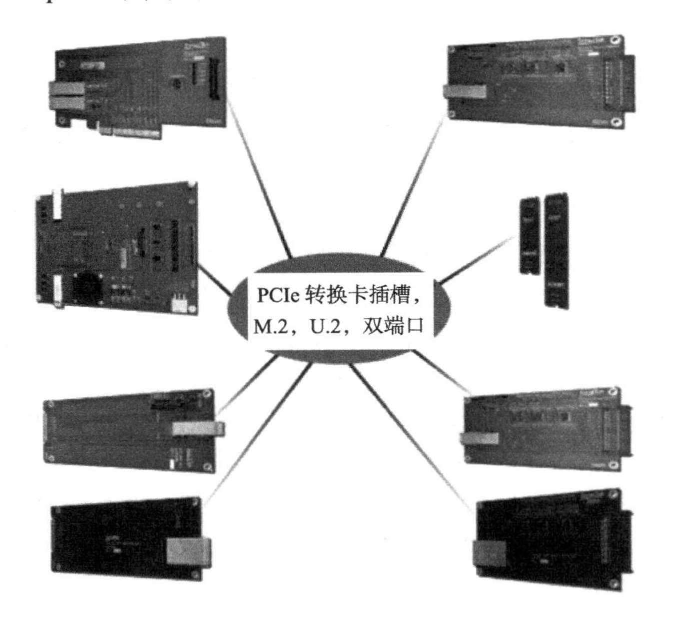

图 7-13　LeCroy PCIe 协议分析仪 Interposer cards

抓到的 Trace 是这个样子的（这是一个 NVMe 读写的命令，LeCroy 可以帮你解码 NVMe、AHCI 这种常见的存储协议），图 7-14 中，软件将 PCIe Trace 中的 NVMe 命令解析了出来。

使用 PCIe Analyzer 可以测量 PCIe 的物理层、链路层、事务层。跟示波器不同，Analyzer 可以基于 PCIe 协议将链路上所有 Lane 上发生的事务都解析出来，并且还提供

Trigger（触发）的功能。

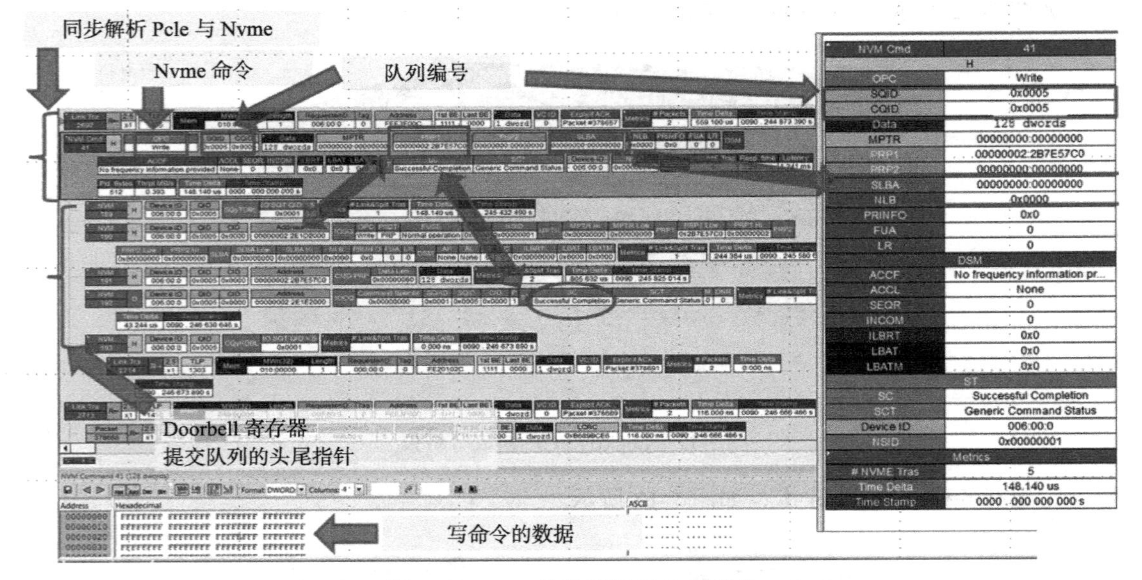

图 7-14　PCIe 软件解析 NVMe 指令

对于 Analyzer 的一大挑战就是在链路电源状态切换的过程能够快速适应，越早实现正确的抓包并解析越好。

这点在调试的时候尤其重要，看一个实际的例子：对一个寄存器做 CfgWr 操作，但是结果发现写进去的值不对，而且这个问题只在 ASPM enable 的时候才会发生。

电源状态切换对于 PCIe 发送端和接收端来说是属于压力比较大的操作，因此有时会导致链路不稳定从而发送错误的包。这种问题调试需要抓 trace，而 analyzer 必须把在链路从 L0s 退出进入 L0 时所发送的全部 TLP 都抓到，否则就无法查看错误到底在什么地方。且 L0s 退出的时间非常短，所以 Analyzer 需要在链路从 electrical idle（空闲状态）退出后非常短的时间内（几十个 FTS[⊖]）就能正确抓包并解析。

工具是死的，人是活的，什么时候抓 trace，抓哪个阶段，抓的时候满屏的红色怎么办，怎么设 Trigger，trace 怎么分析？这些就需要工程师们自己花时间琢磨了。

7.3.3　Jammer

再牛的肖邦，也弹不出 SSD 厂商的悲伤。

一块 SSD 到不同客户手上，不知道会接在什么机器，使用什么样的 OS 和主机驱动，在什么环境下使用。结合巨大的使用数量，不知道哪天某块 SSD 就会从主机那边收到一个不按套路出牌的 FIS 或者 Primitive（SATA SSD）。

⊖ 全称为 Fast Training Sequence。

举个例子：主机发了一个读命令，SSD二话不说开始干活，辛辛苦苦把数据从闪存里读出来，仔仔细细地进行ECC解码，小心翼翼传到DDR，进行MPECC检查，再全神贯注地传到SATA模块的某个FIFO，这时候SSD抹抹头上的汗，把手擦干净，写了一张字条，上书”X_RDY”，恭恭敬敬地递给主机，然后把数据捧在怀里，细心地用SOF包装好，殷切地期盼主机也回复一张小字条“R_RDY”。主机十分感动地看着SSD，然后回复了一句“R_ERR”拒绝了它。

客户们的要求是一样的——“主机虐你千百遍，SSD你要待他如初恋”——术语叫作Robustness（健壮性）。

为了保证健壮性，ASIC和固件工程师们要花大量的精力，脑补各种错误可能性，在RTL和FW中加入相应的错误处理（Error Handling）的流程。

这么做有两个问题：这些错误处理的流程，在实验室里面跑一星期，可能都撞不到一个；再牛的工程师也没法提前考虑到各种错误。

与其让别人找麻烦，不如自己给自己找麻烦。搞测试的就是平时给ASIC和固件找麻烦，以SATA SSD为例，可以用一种工具——Jammer。

图7-15中所示小一号的那个就是SATA Jammer。

图7-15 SATA协议分析和Jammer

如果说Analyzer是一个“窃听器”，让你知道主机和设备之间发生了什么，那么Jammer就是一个“邮递员”，主机和设备之间所有的通信都必须经过它的手，然后Jammer可以把信拆开，将里面的内容修改或者替换，再转发出去。

结合之前的例子，我们可以把正常主机回复R_RDY改成R_ERR，从而检查SSD遇到这种情况时处理的是否正确。

图7-16所示为Jammer管理软件截图——向一个Data FIS中故意注入CRC Error。

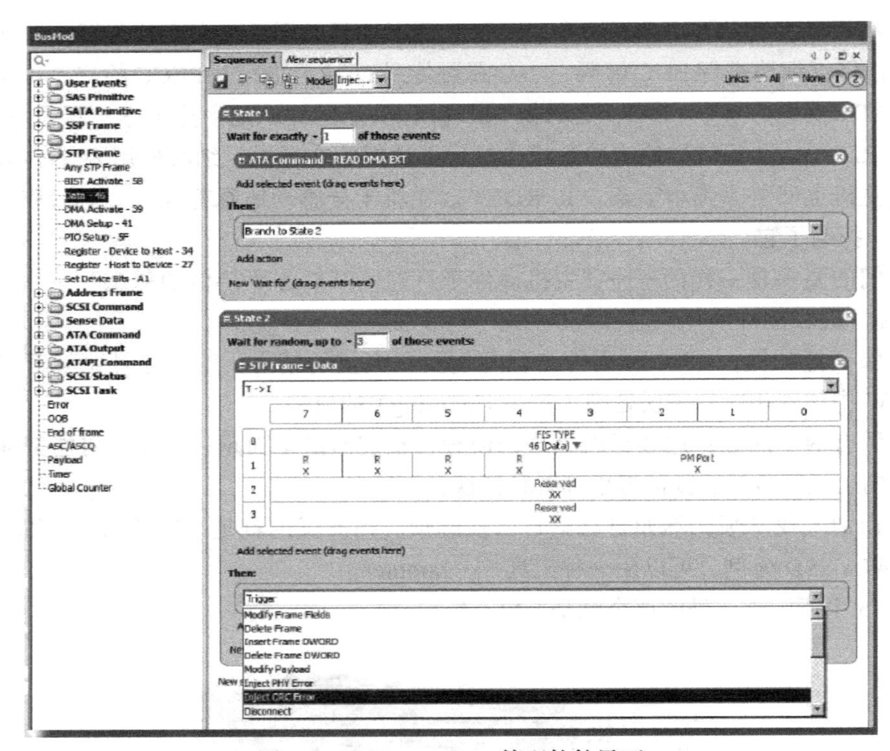

图7-16　SATA Jammer管理软件界面

通过在SATA链路上创建各种不同的错误，可以确认各种错误处理的流程是否正确或者完善，甚至增加新的流程。

Jammer还有别的用处，当你想知道某种场景（Scenario）发生以后主机或者设备的反应时，可以通过Jammer来知道答案。比如当设备回复的SDB里面Error Bit被置上，或者设备一直不发SDB时，主机是不是会重发命令，重发几次，重发多次设备都没反应的话Driver会不会启动OOB，Application会不会报错？

Jammer——你值得拥有。

7.4　回归测试

SSD这行，固件的兄弟姐妹挺不容易的：

- 有新的功能要加代码；
- 有bug要修要改代码；
- 需求变了要改代码；
- 优化性能更要改代码。

这样改来改去，改着改着就有可能把本来没问题的地方改出问题。比如，修Bug B的时候，把上个月解决的 Bug A 给重新放出来了，或者新创建了一个 Bug C。

这种改代码出现副作用的情况，在 SSD 固件开发过程中几乎不可避免。

有问题就要解决，站在测试的角度，解决方法就是回归测试（Regression Test）。

Regression Test 是什么：

- 确保新的代码没有影响原有功能；
- 从现有功能的测试用例中选取部分或者全部出来进行测试。

每次发布新的固件，能够把之前所有测试全部跑一次当然最好，但凡是干过测试的都知道这是不可能的，就算技术上可行，人也不够，就算人够，盘也不够，就算这些都够，时间也不够，如图 7-17 所示。

图 7-17 平衡海量测试项目与有限测试时间

选取合适的测试用例，放在回归测试里，还是有些技巧可以参考的：

- 那些经常失败的项目，比如压力测试；
- 用户肉眼可见的功能，比如跑 Benchmark；
- 核心功能的测试；
- 那些目前正在进行或者刚完成的功能；
- 数据完整性测试——R/W/C；
- 边界值测试。

科学研究证明，有效的回归测试可以节省 60% 的 bug 修复时间和 40% 的成本。

扁鹊见蔡桓公的故事还记得吧，有病早治，有问题早解决，大家都好。

7.5 DevSlp 测试

增加了 DevSlp 这个功能以后，SATA IO 也在原有的 Partial&Slumber 测试的基础上特别增加了对 DevSlp 的测试。

新的测试要求主要是关注 DevSlp 状态的进出是否正常，要实现这个必须具备两点：能让设备进入 DevSlp，进去以后能够侦测到 DevSlp 的状态。

能否进入 DevSlp 的问题不用讨论，如果不能进，也不用测试了。

侦测状态，通过检查 SATA Status Register（SATA 状态寄存器）就能够实现，这个 Register 的 Bit[11 ： 8] 映射到 Interface Power Management（IPM）设置。读取这个寄存器就

能知道 AHCI 控制器（主机）要求设备进入的状态。具体定义如表 7-1 所示。

表 7-1　SATA Status Register（SATA 状态寄存器）定义

状态寄存器	2h 接口处于 Partial 省电模式
0h 设备不存在或连接未建立	6h 接口处于 Slumber 省电模式
1h 接口处于工作状态	8h 接口处于 DevSlp 省电模式

通过读写这个寄存器可以知道设备能否成功地进出 DevSlp。但是具体物理层上状态切换的各种时间参数（例如 MDAT、DMDT、DETO 等）就没办法测量了。

专业的测试需要专业的仪器，有第三方的仪器可以做这种测试，如图 7-18 所示。

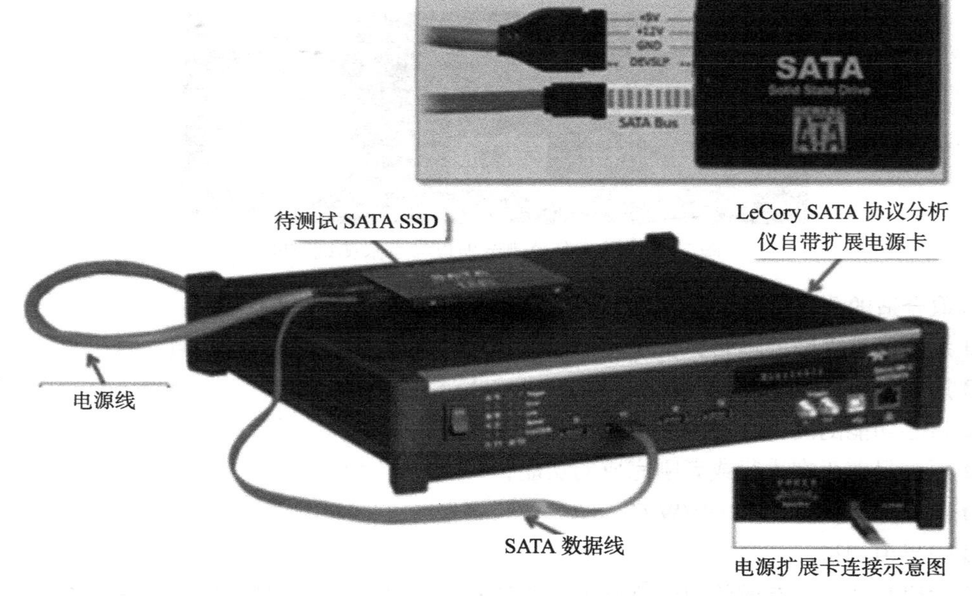

图 7-18　LeCroy SATA 分析仪支持 DevSlp

从图中可以看到使用了专门支持 DevSlp 的线缆。

有两个针对 DevSlp 的 case：

❑ IPM-12：Entering DevSlp Interface power state（进入 DevSlp 模式）。

❑ IPM-13：DevSlp interface power state exit latency（DevSlp 模式退出时延）。

IPM-12 重点是测试 DevSlp 进入：

1）先让 SSD 进入 DevSlp 状态；

2）保持 DevSlp 信号有效的情况下，持续向 SSD 发包，确保 SSD 不会回应发过去的包；

3）检查各种时间参数是否在规定范围内（SATA 3.2 里面没有包括 DXET，但是测一下还是很有道理的）。

表 7-2　DevSlp 时序参数检查

Symbol 参数	Parameter（说明）	Value（时间要求）
MDAT	DEVSLP 最小置位时间	10ms
DMDT	DEVSLP 最小侦测时间	10μs
DXET	DEVSLP 最大进入时间	100ms
DETO	设备 DEVSLP 退出超时时间	20μs（除非在标识数据日志中另有规定）

图 7-19 是 SATA Analyzer 记录的测试结果。

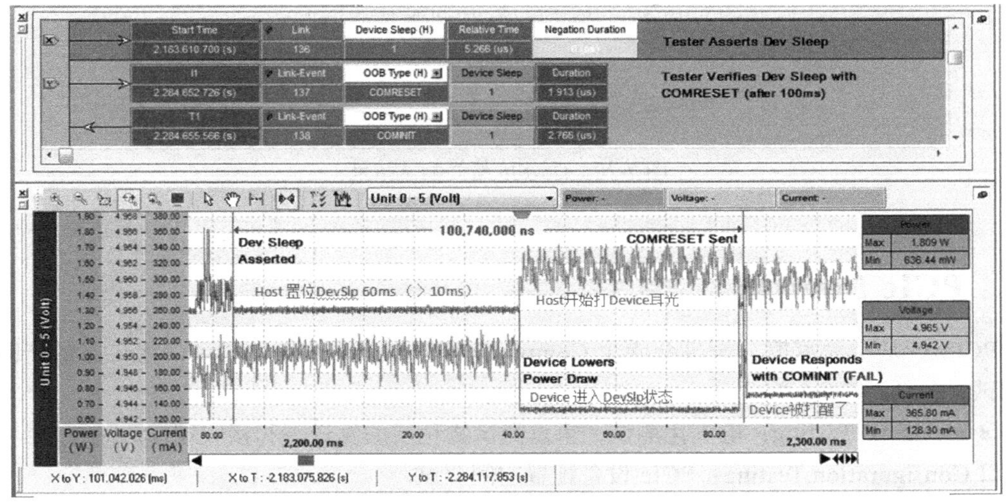

图 7-19　IPM-12 DevSlp 测试结果

MDAT：协议规定主机唱摇篮曲给设备听，至少要唱 10ms，主机说到做到，唱了 10ms 又 10ms，唱了 10ms 又 10ms。

DXET：协议规定从主机唱摇篮曲 100ms 以后，设备必须睡着，设备也说到做到，60ms 的时候睡着了。

协议规定，设备进入 DevSlp 后，只要 DevSlp 还是置位状态，主机随便怎么弄，设备都不能醒，于是主机为了考验设备，100ms 后开始不停地发 COMRESET 要想唤醒设备。

若设备能够在 DevSlp 的状态下能够 Detect 到 COMRESET，说明测试失败，该功能没有做对。

IPM13 的重点是测试 DevSlp 退出：

- 退出 DevSlp 并不需要完整的上电流程，而是使用 COMWAKE 信号让 SATA 链路快速进入 PHY Ready 状态；
- DETO：协议规定设备从 DevSlp 状态下退出需要在 20ms 内完成。先 Assert DevSlp 信号让设备进入 DevSlp 状态，然后 De-Assert DevSlp 信号开始发送 OOB 信号（同时启动一个 Timer），设备必须在 20ms 内响应 OOB 信号。——只要响应了就算测试通过，能不能完成OOB，IPM13不管，那是OOB测试的事情。

图7-20是最终测试结果的截图。

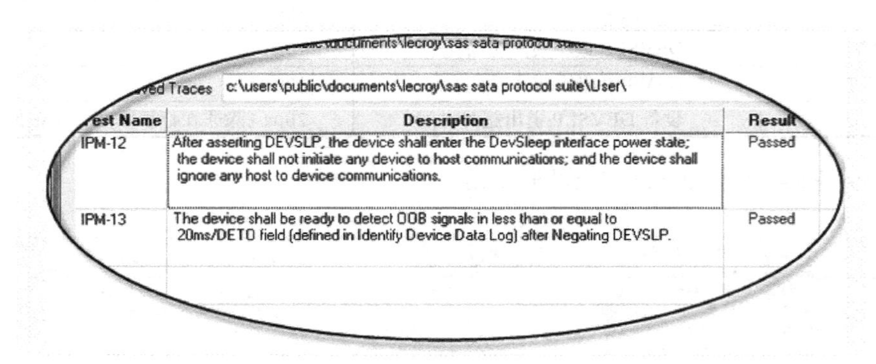

图7-20　DevSlp最终测试结果

7.6　PCIe InterOp

PCISIG是个大家庭，没事会弄个Compliance Workshop，各公司可以把自己的产品拿去测试，包括：

- ❑ Electrical Testing：电气化测试，重点测试物理层的发送端和接收端。
- ❑ Configuration Testing：PCIe设备配置空间测试。
- ❑ Link Protocol Testing：设备链路层协议相关测试。
- ❑ Transaction Protocol Testing：事务层协议测试。
- ❑ Platform BIOS Testing：平台BIOS测试。

贵司弄出一块PCIe SSD，如果能走完这一套流程，说明PCIe接口这块没啥问题了，毕竟这些测试项目是由制定PCIe协议的组织出品的。

然后PCISIG会给贵司一个小红花，将这块PCIe SSD放到光荣榜上（Integrators List），如表7-3所示。

PCISIG光荣榜即Integrators List，网址：https://pcisig.com/developers/integrators-list。

表7-3　PCIe Integrators列表示例

公司	产品	类型	速度	带宽	功能	发布日期
AMD	Device 2		PCIe 3.0 at 8GT/s	x8	Graphics	21-Jun-17
SAMSUNG Electronics	983 M.2	PCIe SSD	PCIe 3.0 at 8GT/s	x4	SSD Endpoint Card	10-Aug-17
SK hynix	PE4011	SSD Endpoint	PCIe 3.0 at 8GT/s	x4	PCIe NVMe	23-Aug-17

（续）

公司	产品	类型	速度	带宽	功能	发布日期
AMD	Device 1		PCIe 3.0 at 8GT/s	x8	Graphics	21-Jun-17
Beijing Starblaze Technology Co., LTD.	STAR1000		PCIe 3.0 at 8GT/s	x4		19-Oct-17
Beijing Memblaze Technology Co., Ltd.	PBlaze5	Memblaze NVMe SSD	PCIe 3.0 at 8GT/s	x8	NVMe SSD	23-Aug-17
Huawei Technologies Co., Ltd	SmartIO-NIC-2	PCIe Ethernet Adapter	PCIe 3.0 at 8GT/s	x16	Smart Ethernet Adapter	18-Oct-17
Realtek Semiconductor Corp.	RTS5762-CG	PCIe NVMe SSD Controller	PCIe 3.0 at 8GT/s	x4	PCIe NVMe SSD Controller	18-Aug-17

以上环节，贵司都是一个人在战斗，就像比武招亲，只能跟你未来老婆打，不能跟别的选手接触（这个比武招亲是一妻多夫制）。

Workshop 里还有一个华山论剑的环节，各家公司可以把自家产品拿出来跟其他公司的产品放到一起切磋一下，看看互相之间组队有没有问题，这个环节就是 Interoperability Test。

贵司拿着刚出炉的 PCIe SSD，走到牙膏厂 I 公司的展位："兄台，小弟这有一块 PCIe Gen3x4 的 NVMe SSD，想跟您的 S 主芯片切磋一下，请赐教！"牙膏厂的兄弟瞟了一眼你的 Badge，亲切地拒绝了。（在这个环节，确实可以礼貌地拒绝。）

按摩店 A 公司在忙着跟 S 公司、M 公司玩，也暂时没空搭理贵司。

这时，和蔼可亲的 Synopsys 凑了上来："这位小兄弟，我看你骨骼清奇，未来必成大器……"于是你们两家摆开阵势，按照下面流程开始切磋：

1）了解对方的实力（就像相亲时问对方：你们小区停车费多少钱一个月？），通过 Link Capability Register（链路能力寄存器）了解双方各自的链路速度 [3:0] 和带宽 [9:4]，如图 7-21 所示。

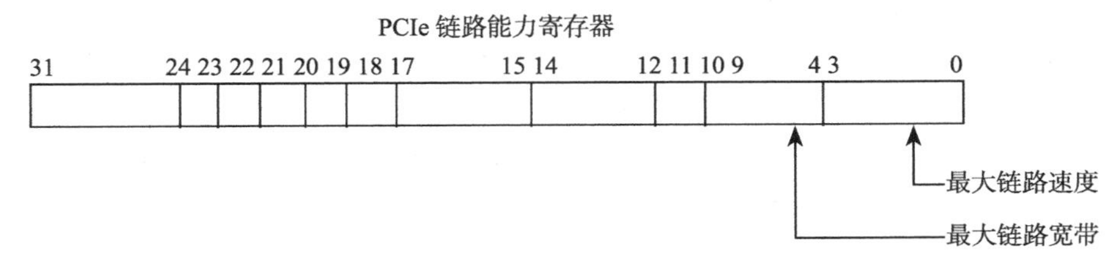

图 7-21 PCIe 链路能力寄存器

2）假设贵司 PCIe SSD 最高到 Gen3x4（链路速度 Gen3，带宽为 x4），Synopsys RC 最高到 Gen3x16。

3）把你的 PCIe SSD 插到 Synopsys 带来的开发板上（Synopsys 卖 IP，不卖产品）。

4）开机，检查你的 PCIe SSD 被 OS 识别到（过程中可能会提示安装驱动），检查 Link

Status Register 确定 link 状态是 Gen3x4，如图 7-22 所示。

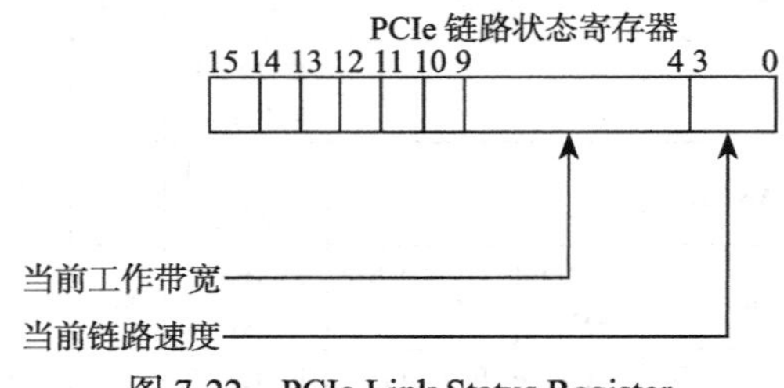

图 7-22　PCIe Link Status Register

5）如果你的 PCIe SSD 还支持其他 lane width——比如 x1，用胶布或者 Reducer 把 lane width 降到 x1，重复上述步骤，确保 x1 也能正常工作。

6）Speed 和 Width 正确还不够，还需要做一下简单的数据传输，确保数据能顺利通过 PCIe Bus。

PCISIG 贴心地为初入江湖的你提供了方便查看 PCIe Register 的工具——PCITree：http://www.pcitree.de/。

以上都顺利通过，把你们俩的交手记录上传到 PCISIG 的服务器上，继续去找其他 RC 或者 Switch 供应商。

写在最后，台上一分钟，台下十年功，为了在 Workshop 的 Interoperability 环节有好的表现，在下山前就应该找来各家的 RC 做相关的测试。

比如先定一个能达到的小目标，Intel、ASUS、Gigabyte 最新、次新的主板来个 10 块，开机上电检查 Link Speed/width，每台机器先过个 200 次（此处需要 Automation）。

7.7　WA 测试

WA 的计算公式：WA= 闪存写入的数据量 / 主机写入的数据量。

只要知道了 A（闪存写入的数据量）和 B（主机写入的数据量）就可以知道 WA 了。

这两个数据，从哪里拿？从 SMART 信息里。

《【原创】浴室谈 SSD 的 SMART 信息》里面列举了几款 SSD 产品的 SMART 信息，如表 7-4 所示是 SandForce 12xx/15xx 主控的信息。

原文链接：http://bbs.pceva.com.cn/thread-10212-1-1.html。

表 7-4　SandForce 12xx/15xx 主控 SMART 信息

编号	含义	属性
1	Raw Read Error Rate	底层数据读取出错率
5	Retired Block Count	不可使用的坏块计数

（续）

编号	含义	属性
9	Power On Hours Count	累计加电时间
12	Power Cycle Count	设备通电周期
171	Program Fail Count	编程错误计数
172	Erase Fail Count	擦除错误计数
174	Unexpected Power Loss Count	不正常掉电次数
177	Wear-Range Data	显示最大磨损块和最小磨损块相差的百分比
181	同 171 定义相同	
182	同 172 定义相同	
187	Reported Uncorrectable Errors	不可修复错误计数
194	显示温度的，基本可以忽略	
195	On the Fly Reported Uncorrectable Error Count	实时不可修复错误计数
196	Reallocated Event Count	重映射坏块计数
231	SSD Life left	SSD 剩余寿命（新盘为 100，显示为 10，代表 P/E 用完了，但是还有备用空间可以替换，显示 0 则代表盘上数据为只读）
241	lifetime write from host	来自主机的写入数据量总数
242	lifetime read from host	来自主机的读取数据量总数

可以看到 241：Lifetime write from host 就是“主机写入的数据量”。

这张表里没有“闪存写入的数据量”，引入第二个公式：闪存写入数据量 = 平均 Wear Leveling count × SSD 容量（这个好理解吧）。

SSD 容量大家都知道。Wear Leveling count，在上面这张表里没有，但是有“172 Erase Fail Count（擦除错误计数）”和“177 Wear-Range Data（显示最大磨损块和最小磨损块相差的百分比）”。说明 FW 其实统计了 Wear Leveling count，只是没有显示出来。

这篇文章里提到了另外一款 SSD——美光 C300，其包括 Marvell 88SS9174 主控和美光自己的固件，就直接公布了参数：“173 Wear Leveling Count（平均擦写次数）”，但没有公布“241 Lifetime write from host”。

上述这些在内部测试的时候都不是问题，请 FW 的兄弟们把这两项都显示出来，测试工程师可以计算自家 SSD 的 WA 了。

7.8　耐久度测试

一款 SSD 出货前必须要经过严格的耐久度（Endurance）测试，简单说来就是 SSD 有多经用。JEDEC 有两份 SSD Endurance 测试的协议，分别是：

- JESD 218A：测试方法。
- JESD 219：workload。

首先需要了解如下概念：

- TBW：总写入数据量。
- FFR（Function Failure Requirement）：整个写入过程中产生的累计功能性错误。
- Data Retention：长时间不使用（上电）情况下保持数据的能力。
- UBER（Uncorrectable Bit Error Rate）：UBER= number of data errors/number of bits read。

企业级和消费级 SSD 在耐久度的要求上是不同的，体现在：

- 工作时间；
- 工作温度；
- UBER；
- Retention 温度以及时间。

具体数据如表 7-5 所示。

表 7-5　消费级与企业级 SSD 可靠性测试要求

产品类别	工作负载（参考 JESD219）	工作条件（上电状态）	数据保存（断电状态）	FFR（Functional Failure Requirement）功能性失效要求	UBER Requirement 不可恢复误码率
消费级	消费级	40℃ 8 小时 / 天	30℃ 1 年	≤ 3%	$\leq 10^{-15}$
企业级	企业级	55℃ 24 小时 / 天	40℃ 3 个月	≤ 3%	$\leq 10^{-16}$

虽然叫耐久度测试，但是 218 其实是包括了耐久度和数据保持（Data Retention）两部分测试的，官方给的方法有两种：

- Direct method——直来直去法。
- Extrapolation method——拐弯抹角法。

本书着重解释 Direct method，理解了它以后，另一个方法就很容易理解了。

Direct method，简单来说，就是使劲写，可劲读，套用贝爷的口头禅："Push the SSD to limit"，在这个过程中，要注意：

- 要求有高低温；
- 必须用指定的 workload；
- 耐久度测试以后马上进行数据保持测试。

在详细介绍这些之前，首先要搞明白一个问题，应该拿多少块 SSD 跑耐久度测试？

要求一：如果该系列 SSD 首次进行测试，选取的 SSD 要来自至少三个不连续的生产批次，如果不是首次，选一个批次的就行。

要求二：制定标准时直接给了两个公式。

- UCL（functional _ failures）≤ FFR × SS（for Functional Failure）
- UCL（data_errors）≤ min（TBW，TBR）$\times 8 \times 10^{12} \times$ UBER × SS（for Data Failure）

如果只看公式，你可能会跟我一样，一脸懵。其中：

- Functional failure：可以接受的出现功能故障的 SSD 的数量；

- Data_error：可以接受的数据出错的数量；
- TBW，TBR：总写入 / 读取量；
- SS：Sample Size，就是我们要求的 X（用多少块盘测试）；
- UCL：Upper confidence Limit 函数，看不懂是不是，不用你看懂，直接查表就行（见表 7-6）。

表 7-6　UCL 函数查值表

AL	n	AL	n	AL	n	AL	n	AL	n
0	0.92	20	21.84	40	42.30	60	62.66	80	82.97
1	2.03	21	22.87	41	43.32	61	63.68	81	83.98
2	3.11	22	23.89	42	44.35	62	64.69	82	84.99
3	4.18	23	24.92	43	45.36	63	65.71	83	86.00
4	5.24	24	25.94	44	46.38	64	66.72	84	87.02
5	6.29	25	26.97	45	47.40	65	67.74	85	88.03
6	7.34	26	28.00	46	48.42	66	68.75	86	89.05
7	8.39	27	29.02	47	49.43	67	69.77	87	90.06
8	9.43	28	30.04	48	50.46	68	70.79	88	91.08
9	10.48	29	31.07	49	51.47	69	71.80	89	92.08
10	11.52	30	32.09	50	52.49	70	72.82	90	93.10
11	12.55	31	33.12	51	53.51	71	73.83	91	94.11
12	13.59	32	34.14	52	54.52	72	74.85	92	95.13
13	14.62	33	35.16	53	55.55	73	75.86	93	96.14
14	15.66	34	36.18	54	56.56	74	76.88	94	97.15
15	16.69	35	37.20	55	57.58	75	77.89	95	98.16
16	17.72	36	38.22	56	58.60	76	78.91	96	99.18
17	18.75	37	39.24	57	59.61	77	79.92	97	100.19
18	19.78	38	40.26	58	60.63	78	80.94	98	101.21
19	20.81	39	41.29	59	60.64	79	81.95	99	102.22

通常我们直接用 AL=0（AL=0 代表没有 functional failure），这样对应的 UCL 就是 0.92。

这里结合一个实际的例子说明，假设 FFR=3%，UBER=10^{-16}，TBW=100，代入公式得到：

- SS ≥ 0.92/（0.03）=30.1
- SS ≥ 0.92/（$100 \times 1 \times 8 \times 10^{12} \times 10^{-16}$）=11.5

两个 SS 分别能够满足 Functional Failure 和 Data Failure 的要求，取两者之间的较大值 30.1，所以需要的跑测试的 SSD 数量是 31 块。

再把 SS=31 代入公式：UCL（data_errors）≤ $100 \times 1 \times 8 \times 10^{12} \times 10^{-16} \times 31$=2.48

用 2.48 这个值去表（见表 7-7）里反查，得到允许的最大 data errors 数量为 1。

表 7-7　表格反查获得最大 Data Error 值

2.48

AL	n	AL	n	AL	n	AL	n	AL	n
0	0.92	20	21.84	40	42.30	60	62.66	80	82.97
1	2.03	21	22.87	41	43.32	61	63.68	81	83.98
2	3.11	22	23.89	42	44.35	62	64.69	82	84.99
3	4.18	23	24.92	43	45.36	63	65.71	83	86.00
4	5.24	24	25.94	44	46.38	64	66.72	84	87.02
5	6.29	25	26.97	45	47.40	65	67.74	85	88.03
6	7.34	26	28.00	46	48.42	66	68.75	86	89.05
7	8.39	27	29.02	47	49.43	67	69.77	87	90.06
8	9.43	28	30.04	48	50.46	68	70.79	88	91.08
9	10.48	29	31.07	49	51.47	69	71.80	89	92.08
10	11.52	30	32.09	50	52.49	70	72.82	90	93.10
11	12.55	31	33.12	51	53.51	71	73.83	91	94.11
12	13.59	32	34.14	52	54.52	72	74.85	92	95.13
13	14.62	33	35.16	53	55.55	73	75.86	93	96.14
14	15.66	34	36.18	54	56.56	74	76.88	94	97.15
15	16.69	35	37.20	55	57.58	75	77.89	95	98.16
16	17.72	36	38.22	56	58.60	76	78.91	96	99.18
17	18.75	37	39.24	57	59.61	77	79.92	97	100.19
18	19.78	38	40.26	58	60.63	78	80.94	98	101.21
19	20.81	39	41.29	59	61.64	79	81.95	99	102.22

总结：选 31 块盘，跑完耐久度测试，不能有 Functional failure，最多可以有 1 个 Data-error，测试才会通过。

耐久度测试使用的 workload 可以从网上下载，整个 workload 大概有 4 亿条 Write、trim、flush 命令（消费级 SSD），每次写完之后需要 read 回来确保数据是正确的，具体实现的工具没有要求。

耐久度和数据保持过程中另一个重要的因素就是高低温。

具体的温度要求如表 7-8 所示，可以看到企业级 SSD 要求比消费级 SSD 高出不少。

表 7-8　消费级与企业级 SSD 可靠性测试温度要求

产品类别	工作条件（上电状态）	数据保存（断电状态）	耐久度测试温度要求（Endurance Stress Temperature）	数据保持测试温度要求（High Temperature Retention Stress Temperature）
消费级 （Client）	40℃ 8 小时 / 天	30℃ 1 年	Ramped Approach： 低温：$T \leqslant 25$℃ 高温：40℃$\leqslant T \leqslant T_{max}$ Split-flow Approach： 低温：$T \leqslant 25$℃ 高温：40℃$\leqslant T \leqslant T_{max}$	96 小时 /$T \geqslant 66$℃ 或者 500 小时 /$T \geqslant 52$℃

（续）

产品类别	工作条件（上电状态）	数据保存（断电状态）	耐久度测试温度要求（Endurance Stress Temperature）	数据保持测试温度要求（High Temperature Retention Stress Temperature）
企业级（Enterprise）	55℃ 24小时/天	40℃ 3个月	Ramped Approach： 低温：$T \leqslant 25$℃ 高温：60℃$\leqslant T \leqslant T_{max}$ Split-flow Approach： 低温：$T \leqslant 25$℃ 高温：60℃$\leqslant T \leqslant T_{max}$	96小时/$T \geqslant 66$℃ 或者 500小时/$T \geqslant 52$℃

控制温度变化有两种策略：

- Ramped-Temperature approach：所有SSD放在一起，在高低温间来回切换。
- Split Flow approach：所有SSD分两半，一半进行低温测试，一半进行高温测试。

低温没有问题，要求≤25℃。

高温的要求是一个区间，比如Client SSD的高温温度区间是40℃$\leqslant T \leqslant T_{max}$，高温下限是40℃，上限没有给出具体数值。

在JESD-218A的附录里介绍了通过温度对Endurance和Retention测试的时间加速作用，有兴趣的读者可以自行参阅。其论证的结论就是温度越高，就能用越短的时间模拟出对SSD进行1年读写的效果，对应关系如表7-9所示。

表7-9　温度加速时间对照表

实际压力测试时间（小时）	Split策略		Ramped策略	
	消费级	企业级	消费级	企业级
50	79	105	86	113
100	72	98	79	105
150	68	93	75	101
200	66	90	72	98
250	64	88	70	95
300	62	86	68	93
350	61	85	67	92
400	60	83	66	90
450	59	82	65	89
500	58	81	64	88
…				
2500	44	66	50	72
3000	43	64	48	71

以第一行为例，采用Ramped temperature方式，当高温达到86℃时，对一块盘进行50小时的读写（必须用官方的workload）能够达到常温下一年的效果。

而同样的SSD，如果高温只有48℃（最后一行），必须跑3000小时的读写才能达到一样的效果。

那怎样确定这个 T_{max} 呢？我理解的步骤是这个样子：

- 根据 SSD 容量计算器 TBW，比如 160GB 的 TLC SSD，按 PE cycle 500 计算其 TBW 应该是 80TB。
- workload 来一遍为 1TBW。
- 那么总共需要把 workload 跑上 80 遍。
- 假设跑一遍 workload 需要 5 个小时。
- 那么总时间就是 400 小时。
- 在表 7-9 中找到与 400 小时对应的温度为 66℃（Client SSD，Ramped），这个就是 T_{max} 值。

有了 workload，知道了温度范围，就可以正式跑 Endurance 测试了，图 7-23 是 Direct Method 使用 Ramped approcah 的流程图。

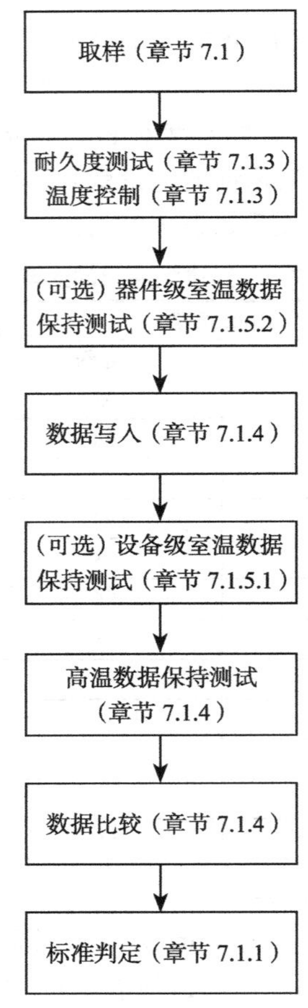

图 7-23 SSD 耐久度测试 Direct Method Ramped Approach 流程图[⊖]

⊖ 图中的章节为该测试规范中的章节。

从上到下整个过程分别是：

1）Sample 取样，确定用多少块 SSD 测试；

2）耐久度测试；

3）部件级常温数据保持测试（可选）；

4）写入数据，为了后面的数据保持测试；

5）产品级常温数据保持测试（可选）；

6）高温数据保持；

7）数据比较；

8）判断是否通过（检查 FFR 和 Data_error 是否满足前面那两个公式）。

步骤 1、2 已经介绍过，步骤 3 ～ 7 都是关于 Data retention 的，这个测试要求在耐久度测试结束以后马上进行：写入数据→断电→高温→上电→数据比较。

而对于某个系列的首次耐久度测试，还要求进行常温数据保持测试，详细情况可以参考 JESD218A 7.1.5 测试标准。

最后简单提几句 Extrapolation method，说白了就是用各种方法在最短的时间完成 Endurance 测试，比如：

修改 workload，在更短的时间内造成更多的 PE cycle（修改随机 / 顺序访问占比，传输数据大小，引发更多 background activity 等）。

限制 SSD 的大小，比如把前面的 160G SSD 通过固件限制为 40G 可用，那么所需要的 Endurance 时间就直接从 400 小时降低到 100 小时（相应高温需要从 66℃调整为 79℃），如图 7-24 所示。

实际压力测试时间（小时）	Split 策略		Ramped 策略	
	消费级	企业级	消费级	企业级
50	79	105	86	113
100	72	98	79	105
150	68	93	75	101
200	66	90	72	98
250	64	88	70	95
300	62	86	68	93
350	61	85	67	92
400	60	83	66	90
450	59	82	65	89
500	58	81	64	88

图 7-24 通过提高温度减少可靠性测试的时间

特别要注意的是，固件在限制大小的时候，不仅要限制开放给主机的读写区域，同时内部的 OP 空间也必须同样等比例缩小。

7.9 认证 Certification

一款 SSD 研发出来，除了内部的层层测试，也少不了送出去进行各种认证测试。

1. SATA-IO Plugfest 和 IW（Interoperability Workshop）

作为 SATA 协议的官方组织，SATA-IO 每年都会组织厂商一起坐坐，给大家一个互相切磋的机会进行兼容性、交互性以及新功能的测试。

图 7-25 所示是 2008 年的活动日程表，Plugfest 三天，IW 五天。

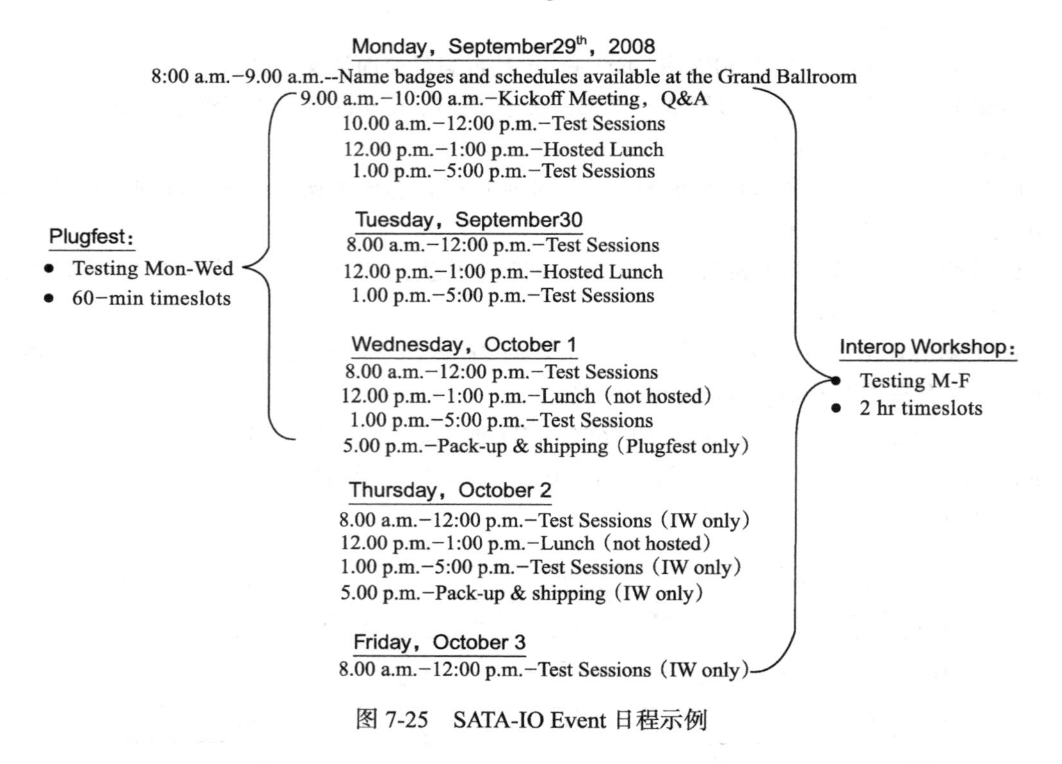

图 7-25 SATA-IO Event 日程示例

2. IW 和 Plugfest 有所不同

IW 的对象是量产产品，由 SATA-IO 主导，有固定的测试流程和项目，并且测试结果需要提交 SATA-IO，通过测试的设备可以加入 Integrators List。

Plugfest 的对象是开发阶段的产品，厂商之间互相玩耍，测什么，怎么测，大家自己说了算，测试结果不用提交给 SATA-IO。

官方网站上有具体介绍以及报名方式：

https://www.sata-io.org/plugfests

https://www.sata-io.org/interoperability-workshops

---

3. PCIe SIG Compliance Program

作为 PCIe 协议的官方组织，PCIe SIG 的一致性测试项目包括以下方面：

- Electrical Testing：针对平台和卡的 T_x 和 R_x 电器性能进行测试。
- Configuration Testing：PCIe configuration space 测试（Tool：PCIE CV）。
- Link Protocol Testing：针对设备进行链路层协议测试。
- Transaction Protocol Testing：针对设备进行传输层协议测试。
- Platform BIOS Testing：针对平台 BIOS 进行测试，判断其能否识别并正确配置设备。

通过 PCIe SIG 的测试同样可以加入 Integrators List。

官方网站上提供 Test Guide 下载，包括测试描述、规格、流程以及相关的工具：
https://pcisig.com/developers/compliance-program

---

4. UNH IOL NVMe Test

UNH-IOL 全称是 University of New Hampshire InterOperability Laboratory，是业界著名的公开实验室，提供多个领域的测试服务。图 7-26 所示为这个实验室涉及的领域。

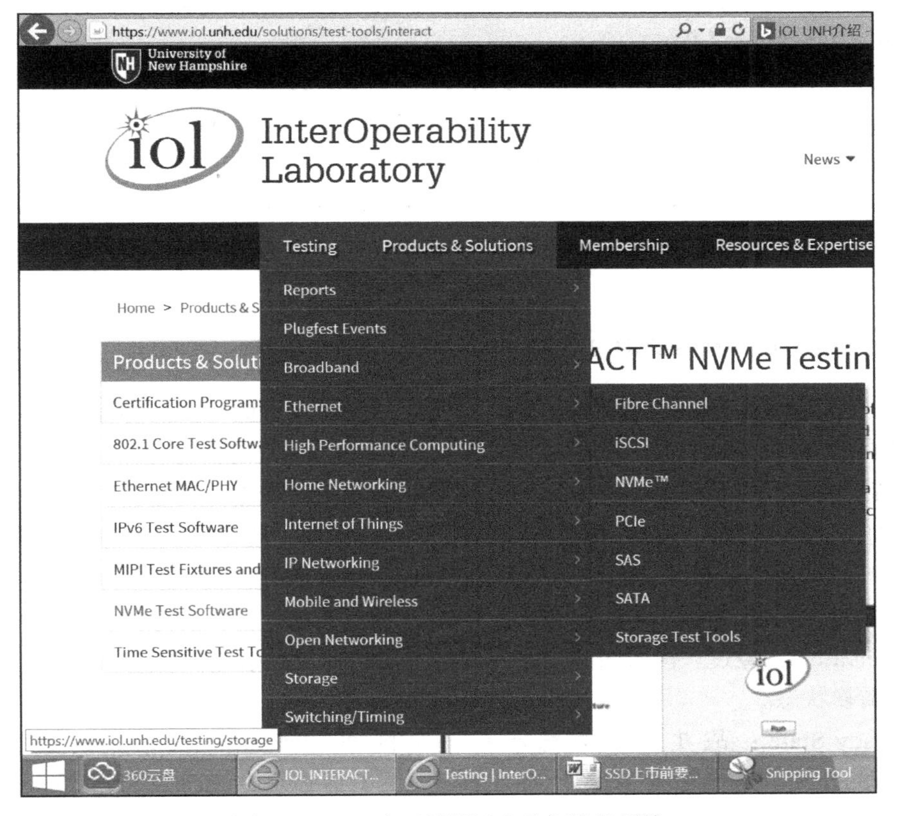

图 7-26　IOL 交互性测试实验室涉及领域

UNH-IOL 定义了 NVMe Test Suites，包括：

- NVMe Conformance Test Suite
- NVMe Interoperability Test Suite

Test Suite 会跟着 NVMe Spec 更新持续更新，厂商可以自行下载使用。

链接：https://www.iol.unh.edu/testing/storage/nvme/test-suites

UNH-IOL 贴心地提供了 NVMe 的测试工具：

- IOL INTREACT PC EDITION Software：基于 UNH-IOL 自己的 NVMe Conformance Test Suite 开源项目的工具，图形界面上手容易。
- IOL INTERACT Teledyne-LeCroy EDITION Software：高级版本，必须配合 LeCroy 的 PCIe Exerciser 和 Analyzer 使用，能够自动跑完 NVMe Conformance Test Suite 里面要求的测试，而且能够自动抓取 trace 以供分析。

链接：https://www.iol.unh.edu/solutions/test-tools/interact

免费是为了更好地收费，如果使用 UNH-IOL 的测试服务并完成下列指定项目，就可以加入 NVMe Integrators List：

- Conformance testing using IOL INTREACT PC EDITION Software；
- Conformance testing using IOL INTERACT Teledyne-LeCroy EDITION Software；
- Interoperability testing using VDbench software。

链接：https://www.iol.unh.edu/testing/storage/nvme。

7.10 SSD Performance 测试

SNIA 给 Client SSD 与 Enterprise SSD 都制定了 Performance Test（性能测试）的规范，可以到其网站 www.snia.org 下载。

要进行 SSD 的 Performance Test，首先要理解几个关键概念。

- FOB：Fresh Out of Box，指的是刚开封、全新的盘，此时 SSD 的性能类似于悟饭同学的愤怒形态，战斗力爆表但不持久，这并不是这块盘在未来正常使用过程中的真实能力。
- Transition：经过一段时间的读写，战斗力逐步降低，趋向于稳定状态，这个过程称为转换状态。
- Steady State：战斗力数值稳定在一个区间，Performance 相关的数据，例如 Throughput（吞吐量）、IOPS、Latency（延迟）都必须在 Steady State 下获取，据此判断其到底是超级赛亚人，还是战五渣。

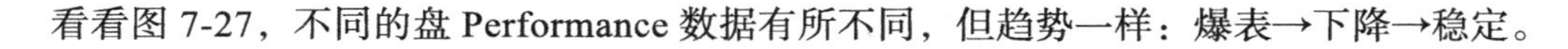

看看图 7-27，不同的盘 Performance 数据有所不同，但趋势一样：爆表→下降→稳定。

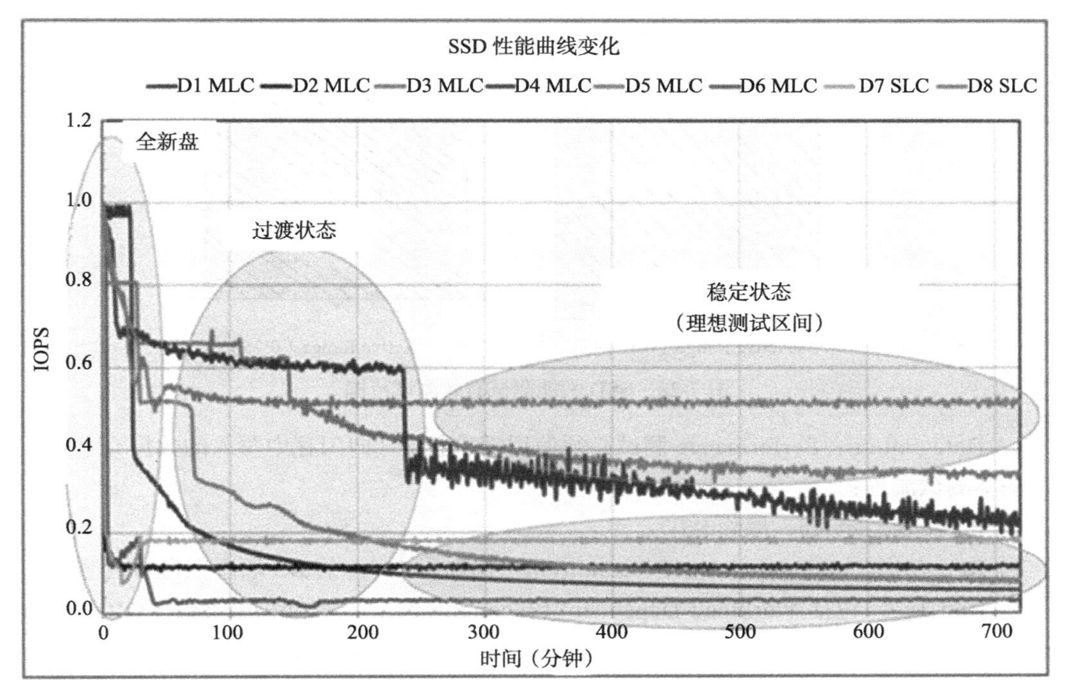

图 7-27　SSD 性能变化趋势

Steady State（稳定态）的判断原则是：这段时间内性能波动不超过 ±10%。

接下来，介绍另外几个概念：

1）Purge（擦除）：每次进行 Performance 测试前都必须进行 Purge 动作，目的是消除测试前的其他操作（读写及其他测试）带来的影响（比如，一段小 BS 的随机读写之后立即进行大 BS 的顺序读写，这时候大 BS 的数据会比较差），从而保证每次测试时盘都是从一个已知的、相同的状态下开始。简单来说，可以把 Purge 理解为：让盘回到 FOB 状态。

实现的 Purge 方法可以是：

- ATA：Security Erase，SANTIZIE Device（Block Erase Ext）。
- SCSI：FORMAT UNIT。
- Vendor specific method（厂商的工具）。

2）Precondition：通过对盘进行 IO 使其逐步进入 Steady State 的过程，分两步进行。

- Workload Independent Preconditioning（WIPC）：第一步，读写时不使用测试的 Workload。
- Workload Dependent Preconditioning（WDPC）：第二步，读写时使用测试的 Workload。

3）Active Range：测试过程中对盘上 LBA 发送 IO 命令的范围，如图 7-28 所示。

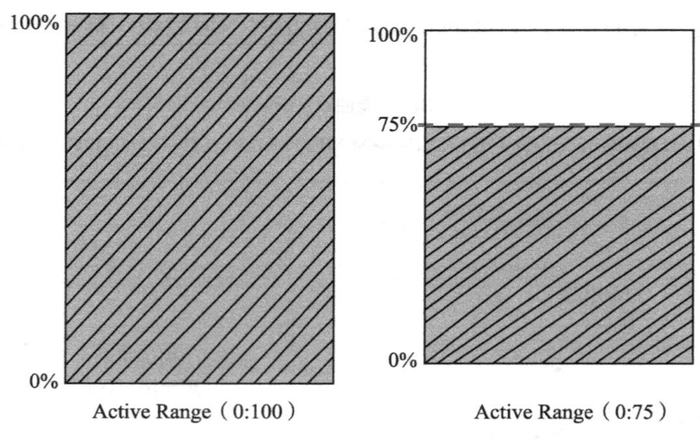

图 7-28　SSD 性能测试有效测试范围

4）Data pattern：Performance 测试必须使用随机数据（向闪存中写入的数据）。

基本测试流程：

1）Purge the device：擦除 SSD。

2）Run Workload Independent Precondition：比如用 128K 的 BS 顺序把盘写两遍。

3）Run Test（包括 Workload Dependent Precondition）：设置好相关参数（OIO/Thread、Thread count、Data Pattern 等）后开始进行 Workload Dependent Precondition，最多跑 25 个 round。

4）假设在 25 个 round 以内达到了 Steady Status，例如第 x 次。那么：

- Round 1：x 称为 Steady Status 收敛区间；
- Round（x-4）：4 称为测量区间（Measure Window）。

5）如果 25 个 round 还没有达到 Steady Status，可以选择：

- 继续步骤 3 直到达到 Steady Status 并记录 x；
- 直接取 x=25。

注意：步骤 2 到步骤 3 之间不可以中断、停顿。

Performance 测试项目包括 IOPS 测试、Throughput 测试、Latency 测试和饱和写测试（可选）。

以 IOPS 测试为例说明：

1）Purge SSD。

2）Workload Independent Preconditioning：用 128K 的 BS 把 SSD 写两遍。

3）Workload Dependent Preconditioning and Test。

- 用 RW Mix（100/0、95/5、65/35、50/50、35/65、5/95、0/100）、BS（1024KB、128KB、64KB、32KB、16KB、8KB、4KB、512B）组合进行 Random IO。

- 每个 Round 包括 7 × 8=56 个组合，每个组合跑一分钟并记录结果。
- 以 R/W Mix=0/100，BS=4KB 这个组合的 IOPS 结果判断是否到达 Steady State（参考前文 Steady State 判断标准）。
- 在测量区间（Measure Window）记录相关数据。

Throughput 测试和 Latency 测试的步骤大致相同，需要注意的是：

- Throughput 测试：只有两个组合——BS=1024K Sequential Write 和 BS=1024K Sequential Read，用 Sequential Write 的值来判断 Steady Status。
- Latency 测试：只使用 3 种 RW Mix 组合（100/0、65/35、0/100）和 3 种 BS（8K、4K、512B），另外需要把队列数和线程数都设为 1。

饱和写测试（Write Saturation Test，WST），对 SSD 进行长时间的 Random 4K 写操作，评测其经过长期写入以后的表现。

关于饱和写测试，国外知名网站 TechReport.com 的弟兄们曾经花了 18 个月，拿了 6 块不同厂商的 SSD 进行了“惨无人道”的、超过 2PB 的连续写入操作。

原文链接：http://techreport.com/review/24841/introducing-the-ssd-endurance-experiment。

中文链接：http://www.ssdfans.com/?p=672。

Performance 测试项目配置总结如表 7-10 所示。

表 7-10　SSD 性能测试配置

测试项目	读写比例	数据块大小	随机 / 顺序	Benchmark
IOPS	100/0 ～ 0/100	512B ～ 1MB	随机	Write BS=4KB
吞吐量	100/0、0/100	1MB	顺序	Write BS=1MB
时延	100/0、65/5、0/100	512B、4KB、8KB		
写饱和	0/100	4K	随机	N/A

Chapter 8 第8章

SSD电源管理

与传统硬盘相比，SSD不仅具备更高的读写速度，能耗上也有非常大的优势。本章从SATA链路、PCIe链路、NVMe协议以及SSD内部主控管理等方面介绍SSD上的电源管理技术。

8.1 SATA省电模式Partial和Slumber

SATA链路电源管理，可以让SATA链路的PHY进入低功耗模式，与硬盘或者SSD其他部分（CPU、DDR、后端）的电源管理是完全独立的。以硬盘为例，SATA链路的电源状态与盘片的转数快慢是相互独立的。

SATA提供了两种低功耗模式：Partial和Slumber。

- Partial模式：PHY处于低功耗状态，退出时间要求＜10μs。Partial是让部分物理层（PHY）电路进入休眠模式，能够在10μs内被唤醒，让链路在不太影响传输性能的情况下忙里偷闲，休息一下。
- Slumber模式：PHY处于更低功耗状态，退出时间要求＜10 ms。与Partial模式相比，Slumber关闭更多的电路，因此它的恢复要慢一些，恢复时间大约为10 ms。当预测有一段相对长的Idle时间时，会让链路好好休息一下。

在图8-1中可以看到Partial/Slumber把功耗从Active State的1000mW降低到了100 mW左右。

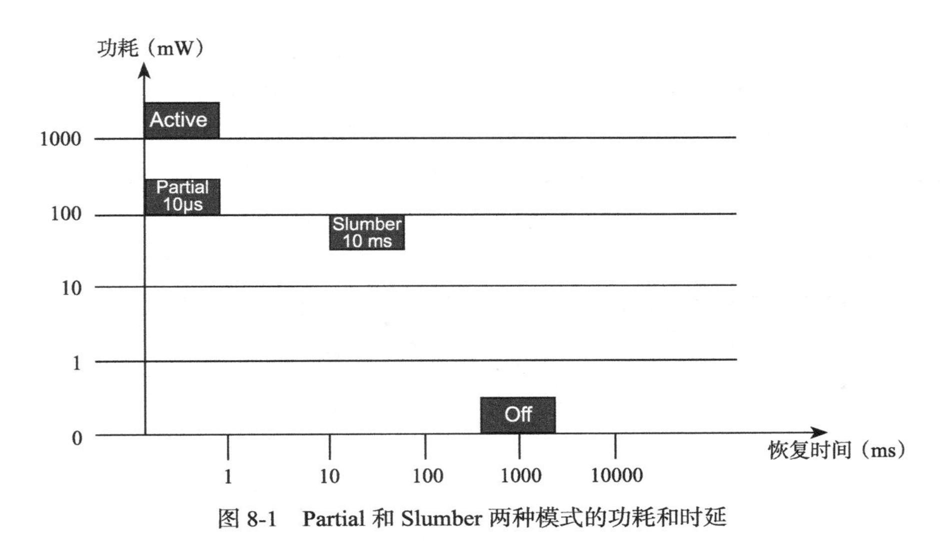

图 8-1　Partial 和 Slumber 两种模式的功耗和时延

在链路电源管理方面，SATA 一视同仁，主机和设备都可以发起，分别称为：

- HIPM（Host Initiated Power Management）。
- DIPM（Device Initiated Power Management）。

发起归发起，还是需要对方配合，才能让链路进入 Partial 或者 Slumber 模式。具体做法是这样的，以主机发起为例：

- 主机发送一个 PMREQ_P（请求进入 Partial）给设备（如果发 PMREQ_S 就是请求进 Slumber）；
- 设备回复 PMACK（同意）或者 PMNAK（不同意）；
- 如果设备回复同意，两边一起进 Partial（一般接收方都会发送多个 PMACK 以确保发起方收到）；
- 如果回复不同意，那就什么都不发生；
- 如果需要退出 Partial 或者 Slumber，需要通过 OOB 重新建立连接。

其他知识点：

- Listen Mode（侦听模式）：AHCI 支持让没有接盘的端口进入侦听模式，此时该端口的功耗水平相当于 Slumber，但是该端口可以识别新接入的盘。
- Auto Partial to Slumber：可以让链路不需要回到 Active 状态，直接从 Partial 进入 Slumber 模式。

8.2　SATA 超级省电模式 DevSlp

从 SATA 3.2 开始，SATA 有了一个新的功能 DevSlp（Device Sleep，设备睡眠）。DevSlp 是一个信号，通过发送这个信号让盘进入一个非常省电的状态。

前文介绍过 SATA 允许盘进入省电模式，即 Partial 和 Slumber 模式。

Partial/Slumber 省电模式下，盘都必须让自己的传输电路保持在工作模式，以便在 SATA 主机需要的时候能把盘唤醒。如图 8-2 所示，进入 Partial 或 Slumber 后，SATA 总线的发送模块和接收模块仍然处于工作状态，因为这个原因，盘睡得并不安稳，省电效果也不好。

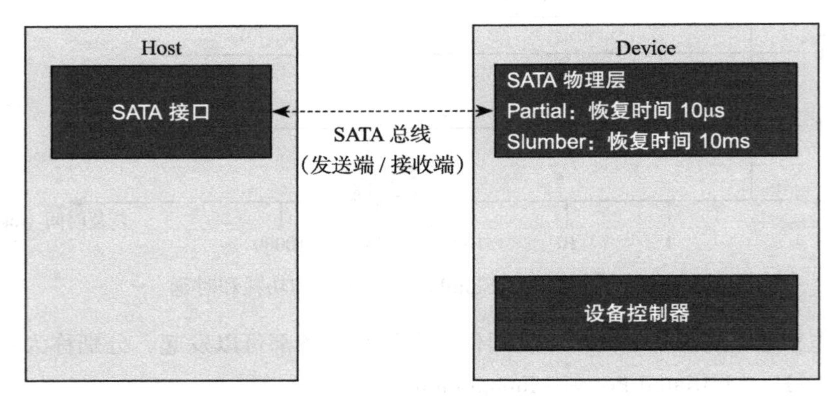

图 8-2 主机与设备链接示意图

DevSlp 就是把这个传输电路完全关掉，然后专门加了一个低速的管脚来负责接收唤醒通知，如图 8-3 所示。

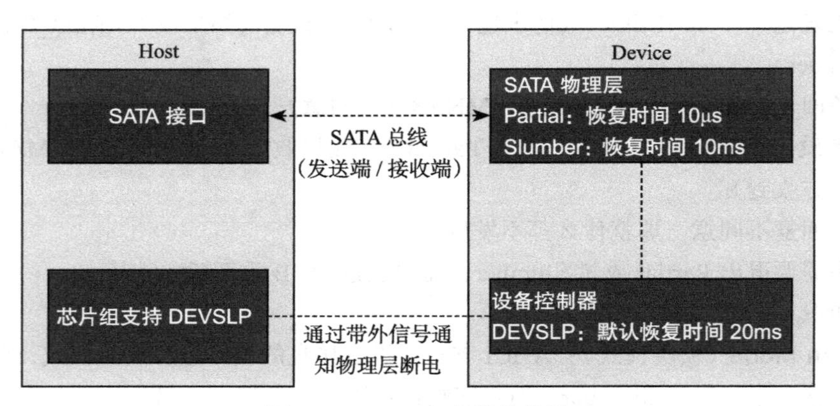

图 8-3 DEVSLP 的带外信号

DevSlp 模式效果如图 8-4 所示，功耗降低到了 5mW 左右，而恢复时间进一步延长至 20ms，但其实 PC 用户根本感觉不出 10μs、10ms、20ms 的区别。

那么问题来了，这个多出来的管脚从哪里来？

原本标准的 2.5/3.5 寸 SATA 接口上已经没有多余的管脚了，SATA 3.2 把管脚 3 单独拿出来用于 DevSlp，而原本管脚 1、管脚 2 和管脚 3 是用于 3.3V 管脚供电的。

表 8-1 列出了 SATA 3.0 的管脚定义。

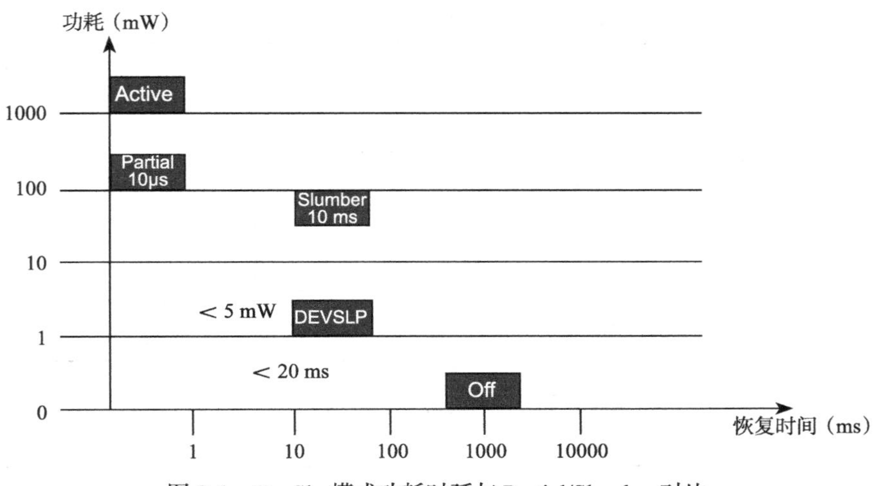

图 8-4　DevSlp 模式功耗时延与 Partial/Slumber 对比

表 8-1　SATA 3.0 管脚定义

	名称	类型	描述	线缆形式	背板形式
信号部分	S1	GND		1st Mate	2nd Mate
	S2	A+	差分信号组 A	2nd Mate	3rd Mate
	S3	A-		2nd Mate	3rd Mate
	S4	GND		1st Mate	2nd Mate
	S5	B-	差分信号组 B	2nd Mate	3rd Mate
	S6	B+		2nd Mate	3rd Mate
	S7	GND		1st Mate	2nd Mate
电源部分	P1	V33	3.3V Power	2nd Mate	3rd Mate
	P2	V33	3.3V Power	2nd Mate	3rd Mate
	P3	V33	3.3V Power，Pre-charge	1st Mate	2nd Mate
	P4	GND		1st Mate	1st Mate
	P5	GND		1st Mate	2nd Mate
	P6	GND		1st Mate	2nd Mate
	P7	V5	5V Power，Pre-charge	1st Mate	2nd Mate
	P8	V5	5V Power	2nd Mate	3rd Mate
	P9	V5	5V Power	2nd Mate	3rd Mate
	P10	GND		1st Mate	2nd Mate

到了 SATA 3.2，管脚 3 用来做 DevSlp 控制，如表 8-2 所示。

表 8-2 SATA 3.2 管脚定义—管脚 3 用于 DevSlp

	名称	类型	描述	线缆形式	背板形式
信号部分	S1	GND		1st Mate	2nd Mate
	S2	A+	差分信号组 A	2nd Mate	3rd Mate
	S3	A-		2nd Mate	3rd Mate
	S4	GND		1st Mate	2nd Mate
	S5	B-	差分信号组 B	2nd Mate	3rd Mate
	S6	B+		2nd Mate	3rd Mate
	S7	GND		1st Mate	2nd Mate
电源部分	P1	Retired		2nd Mate	3rd Mate
	P2	Retired		2nd Mate	3rd Mate
	P3	DEVSLP	进 / 出 DevSleep	1st Mate	2nd Mate
	P4	GND		1st Mate	1st Mate
	P5	GND		1st Mate	2nd Mate
	P6	GND		1st Mate	2nd Mate
	P7	V5	5V Power，Pre-charge	1st Mate	2nd Mate
	P8	V5	5V Power	2nd Mate	3rd Mate
	P9	V5	5V Power	2nd Mate	3rd Mate
	P10	GND		1st Mate	2nd Mate

DevSlp 注意事项：

- 主机和设备都必须支持该功能才可以工作，主机置位 DevSlp 信号前需要确保：OOB 结束以后通过 Identify Device 命令获得的设备回复支持 DevSlp。
- 主机已经通过 Set Feature 命令打开设备的 DevSlp。
- 没有还没执行完的命令。

主机置位 DevSlp 时：

- MDAT（Minimum Device Sleep Assertion Time：主机要么不弄，要弄必须保持置位状态≥ 10ms（或者是 Identify Device Data log 里规定的时间）；
- DMDT（DEVSLP Minimum Detection Time）：设备在 DevSlp 置位后需要在 10us 内检测到；
- 主机和设备可以把 PHY 和其他东西（PLL、时钟、闪存芯片）都关掉；
- DevSlp 置位后，主机和设备双方都不可以主动通过 PHY 进行通信，即使一方通信，另一方也不准搭理。

退出 DevSlp 时：

- DETO（Device Sleep Exit Timeout）：设备必须在 20ms（或者 Identify Device Data log 里规定的时间）内检测到 OOB 信号；
- 双方使用 COMWAKE 或者 COMRESET/COMINIT 重新建立连接。

图 8-5 展现了 DevSlp 的进入 / 退出流程。

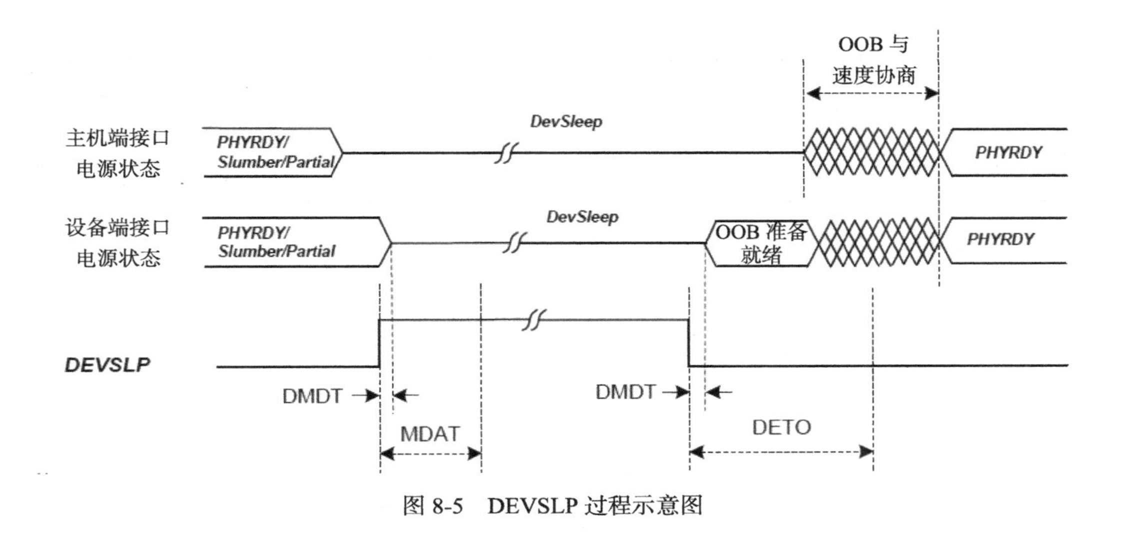

图 8-5 DEVSLP 过程示意图

8.3 SATA 终极省电模式 RTD3

DevSlp 那么好，主机却仍不满足，因为 DevSlp 虽然功耗小，恢复时间也还行，但是进入 DevSlp 的时候 Vcc 还在，这样还是会有功耗，进而得寸进尺地要求设备在长期 Idle 后要把 Power 完全关掉。

在两者的博弈当中，SATA SSD 作为设备永远是弱势的一方，所以需要考虑如何满足这个要求：在主机也就是系统处于 S0 的情况下，如何让 SATA SSD 进入 D3 Cold 状态，这个就是 Runtime D3，简称 RTD3。

了解以下概念能够更好地理解 RTD3。

ACPI 规定的 Device Power State：

- D0：设备处于工作状态，所有功能可用，功耗最高，所有设备都必须支持；
- D0 active：设备完成配置，随时准备工作；
- D1 和 D2 是介于 D3 和 D0 之间的中间状态，D1 比 D2 消耗更多的电能，保存更多的设备上下文，D1 和 D2 是可选的，很多设备都没有实现这两个状态；
- D3 Hot：设备进入 D3，Vcc 还在，设备可被软件枚举；
- D3 Cold：设备完全切断电源，重新上电时系统需要重新初始化设备。

表 8-3 列出了不同电源状态下功耗，保留设备上下文以及驱动恢复的具体信息。

表 8-3 不同电源状态的具体信息

设备状态	功耗	保留设备上下文	驱动恢复
D0 – Fully On	按需	全部	无
D1	D0>D1>D2>D3hot>D3	>D2	<D2

（续）

设备状态	功耗	保留设备上下文	驱动恢复
D2	D0>D1>D2>D3hot>D3	<D1	>D1
D3 Hot	D0>D1>D2>D3hot>D3	可选	重新初始化并加载驱动
D3 Cold	0	无	重新初始化并加载驱动

图 8-6 展现了这些状态之间的转换关系。

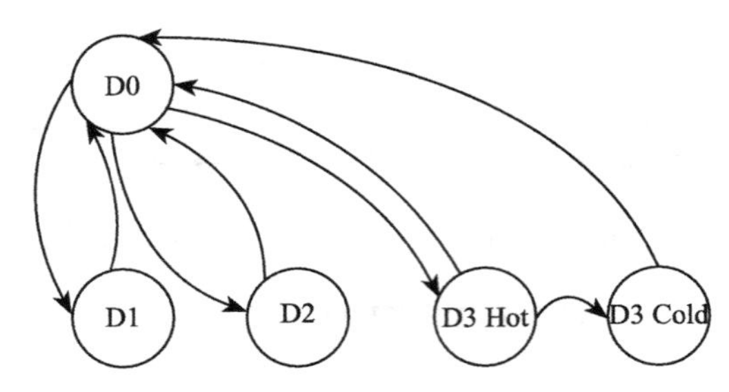

图 8-6 设备 Power State 转换关系

Partial 和 Slumber 模式都是只针对 SATA 链路，而 D State 是针对整个 SSD，如图 8-7 所示。

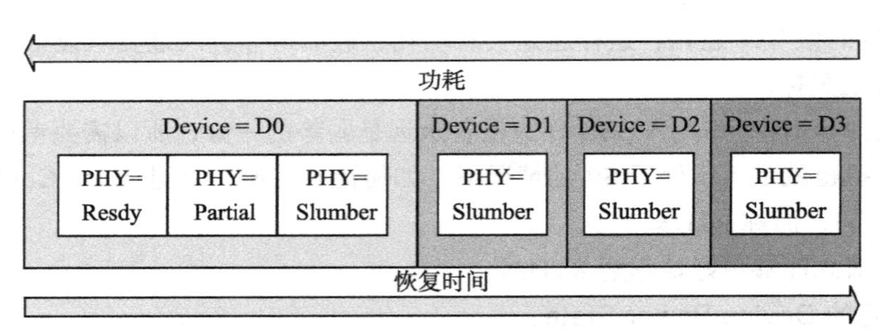

图 8-7 Partial 和 Slumber 模式与不同电源状态之间的对应关系

系统电源状态（SATA SSD 作为系统盘）：

- S0：工作模式，操作系统可以管理 SATA SSD 的电源状态，D0 或者 D3 都可以；
- S1：低唤醒延迟的状态，系统上下文不会丢失（CPU 和芯片组），硬件负责维持所有的系统上下文；
- S2：与 S1 相似，不同的是处理器和系统 Cache 上下文会丢失（操作系统负责维护 Cache 和处理器上下文），收到唤醒要求后，从处理器的复位向量开始执行；
- S3：睡眠模式（Sleep），CPU 不运行指令，SATA SSD 断电，除了内存之外的所有上下文都会丢失，硬件会保存一部分处理器和 L2 Cache 配置上下文，从处理器的复位向量开始执行；
- S4：休眠模式（Hibernation），CPU 不运行指令，SATA SSD 断电，内存内容写入

SSD，所有的系统上下文都会丢失，操作系统负责上下文的保存与恢复；

- S5 ：Soft off state，与 S4 相似，但操作系统不会保存和恢复系统上下文，消耗很少的电能，可通过鼠标键盘等设备唤醒。

注意事项：

1）需要主板芯片组、操作系统和 SSD 三方都支持，RTD3 才能工作；

2）SSD 可以支持 D3 Hot 或者 D3 Cold 状态；

3）SSD 不需要做硬件改动，厂家自行优化，保证从 D3 回到 D0 的时间不能长到能被用户察觉；

4）RTD3 和 DevSlp 功能完全独立，可以互为补充，更好地服务主机；

5）操作系统通过发送 Standby Immediately 命令通知 SSD 把脏数据写入闪存，然后把 SSD 切到 RTD3 状态；

6）与 Partial、Slumber 和 DevSlp 不同，进了 RTD3 以后，SSD 上之前主机做的设置全都没有了，重新上电的时候主机需要通过以下命令恢复之前的设置：

- SET FEATURES
- DEVICE CONFIGURATION FREEZE LOCK
- SET MAX FREEZE LOCK
- SET MAX ADDRESS (If V_V attribute is not used)
- SECURITY FREEZE LOCK

表 8-4 显示了不同省电模式功耗、转换时间、恢复时延的对比。可见，使用了 RTD3 后，功耗为 0，进入时间为 1.5s，退出时间为 0.6s。

表 8-4 不同的省电模式功耗，转换时间，恢复时延对比

设备（链路）状态	功耗（mW）	转换时间（s）	恢复时延（s）
工作（Ready）	>1000	0	0
空闲（Partial）	100	10^{-6}	10^{-4}
空闲（Slumber）	50	10^{-3}	0.01
空闲（DEVSLP）	5	0.02	0.02
关闭 – RTD3（n/a）	0	1.5	0.6

RTD3 不是 SATA 设备的专利，SATA HBA 也可以。

8.4 PCIe 省电模式 ASPM

现在消费级笔记本里搭载 SSD 已经越来越多，而搭载 PCIe SSD 也正在成为趋势。

做消费级 SSD 的厂商那么多，但常见的 PCIe 主控就那么几款：SMI 2260、PS5007-E7、88SS1093 和 88NV1140（三星这个巨鳄就不提了）。这些主控都支持一个叫 ASPM 的功能，ASPM 的全称是：Active State Power Management。其实 Active 前面还缺省

了两个词，Hardware Initiated——ASPM 的第一个重要概念：这是 HW 也就是主控自己触发的，不需要主机或者固件干涉，如图 8-8 中的高亮部分。

> Components in the D0 state (i.e., fully active state) normally keep their Upstream Link in the active L0 state, as defined in Section 5.3.2. ASPM defines a protocol for components in the D0 state to reduce Link power by placing their Links into a low power state and instructing the other end of the Link to do likewise. This capability allows hardware-autonomous, dynamic Link power reduction beyond what is achievable by software-only controlled (i.e., PCI-PM software driven) power management.

图 8-8　PCIe 协议对 ASPM 的定义截图

ASPM 让 PCIe SSD 在某种情况下，能够从工作模式（D0 状态）通过把自身 PCIe 链路切换到低功耗模式，并且通知对方也这么干，从而达到降低整条链路功耗的目的。

ASPM 定义的低功耗模式有两种：L0s 和 L1（见图 8-9 深色部分）。

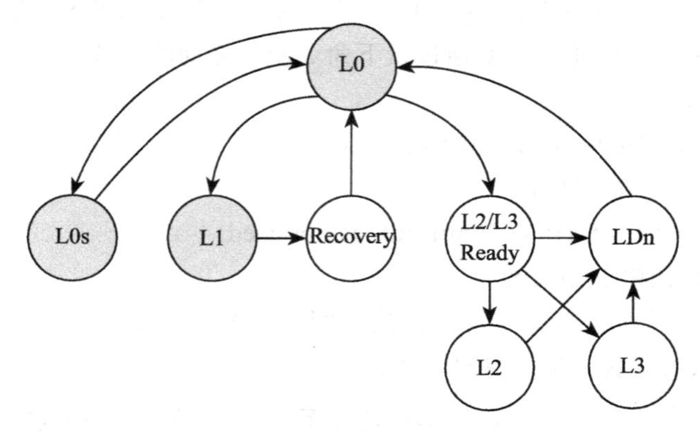

图 8-9　PCIe 链路状态转换关系

图 8-9 中所示各状态的定义如下：

- L0：正常工作状态；
- L0s：低功耗模式，恢复时间短；
- L1：更低功耗模式，恢复时间较长；
- L2/L3 Ready：断电前的过渡状态；
- L2：链路处于辅助供电模式，极省电；
- L3：链路完全没电，功耗为 0；
- LDn：刚上电，LTSSM 还未完成前链路所处状态。

要看一款 SSD 是否支持 ASPM，你需要查看它的 Link Capabilities Register（链路能力寄存器）的 bit 11:0（见图 8-10）。

Bit11：10（只读属性）中对 ASPM 支持的具体定义如下：

- 00b：保留。
- 01b：支持 L0s。

❑ 10b：保留。
❑ 11b：支持 L0s 和 L1。

图 8-10　链路能力寄存器

仅仅支持是没有用的，还需要把开关打开，查看链路控制寄存器的 bit1 ：0，如图 8-11 所示。

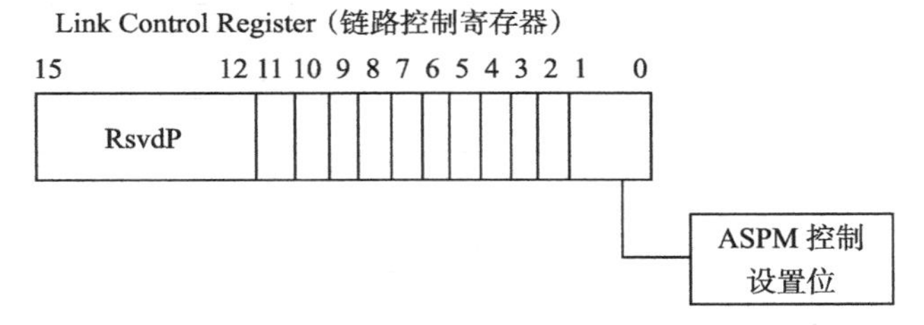

图 8-11　链路控制寄存器

Bit1：0（可读写属性）中对 ASPM 控制的具体定义如下：
❑ 00b：禁用。
❑ 01b：L0s 使能。
❑ 10b：L1 使能。
❑ 11b ：L0s 和 L1 均使能。

关于 ASPM 控制，PCIe 协议手册中这样描述：
❑ L0s，即使 RC 和 EP 某一方的 L0s 是关闭的，如果对方要求进入 L0s，本方也要跟着进；
❑ L1，打开时必须先开 RC，再开 EP，关掉时必须先关 EP 再关 RC；
❑ 如果 RC 和 EP 都支持 ASPM L1，那必须把 EP 的 L1 打开。

L0s 的流程比较简单：

进入：
❑ SSD 可以直接在 Tx lane 上启动进入 L0s；
❑ 如果 SSD 的 Tx 的 L0s 被关闭，Rx 还是接受来自 RC 的 L0s 请求。

退出：
❑ 双方都可以启动退出流程；

❑ 发送 FTS（Fast Training Sequence），然后发送一个 SKP，对方借此恢复 bit 和 symbol lock。

进入 L1 的流程相对复杂一点，如表 8-5 所示。

表 8-5 PCIe ASPM L1 进入流程

步骤	EP	RC
1	停止接收后续的 TLP	—
2	确认发送的最后一个 TLP 已经收到对方的 ACK（确保 Replay Buffer 是空的）	—
3	确认 FC Credit 足够（可以满足一个最大长度的传输）	—
4	持续发送 PM_Active_State_Request L1 给 RC，直到 RC 回复 PM_Request_ACK	—
5	—	收到 PM_Active_State_Request L1
6	—	停止接收后续的 TLP
7	—	确认发送的最后一个 TLP 已经收到对方的 ACK（确保 Replay Buffer 是空的）
8	—	确认 FC Credit 足够（可以满足一个最长的传输）
9	—	持续发送 PM_Request_ACK，直到 EP 发送 Electrical Idle
10	收到 PM_Request_ACK，Disable TLP/DLLP 包的传输	—
11	发送 Electrical Idle，进入 L1	—
12	—	收到 Electrical Idle，Disable TLP/DLLP 包的传输
13	—	进入 L1

退出：

❑ 双方都可以启动退出流程；

❑ 不是发送 FTS，而是重新进行 Link Training；

❑ 唤醒发起方，发送 TS1，走 LTSSM 的恢复步骤重新建立连接。

最后说一下链路控制寄存器的 bit7，Extended Sync。

图 8-12 链路控制寄存器定义

Extended Sync 是一个神奇的 bit，置上以后从 L0s 和 L1 退出时，设备会发超多的 FTS 和 TS1，最终让双方"握手"成功（见图 8-13）。

Extended Synch – When Set, this bit forces the transmission of additional Ordered Sets when exiting the L0s state (see Section 4.2.4.5) and when in the Recovery state (see Section 4.2.6.4.1). This mode provides external devices (e.g., logic analyzers) monitoring the Link time to achieve bit and Symbol lock before the Link enters the L0 state and resumes communication.

For multi-Function devices if any Function has this bit Set, then the component must transmit the additional Ordered Sets when exiting L0s.

Default value for this bit is 0b.

图 8-13　Extended Sync 定义

这个模式是当链路中有额外设备（例如 PCIe 分析仪）时，为保证能够正常达到 bit 和 symbol lock 用的。

但是遇到 ASPM L1 回不来或者开机找不到 PCIe 设备的情况，也可以通过设置这个 bit 收集更多的参考数据。

8.5　PCIe 其他省电模式

PCIe 链路 L2 状态下，所有的时钟和电源全部关闭，能够保证最大的省电效果，但同时，L2 的退出时间相应也增加了很多，达到了毫秒级别。这样的时间在很多应用场景下是无法接受的。

要比 L1 更省电，比 L2 时间更短，PCI-SIG 顺理成章地弄出了两个新的 ASPM Sub 状态：L1.1 和 L1.2。想要使用 L1.1 和 L1.2，RC 和 EP 都必须支持并打开这个功能，同时还必须支持 CLKREQ# 信号。

在 L1.1 和 L1.2 模式下，PCIe 设备内部的 PLL 处于关闭状态，参考时钟也不保留，发送和接收模块同样关闭，不需要像 L1 状态下那样去侦测 Electrical Idle。

L1.1 和 L1.2 的区别在于，L1.1 状态下 Common Mode Voltage 仍然打开，而 L1.2 下会将之关闭。因为 Common Mode Voltage 恢复需要时间，L1.2 的退出时间相对比 L1.1 长一些。

从表 8-6 中可以看到 L1、L1.1、L1.2 功耗和时延对比。

表 8-6　L1、L1.1、L1.2 功耗和时延对比

电源状态		状态（开 / 关）			目标	
链路状态	PHY/PIPE	PLL	接收端 / 发送端	Common Mode Keepers	1 条 Lane 功耗	退出时间
L1	P1	开 / 关	关 / 空闲	开	20's of mW 10's of mW	< 5 μs (retrain) < 20 μs(PLL Off)
L1.1	P1.1	关	关	开	< 500 μW	< 20 μs
L1.2	P1.2	关	关	关	< 10 μW	< 70 μs

使用 L1.1/L1.2 后，功耗从毫瓦级别降到了微瓦级别，相比之下时延的增加完全在可接受的范围内。

8.6 NVMe 动态电源管理

PMC（MicroSemi）管自己的 PCIe SSD 主控叫 Flashtec NVMe 控制器，一共有 4 款：PM8602 NVMe1016、PM8604 NVMe1032、PM8607 NVMe2016 和 PM8609 NVMe2032。其实主要是有两款，10xx 和 20xx，分别支持 16 和 32 通道。

在看官网的介绍时，有这么一段话介绍电源管理优化的，如图 8-14 所示。

> Microsemi's NVMe1032 has been optimized for power savings using a combination of architectural and semiconductor design techniques. Emphasis has been given not only to absolute power consumption, but also to advanced power management features, including, automatic idling of processor cores and autonomous power reduction capabilities. The NVMe1032 allows the platform to provide power and performance objectives through the Enterprise NVM Express dynamic power management interface, allowing firmware to effectively manage power and performance.

图 8-14　Microsemi 官网电源管理优化介绍截图

里面提到一个术语，叫作 Enterprise NVM Express dynamic power management interface。企业、动态、电源管理、接口，瞬间觉得有点高大上。

第一个问题，什么是 Enterprise NVMe？

Bing 了半天搜不到。问了一圈周围的高人，也都说没听过，基本确认加上 Enterprise 这个前缀是为了提升档次。

第二个问题，NVMe 电源管理都包括什么？

然后，查到图 8-15 所示的这个路线图。

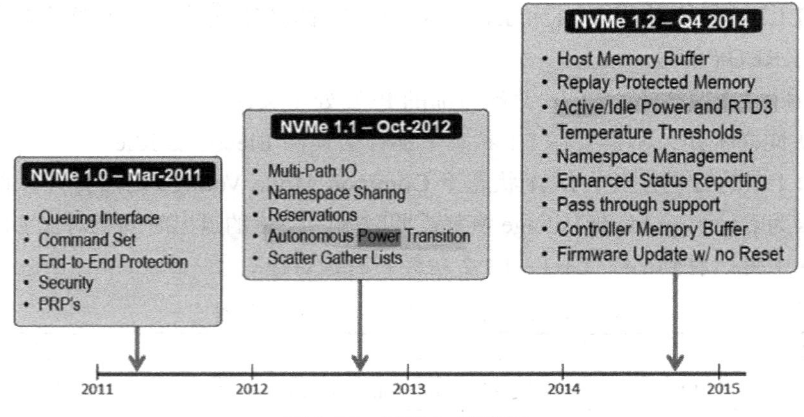

图 8-15　NVMe 路线图

路线图中电源管理相关的内容包括：

❑ Autonomous Power Transition；

❑ Active/Idle Power；

❑ RTD3。

第三个疑问，Dynamic Interface 是什么？

翻 NVMe 协议手册（NVMe 1.2a），看图 8-16 中的高亮部分，PMC 说的动态接口应该就是对应 NVMe 电源管理这部分。

> **8.4　Power Management**
>
> The power management capability allows the host to manage NVM subsystem power statically or dynamically. Static power management consists of the host determining the maximum power that may be allocated to an NVM subsystem and setting the NVM Express power state to one that consumes this amount of power or less. Dynamic power management is illustrated in Figure 217 and consists of the host modifying the NVM Express power state to best satisfy changing power and performance objectives. This power management mechanism is meant to complement and not replace autonomous power management performed by a controller.

图 8-16　NVMe 1.2a Section 8.4

NVMe 协议里给出了动态电源管理的框图（见图 8-17）。

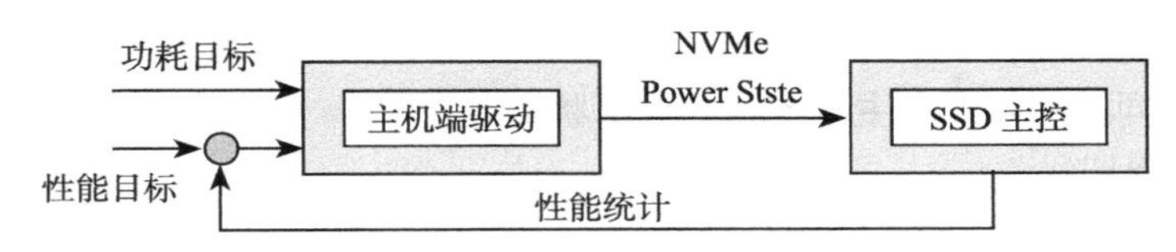

图 8-17　NVMe 动态电源管理逻辑图

功耗目标和性能目标作为系统应用层面的输入，发送给主机端的 NVMe 驱动。

NVMe Power State：NVMe 规定 (Identify Controller Data Structure) 最多支持 32 个 Power State Descriptor（电源状态描述符），如表 8-7 所示。其中 Power State Descriptor 0（0 号电源状态描述符）是必须支持的，其他都是可选。当然，如果只支持一个，也别用什么动态管理了。

表 8-7　NVMe 电源状态描述符

电源状态描述符		
2079：2048	强制	电源状态描述符 0
2111：20800	可选	电源状态描述符 1
……	……	……
3039:3008	可选	电源状态描述符 30
3071:3040	可选	电源状态描述符 31

一个 Power State Descriptor 的具体数据结构为 32 Byte，定义了该电源状态下的各种属性，具体各位定义如下：

- 255:184: 保留；
- 183:182:Active Power Scale，工作模式功耗粒度；
- 181:179: 保留；
- 178:176:Active Power Workload，用于计算工作模式功耗的工作负载；
- 175:160:Active Power，工作模式平均功耗，这个值乘以工作模式功耗粒度，就是工作情况下的实际功耗值；

- ❑ 159:152: 保留；
- ❑ 151:150:Idle Power Scale，空闲模式功耗粒度；
- ❑ 149:144: 保留；
- ❑ 143:128:Idle Power，空闲模式平均功耗，这个值乘以空闲模式功耗粒度，就是空闲情况下的实际功耗值；
- ❑ 127:125: 保留；
- ❑ 124:120:Relative Write Latency，写延迟，值越小代表延迟越低（这个值的分级级数必须小于主控支持的电源状态数量，主控不能一边只支持 5 个电源状态，一边又支持 10 种写入延迟）；
- ❑ 119:117: 保留；
- ❑ 116:112:Relative Write Throughput，写入吞吐量，值越小代表吞吐量越高（这个值的分级级数同样必须小于主控支持的电源状态数量）；
- ❑ 111:109: 保留；
- ❑ 108:104:Relative Read Latency，读延迟，值越小代表延迟越低；
- ❑ 103:101: 保留；
- ❑ 100:96:Relative Read Throughput，读取吞吐量，值越小代表吞吐量越高；
- ❑ 95:64:Exit Latency，退出该电源状态的时间（微秒级）；
- ❑ 63:32: Entry Latency，进入该电源状态的时间（微秒级）；
- ❑ 31:26: 保留；
- ❑ 25:Non-Operational State，为“0”代表在这个电源状态主控可以处理 IO，为“1”代表在这个电源状态主控不能处理 IO；
- ❑ 24:Max Power Scale，最大负载功耗粒度；
- ❑ 23:16: 保留；
- ❑ 15:00:MaximumPower，最大负载功耗，这个值乘以最大负载功耗粒度，就是最大负载情况下的实际功耗值。

主机和主控之间，就通过对这些值的修改，实现如图 8-18 所示的沟通。

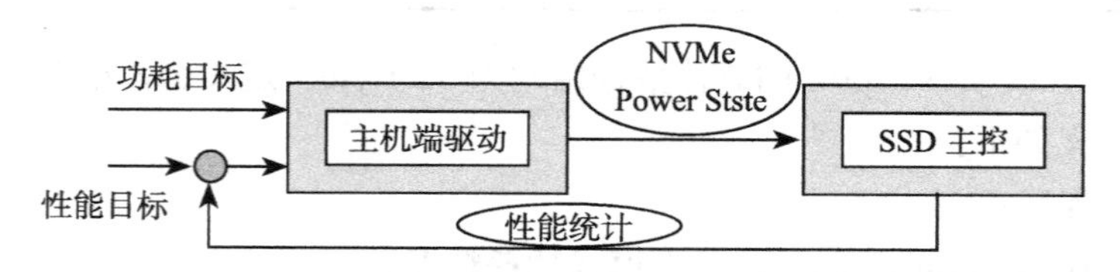

图 8-18　主机和控制器之间交流电源状态和性能信息

同时主机通过 Entry Latency 和 Exit Latency 两个值，做出决策是否进入，何时进入某个电源状态。

第四个问题，主机的具体操作都有哪些？

1）主机给主控发个 Identify Controller 命令，主控会回复一个 4K 的数据包。

2）主机解析字节 263 获知主控支持的电源状态的数量。

3）主机解析字节 2079:3140 获知每个电源状态下主控的具体属性。

例如主控可以支持四种电源状态：

- PS0: 均衡模式（平衡考虑功耗、读写性能、延迟、但每个都不突出）;
- PS1:OLTP 模式，大量随机小 IO（要求低延迟）;
- PS2: 视频模式，大小连续大 IO（要求高吞吐量）;
- PS3: 绿色模式，低能耗。

NVMe 协议里也给出了不同电源状态的示例，如表 8-8 所示。

表 8-8　不同电源状态对比

电源状态	最大负载功耗（W）	进入时间（μs）	退出时间（μs）	读吞吐量	读延迟	写吞吐量	写延迟
0	25	5	5	0	0	0	0
1	18	5	7	0	0	1	0
2	18	5	8	1	0	0	0
3	15	20	15	2	0	2	0
4	10	20	30	1	1	3	0
5	8	50	50	2	2	4	0
6	5	20	5000	4	3	5	1

4）主机根据正在运行的应用（例如邮箱服务、数据库服务、视频服务和股票交易服务等）选择主控合适的电源状态，具体实现是通过 Set Feature 命令（Feature ID 0x02），在 DW 11 的 Bit 04:00，如表 8-9 和表 8-10 所示。

表 8-9　Set Feature 命令中功耗管理定义

功能 ID	描述	功能 ID	描述
00h	保留	04h	温度阈值
01h	仲裁命令	05h	错误恢复
02h	电源管理	……	……
03h	LBA 范围类型		

表 8-10　功耗管理命令 DWORD11 定义

位	描述
31:08	保留
07:05	负载类型：指明使用工作负载的类型，用于优化性能
04:00	电源状态：指明设备接下来准备转入的电源状态

5）同理，主机也可以通过 Get Feature 命令来获知当前主控所处的电源状态，如图 8-19 所示。

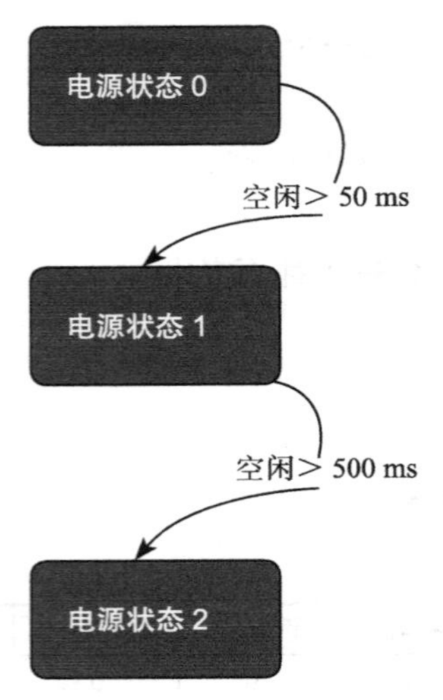

电源状态

电源状态	可操作	最大功耗	进入延迟	退出延迟
0	是	4W	10 μs	10 μs
1	否	10 mW	10 ms	5 ms
2	否	1 mW	10 ms	30 ms

图 8-19　功耗状态跳转示例

设几个状态跳来跳去容易，而具体的跳转策略要结合当前 IO 模式、功耗要求和 Enter/Exit 延迟来决定跳不跳，何时跳，跳哪里，这才是核心价值。这块没法继续看手册找答案了，如果有条件，抓几个典型应用场景切换时的 PCIe trace，那应该可以发现部分策略，另外可以读到支持的 Power State Descriptor，可能也能反推出一些策略的考虑点。

8.7 Power Domain

对于一块 SSD，尤其是用于消费级的 SSD，为什么功耗这么重要？因为对于消费级来说最大的市场是 OEM，而 OEM 市场里笔记本市场搭载已经是大势所趋！

笔记本与台式机相比的两大特点：

- 用电池。
- 结构相对紧凑。

要求电池寿命长；要求 SSD 功耗低，结构紧凑；要求 SSD 体积小，发热少。这都意味着 SSD 必须控制功耗。

我们以 SMI 的某款主控为例，看看它是如何进行功耗控制的，如表 8-11 所示。

表 8-11　某 SMI 主控功耗控制

NVMe 电源状态	PCIe 链路状态	工作 / 空闲	功耗	退出时延
PS0	L0/L0s/L1	工作	100%	无
PS1	L0/L0s/L1	工作	75%	极短
PS2	L0/L0s/L1	工作	40%	极短
PS3	L1/L1.1/L1.2	空闲	低	适中
PS4	L1.2	空闲	极低	长

又看到了 NVMe Power State 这个熟悉的配方，没错——跟 PMC 的做法差不多：

- 提前在固件中定义好一系列不同的电源状态，不同的电源状态配置 PCIe 链路状态、SSD Active/Idle、功耗比、退出时延等；
- 通过 NVMe 下发切换电源状态的指令。

从功耗这列可以看到，功耗可以降低到正常工作状态下的 40%，甚至更低，仅靠调整 PCIe Link State 是没办法省这么多电的。

这样就引入了 Power Domain 的概念，如图 8-20 所示。

从图 8-20 中可以看到，主控把芯片内部的模块划分成了几个部分，学名叫 Power Domain，简称 PD。

- PD #0：Always-on/PCIe PHY；
- PD #1：最大的一部分，包括 Sys Bus、Buffer、NVMe DMA、LDPC/RAID、NAND CTRL；
- PD #2：CPU/DRAM。

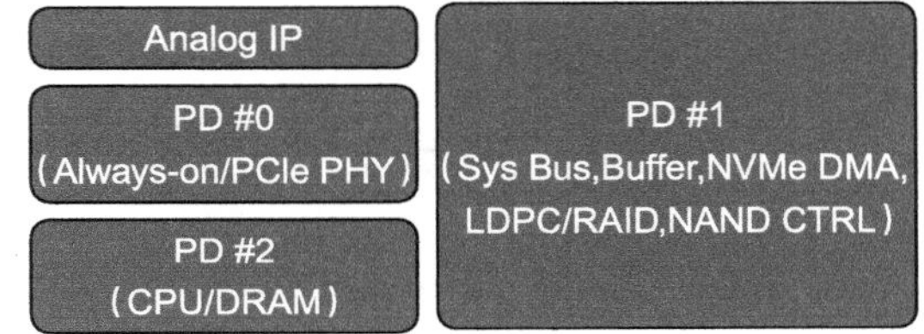

图 8-20 SMI 主控芯片模块划分

整个节能逻辑的大致演绎如下：

1）主机一段时间没有读写，触发 SSD 的 PCIe 链路进入 ASPM，退出延迟非常短；

2）主机继续 Idle，PCIe 链路进入 ASPM Substate，SSD 仍处于工作模式，退出延迟也很短；

3）主机继续 Idle，主控操作 PD#1（关闭 NVMe 模块、各级 FIFO、ECC 模块、闪存控制器等），SSD 进入 Idle Mode，退出延迟明显延长；

4）主机继续 Idle，主控操作 PD#2，将 CPU 进入睡眠模式，DRAM 进入 Self Refresh 模式，进入最高节能模式，退出延迟最长；

最后，为了更好地控制发热，主控会设置一个温度阈值，当芯片温度接近阈值时，主动降低时钟频率，使温度降低。等温度回到指定范围，再把时钟调回正常工作频率，如图 8-21 所示。

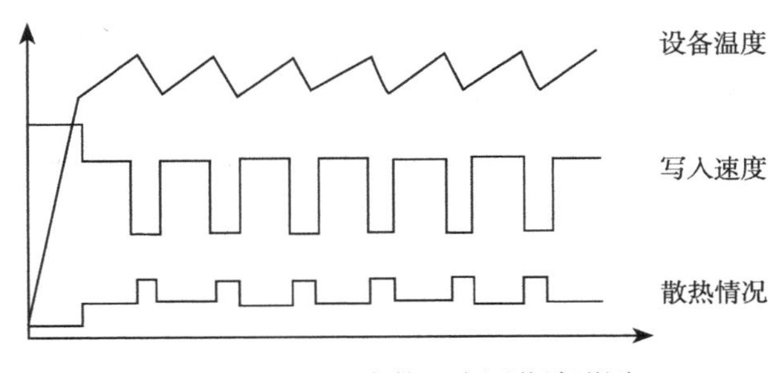

图 8-21 SSD 主控温度调节波形图

Chapter 9 第9章

ECC 原理

我们知道，所有型号的闪存都无法保证存储的数据会永久稳定，这时候就需要 ECC（纠错码）去给闪存纠错。ECC 能力的强弱直接影响到 SSD 的使用寿命和可靠性。本章将简单介绍 ECC 的基本原理和目前最主流的 ECC 算法——LDPC。

9.1 信号和噪声

噪声信号充斥着整个世界，不只包括打电话时对方声嘶力竭的喊声，也包括还钱时手抖多按的一个 0，甚至在生物学领域，基因对的复制偏差、癌细胞的产生、意外突破橡胶屏障的新生命都可以划入噪声信号的范畴。凡是有信息传递的地方就有噪声。我们唯一能做的是，把噪声限制在一定大小的笼子里。

如何建造这样一个笼子？我们看一下历史的经验。

场景是，蛋蛋每天坐地铁都会邂逅一个美丽的女孩。两人日久相熟，经常相视一笑，却默然无语。转眼间，蛋蛋就要离开这个城市，他决定勇敢地表白。

表白的地点还是那一班地铁。唯一的困难是地铁太吵了，女神能够准确无误地接收到蛋蛋爱的呼唤吗？这难不倒蛋蛋，他采取了以下策略。

1）扩音器一个。

2）每个字清晰地说三遍。

3）结尾用手比画一个爱心出来。

利用扩音器可以改善有效信号和噪声的强度比，为女神准确地接收做了基础建设。每个字说三遍，增加了信息的冗余，即使有少量字没有听清，也不影响表达的内容。结尾一个爱心的手势，增加对关键信息的保护，借助大家都懂的意象，盖上爱的印章。

聪明的蛋蛋揭示了长久以来我们传播信息的诀窍。增强信号和噪声的强度比，增加信号冗余。前者不在此讨论，我们只考虑在不用扬声器的情况下，如何尽量准确地传递信息。

实际通信中，我们用 information bits 表示有效信息长度，channel use 表示实际通信中传输的信息长度。定义：

Code rate =（information bits）/（channel use）

举个例子，因为每个字说三遍，所以蛋蛋采用的 Code rate 为 1/3。

Code rate 可以反映冗余程度。Code rate 越高，冗余越小，反之冗余越大。Shannon 揭示了，每一种实际的信息传输通道都有一个参数 C，如果 Code rate ＜ C，有效信息传递的错误率可以在理论上趋近于 0。但是如何趋近于 0，就是纠错编码（Error correction code）要做的事情了。

我们后续的讨论只限制在二进制的世界，即所有的信息都是用二进制表示。

9.2　通信系统模型

所有的信息传播都少不了通信系统，一个完整的通信系统模型，信息由信息源产生，由发送器发送出信号，通过包含噪声的信号传输通道（Channel，信道）、到达接收器，再由接收器提取出信息发送到目的地。

整个框图如图 9-1 所示。

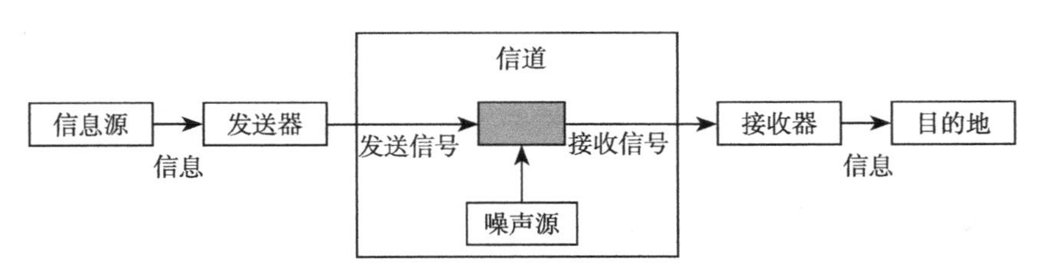

图 9-1　通信系统框图

回到蛋蛋跟女神表白的例子；蛋蛋心中所想就是信息源；发送器是神经和肌肉控制的嗓子；声音就是信号；嘈杂的车厢就是 Channel；女神的耳朵就是接收器，最终信息反映到女神大脑中。

SSD 存入和读出信息也是一个通信系统。信息是用户写入的原始数据，经过 SSD 后端的发送器处理后转化为闪存的 program，信号就是闪存上存储的电荷，电荷存储时会有自身泄露并在读的过程中受到周围电荷的影响，这是内存的信道特性，最后数据通过 SSD 后端的读取接收器完成读取过程。

在二进制编码的系统中，有两种常见的 Channel 模型——BSC（Binary Symmetric Channel，二进制对称信道）和 BEC（Binary Erasure Channel，二进制擦除信道）。一句话区分 BSC 和

BEC：BSC出错（接收者收到的0不一定是0，可能发送者发送的是1；同样，收到的1不一定是1，可能发送者发送的是0）；BEC丢bit（接收者如果收到0（1），那么发送者发送的肯定是0（1）；如果传输发生错误，接收者则接收不到信息）。

BSC模型如图9-2所示。

二进制信号由0、1组成，由于Channel噪声的影响，0、1各有相同的概率p翻转，即0变1，1变0。信号仍然保持不变的概率为$1-p$。

例如一串二进制信号，在经过BSC模型后，原始信号“101001101010”变为“111001111000”。

BEC模型如图9-3所示。

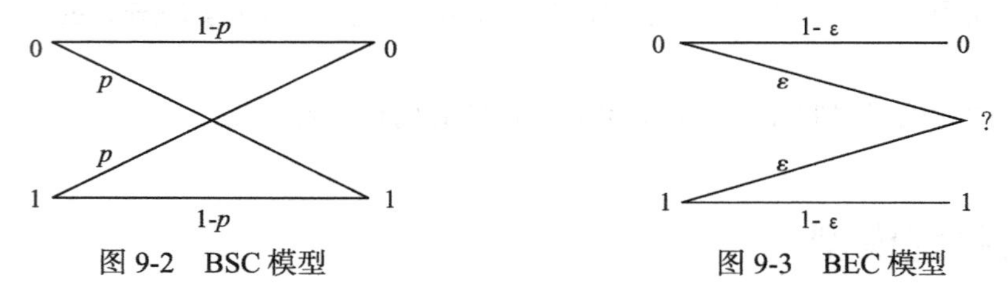

图9-2　BSC模型

图9-3　BEC模型

BEC模型认为在信号传输中，无论是0还是1都有一定概率变为一个无法识别的状态。

例如一串二进制信号，在经过BEC模型后，原始信号“101001101010”变为“1x10011x10x0”（x表示未知状态）。

对于SSD里的Channel模型一般采用BSC，即认为闪存信号发生了一定概率的位翻转（bit-flip）。

为了使得信息从源头（source）在经过噪声的信道后能够准确到达目的地，我们要对信息进行编码，通过增加冗余的方式保护信息。

基本流程如图9-4所示，具体说明如下。

Source发出的信息可用k bit的信息x表示，经过编码器（Encoder）转化为n bit信号c。这个从k bit到n bit的过程叫编码过程，也是添加冗余的过程。信号c的所有集合叫编码集合。

发送器把信号发送出去，经过Channel后，接收器收到信号n bit信号y，经过解码器（Decoder）转成k bit信息$\hat{x}$；这个过程是解码过程；如图9-4所示。

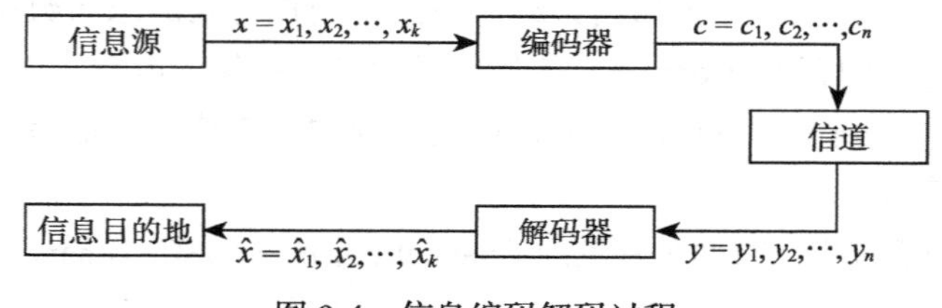

图9-4　信息编码解码过程

9.3　纠错编码的基本思想

纠错编码的核心设计思想是通过增加冗余信息，使得原始信息的编码之间有足够大的区别。

9.3.1　编码距离

蛋蛋表白时的信息为“我 喜 欢 你”四个字，为了防止女神听不到，他添加了冗余信息。经过蛋蛋添加冗余后变为了“我 我 我 喜 喜 喜 欢 欢 欢 你 你 你”，其实女神收到的信号为（我 我 饿 T x x 欢 花 欢 x x 里），其中 x 表示为邻座大妈的霸气笑声，女神是如何正确地捕捉到蛋蛋意图的呢？显然女神在这方面很有经验，识破了蛋蛋重复三遍的伎俩，电光火石间，在她脑海里飞速搜索比对推理，得出一个通顺而有意义的结论。换句话说，在女神的词典中，有意义的语句全都列出来，发现跟蛋蛋发出声音最相似的就是：“我 我 我 喜 喜 喜 欢 欢 欢 你 你 你”。

女神的词典可以看成所有可能编码的集合，如何衡量这个编码集合中容易混淆的程度呢？这个参数就是编码距离。什么是距离呢？这里的距离指的是汉明距离，即两个信号之间有多少 bit 不同。比如信号（0，1，1）与（0，0，0）的距离为 2，（1，1，1）与（0，0，0）的距离为 3。

蛋蛋有 4 个信息，为 00，01，10，11。现在如何插入冗余呢？

首先想到的是重复法：

- 00 变为 00 00 00 00；
- 01 变为 01 01 01 01；
- 10 变为 10 10 10 10；
- 11 变为 11 11 11 11。

现在接收的到信号为 00 01 00 00，我们发现跟这个信号最相似的是 00 00 00 00，距离为 1。

一个编码集合里，大家不一定是均匀分布的，有些编码之间距离比较近，有些比较远，编码距离指的是最近的两个编码之间的距离。

解码的时候，一个最暴力的方法就是一一比较接收到的信号和所有有效编码之间的编码距离，选择编码距离最小的。所以编码距离的重要作用是可以指示编码纠错的 bit 个数。蛋蛋和阿呆住在不同的地方，相距为 d。蛋蛋养了一群羊，阿呆也养了一群羊。羊会乱跑，显然只要羊跑的距离小于 $d/2$，就可以判断羊属于蛋蛋还是阿呆。所以对纠错码而言，编码距离为 d，只要 bit 翻转个数小于 $d/2$，我们就可以根据离谁近就归谁的原则去纠错（赶羊回家）。

9.3.2　线性纠错码的基石——奇偶校验（Parity-Check）

收钱的阿姨狐疑地拿起蛋蛋递过来的 100 块钱，迎着灯光仔细打量过后，又取出了紫外线灯从头到尾照了一下，终于把钱放进钱盒子里，找了蛋蛋99块5。阿姨担心收到假币，她检查钞票可不敢马虎。

阿姨检查钞票的行为叫信号校验，信号校验的基本模型是：对信号进行某种特定的处理后，得到期望的结果是为校验通过，否则校验失败。

这里信号用 y 表示，特定的处理用 H 表示。H 表示对信号 y 进行了处理。处理结果用CR表示。

$$CR = H(y) = \begin{cases} 0, & \text{校验通过} \\ 1, & \text{校验失败} \end{cases}$$

在二进制的世界里，最基础的校验方法是奇偶校验，即Parity-Check。

对于 n bit二进制信号：

$$CR = H(y) = \begin{cases} 0, & \text{1的个数为偶数} \\ 1, & \text{1的个数为奇数} \end{cases}$$

例如长度为16的二进制数据：1000100111011011，其中1的个数为9，故 $CR = 1$。

判断信号里的1的个数为奇还是偶，有非常简单的方法。在二进制里，有一种异或（即xor）运算，符号为⊕，运算方式是先进行加法运算，然后用运算结果对2取余数（mod（2）），或者更简单地记为“相加不进位”（见图9-5）。

表达式	结果
$0 \oplus 0$	0
$0 \oplus 1$	1
$1 \oplus 0$	1
$1 \oplus 1$	0

图9-5 异或运算表达式

可以验证只要把二进制的每一个bit依次进行xor运算，奇数个bit 1的结果为1，偶数个bit 1的结果为0，与bit 0的个数无关。

所以，用 y_i 表示第 i bit的值（0或1），有

$$CR = H(y) = y_1 \oplus y_2 \oplus y_3 \cdots \oplus y_n$$

利用奇偶校验可以构造最简单的校验码——单bit校验码SPC（即single bit parity check code）。

把长度为 n 的二进制信息增加1 bit yn+1变成y'，使得：

$$CR = H(y') = y_1 \oplus y_2 \oplus y_3 \cdots \oplus y_n \oplus y_{n+1} = 0 \text{ (a)}$$

现在 y' 构成了 y 的单bit校验码。(a) 又叫作奇偶校验方程。

显然，y' 中任意一个bit如果发生bit反转，无论从0到1，还是1到0，校验方程 $CR = 1$。

SPC可以探知任意单bit的反转。对于偶数个bit反转SPC无法探知。而且校验方程无法知道bit反转的位置，所以无法纠错。

一个自然的想法是，增加SPC的个数，增加冗余的校验信息。同一个bit被好几个校验方程保护，当它出现错误时就不会被漏掉。

后面的文章中，用+代替⊕。

9.3.3 校验矩阵 *H* 和生成矩阵 *G*

蛋蛋的丈母娘在女儿结婚前对未来女婿有一个要求列表，前五条是：①要求有博士学

位，②脾气要好，③人要长得帅，④会做家务，⑤收入上交。

这样，蛋蛋的丈母娘通过提出要求，就轻而易举实现了对地球上所有男性同胞的一个划分。每一条要求都是一个校验方程。什么样的校验方程组，决定了这个男性同胞群到底由哪些人组成。

多个校验方程可以表示为校验矩阵 **H**。有了 **H** 就可以确定所有正确的码字。

对于所有 x（$x_0,x_1,x_2,x_3,x_4,x_5\cdots$），只要满足 $\boldsymbol{H}x^T=0$，x 就是正确的码字。如果不满足，则 x 不属于正确的码字，认为在传输的过程中 x 出现了错误。

举例：长度为 4 的信号，x（x_0,x_1,x_2,x_3），有两个校验方程：

$$x_0+x_2=0$$

$$x_1+x_2+x_3=0$$

现在用 + 代替 ⊕:

$$x^T=\begin{pmatrix}x_0\\x_1\\x_2\\x_3\end{pmatrix}$$

$$\boldsymbol{H}=\begin{pmatrix}1&0&1&0\\0&1&1&1\end{pmatrix}$$

$$\boldsymbol{H}x^T=\begin{pmatrix}x_0+x_2\\x_1+x_2+x_3\end{pmatrix}$$

可见，**H** 矩阵里每一行可以表示一个校验方程。行里的 1 的位置 i 表示信号中第 i bit 参与校验方程。

所有满足奇偶校验方程的 x 组成了一个编码集合。一般来说，编码长度为 n bit，有 r 个线性独立的校验方程，则可以提供 $k=(n-r)$ 个有效信息 bit 和 r 个校验 bit。

对于线性分组编码而言，原始信号 u 经过一定的线性变换可以生成纠错码 c，完成冗余的添加。线性变换可以写成矩阵的形式，这个矩阵就是生成矩阵 **G**，表示为 $c=u\boldsymbol{G}$。

其中，c 为 n bit 信号，u 为 k bit 信号，**G** 为 $k\times n$ 大小的矩阵。由 **H** 矩阵可以推导出生成矩阵 **G**。

9.4　LDPC 码原理简介

在纠错码的江湖里，LDPC 以其强大的纠错能力，得到了广大工程师的青睐，是目前最主流的纠错码。本节将带领大家一睹 LDPC 的风采。

9.4.1　LDPC 是什么

LDPC 全称是 Low Density Parity-Check Code，即低密度奇偶校验码。LDPC 的特征是

低密度，也就是说校验矩阵 $\boldsymbol{H}$ 里面的 1 的分布比较稀疏。

比如：

$$\boldsymbol{H}=\begin{pmatrix}1&1&1&1&0&0&0&0&0&0&0&0&0&0&0&0\\0&0&0&0&1&1&1&1&0&0&0&0&0&0&0&0\\0&0&0&0&0&0&0&0&1&1&1&1&0&0&0&0\\0&0&0&0&0&0&0&0&0&0&0&0&1&1&1&1\\1&0&0&0&0&0&0&1&0&0&1&0&0&1&0&0\\0&1&0&0&1&0&0&0&0&0&0&1&0&0&1&0\\0&0&1&0&0&1&0&0&1&0&0&0&0&0&0&1\\0&0&0&1&0&0&1&0&0&1&0&0&1&0&0&0\end{pmatrix}$$

LDPC 又分为正则 LDPC(regular LDPC) 和非正则 LDPC (irregular LDPC) 编码。

正则 LDPC 保证：校验矩阵每行有固定 J 个 1，每列有固定 K 个 1。

非正则 LDPC 没有上述限制。

举例，长度为 12 的 LDPC 编码 C，满足下列校验方程：

$$\begin{gathered}C_3\oplus C_6\oplus C_7\oplus C_8=0\\C_1\oplus C_2\oplus C_5\oplus C_{12}=0\\C_4\oplus C_9\oplus C_{10}\oplus C_{11}=0\\C_2\oplus C_6\oplus C_7\oplus C_{10}=0\\C_1\oplus C_3\oplus C_8\oplus C_{11}=0\\C_4\oplus C_5\oplus C_9\oplus C_{12}=0\\C_1\oplus C_4\oplus C_5\oplus C_7=0\\C_6\oplus C_8\oplus C_{11}\oplus C_{12}=0\\C_2\oplus C_3\oplus C_9\oplus C_{10}=0.\end{gathered}$$

用校验矩阵表示为：

$$\begin{array}{c}\begin{matrix}C_1&C_2&C_3&C_4&C_5&C_6&C_7&C_8&C_9&C_{10}&C_{11}&C_{12}\end{matrix}\\\begin{pmatrix}0&0&1&0&0&1&1&1&0&0&0&0\\1&1&0&0&1&0&0&0&0&0&0&1\\0&0&0&1&0&0&0&0&1&1&1&0\\0&1&0&0&0&1&1&0&0&1&0&0\\1&0&1&0&0&0&0&1&0&0&1&0\\0&0&0&1&1&0&0&0&1&0&0&1\\1&0&0&1&1&0&1&0&0&0&0&0\\0&0&0&0&0&1&0&1&0&0&1&1\\0&1&1&0&0&0&0&0&1&1&0&0\end{pmatrix}\end{array}\quad\begin{array}{c}C_3\oplus C_6\oplus C_7\oplus C_8=0\\C_1\oplus C_2\oplus C_5\oplus C_{12}=0\\C_4\oplus C_9\oplus C_{10}\oplus C_{11}=0\\C_2\oplus C_6\oplus C_7\oplus C_{10}=0\\C_1\oplus C_3\oplus C_8\oplus C_{11}=0\\C_4\oplus C_5\oplus C_9\oplus C_{12}=0\\C_1\oplus C_4\oplus C_5\oplus C_7=0\\C_6\oplus C_8\oplus C_{11}\oplus C_{12}=0\\C_2\oplus C_3\oplus C_9\oplus C_{10}=0\end{array}$$

我们看到 ***H*** 矩阵每行有 4 个 1，每列有 3 个 1，所以 *C* 为正则 LDPC。

9.4.2 Tanner 图

讲到 LDPC，少不了 Tanner 图，***H*** 矩阵可以直观地表示为 Tanner 图。Tanner 图由节点和连线组成。

节点有两种：一种叫 b 节点（bit node），一种叫 c 节点（check node）。

假设信号编码长度为 *n*，其中每一个 bit 用一个 b 节点表示。校验方程个数为 *r*，每一个校验方程用一个 c 节点表示。

现在连线，如果某个 b 节点 b_i 参与了某个 c 节点 c_j 的校验方程，则把 b 节点 b_i 和 c 节点 c_j 连起来。

注意 b 节点用圆形表示，c 节点用方块表示。每个 b 节点和 3 个 c 节点相连，每个 c 节点和 4 个 b 节点相连，如图 9-6 所示这是一个典型的正则 LDPC。

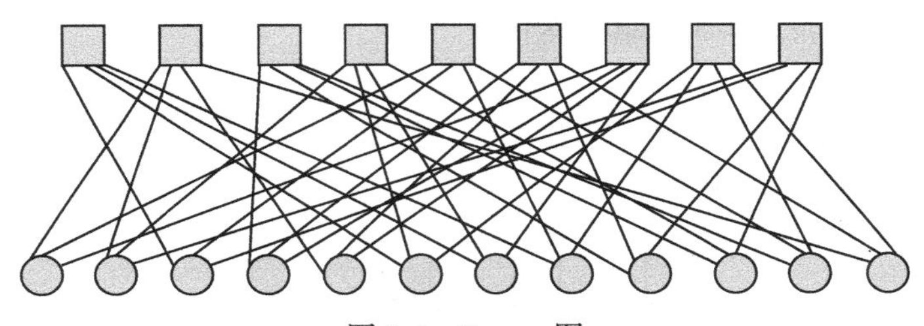

图 9-6 Tanner 图

Tanner 图把编码和图论神奇地结合在了一起。有了 Tanner 图，LDPC 的解码方法就比较好阐述了。

9.5 LDPC 解码

LDPC 的解码方法有硬判决解码（hard decision decode）和软判决解码（soft decision decode）两种。

本节将介绍一种经典的硬判决算法——Bit-flipping 算法和一种软判决算法——和积信息传播算法。

9.5.1 Bit-flipping 算法

Bit-flipping 算法的核心思想是：如果信号中有一个 bit 参与的大量校验方程都校验失败，那么这个 bit 有错误的概率很大。

好的校验方程可以达到上述效果。校验矩阵的稀疏性把信号的每个 bit 尽量随机地分散到多个校验方程中去。Bit-flipping 算法运用消息传递方法，通过不断迭代达到最终的纠错效果。

Bit-flipping 解码算法如下：

给定一个 n bit 信号 y $(y_1,y_2,\cdots.y_n)$，校验矩阵 H。画出 H 矩阵对应的 Tanner 图。n bit 信号对应 n 个 b 节点，r 个 c 节点。

1）每个 b 节点向自己连接的 c 节点发送自己是 0 还是 1。初始是第 i 个 bit 发送初始值 y_i。

2）每个 c 节点收到很多 b 节点的信息，每个 c 节点代表一个校验方程。

- 如果方程满足，c 节点将每个 b 节点的消息原封不动地发送回去。
- 如果校验失败，c 节点将每个 b 节点发来的消息取反后，发送回去。

3）每个 b 节点跟好多 c 节点相连，b 节点收到所有来自 c 节点的消息后，采用投票法来更新这一轮输出的消息。参加投票的包含每个 bit 的初始值。投票的原则是少数服从多数。

4）b 节点更新好后，停止条件：所有的校验方程满足或者迭代次数超过上限。如果停止条件不满足，则需要转到步骤 1 继续迭代。

下面举个例子：

输入信号 y = [1 0 1 0 1 1]，经过步骤 1 后，如图 9-7 所示，实线箭头表示传递的信息为 1，虚线箭头表示传递的信息为 0。

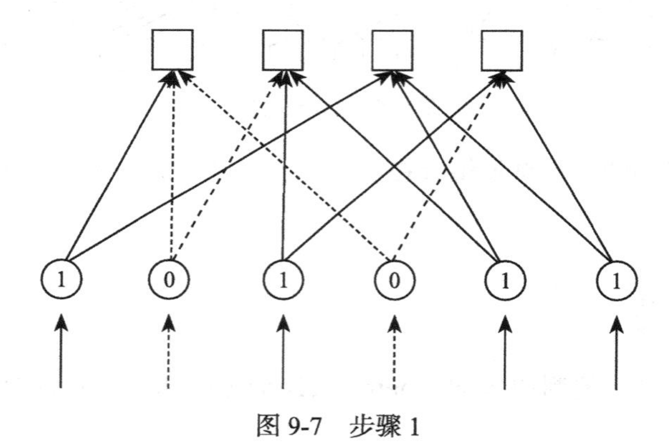

图 9-7　步骤 1

经过步骤 2，c 节点给各个 b 节点发回消息。满足校验方程的 c 节点原封不动返回消息，不满足则取反返回，如图 9-8 所示。

步骤 3，投票法表决并重新更新 b 节点的值，如图 9-9 所示。

步骤 4，重新检查节点，发现校验方程满足，结束，如图 9-10 所示。

Bit-flipping 算法有很多细节值得讨论。

其中一个问题是，b 节点更新时，一次更改一个还是一次更改多个，或者两者结合。因为校验矩阵的结构，如果同时改变很多 b 节点的话，可能无法收敛。这时可以将梯度下降法应用到 Bit-flipping 算法中。通过构造目标函数，目标函数包括校验方程最小误差，以及与原信号最大相似，来更新 b 节点。最终的结论是，每次单个 bit 翻转的收敛性好，但是比较慢，如图 9-11a 所示，翻转多个的话会导致收敛性震荡，但是速度快。一个中间方案是，先进行多个 bit 的翻转，等校验方程失败的个数小到一定程度后，再进行单个 bit 翻转。

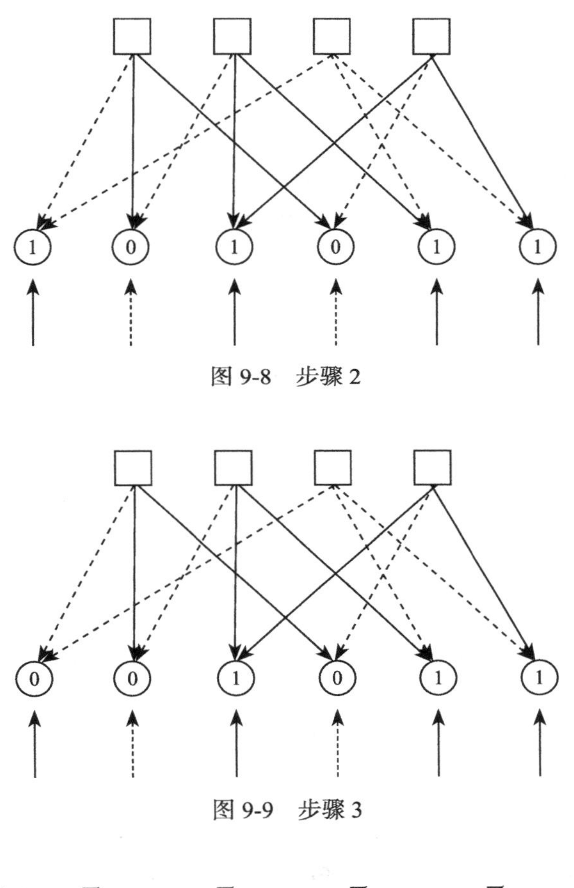

图 9-8　步骤 2

图 9-9　步骤 3

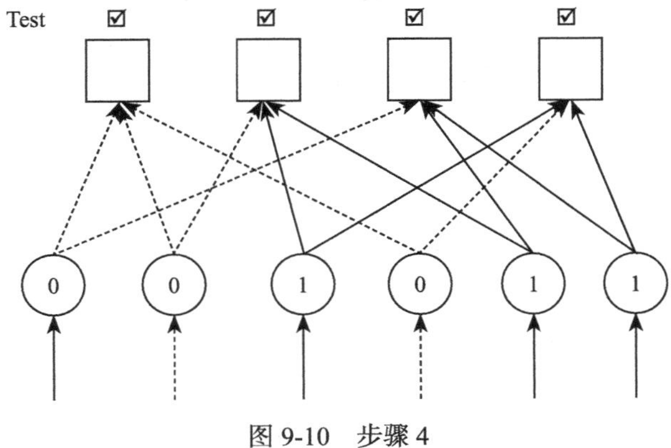

图 9-10　步骤 4

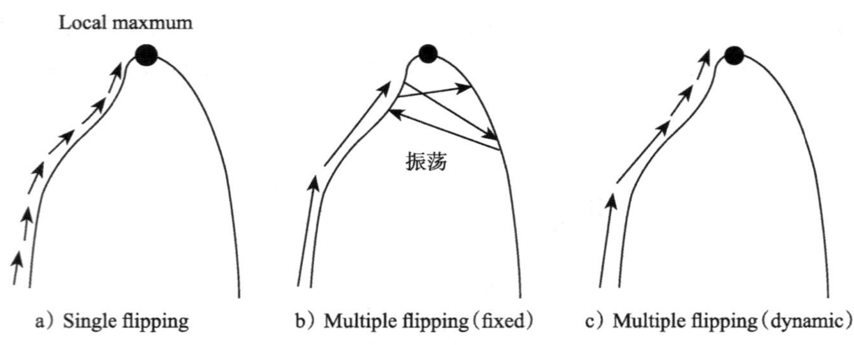

图 9-11　几种 Bit-flipping 算法收敛示意图

9.5.2　和积信息传播算法

这一节我们来介绍和积信息传播算法（sum-product message passing，简称和积算法），它是在贝叶斯网络、马尔可夫随机场等概率图模型中用于推断的一种信息传递算法。目前广泛应用于人工智能和信息处理领域，而它的一个非常经典的应用就是 LDPC 码。

该算法的基础是概率论，这里假定读者的概率论知识没有全部还给老师。

什么是条件概率？什么是联合概率？什么是边缘概率？

条件概率 $P(A|B)$ 表示在事件 B 的条件下，发生事件 A 的概率。

$P(B|A)=P(A,B) \mid P(A)$。其中 $P(A)$、$P(B)$ 分别表示随机事件 A、B 发生的概率。

$P(A,B)$ 表示事件 A 和事件 B 共同发生的概率，也叫联合概率。

而且我还知道，贝叶斯公式：$P(B|A)=P(A|B)\cdot P(B) |P(A)$

边缘概率则是指从多元随机变量中的概率分布得出的只包含部分变量的概率分布，比如 $P(A)$。

根据联合概率函数如何计算其他类型的概率？举个例子，联合概率 $P(A,B,C,D)=f(A,B,C,D)$，则边缘概率 $P(A)$ 的概率要把 B,C,D 所有取值都遍历一遍。

$$P(A)=\sum_B \sum_C \sum_D f(A,B,C,D)$$
$$P(A|B=1)=\sum_C \sum_D f(A,B=1,C,D)$$

有时候随机变量内部之间有约束关系，这种情况下，可以化简很多运算。

什么是贝叶斯网络（Bayesian networks）？贝叶斯网络是一种推理性图模型。贝叶斯网络可以帮助你更好地分析问题。比如如下网络，w、x、y、z 分别表示 4 个随机事件，w 表示一个人是否吸烟，x 表示其职业和煤矿是否相关，y 表示其是否患有咽炎，z 表示其是否得肺部肿瘤，如图 9-12 所示。

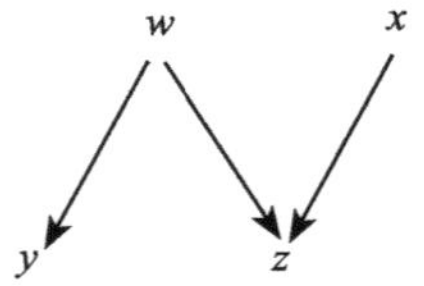

图 9-12　一个贝叶斯网络例子

贝叶斯网络有以下关系：

$$P(w,x,y,z)=P(w)\,P(x)\,P(y|w)\,P(z|w,x)$$

我们只要知道了 $P(w)$、$P(x)$ 和 $P(y|w)$、$P(z|w,x)$，那么网络模型就构建出来了。$P(w)$ 表示一个人抽烟的概率，$P(x)$ 表示职业和煤矿相关的概率，这两个可以用社会平均统计数据。$P(y|w)$ 表示吸烟与否的条件下得咽炎的概率。$P(y|w=1)$ 表示吸烟者得咽炎的概率。$P(y|w=0)$ 表示不是吸烟者得咽炎的概率。$P(z|w,x)$ 表示考虑是否吸烟和是否在煤矿工作的情况下肺部得肿瘤的概率。

这个网络建立起来后，当 w，x，y，z 发生任意一件或者几件事情的时候，我们可以求其他事件的后验概率。 比如，当 $y=1$ 时，即得咽炎的情况下，我们可以通过网络算出 $P(z|y=1)$ 即得咽炎的情况下得肺部肿瘤的概率。当 $z=1$ 时，即得肺部肿瘤的情况下，我们可以反推算出 $P(w|z=1)$ 即得肿瘤的情况下吸烟的概率。

什么是因子图？因子图是无向的概率分布二部图。所谓因子，由于事件之间有内在的约束关系所表现出来的一种逻辑形式，比如一种联合概率可以表示为：

$$P(A,B,C,D,E,F,G) \propto f(A,B,C,D,E,F,G)=f_1(A,B,C)\,f_2(B,D,E)\,f_3(C,F)\,f_4(C,G)$$

在这种情况下，联合概率可以分成因子乘积的形式。上式 f_i 中叫作约束方程。$f_i(S_i)$ 表示第 i 个因子，用 Si 来表示其约束的随机变量组合，如 $S_1=\{A,B,C\}$。

例如：$P(A) \propto \sum_{B,C,D,E,F,G} \prod_i f_i(S_i)$

用因子图来表示（见图 9-13）：

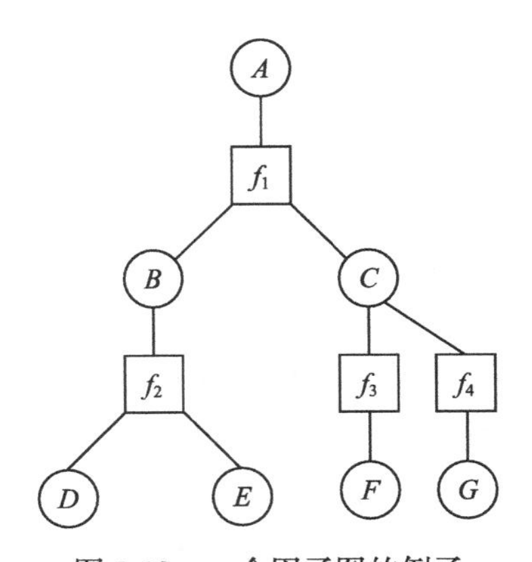

图 9-13 一个因子图的例子

这样我们再求解边缘概率就比较简单了，为什么呢？根据小学学过的数学知识——乘法分配律：

$$xy_1+xy_2=x(y_1+y_2)$$

左式用了两次乘法，一次加法；右式用了一次乘法，一次加法。

所以：$\sum_i xy_i = x\sum_i y_i$

乘 - 加变换为加 - 乘后，计算复杂度降低。当我们计算边缘概率或者其他形式的概率时，这个特性非常重要。

现在求 $P(A)$：

$$
\begin{aligned}
P(A) &\propto \sum_{B,C,D,E,F,G} \prod_i f_i(S_i) \\
&= \sum_{B,C,D,E,F,G} f_1(A,B,C) f_2(B,C,D) f_3(C,F) f_4(C,G) \\
&= \sum_{B,C,D,E} f_1(A,B,C) f_2(B,D,E) \sum_F f_3(C,F) \sum_G f_4(C,G) \\
&= \sum_{B,C,D,E} f_1(A,B,C) f_2(B,D,E) m_{c3}(C) m_{c4}(C) \\
&= \sum_{B,C,D,E} f_1(A,B,C) f_2(B,D,E) m_c(C) \\
&= \sum_{B,C} f_1(A,B,C) \sum_{D,E} f_2(B,D,E) m_c(C) \\
&= \sum_{B,C} f_1(A,B,C) m_b(B) m_c(C) \\
&= f(A)
\end{aligned}
$$

其中：$\boldsymbol{m}_b(B)=\Sigma_{D,E} f_2(B,D,E), \boldsymbol{m}_{c3}(C)=\Sigma_F f_3(C,F), \boldsymbol{m}_{c4}(C)=\Sigma_G f_4(C,G),$

$$\boldsymbol{m}_c(C)=\boldsymbol{m}_{c3}(C)\boldsymbol{m}_{c4}(C)$$

有了上边的公式，最终得到：$P(A) \propto f(A)$，$f(A)$ 就是上面最终计算出的只跟 A 有关系的函数。

故可以设 $P(A) = K f(A)$, K 为归一化因子。结合归一化方程：

$$P(A=0) + P(A=1) = 1$$

可以求得 $P(A)$。

上面的推导过程看上去很复杂，其实就是乘法结合律的应用而已，而且可以明显看到求边缘概率的过程就是一个乘积然后相加的过程，所以叫和积（sum-product）。而且 $\boldsymbol{m}_b$ 和 $\boldsymbol{m}_c$ 只和自己的约束方程有关。在图 9-14 中可以看到，这种优化的算法看上去像信息在传播。推而广之，如果图很复杂，我们也可以这样计算。从需要求的节点 A 看，总可以看到因子图是一棵树，而 A 是根节点，A 的边缘分布可以看作消息层层传递的过程。

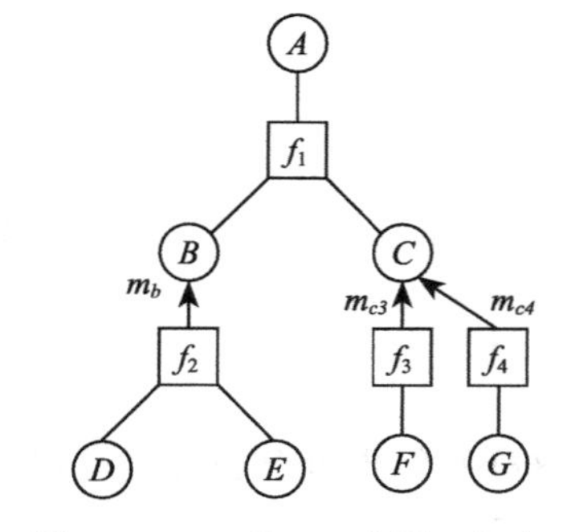

图 9-14　m_b 和 m_c 在图上的表示

了解了可能涉及的数学知识，那么和积算法怎么应用呢？

此处为了讨论方便，用 X 表示真实信息，用 Y 表示随机观测信号，可以是电压值，也可能是探测阈值（因为软判决算法可以利用比硬判决算法更多的信道信息，如图 9-15 所示）。

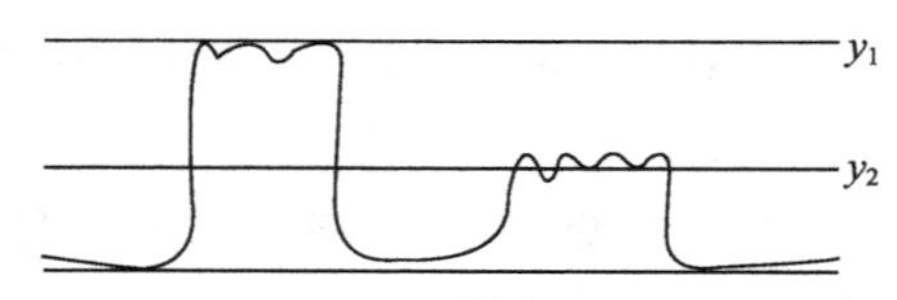

图 9-15　两个 X=1 的信号 $P(X=1|Y=y_1)=0.9$（左），$P(X=1|Y=y_2)=0.6$（右）

我们建一个模型，没错就是 Tanner 图，Tanner 图也是一种因子图。

如图 9-16 所示，每个涂色方块表示一个 c 节点，代表一个校验方程，而校验方程是一种非常简单的约束方程。举个例子：

$$f(A,B,C)=\begin{cases}1, & \text{当 } A+B+C=0 \\ 0, & \text{其他情况}\end{cases}$$

每个圆圈表示与 b 节点对应的 X_i，而与之前 Tanner 图不同的是，每个 b 节点都有唯一的观察约束节点（用空心框图表示）与之绑定。观察约束节点负责提供 $P(X_i|Y_i=y_i)$，所以约束方程 $f_Y(X_i) = P(X_i|Y_i=y_i)$。

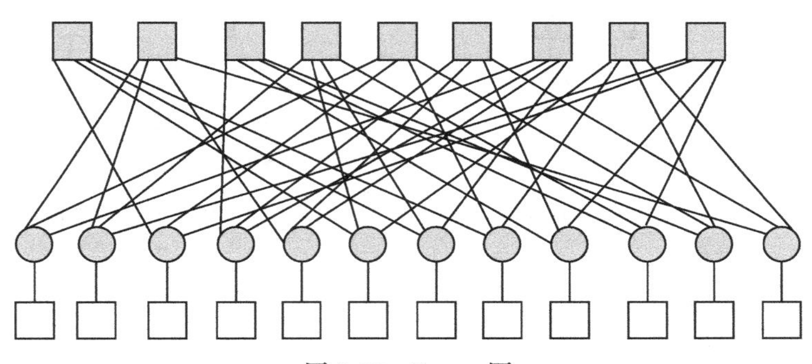

图 9-16　Tanner 图

我们的目的是，求得每一个边缘概率 $P(X_i)$。最终的 $P(X_i) = K\,f(X_i)$，K 为归一化因子。如果 $f(X_i = 1) < f(X_i = 0)$，我们输出 X_i 为 0，否则输出 1。

下面见证奇迹的时刻到了。

1）首先假定 Tanner 图是一棵树（如果不是树，后面有讨论）。

2）对于任意 X_i，为了方便称为 A，我们把它当成根节点，如图 9-17 所示。

3）通过消息传播的方法，$P(A)$ 可用如下方法求得：

①从各个叶子节点往根节点传播消息。如图 9-18 所示，五个 m 都是从信道得来。比如 $m_{f9\to A} = f_9(A)= P(A|Y_A=y_A)$

②消息传播到 b 节点（见图 9-19 中的圆圈）后，由 b 节点继续向根节点方向传播，进入下一个约束方程的范围，穿过约束方程后，原来的消息被汇聚成新的消息，如果有两个约束方程连到同一个 b 节点，则信息相乘后继续传播。图 9-19 是一个局部示意图。

可以计算 $m_B = \sum_{D,E} f_2(B,D,E)\, m_D\, m_E$

③继续传播，直到所有的消息最终传到 A（见图 9-20）：

$$P(A) = \mathrm{m}_{f9\to A}\, m_{f1\to A}$$

这样就求得了 $P(A)$，同理其他所有的边缘分布都可以求出来！读者通过观察应该发现，这个消息传播的算法其实可以并行化，只要稍微更改一下算法即可。

下面介绍如何简单地实现并行化。

为了同时求出所有边缘分布，每个 B 节点对消息进行路由。把每个约束方程的方向当成根节点对待，把不是这个方向传来的所有消息相乘之后送出去。收到消息时如图 9-21 所示。

X 节点发送消息，如图 9-22 所示。

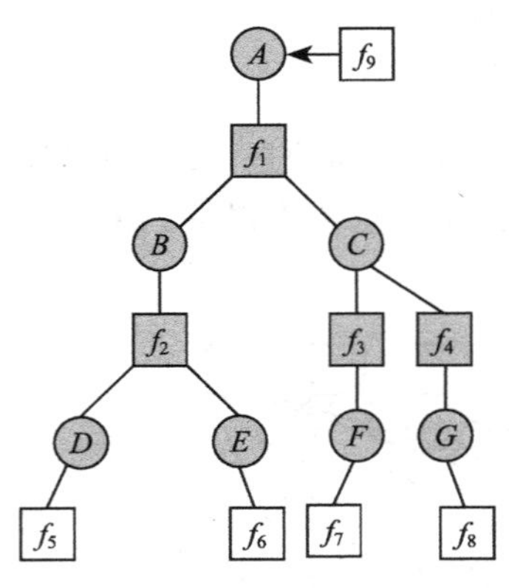

图 9-17 一个节点对应一棵树

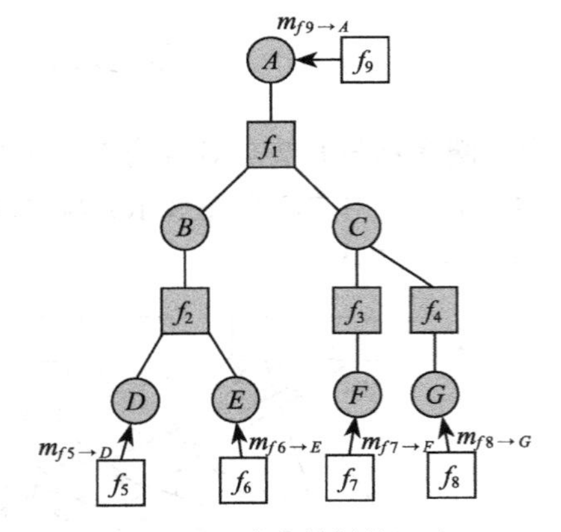

图 9-18 消息传播第一步

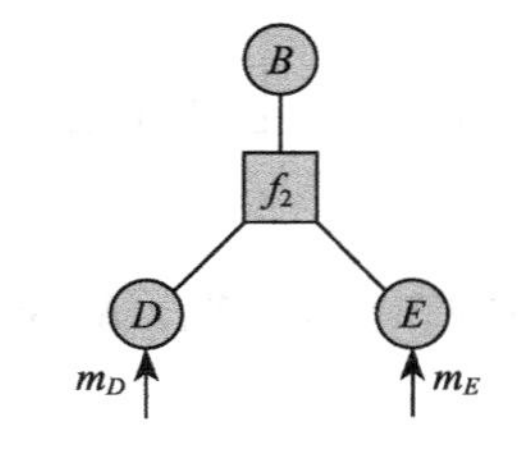

图 9-19 一个局部示意图

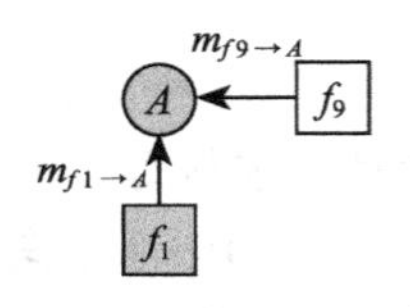

图 9-20 最后一步

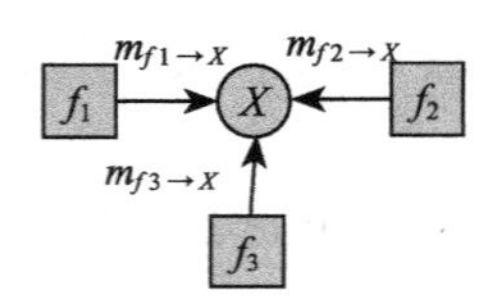

图 9-21 收到好多消息的 *X* 节点

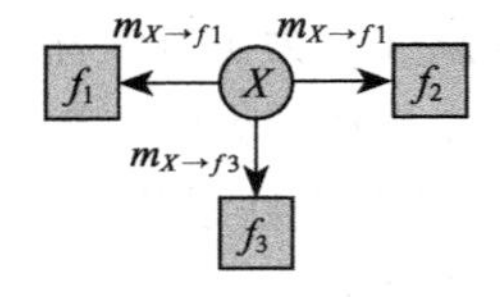

图 9-22 X 发送给各节点消息

并且满足：

$$m_{X\to f1}=m_{f2\to X}m_{f3\to X}$$
$$m_{X\to f2}=m_{f1\to X}m_{f3\to X}$$
$$m_{X\to f3}=m_{f1\to X}m_{f2\to X}$$

同理每个 c 节点（约束方程 *f* 来表示 c 节点）也要针对不同的可能路径进行计算。图 9-23 表示了通往 c 节点的传播消息。

c 节点往各个 b 节点传送的消息为（见图 9-24）：

$$m_{f\to B}=\sum_{D,E}f\left(B,D,E\right)m_{D\to f}m_{E\to f}$$

$$m_{f\to D}=\sum_{B,E} f(B,D,E)\, m_{B\to f} m_{E\to f}$$

$$m_{f\to E}=\sum_{D,B} f(B,D,E)\, m_{D\to f} m_{B\to f}$$

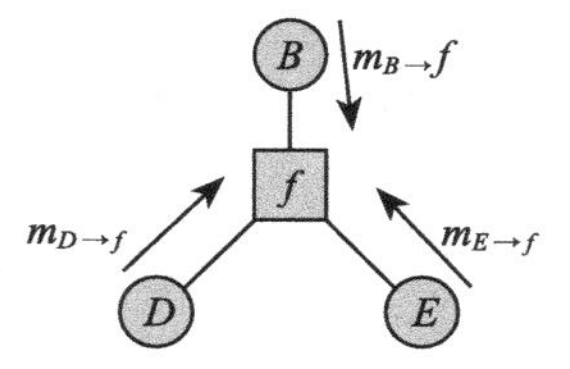

图 9-23　通向 *f* 约束方程的各个消息

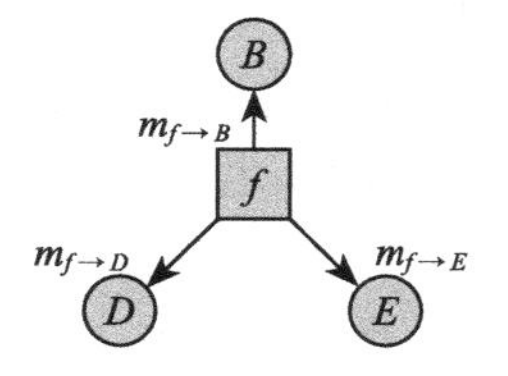

图 9-24　c 节点往各个 b 节点传递消息

最终，经过多次迭代（最多为因子图中最大深度树的两倍深度），得到所有节点的边缘概率 *P*。算法结束。

值得讨论的是，前边的算法假定 Tanner 图是无环的，每一个节点都可以拉出一棵树来。在现实中，这个假定是不成立的，但是该算法也有不错的表现，不过环对纠错的成功与否有着很大的影响。

9.6　LDPC 编码

LDPC 是一种以解码为特点的编码，由于 LDPC 的性质主要由 ***H*** 矩阵决定，一般先确定 ***H*** 矩阵后，反推回生成矩阵 ***G***。

H 矩阵构建时候，应当注意：

1）保持稀疏。每行每列里 1 的个数要固定，或者接近固定。

2）考虑到生成矩阵的计算复杂度。

3）保持随机性。减少 ***H*** 矩阵里小环的个数。图 9-25 展示了一个长为 4 的小环（b 节点、c 节点和连线组成的环）。

显然这两个 b 节点共同参与了两个相同的校验方程。我们叫它们双胞胎，对 bit-flipping 而言，假如它们之间有一个错误，我们将无法对错误进行定位。对和积算法而言，环越长，BP 算法效果越好。

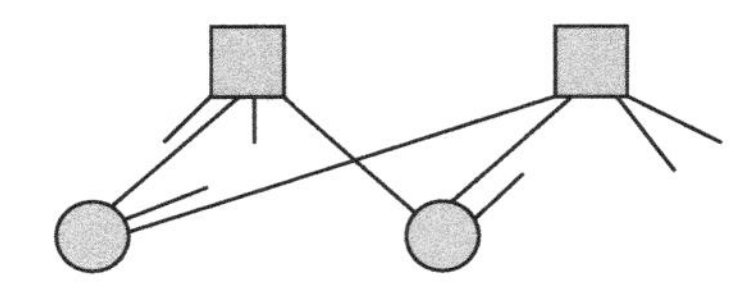

图 9-25　Tanner 图上的一个小环

关于 LDPC 编码的其他介绍，读者可以参阅最新的学术成果，在此不作展开。

9.7　LDPC 在 SSD 中的应用

本节介绍 NAND 纠错模型，以及 LDPC 在 SSD 中的纠错流程。

9.7.1 NAND 会出错

在本书第 1 章中，我们知道，纠错能力是一个 SSD 质量的重要指标。最开始的 NAND 每个存储单元只放一个 bit，叫 SLC，后来又有了 MLC，现在主流的是 TLC。在存储密度不断增加的同时，器件尺寸变小，存储单元电气耦合性变得很复杂。比如氧化层变得很薄，比如读取单个 bit 需要的读电压控制能力更精密等，总的来说，NAND flash 更容易出错了，或者说 NAND 上的噪声增加了。

RBER（Raw Bit Error Rate）是衡量 NAND 质量的重要参数。给定 RBER，可以比较各种纠错算法的有效性，如图 9-26 所示。

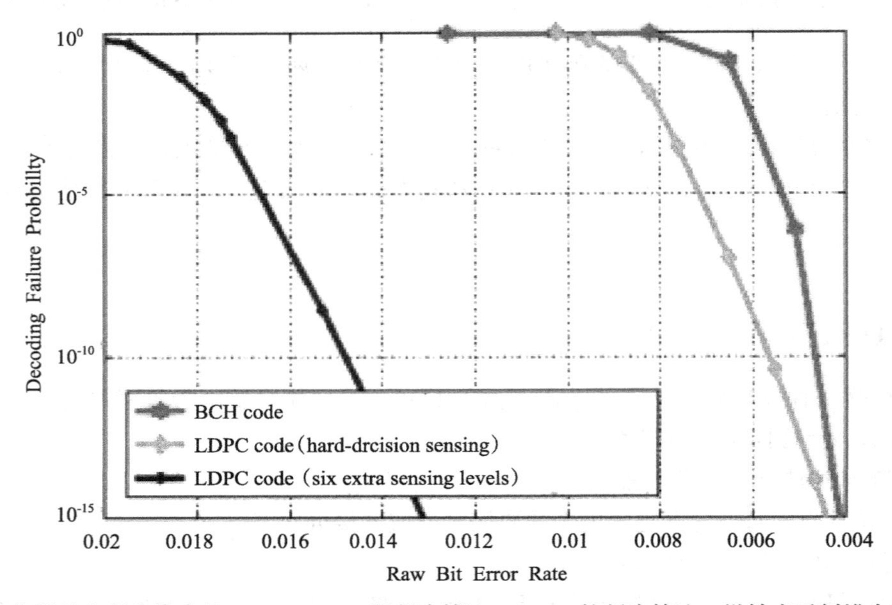

图 9-26 曲线从右到左依次是 BCH、LDPC 硬判决算法、LDPC 软判决算法，纵轴表示纠错失败的概率，横轴表示 RBER

可以看到，LDPC 软判决算法由于有更多的信道信息，相对于 BCH 和 LDPC 硬判决算法更有优势。

9.7.2 NAND 纠错模型

NAND 的基本特性请参阅第 3 章。我们存储进 NAND 的信息通过电子储存起来，读的时候通过探测器件储存的电子多少来恢复数据。

信息 0 和 1 在 NAND 上的电压分布图（示意图）如图 9-27 所示，以 SLC 为例，该分布可以通过大量的数据探测出来。竖线的横坐标值对应 NAND 的读取阈值电压。可见，对于 1 的概率分布在阈值电压右侧的将会被 NAND 硬判决成 0，从而导致 bit 翻转。

通过调节不同的阈值电压来对 NAND 进行多次读取，可以获得额外的信息（得到阈值电压在哪个区间），如图 9-28 所示。利用概率论的知识，可以建立统计模型。

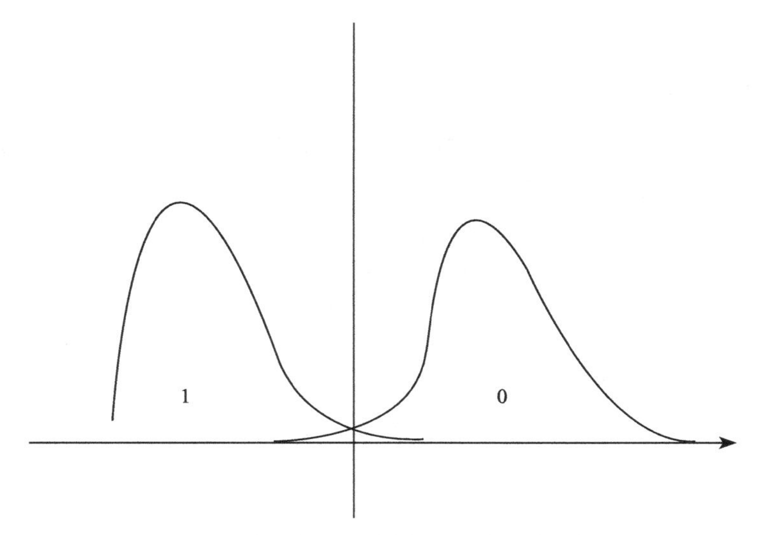

图 9-27　SLC 两种状态的概率分布示意图，竖线的横坐标值对应阈值电压

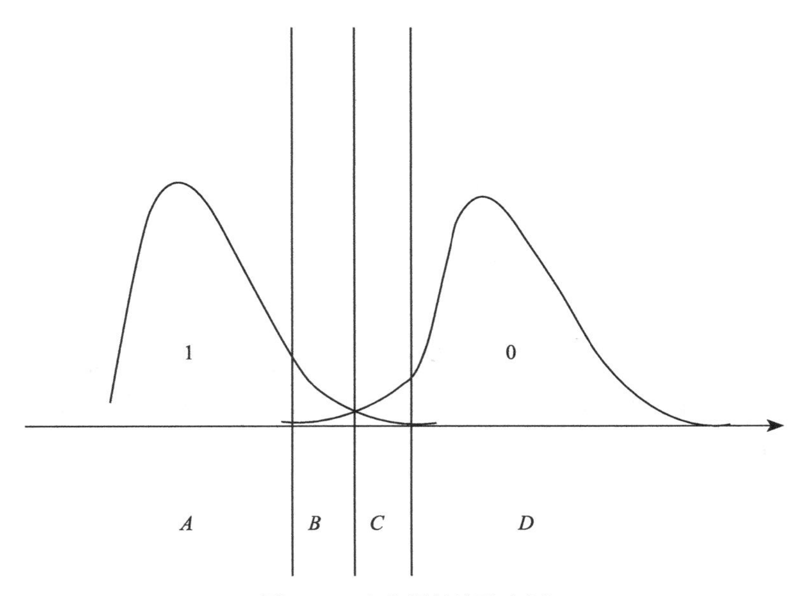

图 9-28　多次调整读取电压

假设写入的信息为 X，X 取值 {0，1}，其阈值电压为 Y，调节读取电压阈值后，根据读出值将整个区域分成了 4 个区间。

图 9-28 所示的左右两条曲线分别为 $p(Y|X=1)$ 和 $p(Y|X=0)$ 的曲线。根据之前和积算法

的介绍，我们感兴趣的是：$P(X|Y=A)$, $P(Z|Y=B)$, $P=(X|Y=C)$, $P(X|Y=D)$。知道这几个概率后，LDPC 软判决算法（如和积算法）就可以工作了。根据前面对条件概率和贝叶斯公式的复习，下面的工作交给读者研究。

9.7.3 LDPC 纠错流程

LDPC 在 SSD 中的纠错流程如图 9-29 所示，值得注意的是，NAND 硬判决、数据传输到控制器，以及硬判决解码这几个过程的速度都很快。软判决要读很多次，传输数据很多次，所以会对 SSD 的性能产生不好的影响。

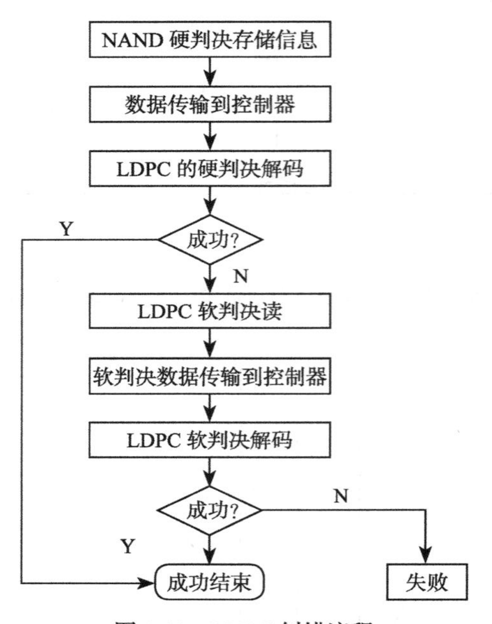

图 9-29 LDPC 纠错流程

为了提高性能，一种普遍的优化是，把 LDPC 软判决的分辨率变成动态可调，这样只有在最坏的情况下，才需要最高的分辨率去读。这样在大部分情况下，软判决读和软判决传输数据的时间开销将大幅度减小。

推荐阅读

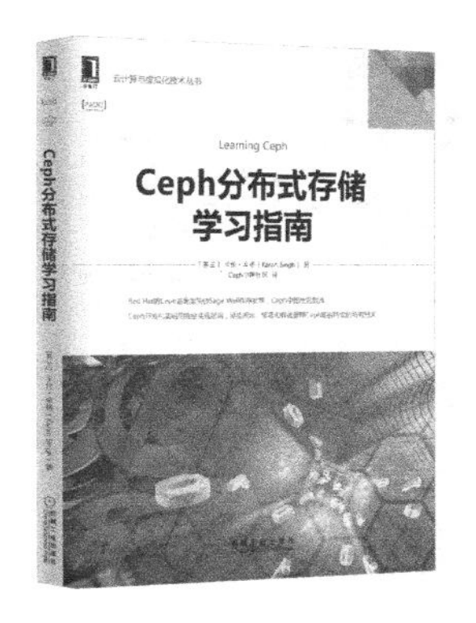
Learning Ceph
Ceph分布式存储
学习指南

Ceph分布式存储实战

The Source Code Analysis of Ceph
Ceph源码分析

大规模分布式存储系统
原理解析与架构实战

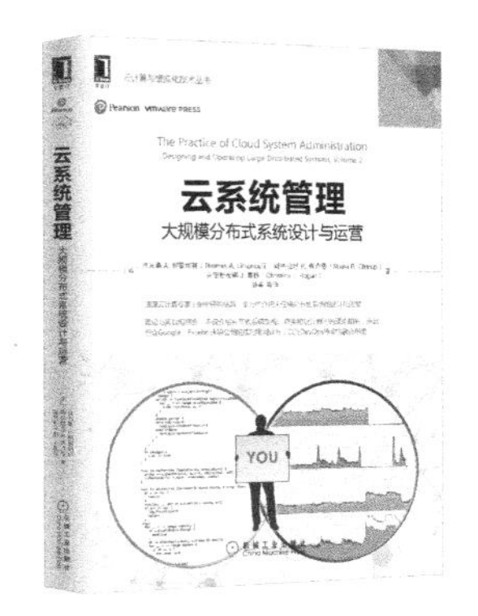
云系统管理
大规模分布式系统设计与运营
YOU

分布式实时处理系统
原理、架构与实现

Architecture and Design of Large Scale
Distributed System
大规模分布式系统
架构与设计实战

计 算 机 科 学 丛 书
原书第5版
分布式系统
概念与设计
Distributed Systems
Concepts and Design
DISTRIBUTED SYSTEMS

经 典 原 版 书 库
分布式系统
概念与设计
DISTRIBUTED SYSTEMS
（英文版·第5版）

推荐阅读

计算机科学丛书
原书第5版
分布式系统
概念与设计
Distributed Systems
DISTRIBUTED SYSTEMS

深入分布式缓存
从原理到实践

计算机科学丛书
系统编程
分布式应用的设计与开发
Systems Programming

计算机科学丛书
分布式控制系统设计
模式语言方法
Designing Distributed Control Systems
DESIGNING DISTRIBUTED CONTROL SYSTEMS

Distributed Real-time Processing System
分布式实时处理系统
原理、架构与实现

Akka实战

计算机科学丛书
高性能并行珠玑
多核和众核编程方法
High Performance Parallelism Pearls
High Performance Parallelism Pearls

计算机科学丛书
并行计算的编程模型
Programming Models for Parallel Computing

Parallel Computing: Models and Algorithms
并行计算
模型与算法